高职高专文化基础类规划教材

新形态一体化教材（微课版）

高等数学（第三版）

主编　杨晓华　王丽华

编者　徐　兰　孙信秀　王　珂

　　　赵晓苏　陆卫丰　王志刚

苏州大学出版社

Soochow University Press

图书在版编目(CIP)数据

高等数学 / 杨晓华，王丽华主编．-- 3 版．--苏州：苏州大学出版社，2023.6（2024.8重印）
高职高专文化基础类规划教材
ISBN 978-7-5672-4423-8

Ⅰ.①高… Ⅱ.①杨… ②王… Ⅲ.①高等数学-高等职业教育-教材 Ⅳ.①O13

中国国家版本馆 CIP 数据核字(2023)第 115400 号

高等数学
（第三版）
杨晓华 王丽华 主编
责任编辑 管兆宁

苏州大学出版社出版发行
（地址：苏州市十梓街 1 号 邮编：215006）
丹阳兴华印务有限公司印装
（地址：丹阳市胡桥镇 邮编：212313）

开本 787 mm×1 092 mm 1/16 印张 17.25 字数 406 千
2023 年 6 月第 3 版 2024 年 8 月第 2 次印刷
ISBN 978-7-5672-4423-8 定价：55.00 元

若有印装错误，本社负责调换
苏州大学出版社营销部 电话：0512-67481020
苏州大学出版社网址 http://www.sudapress.com
苏州大学出版社邮箱 sdcbs@suda.edu.cn

PREFACE 前言

为适应高职高专教育改革的要求,坚持"以就业为导向,以能力为本位,面向市场、面向社会,为经济结构调整和科技进步服务"的办学宗旨,我们本着重基础、重素质、重能力、重应用、求创新的总体思路,根据高职高专高等数学教学的特点,编写了本书.

本书由具有丰富教学经验的一线教师编写,充分体现了基础理论教学"以应用为目的,以必需、够用为度"的教学原则,将高等数学基本知识、数学建模、数学实验等内容互相渗透,有机融合.本次改版在保持原有特色的基础上,更体现了以下特点:

1. 突出高职高专特色

根据高职高专各专业对高等数学的基本要求,贯彻"理解概念、强化应用"的教学理念,注重与实际应用联系紧密的基础知识、基本方法和基本技能的训练,不追求过分复杂的计算和变换.在编写过程中,充分考虑到高职高专教育的特殊要求,力求做到:弱化理论、突出重点、深入浅出、删繁就简、注重应用.在阐述极限、函数的连续性、微分、积分等重要概念时,尽可能以具体问题引入,抽象出一般概念后,再将其应用到实际问题中.对许多定理的证明和推导,除了特别重要的之外,一般不过分追求严密性,只解释其基本含义.

2. 强调"案例驱动"

本书每节都以案例驱动的方式引入主题,并分成六个小模块阐述内容:案例导出、案例分析、相关知识、知识应用、思想启迪、课外演练.先由问题引出数学知识,再将数学知识应用于解决各种实际问题,以加深学生对概念、方法和理论的理解,培养其理实结合解决问题的能力.

3. 融入思政元素

紧跟时事热点,渗透中国文化元素,增强学生的文化自信.本书每节都加入了"思想启迪"栏目,每章最后又安排了"名家链接"栏目,以培养学生的民族自豪感和社会责任心，把数学教育与学生的人格塑造相结合，促进学生身心发展、智力培育，提升品德修养和责任意识，实现全方位育人.

4. 增加视频资源

根据实际教学要求，针对重难点知识，录制了一系列生动的教学视频，以二维码微课形式呈现，拓宽学生的学习途径，有效降低学习难度，将传统教学与互联网教学有机结合.

5. 注重数学软件应用

当今社会科技飞速发展，计算机技术已经越来越普及，将数学与计算机应用结合起来解决实际问题，已成为高职高专学生的一项基本技能. 本书在每章的最后一节，以数学实验的形式，结合数学软件包 Mathematica，设计安排了相关数学运算问题，既有一般性的计算实验，也有综合性的应用题.

本书在内容安排上，将一元函数微积分学与多元函数微积分学糅合在一起，由四篇组成：第一篇“微积分学基础”，包括空间曲面、函数与极限等内容；第二篇“微分学”，包括一元函数与多元函数的微分学、导数的应用等内容；第三篇“积分学”，包括不定积分、定积分、二重积分、积分的应用等内容；第四篇“微积分学的应用”，包括常微分方程、无穷级数等内容. 选学内容标注 * 号.

本书由杨晓华总体策划并负责具体实施，由杨晓华、王丽华担任主编，徐兰、孙信秀、王珂、赵晓苏、陆卫丰、王志刚参与编写.

限于编者水平，书中难免有错误和疏漏之处，衷心希望专家、同行和读者批评指正.

编者

CONTENTS 目录

第一篇 微积分学基础

第一章 预备知识

第二章 极限与连续

第二篇 微分学

第三章 导数与微分

第四章 导数的应用

第三篇 积分学

第五章 定积分与重积分

第六章 积分的应用

第四篇 微积分学的应用

第七章 常微分方程

第一篇　微积分学基础

第一章　预备知识

教学目标

理解空间直角坐标系的概念；了解几种常见的空间曲面方程及其对应的图形；掌握一元函数和多元函数的相关知识，对于实际问题能建立起相应的函数关系.

内容简介

本章首先简单介绍了空间曲面及其方程形式，为理解多元函数的概念及后续章节的学习做好准备. 我们知道，自然界中的事物不会是绝对静止或绝对孤立的，函数能够准确地刻画事物与事物之间的各种关系，并且为进行数量研究提供方法. 因而，本章接着复习了一元函数的概念与性质，同时还介绍了多元函数的相关知识，为深入学习微积分知识打好扎实的基础.

1.1　空间曲面

· 案例导出 ·

案例　橄榄球是盛行于英、美、澳、日等国家的一种球类运动. 因其形似橄榄，在中国称为橄榄球(图 1-1). 我们能否将橄榄球的表面用一个数学方程来表示呢?

图 1-1

· 案例分析 ·

橄榄球可以说是一种空间几何体，它的表面不是平面图形，而是空间的一种曲面. 为了建立这种空间曲面的数学方程，类似于平面解析几何那样，我们可以建立空间的直角坐标系，给出空间的点的坐标表示，从而找到空间曲面的数学表示方法，最后根据橄榄球表面的特点，给出它的数学方程.

·相关知识·

1.1.1 空间直角坐标系

在平面直角坐标系中,平面上的一个点可以用有序实数对(x,y)表示,x表示横坐标,y表示纵坐标,平面被称为是二维的.类似于平面直角坐标系,我们可以引进空间直角坐标系来确定空间的一个点的位置.

过空间某定点O(原点)作三条互相垂直的数轴(它们都以O为原点,通常取相同的长度单位),分别称为x轴、y轴和z轴,它们的相互位置遵循右手法则(右手握住z轴,除大拇指外的其余四个手指从x轴正方向逆时针转向y轴正方向,此时大拇指所指方向为z轴正方向),这样就组成了一个**空间直角坐标系**$O\text{-}xyz$,如图1-2所示.

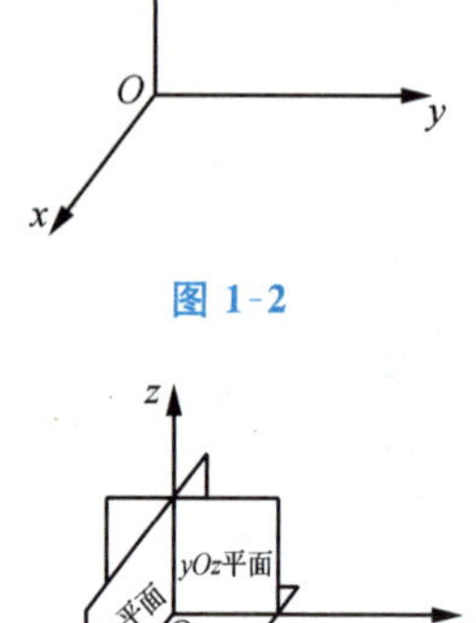

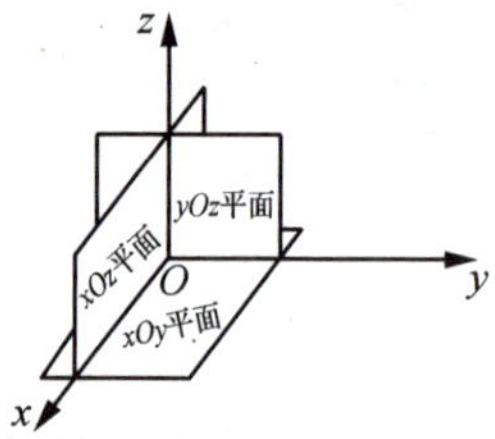

图1-2

图1-3

在这个空间直角坐标系中,任意两条坐标轴所确定的平面称为坐标平面,相应地称为xOy(坐标)平面、yOz(坐标)平面和xOz(坐标)平面(图1-3).通常,我们将xOy平面水平放置,z轴铅直放置,且由下向上为z轴正方向.三个坐标平面把空间分成八个部分,称为八个卦限.

设M为空间任意一点,过M作三个平面,分别垂直于三条坐标轴,并交x轴、y轴、z轴于点P,Q,R(图1-4).设$OP=a,OQ=b,OR=c$,我们称有序数组(a,b,c)为点M在空间直角坐标系中的坐标.

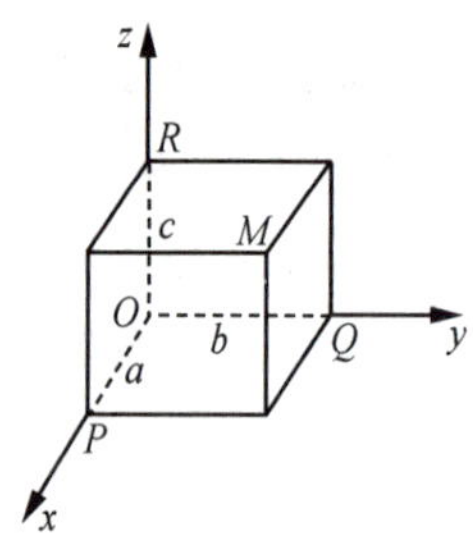

图1-4

容易看出,在空间直角坐标系下,一个点的坐标用三个实数形成的有序数组表示,比平面直角坐标系下点的坐标多一个z坐标分量.显然,原点的坐标为$(0,0,0)$;x轴上点的坐标为$(x,0,0)$;y轴上点的坐标为$(0,y,0)$;z轴上点的坐标为$(0,0,z)$;而xOy平面上点的坐标为$(x,y,0)$;yOz平面上点的坐标为$(0,y,z)$;xOz平面上点的坐标为$(x,0,z)$.

平面上两点间的距离公式也可以容易地推广到三维空间.

设$P_1(x_1,y_1,z_1)$,$P_2(x_2,y_2,z_2)$为空间两个点,过P_1,P_2各作三个平面分别垂直于三个坐标轴.这六个平面构成一个长方体,P_1P_2为其一条长对角线,如图1-5所示.

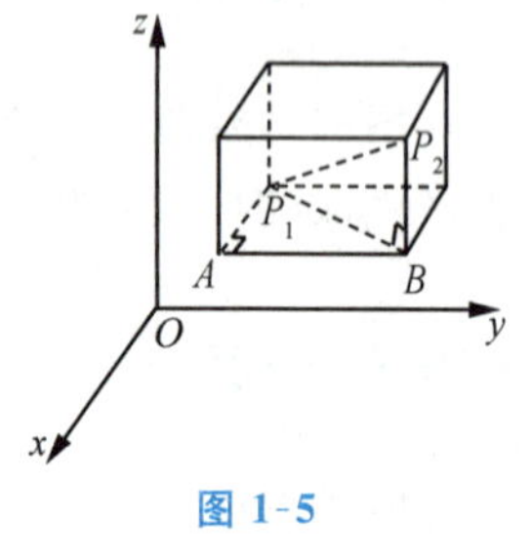

图1-5

易见,A点的坐标为(x_2,y_1,z_1),B点的坐标为(x_2,y_2,z_1),那么

$$|P_1A|=|x_2-x_1|,|AB|=|y_2-y_1|,|BP_2|=|z_2-z_1|,$$

于是

$$\begin{aligned}|P_1P_2|^2&=|P_1B|^2+|P_2B|^2=|P_1A|^2+|AB|^2+|P_2B|^2\\&=(x_2-x_1)^2+(y_2-y_1)^2+(z_2-z_1)^2.\end{aligned}$$

因此,空间两点$P_1(x_1,y_1,z_1)$与$P_2(x_2,y_2,z_2)$之间的距离为

$$|P_1P_2|=\sqrt{(x_2-x_1)^2+(y_2-y_1)^2+(z_2-z_1)^2}.$$

1.1.2　空间曲面方程

在平面解析几何中，一个包含 x 和 y 的方程 $F(x,y)=0$ 表示平面中的一条曲线，也可用 $y=f(x)$ 表示. 在空间直角坐标系下，一个包含 x,y,z 的方程 $F(x,y,z)=0$ 则表示空间的一个曲面，也可用 $z=f(x,y)$ 表示.

例 1　在空间直角坐标系下，方程 $z=3$ 表示什么样的曲面？

解　方程 $z=3$ 中不含 x,y，这意味着 $z=3$ 表示集合 $\{(x,y,z)\mid z=3,x\in\mathbf{R},y\in\mathbf{R}\}$，即 x,y 可取任意值而总有 $z=3$. 这是一个平行于 xOy 坐标平面且在 xOy 平面上方 3 个单位长度的平面，如图 1-6 所示. 类似地，$x=0,y=0,z=0$ 分别表示三个坐标平面 yOz,xOz,xOy 的方程.

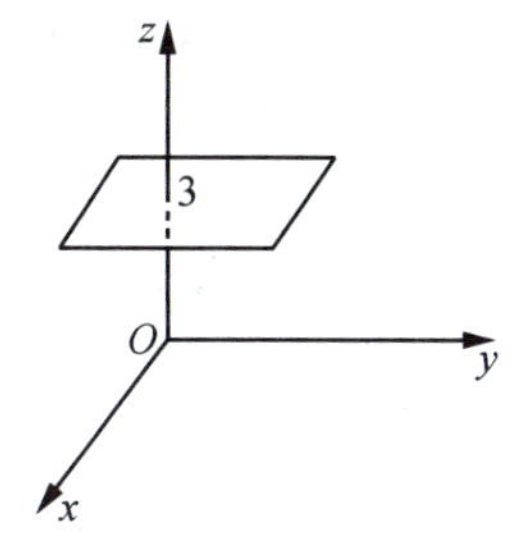

图 1-6

例 2　求到两定点 $A(1,1,1)$ 和 $B(2,-1,3)$ 距离相等的点的轨迹方程.

解　设 $M(x,y,z)$ 为轨迹上的任意一点，则 $|MA|=|MB|$，即

$$\sqrt{(x-1)^2+(y-1)^2+(z-1)^2}=\sqrt{(x-2)^2+(y+1)^2+(z-3)^2},$$

化简得

$$2x-4y+4z-11=0.$$

由立体几何知识，空间中到两定点距离相等的动点的轨迹是这两点连线段的垂直平分面. 因此，方程 $2x-4y+4z-11=0$ 表示线段 AB 的垂直平分面.

一般地，在空间直角坐标系下，平面的方程可表示为 $Ax+By+Cz+D=0$（其中 A,B,C 不全为 0）.

1.1.3　几种常见的空间曲面

（一）球面

我们将到定点 $M_0(x_0,y_0,z_0)$ 的距离等于定长 R 的动点的轨迹称为**球面**. M_0 称为**球心**，$R>0$ 为半径.

设 $M(x,y,z)$ 为球面上任意一点，则 $|MM_0|^2=R^2$，于是以 $M_0(x_0,y_0,z_0)$ 为球心、R 为半径的球面方程为

$$(x-x_0)^2+(y-y_0)^2+(z-z_0)^2=R^2.$$

若球心在坐标原点，则半径为 R 的球面方程为 $x^2+y^2+z^2=R^2$（图 1-7）. 由此方程还可得到 $z=\pm\sqrt{R^2-x^2-y^2}$，分别表示上、下半个球面.

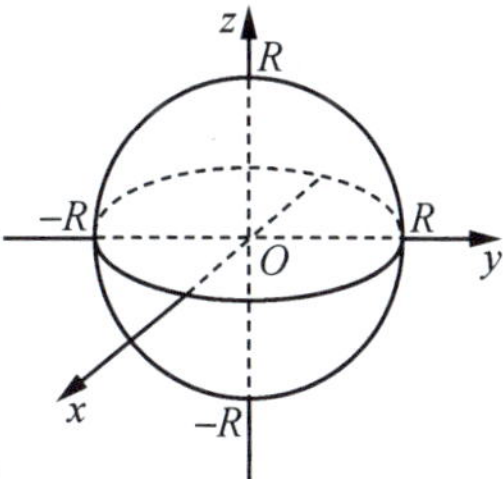

图 1-7

（二）柱面

设 c 是坐标平面内的一条曲线，l 为垂直于该坐标平面的一条直线. 我们将直线 l 沿着平面曲线 c 平行滑动所形成的轨迹称为**柱面**. 平

面曲线 c 称为柱面的**准线**，动直线 l 称为柱面的**母线**.

例 3 求以 xOy 坐标平面上的圆周曲线 $x^2+y^2=R^2(R>0)$ 为准线，母线平行于 z 轴的柱面方程.

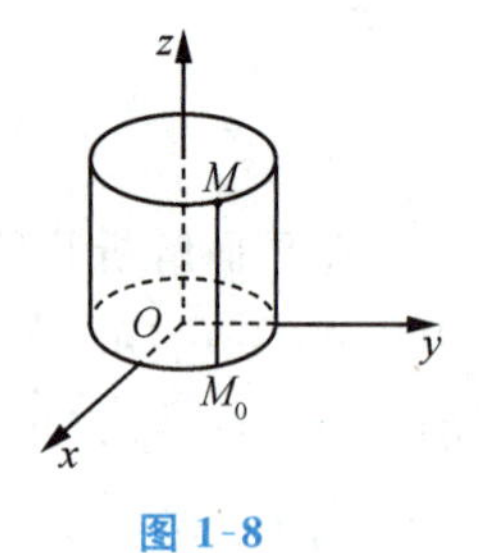

图 1-8

解 如图 1-8 所示，设 $M(x,y,z)$ 为柱面上的任意一点，只要找到 M 点的坐标满足的方程即为所求柱面方程.

经过点 M 的母线与 xOy 坐标平面的交点为 $M_0(x_0,y_0,0)$，则 M_0 一定在准线上，于是 M_0 的坐标一定满足准线方程，即 $x_0^2+y_0^2=R^2$. 由于 MM_0 垂直于 xOy 坐标平面，则 $x_0=x,y_0=y$，于是 $x^2+y^2=R^2$. 此即为柱面上的任意一点 $M(x,y,z)$ 满足的方程（z 可取任意值）.

因此，所求柱面方程为 $x^2+y^2=R^2$，我们称之为圆柱面（图 1-9）.

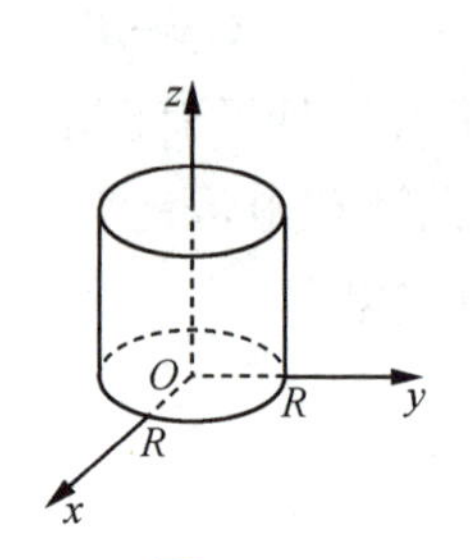

图 1-9

在空间直角坐标系下，若曲面方程 $F(x,y,z)=0$ 只含两个变量，则方程一般表示柱面. 方程中，若缺少某个字母，则柱面的母线就平行于该字母对应的坐标轴，而柱面的准线就是方程中两个变量字母对应的坐标平面上的平面曲线.

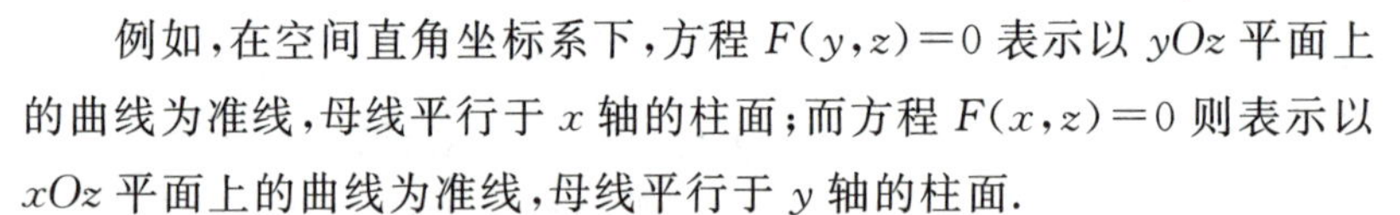

例如，在空间直角坐标系下，方程 $F(y,z)=0$ 表示以 yOz 平面上的曲线为准线，母线平行于 x 轴的柱面；而方程 $F(x,z)=0$ 则表示以 xOz 平面上的曲线为准线，母线平行于 y 轴的柱面.

例 4 在空间直角坐标系中，方程 $y=x^2$，$\frac{x^2}{a^2}+\frac{z^2}{b^2}=1$ 及 $\frac{x^2}{a^2}-\frac{y^2}{b^2}=1$ 分别表示什么曲面 $(a,b>0)$？

解 根据柱面方程的特点，方程 $y=x^2$ 表示以 xOy 平面上的抛物线 $y=x^2$ 为准线，母线平行于 z 轴的柱面，称之为抛物柱面（以抛物线为准线，如图 1-10 所示）.

方程 $\frac{x^2}{a^2}+\frac{z^2}{b^2}=1$ 表示以 xOz 平面上的椭圆 $\frac{x^2}{a^2}+\frac{z^2}{b^2}=1$ 为准线，母线平行于 y 轴的柱面，称之为椭圆柱面（以椭圆为准线，如图 1-11 所示）.

方程 $\frac{x^2}{a^2}-\frac{y^2}{b^2}=1$ 表示以 xOy 平面上的双曲线 $\frac{x^2}{a^2}-\frac{y^2}{b^2}=1$ 为准线，母线平行于 z 轴的柱面，称之为双曲柱面（以双曲线为准线，如图 1-12 所示）.

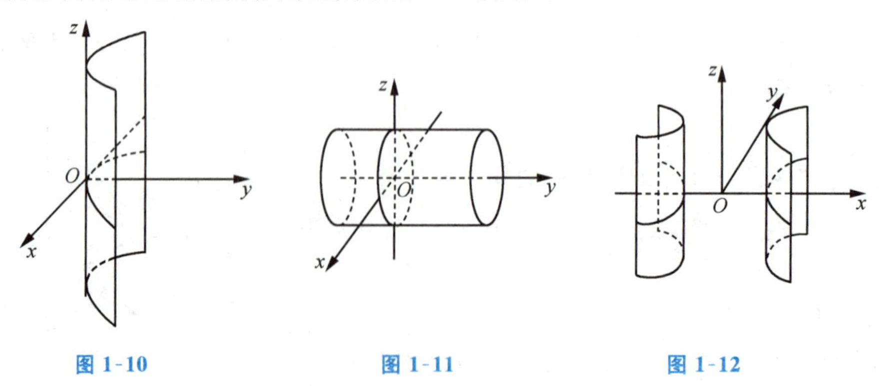

图 1-10 图 1-11 图 1-12

（三）旋转曲面

我们将平面曲线 c 绕着同一平面内的一条定直线 l 旋转而形成的曲面称为**旋转曲面**. 曲线 c 称为**母线**，定直线 l 称为**旋转轴**. 这里仅介绍以某坐标平面上的曲线为母线，以该坐标平面的一条坐标轴作为旋转轴的旋转曲面.

如图 1-13 所示，设 yOz 坐标平面上曲线 c 的方程为 $f(y,z)=0$，我们来求该曲线绕着 z 轴旋转而成的曲面方程.

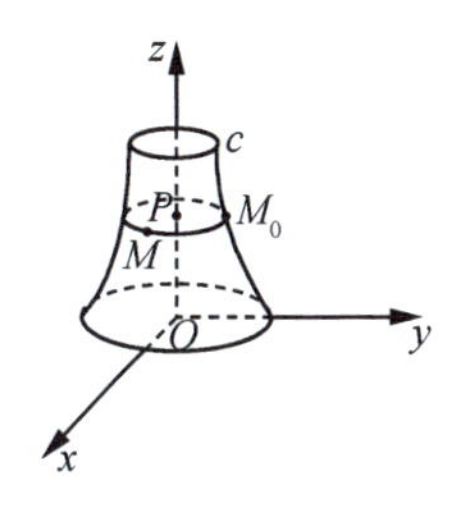

图 1-13

任取旋转曲面上的一点 $M(x,y,z)$，只要找到 M 点的坐标满足的方程即为所求旋转曲面的方程.

过 M 作垂直于 z 轴的平面，交 z 轴于点 $P(0,0,z)$，同时交曲线 c 于点 $M_0(0,y_0,z)$（图 1-13）. 由于曲面为旋转曲面，因而该平面与旋转曲面的交线应是一个圆，圆心为 P，且 M 和 M_0 在圆周上. 因此，我们有 $|PM|=|PM_0|$，于是 $y_0^2=x^2+y^2$，即

$$y_0=\pm\sqrt{x^2+y^2}.$$

点 $M_0(0,y_0,z)$ 在曲线 c 上，它的坐标满足 $f(y_0,z)=0$，将上式代入得到 M 点的坐标满足的方程 $f(\pm\sqrt{x^2+y^2},z)=0$，此即为所求旋转曲面的方程.

综上可知，将 yOz 坐标平面上曲线 c 的方程 $f(y,z)=0$ 中的 y 改写成 $\pm\sqrt{x^2+y^2}$，就可以得到以曲线 c 为母线，以 z 轴为旋转轴的旋转曲面方程.

类似地，yOz 坐标平面上曲线 c：$f(y,z)=0$ 绕着 y 轴旋转所得曲面方程为 $f(y,\pm\sqrt{x^2+z^2})=0$. 因此，建立旋转曲面方程，认准母线 c 和旋转轴是关键.

例 5　求 yOz 坐标平面上的直线 $z=ay(a>0)$ 绕着 z 轴旋转所得曲面方程.

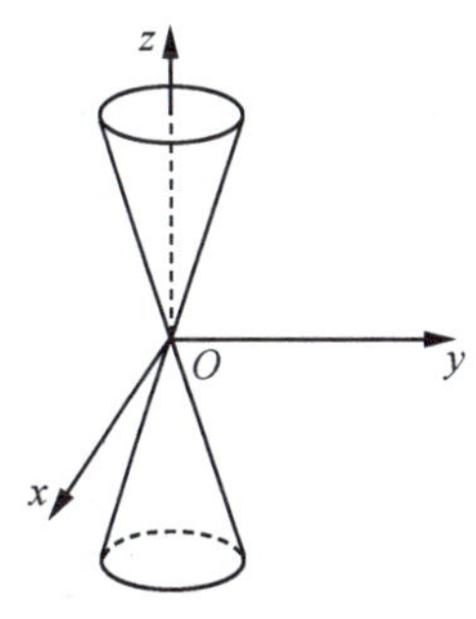

图 1-14

解　因为旋转曲面的母线为 $z=ay(a>0)$，旋转轴为 z 轴，因此旋转曲面的方程为 $z=\pm a\sqrt{x^2+y^2}$，即 $z^2=a^2(x^2+y^2)$.

该曲面称为圆锥面（图 1-14）.

例 6　求 xOz 坐标平面上的抛物线 $z=ax^2(a>0)$ 绕着 z 轴旋转所得曲面方程.

解　因为旋转曲面的母线为 $z=ax^2(a>0)$，旋转轴为 z 轴，因此旋转曲面的方程为 $z=a\times(\pm\sqrt{x^2+y^2})^2$，即 $z=a(x^2+y^2)$.

该曲面称为旋转抛物面（图 1-15）.

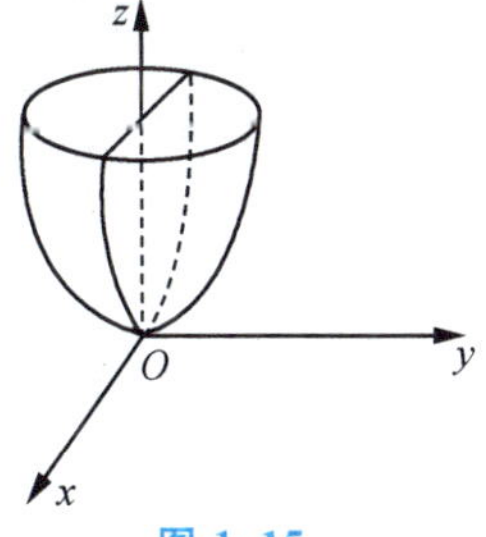

图 1-15

· 知识应用 ·

例 7　完成本节案例中给出的问题：将橄榄球（图 1-1）的表面用一个数学方程来表示.

解　以橄榄球的球心为原点建立空间直角坐标系，如图 1-16 所示. 橄榄球的表面可以

视为由 yOz 坐标平面上的椭圆$\frac{y^2}{b^2}+\frac{z^2}{c^2}=1(b,c>0)$绕着 z 轴旋转形成的旋转曲面.

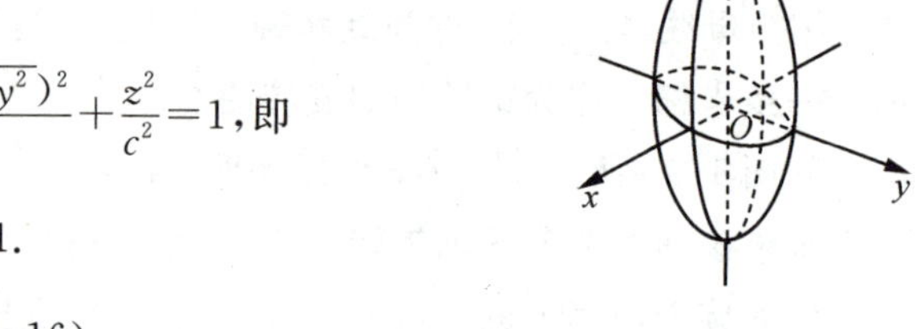

图 1-16

因此,橄榄球的表面方程为$\frac{(\pm\sqrt{x^2+y^2})^2}{b^2}+\frac{z^2}{c^2}=1$,即

$$\frac{x^2}{b^2}+\frac{y^2}{b^2}+\frac{z^2}{c^2}=1.$$

该方程对应的曲面为旋转椭球面(图 1-16).

一般地,我们把方程$\frac{x^2}{a^2}+\frac{y^2}{b^2}+\frac{z^2}{c^2}=1$ 对应的曲面称为椭球面,相应的橄榄球和图 1-1 的形状相似,只是"胖瘦"不同.

例 8 在大型热电厂,我们经常可以看到如图 1-17 所示的高大冷却塔.请建立高大冷却塔表面的方程.

解 建立空间直角坐标系,我们发现冷却塔的中心剖切面的曲线为双曲线(图 1-18).不妨设双曲线方程为$\frac{y^2}{b^2}-\frac{z^2}{c^2}=1(b,c>0)$,冷却塔的表面可以看成双曲线$\frac{y^2}{b^2}-\frac{z^2}{c^2}=1$ $(b,c>0)$绕 z 轴旋转而形成的旋转曲面,该曲面方程为$\frac{(\pm\sqrt{x^2+y^2})^2}{b^2}-\frac{z^2}{c^2}=1$,即

$$\frac{x^2}{b^2}+\frac{y^2}{b^2}-\frac{z^2}{c^2}=1,$$

这就是所求冷却塔表面的方程.

方程$\frac{x^2}{b^2}+\frac{y^2}{b^2}-\frac{z^2}{c^2}=1$ 表示的曲面称为旋转单叶双曲面(图 1-18).特别地,称方程$\frac{x^2}{a^2}+\frac{y^2}{b^2}-\frac{z^2}{c^2}=1$ 对应的曲面为单叶双曲面.

图 1-17

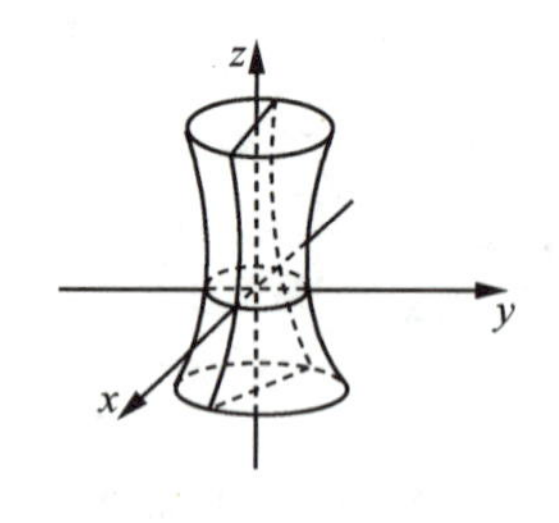

图 1-18

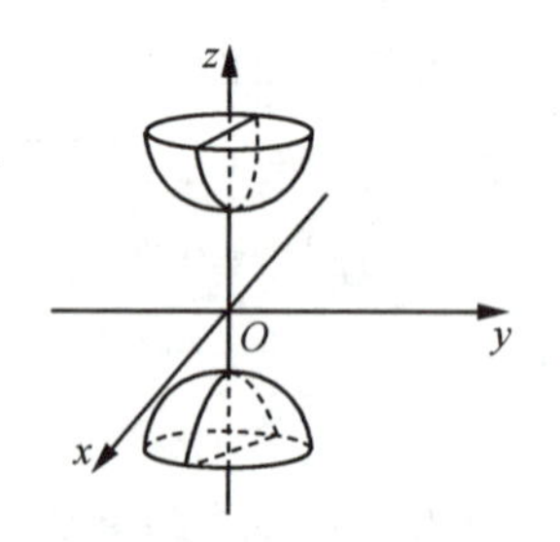

图 1-19

类似地,双曲线$-\frac{y^2}{b^2}+\frac{z^2}{c^2}=1(b,c>0)$绕 z 轴旋转而形成的旋转曲面方程为$-\frac{x^2}{b^2}-\frac{y^2}{b^2}+\frac{z^2}{c^2}=1$,称为旋转双叶双曲面(图 1-19).特别地,称方程$-\frac{x^2}{a^2}-\frac{y^2}{b^2}+\frac{z^2}{c^2}=1$ 对应的曲面为双叶双曲面.

· 思想启迪 ·

◎ 优美的空间曲面在生活中随处可见：我们常吃的薯片是双抛物曲面；北京的天坛、西安的大雁塔是锥形曲面；车灯形状、太阳能灶面是一种旋转曲面；广州塔“小蛮腰”是单叶双曲面；北京的“鸟巢”是双曲抛物面．各位同学，你们还见过哪些很特别或者很优美的曲面吗？曲面名称叫什么？属于哪类旋转曲面？

· 课外演练 ·

1. 在空间直角坐标系中，描出下列各点，并指出它们的位置特性．

$A(0,2,0)$，$B(2,0,0)$，$C(0,0,1)$，$D(1,1,0)$．

2. 求到点$(1,1,1)$与到点$(2,0,1)$距离相等的点的轨迹方程．

3. 在 xOy 平面上求与点 $A(1,-1,5)$，$B(3,4,4)$和 $C(4,6,1)$等距离的点．

4. 说出下列方程所表示的曲面名称．若是旋转曲面，指出它是如何形成的．

(1) $z=x^2+y^2$；　　(2) $z=\sqrt{x^2+y^2}$；

(3) $x^2+y^2+z^2=9$；　　(4) $y=3x^2$；

(5) $x^2+y^2=4$；　　(6) $\frac{x^2}{9}+\frac{y^2}{9}+\frac{z^2}{25}=1$.

(7) $\frac{x^2}{16}+\frac{y^2}{16}-\frac{z^2}{9}=1$；　　(8) $\frac{x^2}{9}-\frac{y^2}{4}-\frac{z^2}{4}=1$；

(9) $4x^2+9y^2+z^2=36$.

1.2　一元函数

· 案例导出 ·

案例 1　圆的面积 A 依赖于它的半径 r．联系 r 与 A 的规则由 $A=\pi r^2$ 给出．对于每一个正数 r 存在一个相应的 A 的值与之对应．

案例 2　单价为 a 的商品的销售收入 y 依赖于销售量 x，可以通过规则 $y=ax$ 确定销售收入．对于每一个 x 存在一个相应的 y 的值与之对应．

案例 3　某天气温 T 与时刻 t 的对应关系如表 1-1 所示：

表 1-1

时刻 t	10:00	10:40	11:20	11:40	12:00
气温 T/℃	18	18.5	20	21	23

由表可知，对于每一时刻 t 存在一个相应的 T 的值与之对应．

案例 4　王先生骑车去郊外游玩，匀速前行，离家不久，发现自行车坏了，他停下把车修好，随后继续上路．王先生离家行驶的路程 s 依赖于他离家的时间 t．尽管不能用一个简单的

式子来表示 s 和 t，但当 t 已知时，可以以一定的规则来确定 s，也就是对于每一时刻 t 存在一个相应的 s 的值与之对应.

• 案例分析 •

函数是微积分学主要的研究对象. 在日常生活中，客观事物间存在着各种各样的对应关系. 我们通过对客观事物的分析，设定反映客观事物的各种变量，建立变量与变量间的关系式，借助于这种关系式可以对客观事物进行分析和研究，从而揭示客观事物的发展规律. 上面四个案例都给出了变量与变量间的某种对应关系，当给定一个量(r,x,t)，另外一个量(A,y,T 或 s)就被确定了. 每一种情形我们都说第二个量是第一个量的函数.

• 相关知识 •

一元函数的概念

1.2.1 一元函数的概念

公元 1837 年，德国数学家狄利克雷(Dirichlet，1805—1859)通过集合的语言提出了现今通用的函数定义.

定义 1 设 D 为一非空实数集合，如果对应法则 f，使任意实数 $x\in D$，都有唯一的实数 y 与之对应，则称 y 是 x 的函数，记为 $y=f(x)$. 称 x 为自变量，y 为因变量，非空实数集 D 称为定义域，简记为 $D(f)$，集合 $\{y|y=f(x),x\in D\}$ 称为函数的值域，记为 $Z(f)$.

从函数的定义可知，函数由对应法则和定义域两个要素确定，与自变量用什么字母表示无关；另外，由于 $y=f(x)$ 仅含一个自变量，我们也称之为一元函数.

例 1 求下列函数的定义域.

(1) $f(x)=\dfrac{1}{x^2-x}$； (2) $g(x)=\sqrt{9-x^2}+\ln(2x-4)$.

解 (1) 由于除数不能为零，当 $x=0$ 或 $x=1$ 时，$f(x)$ 没有定义，因此 $f(x)$ 的定义域为 $D=\{x|x\in\mathbf{R},x\neq0$ 且 $x\neq1\}$，也可以用区间表示：$(-\infty,0)\cup(0,1)\cup(1,+\infty)$.

(2) 函数 $g(x)$ 由两个函数相加而成，先分别求出每个函数的定义域，然后求其公共部分即可. 为使 $\sqrt{9-x^2}$ 有定义，必须要求 $9-x^2\geqslant0$，即 $x^2\leqslant9$，解得 $-3\leqslant x\leqslant3$. 又应使 $\ln(2x-4)$ 有意义，必须要求 $2x-4>0$，解得 $x>2$. 于是函数 $g(x)$ 的定义域为 $(2,3]$.

例 2 下列函数是否相同，为什么？

(1) $y=\ln x^2$ 与 $y=2\ln x$； (2) $s=\sin t$ 与 $y=\sin x$.

解 (1) 由于 $y=\ln x^2$ 与 $y=2\ln x$ 的定义域不同，故它们是不同的函数.

(2) 函数 $s=\sin t$ 与 $y=\sin x$ 的定义域及对应法则均相同，故它们是相同的函数.

函数通常有三种表示方法：解析表达式法、列表法和图形法.

① 解析表达式法，也称公式法，用一个解析表达式表示自变量与应变量的关系. 案例 1、案例 2 中函数 $A=\pi r^2$ 及 $y=ax$ 就是公式法. 公式法的优点是便于数学上的分析与计算，也是我们使用最多的一种方法.

② 列表法．案例 3 用列表的方法，给出了气温 T 与时间 t 的关系．列表法的优点是直观、精确．

③ 图形法．通过图形可以把两个变量的关系直观地表现出来．在案例 4 中，我们可以给出王先生离家的距离 s 关于离家的时间 t 的函数图形，如图 1-20 所示．

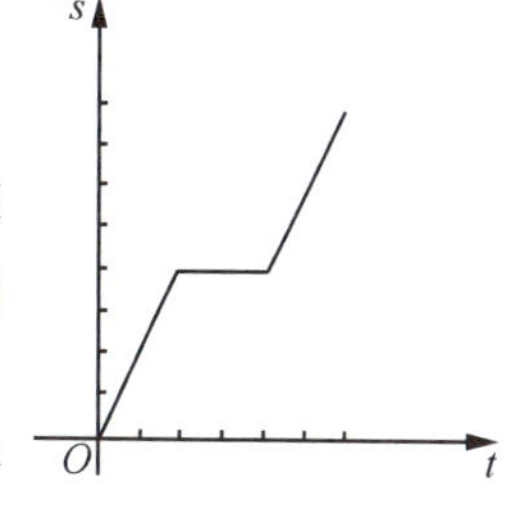

图 1-20

如果给图 1-20 标上数值（图 1-21），我们可以给出 s 关于 t 的解析表达式如下：

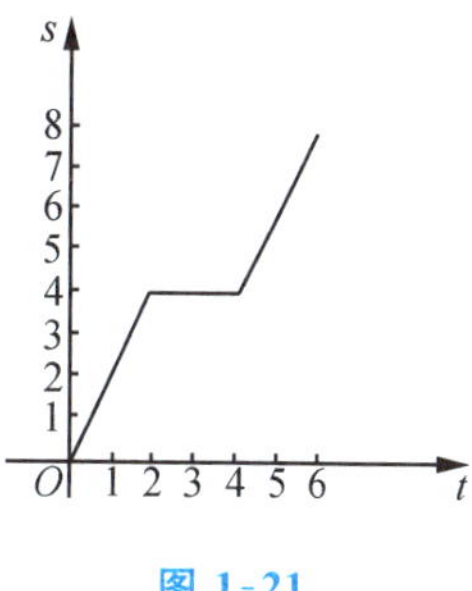

图 1-21

$$s(t)=\begin{cases}2t, & 0\leqslant t\leqslant 2,\\ 4, & 2<t\leqslant 4,\\ 2x-4, & 4<t\leqslant 6.\end{cases}$$

该函数在定义域内不同的区间上用不同的解析表达式表示，这样的函数称为**分段函数**．要注意的是，分段函数是由几个表达式合起来表示一个函数，它的定义域仅一个，即为不同表达式对应自变量的取值范围的并集．因此，函数$s(t)$的定义域为$[0,6]$．

例 3　求以下分段函数的定义域，并作出它们的图形．

(1) $y=|x|$；　(2) $f(x)=\begin{cases}1, & x>0,\\ 0, & x=0,\\ -1, & x<0;\end{cases}$　(3) $g(x)=\begin{cases}x+1, & -2\leqslant x<0,\\ 0, & x=0,\\ x-1, & x>0.\end{cases}$

解　易见，前两个函数的定义域为$(-\infty,+\infty)$，第三个函数的定义域为$[-2,+\infty)$．三个函数的图形见图 1-22 至图 1-24．

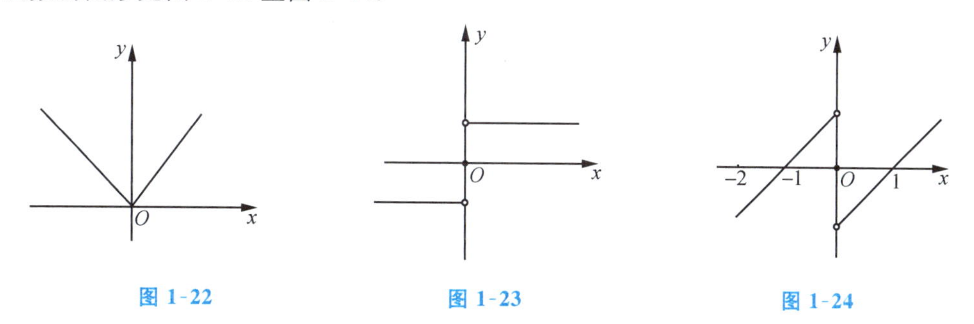

图 1-22　　图 1-23　　图 1-24

由于分段函数在定义域的不同区间有不同的表达式，在求分段函数在某些点的函数值时，先要判断该点落在定义域的哪个区间，再用对应的表达式求值．例如，在例 3 中，$f(3)=1$，$f(-2)=-1$，$f(0)=0$，$g(-2)=-1$，$g(0)=0$，$g(3)=2$．

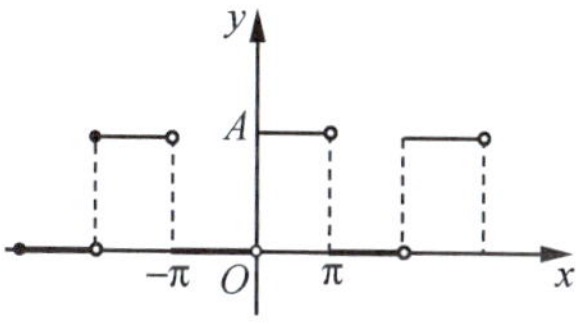

在电学中，分段函数的例子非常多．例如，函数 $f(x)=\begin{cases}0, & -\pi\leqslant x<0,\\ A, & 0\leqslant x<\pi\end{cases}$ 是一个矩形波（图 1-25）在一个周期$[-\pi,\pi)$内的表达式；再如分段函数 $u(t)=\begin{cases}0, & t<0,\\ 1, & t\geqslant 0\end{cases}$ 是电学中的一个常用函数，称为单位阶跃函数．

图 1-25

例 4 图 1-26 是脉冲器产生的一个单三角脉冲的波形图，请写出电压 U 与时间 $t(t\geqslant 0)$ 的函数关系式.

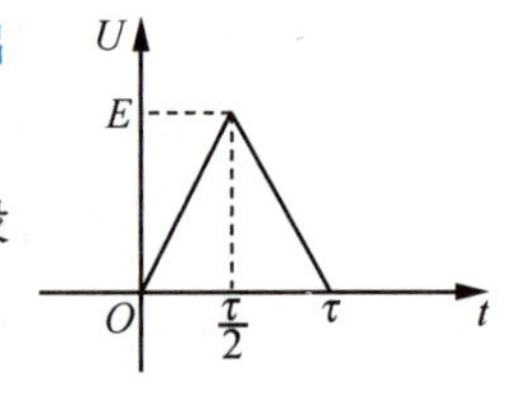

图 1-26

解 由图 1-26 可知，电压 U 与时间 t 之间的函数关系是一个分段函数.

当 $0\leqslant t<\frac{\tau}{2}$ 时，根据直线的点斜式方程知 $U=\frac{2E}{\tau}t$；

当 $\frac{\tau}{2}\leqslant t\leqslant \tau$ 时，根据直线的两点式方程知 $\frac{U-0}{t-\tau}=\frac{E-0}{\frac{\tau}{2}-\tau}$，则 $U=-\frac{2E}{\tau}(t-\tau)$；

当 $t>\tau$ 时，易见 $U=0$.

所以，
$$U=\begin{cases}\frac{2E}{\tau}t, & 0\leqslant t<\frac{\tau}{2},\\ -\frac{2E}{\tau}(t-\tau), & \frac{\tau}{2}\leqslant t\leqslant \tau,\\ 0, & t>\tau.\end{cases}$$

1.2.2 反函数

在案例 2 中，我们给出了销售收入 y 与销售量 x 的关系 $y=ax(a\neq 0)$. 反过来，对每一个给定的销售收入 y，可以由规则 $x=\frac{y}{a}$ 确定销售量 x，我们称 $x=\frac{y}{a}$ 是函数 $y=ax$ 的反函数.

定义 2 设函数 $y=f(x)$ 的定义域为 $D(f)$，值域为 $Z(f)$. 若对于任意 $y\in Z(f)$，存在唯一的满足 $y=f(x)$ 的 $x\in D(f)$ 与之对应，这种对应关系确定了 x 是 y 的函数，称之为 $y=f(x)$ 的反函数，记为 $x=f^{-1}(y)$.

事实上，我们也可以称 $y=f(x)$ 是 $x=f^{-1}(y)$ 的反函数，或称它们互为反函数. 另外，从定义可知，$x=f^{-1}(y)$ 是定义在 $Z(f)$ 上的函数，y 和 x 分别是自变量和因变量，但在习惯上总是用 x 和 y 分别表示自变量和因变量，所以通常我们将 $x=f^{-1}(y)$ 按习惯写成 $y=f^{-1}(x)$. 我们也说 $x=f^{-1}(y)$ 是函数 $y=f(x)$ 真正意义上的反函数，而 $y=f^{-1}(x)$ 则是传统意义上的反函数.

例如，函数 $y=x^3$ 的反函数是 $x=\sqrt[3]{y}$，或按习惯写作 $y=\sqrt[3]{x}$. 对于函数 $y=\sin x$，由于对于任意的 $y\in[-1,1]$，与它对应的 x 有无穷多个，我们通常将它的定义域限制在区间 $\left[-\frac{\pi}{2},\frac{\pi}{2}\right]$ 上. 这样，对应值 x 是唯一的，于是得到反正弦函数 $y=\arcsin x$.

1.2.3 基本初等函数

我们把以下五类函数：幂函数 $y=x^{\alpha}(\alpha\in\mathbf{R})$、指数函数 $y=a^x(a>0,a\neq 1)$、对数函数 $y=\log_a x(a>0,a\neq 1)$、三角函数（包含 $y=\sin x,\cos x,\tan x,\cot x,\sec x,\csc x$）和反三角函数（包含 $y=\arcsin x,\arccos x,\arctan x,\operatorname{arccot} x$）统称为**基本初等函数**. 这些函数是我们以后研

究其他函数的基础.

上述函数我们在中学基本已经学过,现将一些常用的基本初等函数的定义域、值域、图形及特性列表如下(表 1-2).

表 1-2

函数类型	函数	定义域与值域	图形	特性
幂函数	$y=x$	$x\in(-\infty,+\infty)$, $y\in(-\infty,+\infty)$	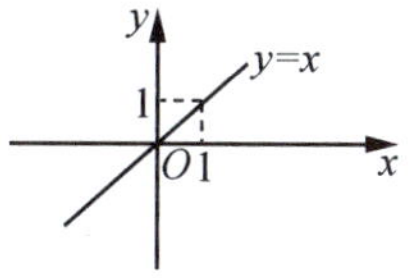	奇函数, 单调增加
	$y=x^2$	$x\in(-\infty,+\infty)$, $y\in[0,+\infty)$	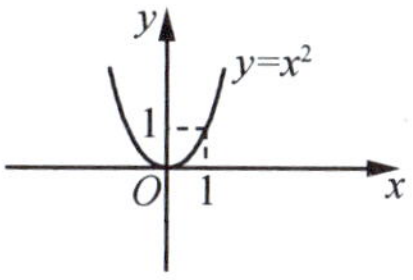	偶函数, 在$(-\infty,0)$上单调减少, 在$(0,+\infty)$上单调增加
	$y=x^3$	$x\in(-\infty,+\infty)$, $y\in(-\infty,+\infty)$	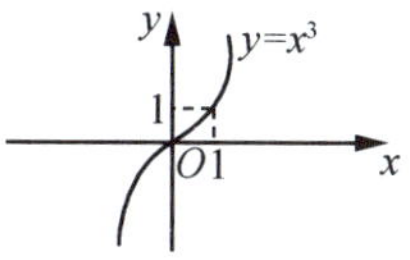	奇函数, 单调增加
	$y=x^{-1}$	$x\in(-\infty,0)\cup(0,+\infty)$, $y\in(-\infty,0)\cup(0,+\infty)$	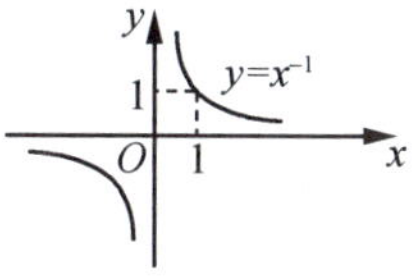	奇函数, 单调减少
	$y=x^{\frac{1}{2}}$	$x\in[0,+\infty)$, $y\in[0,+\infty)$	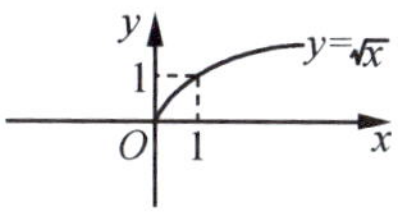	单调增加
	$y=x^{\frac{1}{3}}$	$x\in(-\infty,+\infty)$, $y\in(-\infty,+\infty)$	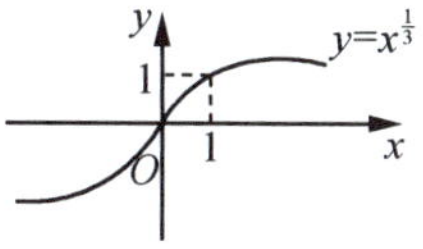	奇函数, 单调增加
指数函数	$y=a^x$ $(0<a<1)$	$x\in(-\infty,+\infty)$, $y\in(0,+\infty)$	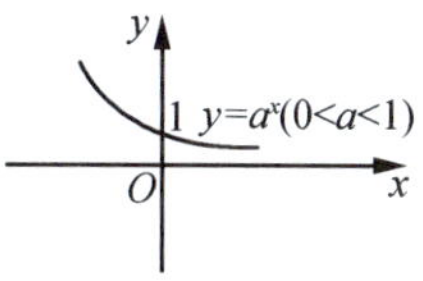	单调减少
	$y=a^x$ $(a>1)$	$x\in(-\infty,+\infty)$, $y\in(0,+\infty)$	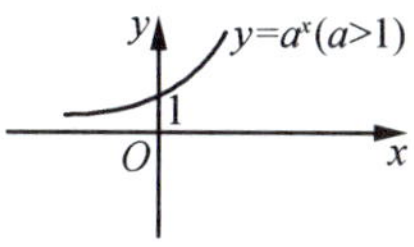	单调增加

续表

函数类型	函数	定义域与值域	图形	特性
对数函数	$y=\log_a x$ $(0<a<1)$	$x\in(0,+\infty)$, $y\in(-\infty,+\infty)$	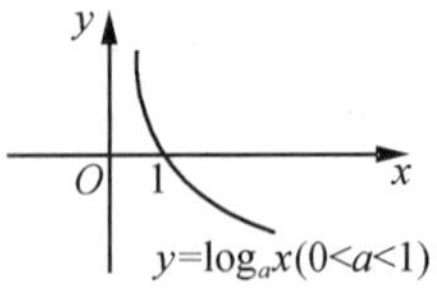	单调减少
	$y=\log_a x$ $(a>1)$	$x\in(0,+\infty)$, $y\in(-\infty,+\infty)$	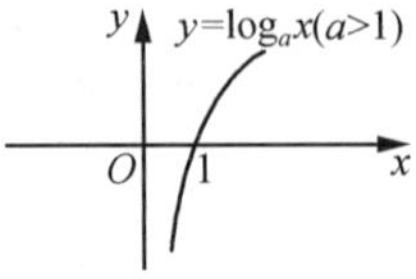	单调增加
三角函数	$y=\sin x$	$x\in(-\infty,+\infty)$, $y\in[-1,1]$	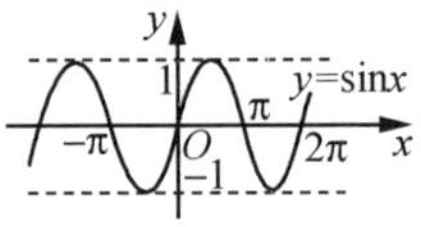	奇函数,有界,周期 2π,在 $\left(2k\pi-\frac{\pi}{2},2k\pi+\frac{\pi}{2}\right)$ 上单调增加,在 $\left(2k\pi+\frac{\pi}{2},2k\pi+\frac{3\pi}{2}\right)$ 上单调减少 $(k\in\mathbf{Z})$
	$y=\cos x$	$x\in(-\infty,+\infty)$, $y\in[-1,1]$	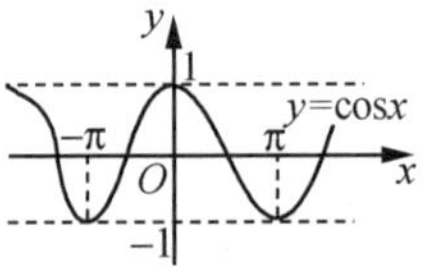	偶函数,有界,周期 2π,在 $(2k\pi,2k\pi+\pi)$ 上单调减少,在 $(2k\pi+\pi,2k\pi+2\pi)$ 上单调增加 $(k\in\mathbf{Z})$
	$y=\tan x$	$x\neq k\pi+\frac{\pi}{2}$, $y\in(-\infty,+\infty)$	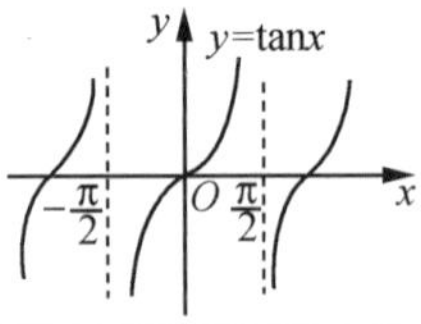	奇函数,周期 π,在 $\left(k\pi-\frac{\pi}{2},k\pi+\frac{\pi}{2}\right)$ 上单调增加 $(k\in\mathbf{Z})$
	$y=\cot x$	$x\neq k\pi$, $y\in(-\infty,+\infty)$	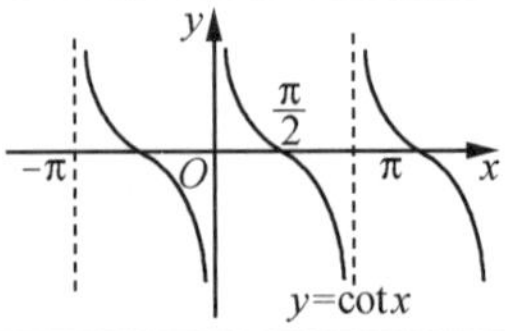	奇函数,周期 π,在 $(k\pi,k\pi+\pi)$ 上单调减少 $(k\in\mathbf{Z})$
反三角函数	$y=\arcsin x$	$x\in[-1,1]$, $y\in\left[-\frac{\pi}{2},\frac{\pi}{2}\right]$	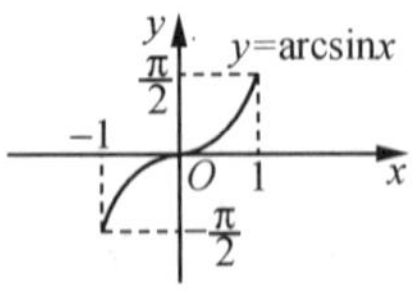	奇函数,有界,单调增加
	$y=\arccos x$	$x\in[-1,1]$, $y\in[0,\pi]$	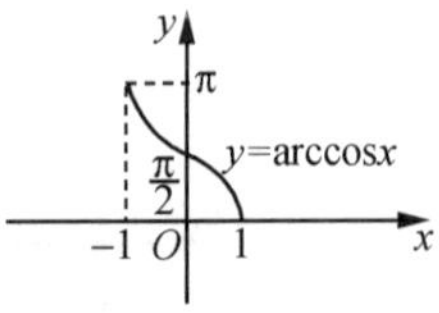	有界,单调减少

续表

函数类型	函数	定义域与值域	图形	特性
反三角函数	$y=\arctan x$	$x\in(-\infty,+\infty)$, $y\in\left(-\frac{\pi}{2},\frac{\pi}{2}\right)$	y, $\frac{\pi}{2}$, $y=\arctan x$, O, x, $-\frac{\pi}{2}$	奇函数,有界,单调增加
	$y=\text{arccot}\,x$	$x\in(-\infty,+\infty)$, $y\in(0,\pi)$	y, π, $\frac{\pi}{2}$, $y=\text{arccot}\,x$, O, x	有界,单调减少

表中函数的奇偶性、单调性、周期性、有界性是函数的一些基本特性,其中有界性定义如下.

定义 3　设 $f(x)$的定义域为 D,若存在正数 M,使得在 D 上有 $|f(x)|\leqslant M$,则称 $f(x)$ 在 D 上有界.如果这样的 M 不存在,则称 $f(x)$在 D 上无界.

事实上,如果函数 $f(x)$的图形在指定范围内不超出两条平行于 x 轴的直线,我们就可认为 $f(x)$在该范围内有界.从表(1-2)中的图形容易得到,函数 $y=\sin x$, $y=\cos x$, $y=\arctan x$ 等在$(-\infty,+\infty)$上有界.函数 $y=\frac{1}{x}$在$(0,1)$内无界,在$[1,+\infty)$上是有界的.

1.2.4　复合函数与初等函数

复合函数与初等函数

对于函数 $y=\sqrt{u}$和函数 $u=1+x^2$,将 u 消去,得到函数 $y=\sqrt{1+x^2}$.我们称函数 $y=\sqrt{1+x^2}$是由函数 $y=\sqrt{u}$和函数 $u=1+x^2$ 复合而成的复合函数.

定义 4　设函数 $y=f(u)$的定义域为 $D(f)$,函数 $u=\varphi(x)$的值域为 $Z(\varphi)$,若 $D(f)\cap Z(\varphi)$非空,则 y 可以通过中间变量 u 成为 x 的函数,称之为由函数 $y=f(u)$和函数 $u=\varphi(x)$复合而成的复合函数,记为 $y=f(\varphi(x))$.

定义中给出的复合函数是由两个简单函数复合而成的,事实上可由三个或更多的函数进行复合.例如,函数 $y=\sqrt{u}$, $u=\ln v$, $v=1+x^2$可以复合成复合函数 $y=\sqrt{\ln(1+x^2)}$.

应该指出,不是任何两个函数都可以复合的.例如,$y=\sqrt{u}$和 $u=-1-x^2$就不能复合成一个复合函数,因为函数 $y=\sqrt{u}$的定义域与 $u=-1-x^2$的值域的交集是空集.

学习复合函数,应会把几个作为中间变量的简单函数复合成一个复合函数,这个过程并不困难,只要将中间变量依次代入即可.更重要的是,给定一个复合函数,应能指出它由哪些简单函数复合而成的,这个过程也称为是复合函数的分解.复合函数分解时,每次抓住第一层复合关系,逐层分解,直到把它分解为基本初等函数和常数函数的和、差、积、商等形式为止.

例 5 指出下列函数由哪些简单函数复合而成.

(1) $y=(2x+1)^{10}$； (2) $y=\sqrt{\cos\frac{x}{2}}$.

解 (1) 令 $u=2x+1$,则 $y=u^{10}$,故 $y=(2x+1)^{10}$是由 $y=u^{10}$,$u=2x+1$ 复合而成的.

(2) 令 $u=\cos\frac{x}{2}$,则 $y=\sqrt{u}$,再令 $v=\frac{x}{2}$,则 $u=\cos v$,故 $y=\sqrt{\cos\frac{x}{2}}$是由 $y=\sqrt{u}$,$u=\cos v$,$v=\frac{x}{2}$复合而成的.

定义 5 由常数函数和基本初等函数经过有限次的四则运算或有限次的复合所得到的，并可以用一个式子表示的函数称为初等函数,否则称为非初等函数.

例如,$y=\ln(1+x^2)$,$y=\frac{e^x-e^{-x}}{2}$,$y=xe^{\sin(1+3x^2)}$等都是初等函数.另外,我们把函数 $P_n(x)=a_nx^n+a_{n-1}x^{n-1}+\cdots+a_1x+a_0$($a_i$为常数,$i=0,1,2,\cdots,n$)称为**多项式函数**,它也是初等函数.以后我们讨论的绝大部分是初等函数,但分段函数不是初等函数.

• 知识应用 •

例 6 漏斗形量杯上要刻上表示容积的刻度,就需要知道该容积的深度与相应的液体体积间的函数关系.已知漏斗的轴截面的顶角为$\frac{\pi}{3}$(图 1-27),漏斗高度为 H,试建立液体容积与深度间的函数关系,并求深度为 3 时液体的容积.

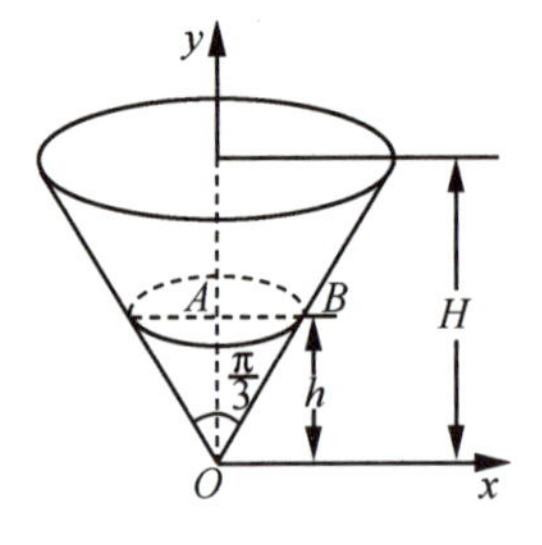

图 1-27

解 设液体深度为 h 时容积为 V.图 1-27 中,AB 为液体所在圆锥底面半径,设 $AB=r$,则

$$\frac{r}{h}=\tan\frac{\pi}{6}=\frac{\sqrt{3}}{3},$$

即
$$r=\frac{\sqrt{3}}{3}h,$$

所以
$$V=\frac{1}{3}\pi r^2h=\frac{1}{3}\pi\left(\frac{\sqrt{3}}{3}h\right)^2h,$$

即
$$V=\frac{1}{9}\pi h^3,h\in[0,H].$$

又 $h=3$ 时,$V(3)=\frac{1}{9}\pi\cdot 3^3=3\pi$,即深度为 3 时,液体容积为 3π.

例 7 某旅馆有 100 间房间,如果定价不超过 60 元/间,则可全部出租.若房价每高出 10 元,就会有 1 间房间租不出去.房间出租后的服务成本为每间 8 元,试建立旅馆每天的利润与房价间的函数关系.

解 设旅馆的房价为 x 元/间,旅馆每天的利润为 y 元.

若 $x\leqslant 60$,则旅馆出租房间 100 间,旅馆每天的利润为 $y=100(x-8)$.

若 $x>60$,则旅馆少出租房间 $\frac{x-60}{10}$ 间,实际出租了 $\left(100-\frac{x-60}{10}\right)$ 间,利润为 $y=\left(100-\frac{x-60}{10}\right)(x-8)$.

综上分析,旅馆每天的利润与房价间的函数关系为

$$y=\begin{cases}100(x-8), & x\leqslant 60,\\ \left(100-\frac{x-60}{10}\right)(x-8), & x>60.\end{cases}$$

若旅馆房价为 70 元/间,旅馆一天的利润为 $y(70)=\left(100-\frac{70-60}{10}\right)(70-8)=6138$ 元.

例 8 某运输公司规定某种货物的运费标准为:不超过 200 km,每吨千米收费 6 元;超过 200 km,但不超过 500 km,每吨千米收费 4 元;超过 500 km,每吨千米收费 3 元.请建立每吨的运费与路程的函数关系.

解 设路程为 x km,每吨的运费为 y 元.如图 1-28 所示,0 点为起点,那么,

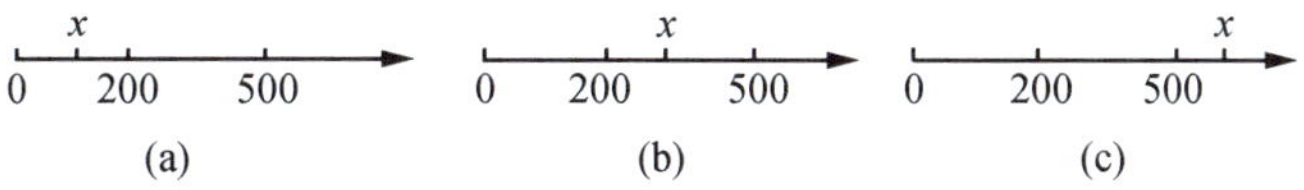

图 1-28

当 $0\leqslant x\leqslant 200$ 时[图 1-28(a)],$y=6x$;

当 $200<x\leqslant 500$ 时[图 1-28(b)],$y=6\times 200+4(x-200)=4x+400$;

当 $x>500$ 时[图 1-28(c)],$y=6\times 200+4\times 300+3(x-500)=3x+900$.

所以,所求函数关系为

$$y=\begin{cases}6x, & 0\leqslant x\leqslant 200,\\ 4x+400, & 200<x\leqslant 500,\\ 3x+900, & x>500.\end{cases}$$

• 思想启迪 •

◎ 蝴蝶效应讲述的是一只南美洲亚马孙河流域的蝴蝶,轻轻扇动几下翅膀,它产生的气流最终在美国得克萨斯州引起了一场龙卷风.蝴蝶效应说明,初始条件十分微小的变化经过不断放大,其对未来状态会造成极其巨大的影响.有些小事可以忽略,但有些小事如经系统放大,则对一个组织,甚至一个国家来说,会变得很重要,就不能轻易忽略了.蝴蝶效应蕴含的哲学原理说明,事物之间的联系具有普遍性,任何事物都与周围的其他事物相互联系着,整个世界是一个相互联系的统一整体,没有一个事物是孤立存在的.现代科学在探索和把握这些联系时,常用到一个重要的数学工具——函数.

◎ 初等函数与基本初等函数反映的是整体与部分的关系,整体影响部分,部分也制约整体.有时局部功能会对整体状态起决定性作用.我们要学会优化结构,处理好局部,使整体功能得到最大限度发挥.如果将中国梦看作一个整体,那么个人梦想就是部分,整体和部分不可分割.生活在伟大祖国和伟大时代的中国人民,共同享有人生出彩的机会,共同享有梦想成真的机会,共同享有同祖国和时代一起成长与进步的机会.

• 课外演练 •

1. 求下列函数的定义域.

(1) $y=\ln\frac{1}{1-x}+\sqrt{x+2}$；　　(2) $y=\frac{x+2}{1+\sqrt{3x-x^2}}$；

(3) $y=\begin{cases}\frac{\sin x}{x}, & -1\leqslant x<0,\\ 1+x, & x>0;\end{cases}$

(4) $y=f(x-1)+f(x+1)$，$f(u)$的定义域为$(0,3)$.

2. 求下列函数的函数值.

(1) 设 $f(x)=\frac{e^x-1}{e^x+1}$，求 $f(0)$，$f(1)$，$f(-1)$；

(2) 设 $f(x)=\begin{cases}2x+3, & x\leqslant 0,\\ 2^x, & x>0,\end{cases}$ 求 $f(-2)$，$f(0)$，$f(f(-1))$.

3. 指出下列函数分别由哪些函数复合而成.

(1) $y=\cos\sqrt{x-6}$；　　(2) $y=\sin^3(2x+1)$；

(3) $y=\sqrt{\sin\sqrt{x}}$；　　(4) $y=\tan^2\frac{1}{x}$；

(5) $y=(\arcsin 3x)^2$；　　(6) $y=\ln\cos 2x^3$.

4. 一架飞机 A 中午 12 时从某地以 400 km/h 的速度朝正北方向飞行，一小时后，另一架飞机 B 从同一地点起飞，速度为 300 km/h，方向正东. 如果两架飞机飞行高度相同，不考虑地球表面的弧度与阻力. 问这两架飞机在时刻 t(飞机 B 起飞时刻为 0)相距多远?

5. 乘坐某种出租汽车，行驶路程不超过 3 km 时，付费 10 元；行驶路程超过 3 km 时，超过部分每千米付费 2 元. 假设汽车行驶过程中没有等车时间，请建立付费金额 y 与行驶路程 x 间的函数关系，并分别求出行驶路程为 2.5 km 和 5 km 时的付费金额.

6. 某产品批发价为 90 元/台，成本价为 60 元/台. 为扩大销量，生产厂家规定：凡订购量超过 100 台的，每多订购 1 台，则所有订购产品每台售价降低 0.01 元，但最低售价限定为 75 元/台.

(1) 请建立每台实际售价 p 与定购量 x 之间的函数关系；

(2) 将利润 R 表示为订购量 x 的函数；

(3) 当客户订购 1000 台时，每台实际售价及厂家获利分别为多少?

1.3 多元函数

• 案例导出 •

案例 1 地球上任一点的温度 T 依赖于该点所在的经度 x 和纬度 y. 温度 T 由一对变量 x，y 决定，对于每一对 x 和 y 存在一个相应的 T 的值与之对应.

案例 2　圆柱体的体积 V 依赖于底面半径 r 和高 h，$V=\pi r^2 h$. 对于每一组 r 和 h 存在一个相应的 V 的值与之对应.

案例 3　长方体的体积 V 依赖于三条边长 x,y,z，$V=xyz$. 对于每一组 x,y 和 z 存在一个相应的 V 的值与它们对应.

案例 4　具有一定质量的理想气体，其压强 P、体积 V 和温度 T 之间具有依赖关系 $P=\frac{RT}{V}$(R 为常数). 对于每一组 V 和 T 存在一个相应的 P 的值与它们对应.

• 案例分析 •

一元函数体现了一个因变量与一个自变量的依赖关系. 在自然科学与工程技术的很多实际问题中，常常会遇到一个因变量与多个自变量之间的依赖关系，如本节案例 1、案例 2、案例 3 和案例 4，它们是多元函数的常见例子.

• 相关知识 •

多元函数

(一) 多元函数的概念

类似于一元函数的定义，我们给出二元函数的定义.

定义 1　设 D 为一非空有序实数对 (x,y) 的集合，如果对应法则 f，使任意实数对 $(x,y)\in D$，都有唯一的实数 z 与之对应，则称 z 是 x,y 的二元函数，记为 $z=f(x,y)$. 称 x,y 为自变量，z 为因变量，D 为定义域，记为 $D(f)$. 集合 $\{z\mid z=f(x,y),(x,y)\in D\}$ 称为函数的值域，记为 $Z(f)$. 函数 $z=f(x,y)$ 在点 (x_0,y_0) 处的值，记为 $f(x_0,y_0)$ $\left(或\ z\Big|_{(x_0,y_0)},z\Big|_{\substack{x=x_0\\y=y_0}}\right)$.

案例 1 和案例 2 给出的都是二元函数关系. 类似地，可以定义三元函数 $u=f(x,y,z)$ (如案例 3 给出了一个三元函数). 一般地，可以定义 n 个变量的函数 $u=f(x_1,x_2,\cdots,x_n)$.

二元及二元以上的函数统称为多元函数. 由于二元函数与二元以上的函数在概念及运算方面没有本质区别，因此本书有关多元函数的研究均以二元函数为主要研究对象.

(二) 二元函数的定义域

一元函数的定义域是由一个或几个区间构成的，二元函数 $z=f(x,y)$ 可看成平面上的点 $P(x,y)\subset D$ 与 z 之间的对应. 因此，二元函数的定义域通常是平面上的一个区域，即整个平面或是由平面上一条或几条光滑曲线围成的部分平面. 围成平面区域的边界曲线称为该区域的边界，包含边界曲线的区域称为闭区域，不包含边界曲线的区域称为开区域. 将可以被一个以原点为圆心，以适当长度为半径的圆包围在内的区域称为有界区域，否则称为无界区域.

例 1　求下列函数的定义域.

(1) $z=\sqrt{1-x^2-y^2}$；　　(2) $z=\frac{1}{\sqrt{x^2+y^2-1}}+\ln(4-x^2-y^2)$；

(3) $z=\ln(x+y)$.

解　(1) 要使函数解析式有意义，x,y 必须满足 $1-x^2-y^2\geqslant 0$，所以函数的定义域为

$$D=\{(x,y)\mid x^2+y^2\leqslant 1\},$$

即以原点为圆心，半径为 1 的圆域，也称其为单位圆盘，它是有界闭区域(图 1-29).

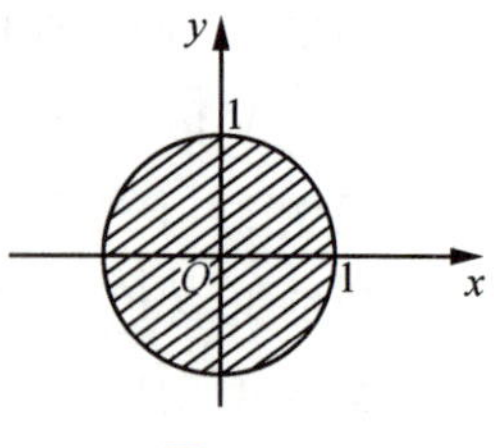

图 1-29

(2) 要使函数解析式有意义，x,y 必须满足不等式组

$$\begin{cases}x^2+y^2-1>0,\\4-x^2-y^2>0,\end{cases}$$

所以函数的定义域为 $D=\{(x,y)\mid 1<x^2+y^2<4\}$，即以原点为圆心，半径分别为 1，2 的两个同心圆所围成的区域，它是有界开区域(图 1-30).

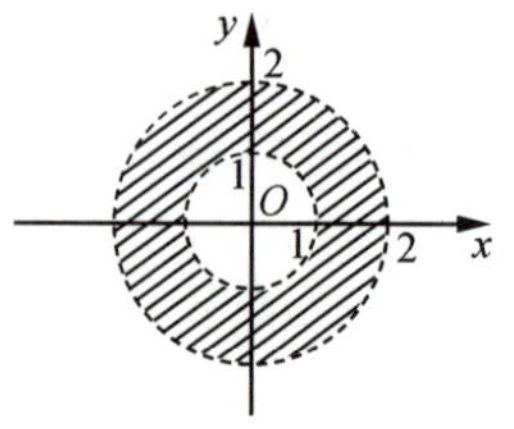

图 1-30

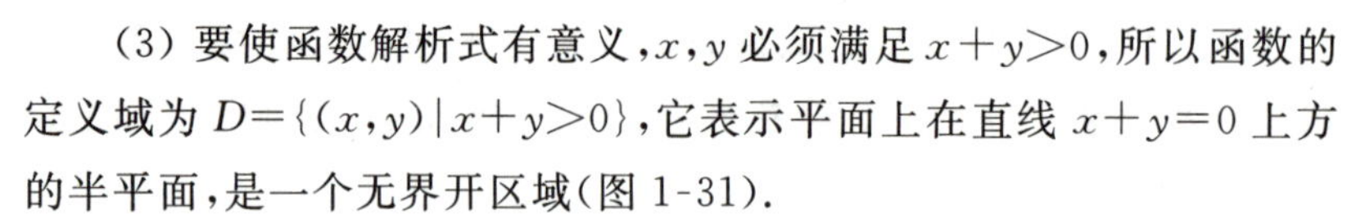

(3) 要使函数解析式有意义，x,y 必须满足 $x+y>0$，所以函数的定义域为 $D=\{(x,y)\mid x+y>0\}$，它表示平面上在直线 $x+y=0$ 上方的半平面，是一个无界开区域(图 1-31).

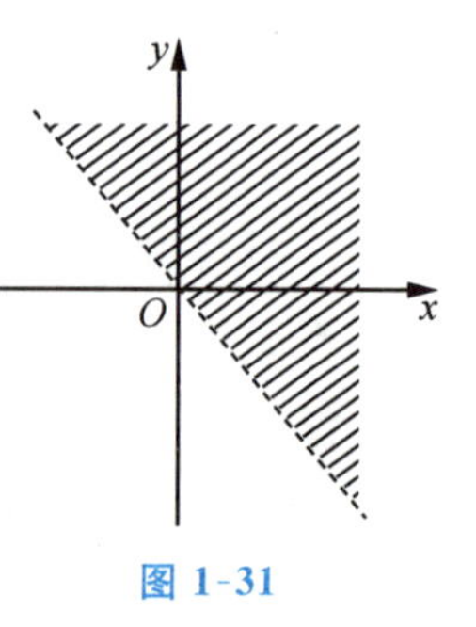

图 1-31

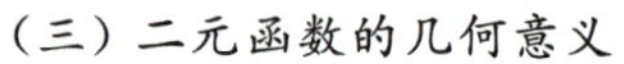

(三) 二元函数的几何意义

我们知道一元函数 $y=f(x)$ 在平面直角坐标系中表示一条曲线. 二元函数 $z=f(x,y)$ 在空间直角坐标系中则表示一个空间曲面.

事实上，设二元函数 $z=f(x,y)$ 的定义域为 xOy 平面上的一个区域 D，对于 D 中的任意一点 $P(x,y)$，将对应的函数值 $z=f(x,y)$ 作为 z 轴方向上的坐标，于是就得到空间一点 $M(x,y,z)$，这些点的全体形成一个空间曲面，称为二元函数 $z=f(x,y)$ 的图形(图 1-32). 该曲面在 xOy 坐标平面上的投影区域就是二元函数 $z=f(x,y)$ 的定义域 D.

例如，二元函数 $z=\sqrt{4-x^2-y^2}$ 的图形是球心在原点、半径为 2 的上半球面(图 1-33)，它在 xOy 平面上的投影区域是在 xOy 平面上以原点为圆心、半径为 2 的闭圆域，即为该函数的定义域.

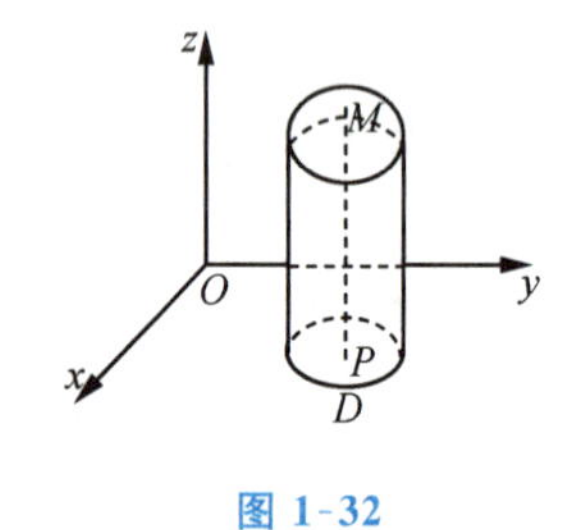

图 1-32

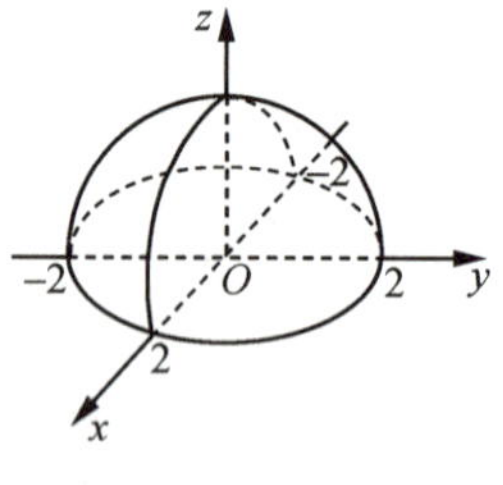

图 1-33

• 知识应用 •

例 2　某学校准备设计一张包括左右两栏的横向张贴的海报，要求四周留下宽 2 dm 的空白，还要留 1 dm 宽的竖直中缝，请建立四周空白面积与印刷尺寸之间的函数关系.

解　设四周空白面积为 S，左栏印刷部分从上到下长 x dm，从左到右宽 y dm($x>0,y>0$). 因此，四周空白面积为

$$S=4(x+4)+4(2y+1)+x=5x+8y+20,$$

即

$$S=5x+8y+20.$$

例 3　制造一个容积等于定数 K 的长方体无盖水池，请建立水池表面积与水池长和宽的函数关系.

解　设水池表面积为 S，水池的长、宽、高分别为 $x,y,h(x>0,y>0)$.

由于长方体容积为 K，则 $h=\dfrac{K}{xy}$. 所以无盖水池的表面积为

$$S=xy+2(xh+yh)=xy+2(x+y)\frac{K}{xy}=xy+2K\left(\frac{1}{x}+\frac{1}{y}\right),$$

即

$$S=xy+2K\left(\frac{1}{x}+\frac{1}{y}\right).$$

· 思想启迪 ·

◎ 可以被一个以原点为圆心、适当长度为半径的圆包围起来的平面区域称为有界区域. 对于我们每个人而言，“有界”也是为人处世的必要法则，做事要有规矩，为人要有底线. 5G 时代已经来临，信息化给我们的生活带来翻天覆地的变化，在网络生活中要严守网络安全纪律，时刻牢记网络无限、自由有界，决不能通过互联网制作、复制、查阅和传播非法信息，更不能利用网络做危害国家安全、泄露国家秘密的事.

· 课外演练 ·

1. 确定并画出以下二元函数的定义域.

(1) $z=\ln(x-y)$；　　(2) $z=\sqrt{4-x^2-y^2}+\dfrac{1}{\sqrt{x^2+y^2-1}}$；

(3) $z=\sqrt{x-\sqrt{y}}$；　　(4) $z=\ln[(16-x^2-y^2)(x^2+y^2-4)]$.

2. 设 $f(x,y)=\dfrac{2xy}{x^2+y^2}$，求 $f(1,2)$，$f(1,-1)$.

3. 设 $f(x+y,x-y)=xy+y^2$，求 $f(x,y)$.

4. 有一块铁皮[图(a)]，宽 24 cm，要把它的两边折起来做成一个梯形断面水槽[图(b)]，请建立水槽横截面面积 S 与倾角 α 及折边长 x 的函数关系.

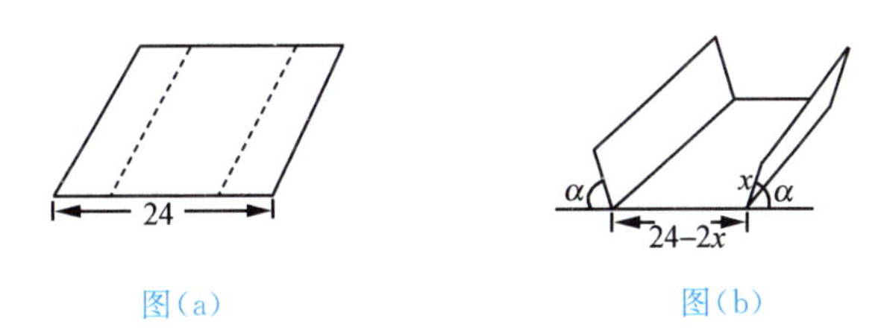

图(a)　　图(b)

1.4* 初识数学软件 Mathematica

·软件简介·

Mathematica 是美国伊利诺伊大学的 Stephen Wolfram 教授创办的 Wolfram 研究公司从 1986 年起开发的一种符号计算与数值计算软件，是一种强大的数学计算、处理和分析的工具，可处理一些基本的数学计算(如符号计算、数值计算、画二维和三维图形等)，也可用于研究和解决工程计算领域中的问题.

使用 Mathematica 输入计算公式和普通文本输入一样，同时按下“Shift”和“Enter”键便可执行计算. 系统将把每次输入记录在案，并自动给每个输入记录用“In[n]”编号，计算结果用“Out[n]”编号. “%”表示上一次计算结果，“%n”表示“Out[n]”的内容，这样可以减少重复输入.

在 Mathematica 中，基本运算符号如表 1-3 所示：

表 1-3

算术运算法则	运算符号	举例
加	+	2+3
减	−	5−2
乘	* 或空格	a * b 或 a b
除	/	15/4
乘方	^	2^4
开平方	Sqrt[]	Sqrt[3]

Mathematica 中函数的自变量应放在方括号内，内部常数和函数须用大写字母开头.

常用常数有：Pi(圆周率 π)，E(自然对数的底 e)，I(虚数单位 i)，Infinity($+\infty$)，Degree($\pi/180$)角度等. 常用数学函数如表 1-4 所示：

表 1-4

函数名	功能
Abs[x]	$\lvert x \rvert$
Exp[x]	e^x
Log[x]	$\ln x$
Log[b,x]	$\log_b x$
Sin[x]	$\sin x$
Cos[x]	$\cos x$
Tan[x]	$\tan x$

续表

函数名	功能
Cot[x]	$\cot x$
ArcSin[x]	$\arcsin x$
ArcCos[x]	$\arccos x$
ArcTan[x]	$\arctan x$

后面会根据内容分别介绍 Mathematica 软件的应用实例.

• 案例导出 •

案例　以下是个人所得税税表,个人所得税的起征点为每月 3500 元.

表 1-5

级数	全月应纳税所得额	税率/%
1	不超过 1500 元的部分	3
2	超过 1500 元至 4500 元的部分	10
3	超过 4500 元至 9000 元的部分	20
4	超过 9000 元至 35000 元的部分	25
5	超过 35000 元至 55000 元的部分	30
6	超过 55000 元至 80000 元的部分	35
7	超过 80000 元的部分	45

根据以上数据编写个人所得税的计算函数,并由此计算月收入为 5800 元和 8356 元时应缴税额.

• 案例分析 •

月收入 x 与应缴税 y 的函数关系是一个分段函数

$$y=f(x)=\begin{cases}0, & x\leqslant 3500,\\(x-3500)\times 3\%, & 3500<x\leqslant 5000,\\45+(x-5000)\times 10\%, & 5000<x\leqslant 8000,\\300+45+(x-8000)\times 20\%, & 8000<x\leqslant 12500,\\900+345+(x-12500)\times 25\%, & 12500<x\leqslant 38500,\\6500+1245+(x-38500)\times 30\%, & 38500<x\leqslant 58500,\\6000+7745+(x-58500)\times 35\%, & 58500<x\leqslant 83500,\\8750+13745+(x-83500)\times 45\%, & x>83500.\end{cases}$$

• 相关知识 •

用数学软件 Mathematica 自定义函数、绘制函数的图形等内容的相关函数与命令为

（1）二维作图 Plot；

（2）三维作图 Plot3D；

（3）二维参数作图 ParametricPlot；

（4）三维参数作图 ParametricPlot3D；

（5）条件语句 Which.

例 1 定义函数 $f(x)=3e^x-\cos 2x$.

解 In[1]:= f[x_]:=3Exp[x]−Cos[2x]

例 2 定义函数 $g(x,y)=x^y$.

解 In[1]:= g[x_,y_]:=x^y

In[2]:= g[2,3]

Out[2]= 8

例 3 用 Mathematica 完成案例.

解 定义函数的命令为

In[1]:= f[x_]:=Which[x<=3500,0,3500<x<=5000,0.03*(x−3500),5000<x<=8000,45+0.1*(x−5000),8000<x<=12500,345+0.2*(x−8000),12500<x<=38500,1245+0.25*(x−12500),38500<x<=58500,7745+0.3*(x−38500),58500<x<=83500,13745+0.35*(x−58500),x>83500,22495+0.45*(x−83500)]

In[2]:= f[5800]

Out[2]= 125

In[3]:= f[8356]

Out[3]= 416.2

例 4 在$[-2\pi,2\pi]$上绘制 $\sin x$（使用红色）和 $\cos x$（使用蓝色）的图形.

解 In[1]:=Plot[{Sin[x],Cos[x]},{x,−2Pi,2Pi},PlotStyle−>{RGBColor[1,0,0],RGBColor[0,0,1]}]

Out[1]=-Graphics-

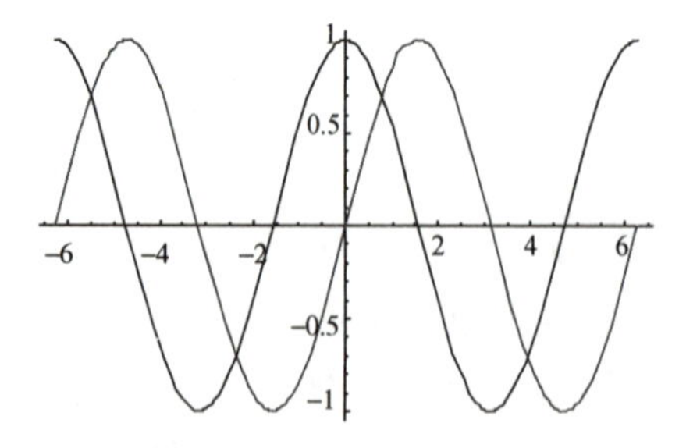

其中 PlotStyle 为画图风格，RGBColor 为控制色彩的函数.

例 5 绘制抛物面 $z=x^2+y^2$ 的图形.

解 在 $x\in[-1,1]$，$y\in[-1,1]$范围内作图.

In[1]:= Plot3D[x^2+y^2,{x,−1,1},{y,−1,1}]

Out[1]= -SurfaceGraphics-

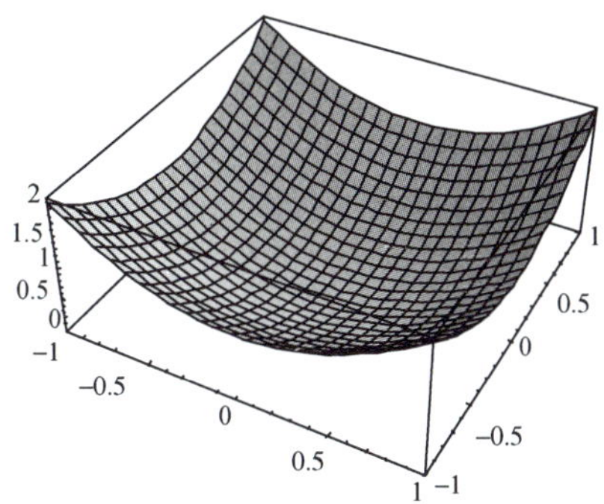

此例也可使用参数方程作图，将方程改写为参数方程 $x=u\cos v, y=u\sin v, z=u^2$，命令为

In[2]:= ParametricPlot3D[{u * Cos[v],u * Sin[v],u^2},
{u,0,2},{v,0,2Pi}]
Out[2]= -Graphics3D-

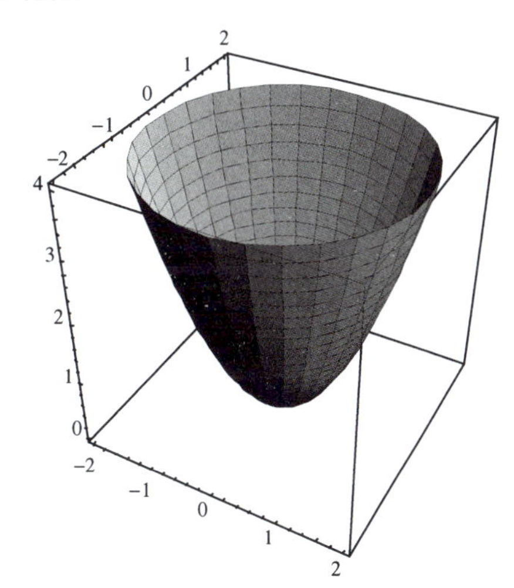

此例中的后一种方法使用了三维参数作图的命令，有时使用参数作图的效果更佳.

• 课堂演练 •

1. 画出 $\sin 2x, \sin x^2, (\sin x)^2$ 在区间[−3,3]上的图形.

2. 画出 $\sin\left(\frac{1}{x}\right)$ 在区间[−2,2]上的图形.

3. 画出椭圆抛物面 $z=\frac{x^2}{3}+\frac{y^2}{4}$ 的图形.

4. 画出锥面 $z^2=x^2+y^2$ 的图形.

5. 画出曲线 $\begin{cases} x=\sin 5t, \\ y=\sin 3t, t\in[0,2\pi] \\ z=\sin t \end{cases}$ 的图形.

名家链接

中国几何学派创始人——苏步青

苏步青(1902—2003),中国几何学派创始人,被称为“东方第一几何学家”.他先后在仿射微分几何、射影微分几何、一般空间微分几何及射影共轭网理论等方面做出了杰出的贡献,创建了国际公认的中国微分几何学派.在70多岁高龄时,他还结合解决船体数学放样的实际课题,创建了计算几何的研究方向.

苏步青出生在浙江省平阳县的一个山村里,童年时代放牛喂猪,干过割草等农活,虽家境清贫,但父母依然省吃俭用供他上学.18岁时,他以优异的成绩,被东京高等工业专科学校电机系录取.1924年3月,他从东京高等工业专科学校毕业后,就报考了东北帝国大学理学院数学系,以两门课均满分的优异成绩,被东北帝国大学数学系录取.

1931年初,怀着对祖国和故乡的眷眷之心,苏步青回到了阔别12年的故土,到浙江大学数学系任教.当时国内的教学条件很差,有时工资都发不出.苏步青克服困难,坚持教学和科研工作,开办了数学讨论班,以严格的标准,培养自己的学生.即使在抗战期间,学校西迁贵州躲避空袭时,他还带着文献,在防空洞里坚持研究,在山洞里为学生举办讨论班.

苏步青带着他的几位早期学生,坚持射影微分几何的研究,取得了一系列的重要成果.他在国际上很有影响力的杂志上发表了多篇论文,在国际几何学界享有崇高的声誉,逐步形成了以苏步青为首的浙江大学微分几何学派.

苏步青从事微分几何、计算几何的研究和教学70余载,将自己的毕生精力无私地奉献给了人民的教育事业,为祖国培养了一大批优秀的数学人才,包括多名中国科学院院士.他不愧为一代数学宗师,深受广大民众包括很多国际友人的崇敬和爱戴.

第二章　极限与连续

教学目标

理解函数极限与连续的概念;掌握计算函数极限的基本方法;能运用极限的思想方法分析实际问题.

内容简介

微积分学是一门研究无限变化过程的学问,而极限则是研究函数值变化趋势的工具.早在两千多年之前,人们在生产和生活实践中,已经萌生了朴素的极限思想,它是微积分学各个不同分支的基础,微分与积分都将借助于极限来描述.因此,将极限及其性质的研究作为学习微积分的起点非常合适.本章首先给出数列极限的概念,接着引入函数极限的基本概念,然后讨论极限的基本性质及基本运算,最后给出函数连续的概念和相关性质.本章在介绍上述概念和性质时,还同时给出它们的一些实际应用.

2.1　极　限

· 案例导出 ·

案例 1　公元 263 年,我国古代数学家刘徽在《九章算术注》中给出了一种求圆的面积的方法——“割圆术”,即用圆的内接正多边形穷竭法来求出圆的面积.

案例 2　公元前 3 世纪,庄子在《庄子 · 天下篇》中有“一尺之棰,日取其半,万世不竭”的名言.简单地说,长度是一尺的木棒,每天取剩余的一半,那么木棒永远取不完.

案例 3　我们知道,生活在自然保护区内的某一种群的野生动物的数量会随着时间的推移而增多或减少,但由于受到自然保护区内的各种资源的限制,该种动物群体的数量不可能无限增多或减少,它会达到一个饱和状态.

案例 4　我们都有过这样的经历:夜晚,如果沿着直线走向前方的路灯,当你越来越靠近路灯时,你身后的影子会越来越短.

案例 5　一般情况下,银行存款利率总是大于零.如果不考虑个人所得税,那么存款的时间越长,则本利和就越大.本利和会随着存款时间的无限延长而无限增大.

案例 6　人们用洗衣机清洗衣物时,洗涤次数越多,则衣物上的污渍就越少.衣物上的污渍会随着洗涤次数的无限增多而趋向于零.

• 案例分析 •

对于案例 1,我们用现代语言来描述刘徽提出的“割圆术”:如图 2-1 所示,先作圆的内接正三角形,记其面积为 S_1,再作圆的内接正六边形,记其面积为 S_2,…,一直下去,记圆的内接正$3\times 2^{n-1}(n=1,2,\cdots)$边形的面积为 S_n,于是得到一个数列 $S_1,S_2,\cdots,S_n,\cdots$. 不难看出,从圆内接正三角形开始,当边数屡次加倍时,圆的内接正多边形的面积逐渐增大,边数愈多则正多边形的面积就愈接近于圆的面积,也即当 n 无限增大时,S_n无限接近于圆的面积 S.

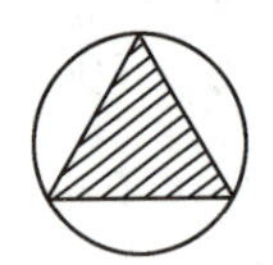

图 2-1

对于案例 2,每天木棒剩余的长度构成一个数列$\left\{\frac{1}{2^n}\right\}$. 我们不难看出,随着时间推移,木棒越来越短,长度越来越接近于 0,即当 n 无限增大时,$\frac{1}{2^n}$无限接近于 0.

案例 1、案例 2 的共同特点是:当 n 无限增大时,对应的数列的项无限接近于一个常数. 我们将在 2.1.1 中专门讨论数列的这种变化趋势.

对于案例 3,设 N 为该种群动物数量,则 N 是时间 t 的函数. 该案例中,当自变量 $t\to +\infty$时,野生动物的数量 N 会趋向于一个定值 A(图 2-2).

对于案例 4,设路灯高为 H,人的高度为 h,人离路灯的距离为 x,人影长度为 y(图 2-3). 由图知$\frac{h}{H}=\frac{y}{x+y}$,从而人影长度 $y=\frac{h}{H-h}x$,其中$\frac{h}{H-h}$是常数. 当人越来越接近路灯($x\to 0$)时,显然人影长度越来越短且无限接近于 0,也即作为 x 的函数 $y=\frac{h}{H-h}x$ 在 $x\to 0$ 时,相应函数值无限接近于常数 0.

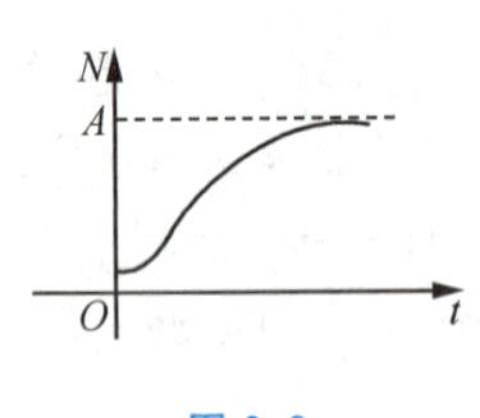

图 2-2

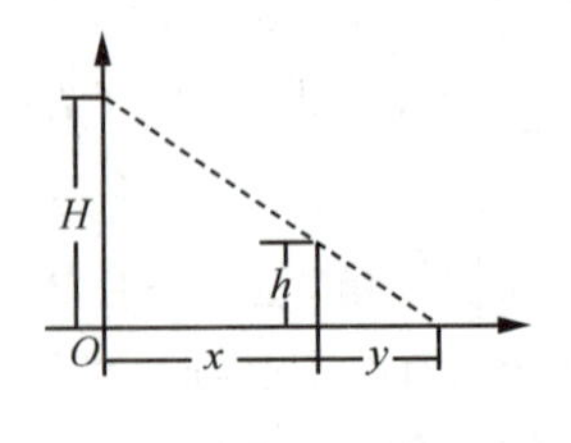

图 2-3

案例 3、案例 4 有一个共同特征:当自变量发生变化时,相应函数值接近于一个常数. 当然它们也有区别,案例 3 中自变量 t 逐渐增大且趋向于$+\infty$,而案例 4 中自变量 x 是无限接近于一个定点. 这正好对应函数极限的两种类型,我们将在 2.1.2 中专门讨论.

案例 5、案例 6 是我们研究许多事物时,经常会遇到的两种情况:一种是事物数量无限增多,另一种是事物的数量趋向于零. 实际上这是函数极限的两种情况,也就是当自变量在某个变化过程中,函数的绝对值无限增大或函数极限为零. 我们将在 2.1.3 中专门来讨论极限的这两种情况.

• 相关知识 •

数列极限

2.1.1　数列的极限

定义 1　对于数列$\{a_n\}$，当n无限增大时，如果a_n无限接近于一个确定的常数A，那么称A是数列$\{a_n\}$的极限，或称数列$\{a_n\}$收敛于A，记为$\lim\limits_{n\to\infty}a_n=A$或$a_n\to A(n\to\infty)$. 如果$\{a_n\}$没有极限，则称数列$\{a_n\}$发散.

有了极限的定义，案例 1、案例 2 的两个数列极限可以分别写为$\lim\limits_{n\to\infty}S_n=S$，$\lim\limits_{n\to\infty}\frac{1}{2^n}=0$.

注意　(1) 如果数列有极限，则数列的极限是唯一的. 也就是说，当n增大时，收敛的数列不可能同时趋近于两个不同的常数. 例如，数列$1,-1,1,-1,\cdots,(-1)^{n-1},\cdots$，当$n$增大时，数列各项时而为 1，时而为$-1$，它们不可能无限趋近于某一个常数，所以数列$\{(-1)^{n-1}\}$发散.

(2) 一般地，任一常数数列的极限是常数本身，即$\lim\limits_{n\to\infty}C=C$.

(3) 上述数列极限的定义是一种描述性的定义，非常直观但比较粗糙，离精确的数学语言定义极限还有一段距离. 需要指出的是，本教材所有有关极限的定义，都采用了直观的描述性定义，精确的数学语言定义请读者参考其他相关书籍.

例 1　观察以下数列，并指出它们的敛散性.

(1) $1,\frac{1}{2},\cdots,\frac{1}{n},\cdots$；　(2) $\frac{1}{2},\frac{2}{3},\cdots,\frac{n}{n+1},\cdots$；　(3) $1,2,3,\cdots,n,\cdots$.

解　分别将这几个数列中的前几项在数轴上表示出来(图 2-4).

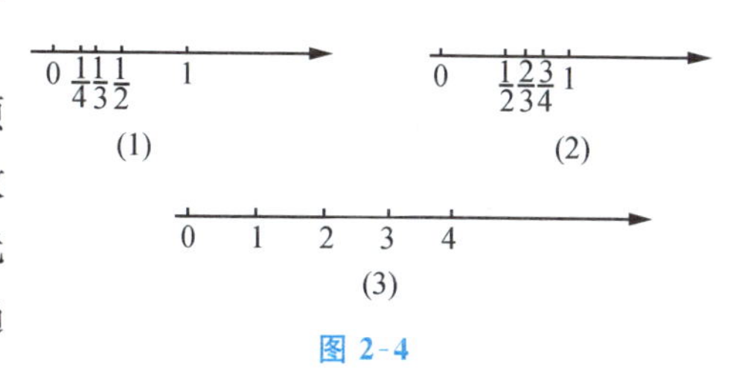

图 2-4

我们从数轴上来观察上述数列中的项随着项数n增大时的变化趋势. 容易看出，当n增大时，数列(1)中的项无限趋近于常数 0，数列(2)中的项无限趋近于常数 1，而数列(3)中的项无限增大，不趋近于某一个常数.

因此，数列$\left\{\frac{1}{n}\right\}$及$\left\{\frac{n+1}{n}\right\}$收敛，且$\lim\limits_{n\to\infty}\frac{1}{n}=0$，$\lim\limits_{n\to\infty}\frac{n}{n+1}=1$，而数列$\{n\}$是发散的.

例 2　观察数列$0.9,0.99,0.999,\cdots,0.\underbrace{9\cdots9}_{n个},\cdots$，写出该数列的通项并指出它的敛散性.

解　我们发现数列的各项可变为$1-\frac{1}{10},1-\frac{1}{10^2},1-\frac{1}{10^3},\cdots,1-\frac{1}{10^n},\cdots$，因此该数列的通项为$1-\frac{1}{10^n}$. 可以看出，随着$n$的增大，该数列无限接近于 1，所以$\lim\limits_{n\to\infty}\left(1-\frac{1}{10^n}\right)=1$.

2.1.2 函数的极限

函数极限($x\to\infty$)

(一) 当 $x\to\infty$ 时，函数 $f(x)$ 的极限

定义 2 对于函数 $y=f(x)$，当自变量 x 取正值且无限增大(记为 $x\to+\infty$)时，函数值 $f(x)$ 无限接近于一个确定的常数 A，那么 A 称为函数 $f(x)$ 当 $x\to+\infty$ 时的极限，记为 $\lim\limits_{x\to+\infty}f(x)=A$ 或 $f(x)\to A(x\to+\infty)$.

案例 3 就是该类极限，即 $\lim\limits_{t\to+\infty}N(t)=A$.

例 3 讨论函数 $y=\dfrac{x+1}{x}$、函数 $y=\left(\dfrac{1}{2}\right)^x$ 及函数 $y=2^x$ 在 $x\to+\infty$ 时的极限.

解 分别作出函数 $y=\dfrac{x+1}{x}$、函数 $y=\left(\dfrac{1}{2}\right)^x$ 及函数 $y=2^x$ 的图形(图2-5).

由图可以看出 $\lim\limits_{x\to+\infty}\dfrac{x+1}{x}=1$，$\lim\limits_{x\to+\infty}\left(\dfrac{1}{2}\right)^x=0$，而当 $x\to+\infty$ 时函数 $y=2^x$ 的极限不存在.

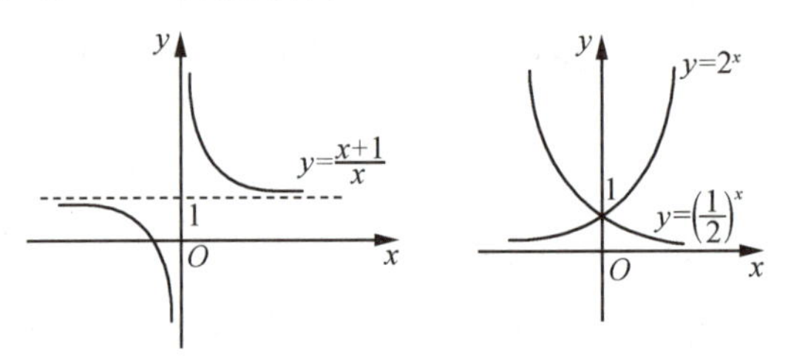

图 2-5

类似地，当自变量 x 取负值且 $|x|$ 无限增大(记为 $x\to-\infty$)时，如果函数 $f(x)$ 无限接近于某一确定的常数 A，那么 A 称为函数 $f(x)$ 当 $x\to-\infty$ 时的极限，记为 $\lim\limits_{x\to-\infty}f(x)=A$ 或 $f(x)\to A(x\to-\infty)$.

对于例 3 中的三个函数，由图 2-5 可得 $\lim\limits_{x\to-\infty}\dfrac{x+1}{x}=1$，$\lim\limits_{x\to-\infty}2^x=0$，而当 $x\to-\infty$ 时函数 $y=\left(\dfrac{1}{2}\right)^x$ 的极限不存在.

事实上，前面我们分别讨论了当自变量 x 沿着 x 轴的正负两个方向中的某个方向无限增大时函数 $f(x)$ 的极限. 下面给出当自变量 x 沿着 x 轴的正负两个方向同时无限增大时，也就是 $|x|$ 无限增大(记为 $x\to\infty$)时，函数 $f(x)$ 的极限定义如下：

定义 3 对于函数 $y=f(x)$，当 $x\to\infty$ 时，相应的函数值 $f(x)$ 无限接近于一个确定的常数 A，那么 A 称为函数 $f(x)$ 当 $x\to\infty$ 时的极限，记为 $\lim\limits_{x\to\infty}f(x)=A$ 或 $f(x)\to A(x\to\infty)$.

例 4 讨论函数 $y=\dfrac{x+1}{x}$、函数 $y=\left(\dfrac{1}{2}\right)^x$ 及函数 $y=2^x$ 在 $x\to\infty$ 时的极限.

解 观察图 2-5，当 $x\to+\infty$ 时，$y=\dfrac{x+1}{x}\to1$；当 $x\to-\infty$ 时，$y=\dfrac{x+1}{x}\to1$. 因此，当 $|x|$ 无限增大时，函数 $y=\dfrac{x+1}{x}$ 无限接近于常数 1，即 $\lim\limits_{x\to\infty}\dfrac{x+1}{x}=1$.

对于函数 $y=\left(\frac{1}{2}\right)^x$，虽然当 $x\to+\infty$ 时，$\left(\frac{1}{2}\right)^x\to 0$，但是当 $x\to-\infty$ 时，函数 $y=\left(\frac{1}{2}\right)^x$ 的极限不存在. 因此，当 $|x|$ 无限增大时，函数 $y=\left(\frac{1}{2}\right)^x$ 不可能接近于同一个常数，即当 $x\to\infty$ 时，函数 $y=\left(\frac{1}{2}\right)^x$ 的极限不存在.

同理，当 $x\to\infty$ 时，函数 $y=2^x$ 的极限也不存在.

我们由例 4 可以看出，在讨论极限时，自变量的趋向方式非常关键. 另外，我们还容易得到下面的结论成立：$\lim\limits_{x\to\infty}f(x)$ 存在当且仅当 $\lim\limits_{x\to+\infty}f(x)$ 和 $\lim\limits_{x\to-\infty}f(x)$ 都存在且相等，即 $\lim\limits_{x\to\infty}f(x)=A\Leftrightarrow\lim\limits_{x\to+\infty}f(x)=\lim\limits_{x\to-\infty}f(x)=A$.

（二）当 $x\to x_0$ 时，函数 $f(x)$ 的极限

案例 4 给出了一个研究自变量无限接近于某一固定点时函数的变化趋势的例子. 类似于极限 $\lim\limits_{x\to\infty}f(x)$ 的定义，我们可以给出自变量 x 从固定点 x_0 左右两侧同时接近于 x_0（记作 $x\to x_0$）时，函数 $f(x)$ 极限的定义.

定义 4　对于函数 $f(x)$，当 $x\to x_0$ 时，相应的函数值 $f(x)$ 无限接近于一个确定的常数 A，那么 A 称为函数 $f(x)$ 当 $x\to x_0$ 时的极限，记为 $\lim\limits_{x\to x_0}f(x)=A$ 或 $f(x)\to A(x\to x_0)$.

有了该定义，案例 4 的人影问题可表示为 $\lim\limits_{x\to 0}\frac{h}{H-h}x=0$.

函数极限（$x\to x_0$）

例 5　讨论 $x\to 2$ 时，函数 $y=x+2$ 及函数 $y=\frac{x^2-4}{x-2}$ 的极限.

解　作出函数 $y=x+2$ 的图形（图 2-6），从图 2-6 看出，当 x 从 2 的两侧接近 2 时，函数图象上的点无限接近点 $(2,4)$，也就是函数值无限接近于 4，因此 $\lim\limits_{x\to 2}(x+2)=4$.

对于函数 $y=\frac{x^2-4}{x-2}$，它的定义域为 $(-\infty,2)\cup(2,+\infty)$，在 $x=2$ 处该函数没有定义，它的图形是挖去一点的直线（图 2-7），当 x 从 2 的两侧接近 2 时，函数图象上的点也无限接近于空心点 $(2,4)$，因此 $\lim\limits_{x\to 2}\frac{x^2-4}{x-2}=4$.

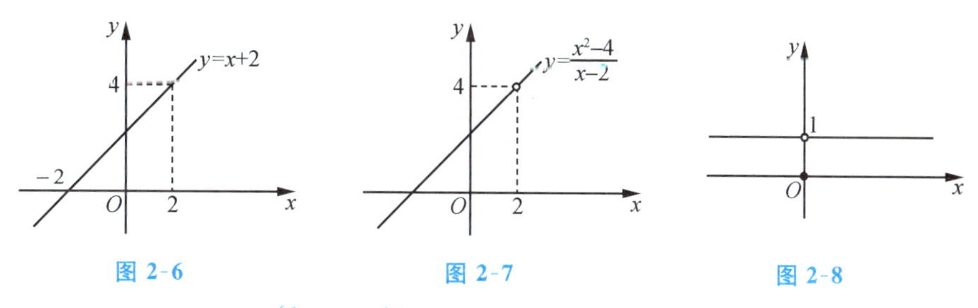

图 2-6　图 2-7　图 2-8

例 6　作出函数 $f(x)=\begin{cases}1, & x\neq 0,\\ 0, & x=0\end{cases}$ 的图形，观察 $x\to 0$ 时，函数 $f(x)$ 的极限.

解　该函数是分段函数（图 2-8），从图上看出，当 x 从 0 的两侧接近于 0 时，函数图象上的点无限接近于空心点 $(0,1)$，也就是函数值无限接近于 1，因此 $\lim\limits_{x\to 0}f(x)=1$.

例 5 和例 6 表示，当 $x\to x_0$ 时，函数 $f(x)$ 的极限存在，但函数 $f(x)$ 在 x_0 处可以没有定义. 即使函数 $f(x)$ 在 x_0 处有定义，极限 A 也未必等于 $f(x_0)$. 另外，需要指出的是，该类极限研究的是 x 在固定点 x_0 的附近变化时，函数 $f(x)$ 的变化趋势.

前面讨论了自变量 x 从固定点 x_0 左右两侧同时趋近于 x_0 时函数 $f(x)$ 的极限，我们有时还会遇到只需要考虑自变量 x 从 x_0 某一侧趋近于 x_0 时函数的极限. 如函数 $y=\ln x$，只能考查 x 从 0 的右侧趋近于 0 的极限. 类似于定义 4，我们给出 x 仅从 x_0 左侧趋近于 x_0（记作 $x\to x_0^-$）时，或者 x 仅从 x_0 右侧趋近于 x_0（记作 $x\to x_0^+$）时，函数 $f(x)$ 极限的定义.

定义 5　对于函数 $f(x)$，当 $x\to x_0^-$（$x\to x_0^+$）时，如果函数值 $f(x)$ 无限接近于一个确定的常数 A，那么 A 称为函数 $f(x)$ 在 x_0 处的左极限（右极限），记为 $\lim\limits_{x\to x_0^-}f(x)=A$（$\lim\limits_{x\to x_0^+}f(x)=A$）.

依据 $x\to x_0^-$，$x\to x_0^+$ 及 $x\to x_0$ 的含义，函数 $f(x)$ 在 x_0 处的左右极限与在点 x_0 处的极限有如下关系：

函数 $f(x)$ 在 x_0 处的极限存在的充分必要条件是 $f(x)$ 在 x_0 处的左右极限都存在且相等，即 $\lim\limits_{x\to x_0}f(x)=A\Leftrightarrow\lim\limits_{x\to x_0^-}f(x)=\lim\limits_{x\to x_0^+}f(x)=A$.

该结论常用于讨论分段函数在分段点处极限的存在性.

分段点处的极限

例 7　已知函数 $f(x)=\begin{cases}-x, & x\leqslant 0,\\ x, & 0<x\leqslant 1,\\ x+1, & x>1,\end{cases}$ 讨论分段点处函数 $f(x)$ 的极限.

解　作出函数 $f(x)$ 的图形（图 2-9），由图可见：

在分段点 0 处，$\lim\limits_{x\to 0^-}f(x)=\lim\limits_{x\to 0^-}(-x)=0$，$\lim\limits_{x\to 0^+}f(x)=\lim\limits_{x\to 0^+}x=0$，

因此 $\lim\limits_{x\to 0}f(x)=0$；

在分段点 1 处，因为 $\lim\limits_{x\to 1^-}f(x)=\lim\limits_{x\to 1^-}x=1$，$\lim\limits_{x\to 1^+}f(x)=\lim\limits_{x\to 1^+}(x+1)=2$，

则 $\lim\limits_{x\to 1^-}f(x)\neq\lim\limits_{x\to 1^+}f(x)$，所以函数 $f(x)$ 在分段点 1 处极限不存在.

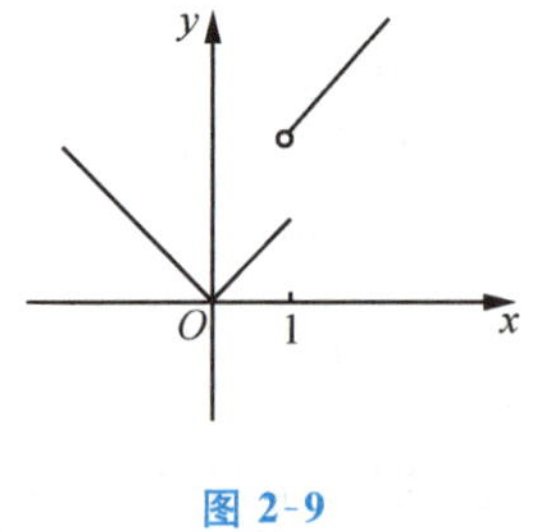

图 2-9

思考　在上例中，讨论分段点 0 处的右极限时，落在区间 $0<x\leqslant 1$ 和 $x>1$ 的自变量 x 均是正值，为什么 $f(x)$ 的表达式取 x 而不取 $x+1$？

说明　(1) 以上我们引入了六种类型的极限，即 $\lim\limits_{x\to\infty}f(x)$，$\lim\limits_{x\to-\infty}f(x)$，$\lim\limits_{x\to+\infty}f(x)$ 和 $\lim\limits_{x\to x_0}f(x)$，$\lim\limits_{x\to x_0^-}f(x)$，$\lim\limits_{x\to x_0^+}f(x)$，为统一讨论它们共有的特性，若不特别指出是其中哪种极限时，本书将用 $\lim f(x)$ 或 $\lim y$ 泛指其中任何一种.

(2) 前面我们讨论的均为一元函数的极限，对于二元函数 $z=f(x,y)$，我们可以给出类似于一元函数的极限的描述性定义：当动点 P 无限接近于定点 P_0 时（记为 $P\to P_0$），若函数 $z=f(x,y)$ 的函数值无限接近于一个确定的常数 A，则称 A 为函数 $z=f(x,y)$ 的极限，简记为 $\lim\limits_{P\to P_0}f(x,y)=A$. 事实上，对于一元函数而言，自变量 x 接近于 x_0 时只有左右两种方式，而二元函数 $z=f(x,y)$ 的定义域为平面上的点集，当动点 P 无限接近于定点 P_0 时，接近的方式有任意多种，因此二元函数的极限远比一元函数的极限要复杂，本书不再对二元函数的极

限进行具体讨论.

2.1.3　无穷大与无穷小

无穷大与无穷小

（一）无穷大

定义 6　对于函数 $y=f(x)$，在自变量 x 的某种变化方式下，如果函数值的绝对值 $|f(x)|$ 无限增大，则称 $f(x)$ 为该方式下的无穷大量（简称无穷大），记为 $\lim f(x)=\infty$.

例如，案例 5 中的银行存款的本利和实际上是存款时间无限延长时的无穷大量. 再如，函数 $f(x)=\dfrac{1}{x-1}$，在 $x\to 1$ 时，$|f(x)|$ 无限增大（图 2-10）. 因此，$\lim\limits_{x\to 1}\dfrac{1}{x-1}=\infty$.

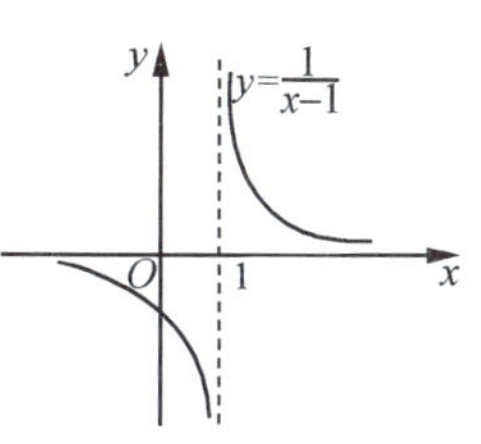

图 2-10

注意　(1) 定义 6 中，“∞”是一个记号，并非确定的数，它仅表示“$f(x)$的绝对值无限增大”.

(2) 无穷大是极限不存在的一种情形，$\lim f(x)=\infty$ 只是借用极限记号，并不表示极限存在. 简单地说，无穷大即极限不存在. 但是，极限不存在不一定是无穷大. 如函数 $y=\sin\dfrac{1}{x}$，由图 2-11 可知，当 $x\to 0$ 时，函数值无限振荡，即该函数的极限不存在，而 $\left|\sin\dfrac{1}{x}\right|\leqslant 1$，函数 $y=\sin\dfrac{1}{x}$ 在定义域内是有界的，函数值的绝对值不会无限增大，即 $x\to 0$ 时，函数 $y=\sin\dfrac{1}{x}$ 不是无穷大量，因而 $\lim\limits_{x\to 0}\sin\dfrac{1}{x}=\infty$ 是错误写法.

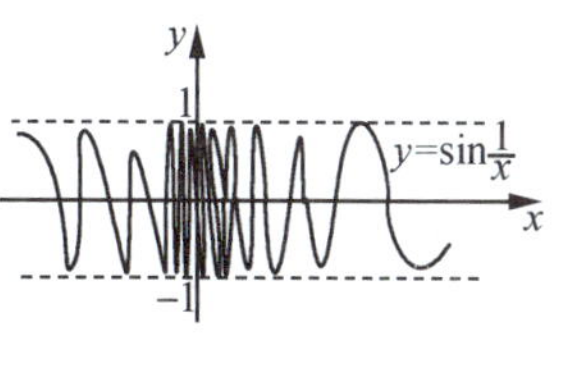

图 2-11

(3) 在该定义中，如果相应的函数值 $f(x)$（或 $-f(x)$）无限增大，则称 $f(x)$ 为该方式下的正无穷大量（或负无穷大量），记为 $\lim f(x)=+\infty$（或 $\lim f(x)=-\infty$）. 例如，$\lim\limits_{x\to+\infty}2^x=+\infty$，$\lim\limits_{x\to-\infty}\dfrac{1}{2^x}=+\infty$，$\lim\limits_{x\to 0^+}\ln x=-\infty$（从这些函数图形不难得出）.

(4) 函数 $f(x)$ 是无穷大（或下文中的无穷小），是与自变量 x 的变化方式紧密相连的，因此说函数是无穷大（或无穷小）时，必须指明 x 的变化方式. 例如，函数$\dfrac{1}{x}$是 $x\to 0$ 时的无穷大量，而当 x 趋向于其他数值时它就不是无穷大.

（二）无穷小

1. 无穷小的定义

定义 7　对于函数 $y=f(x)$，在自变量 x 的某种变化方式下，如果函数 $f(x)$ 以 0 为极限，即 $\lim f(x)=0$，则称 $f(x)$ 为该方式下的无穷小量（简称无穷小）.

例如，案例 6 中的衣物污渍是洗涤次数无限增多时的无穷小量. 再如，由于 $\lim\limits_{x\to 1}(x-1)=0$（图 2-12），从而 $x\to 1$ 时，函数 $(x-1)$ 是无穷

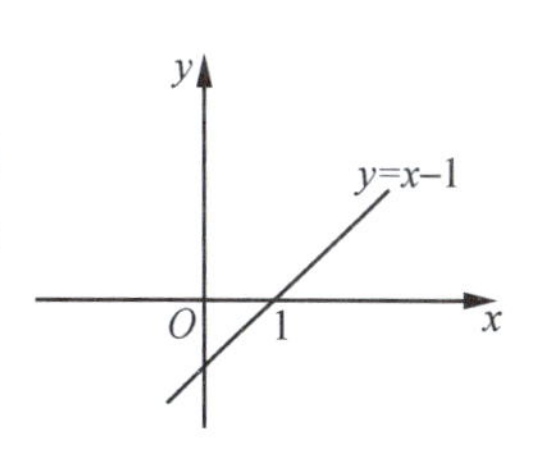

图 2-12

小量. 又如,因为 $\lim\limits_{x\to-\infty} 2^x=0$, $\lim\limits_{x\to+\infty}\frac{1}{2^x}=0$,从而函数 2^x 和 $\frac{1}{2^x}$ 分别是 $x\to-\infty$ 和 $x\to+\infty$ 时的无穷小量.

2. 无穷小的性质

性质 1 有限个无穷小量的代数和仍然是无穷小量.

性质 2 无穷小量与有界量的乘积仍然是无穷小量.

例 8 求 $\lim\limits_{x\to0}x\sin\frac{1}{x}$.

解 因为 $\lim\limits_{x\to0}x=0$,所以 $x\to0$ 时,x 是无穷小量. 又由于 $\left|\sin\frac{1}{x}\right|\leqslant1$,即函数 $y=\sin\frac{1}{x}$ 是有界函数,因此 $x\sin\frac{1}{x}$ 仍为 $x\to0$ 时的无穷小量,即 $\lim\limits_{x\to0}x\sin\frac{1}{x}=0$.

例 9 求 $\lim\limits_{x\to\infty}\frac{\sin x}{x}$.

解 因为 $\frac{\sin x}{x}=\frac{1}{x}\cdot\sin x$,而 $\frac{1}{x}$ 是 $x\to\infty$ 时的无穷小量,函数 $\sin x$ 是有界函数,所以 $\frac{1}{x}\cdot\sin x$ 仍为 $x\to\infty$ 时的无穷小量,即 $\lim\limits_{x\to\infty}\frac{\sin x}{x}=0$.

(三) 无穷大与无穷小的关系

无穷大与无穷小之间有着密切的关系,从上文的讨论中可见一些端倪.

函数 $f(x)=2^x$ 是 $x\to+\infty$ 时的无穷大量,它的倒数 $\frac{1}{2^x}$ 则是 $x\to+\infty$ 时的无穷小量;函数 $f(x)=x-1$ 是 $x\to1$ 时的无穷小量,而它的倒数 $\frac{1}{x-1}$ 则是 $x\to1$ 时的无穷大量. 总结这种规律,可以有以下定理(定理中的无穷大、无穷小都是相对于自变量的同一变化过程而言).

定理 若 $\lim f(x)=\infty$,则 $\lim\frac{1}{f(x)}=0$;反之,若 $\lim f(x)=0$,且 $f(x)\neq0$,则 $\lim\frac{1}{f(x)}=\infty$.

该定理告诉我们,在自变量 x 的同一变化过程中,无穷大量与无穷小量(除零以外)互为倒数.

• 知识应用 •

例 10 一只小球从 1 m 的高度落下,每次落地后弹回的高度为上次高度的 $\frac{2}{3}$,写出小球第 n 次弹回时所处的高度 a_n,并指出数列 a_n 的敛散性.

解 小球第 $1,2,\cdots,n,\cdots$ 次弹回时所处的高度依次为 $\frac{2}{3},\left(\frac{2}{3}\right)^2,\cdots,\left(\frac{2}{3}\right)^n,\cdots$,所以 $a_n=\left(\frac{2}{3}\right)^n$. 从数列的变化趋势可以看出,随着次数 n 的增大,数列无限接近于 0,因此 $\lim\limits_{n\to\infty}\left(\frac{2}{3}\right)^n=0$. 这与实际情况是相符合的.

一般地,对于公比为 q 的等比数列 $a_n=a_1q^{n-1}(a_1\neq 0)$,当 $|q|<1$ 时,数列 a_n 收敛且 $\lim\limits_{n\to\infty}a_n=0$.

例 11 若某人有本金 A 元,银行存款年利率为 $r(r>0)$,不考虑个人所得税. 试建立此人 n 年末的本利和数列,分析此数列的极限并解释实际意义.

解 n 年末的本利和为 $a_n=A(1+r)^n(r>0)$. 该数列是等比数列,公比 $q=1+r>1$,所以数列 a_n 是发散的. 容易看出,随着 n 的增大,数列 a_n 无限增大. 其实际意义为:本利和随着存款时间延长而增加,当存款时间无限长时,本利和也无限增加.

例 12 如图 2-13 所示,矩形波在一个周期$[-\pi,\pi)$内的函数为 $f(x)=\begin{cases}-A, & -\pi\leqslant x<0,\\ A, & 0\leqslant x<\pi,\end{cases}$ 其中 $A>0$ 为常数,讨论 $x\to 0$ 时,函数 $f(x)$ 的极限是否存在.

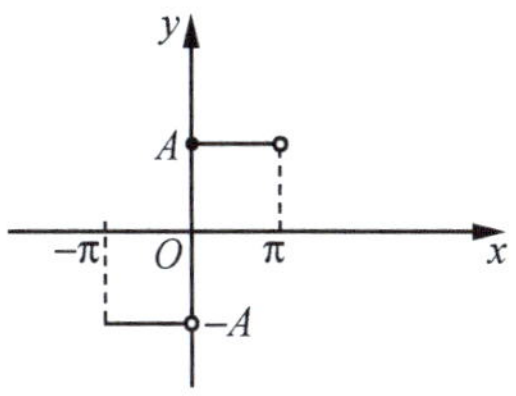

图 2-13

解 由图 2-13 可见:

$$\lim_{x\to 0^-}f(x)=\lim_{x\to 0^-}(-A)=-A,\ \lim_{x\to 0^+}f(x)=\lim_{x\to 0^+}A=A.$$

因为 $\lim\limits_{x\to 0^-}f(x)\neq\lim\limits_{x\to 0^+}f(x)$,所以函数 $f(x)$ 在分段点 0 处极限不存在.

例 13 已知某水箱中装有 50 L 的纯水,现将每升含 3 g 的盐水以 5 L/s 的速度注入该水箱,请分析随着盐水注入时间 t 的推移,水箱中盐水浓度的变化趋势.

解 水箱中盐水浓度 ρ 是盐水注入时间 t 的函数,由题意容易得到 $\rho(t)=\dfrac{15t}{50+5t}=\dfrac{3t}{10+t}$.

因为 $\rho(t)=\dfrac{3t}{10+t}=\dfrac{3}{\dfrac{10}{t}+1}$,所以刚开始时,水箱中盐水的浓度小于注入盐水的浓度,但随着盐水注入时间 t 的推移,水箱中盐水的浓度会逐渐增大,当 $t\to+\infty$ 时,由于极限 $\lim\limits_{t\to+\infty}\rho(t)=\lim\limits_{t\to+\infty}\dfrac{3t}{10+t}=\lim\limits_{t\to+\infty}\dfrac{3}{\dfrac{10}{t}+1}=3$(无穷大的倒数是无穷小),因而随着盐水注入时间 t 的无限延长,水箱中盐水的浓度将无限接近于注入盐水的浓度.

· 思想启迪 ·

◎ 数列的极限 $\lim\limits_{n\to\infty}a_n=A$ 中蕴含着丰富的辩证思想:数列$\{a_n\}$中的每一项 a_n 未必都是 A,反映了过程与结果相对立的一面;但取极限的结果又使 a_n 转化为 A,这又反映了过程与结果相统一的一面,体现了"由量变到质变"的唯物辩证思想. 极限是利用有限来认识无限的一种数学方法,同时也说明极限是有限与无限的对立统一. 如果 A 代表我们的人生目标,a_n 就代表为此目标做出的不懈努力和奋斗,极限的描述性定义就如我们为了理想奋斗的过程,不忘初心,砥砺前行,精益求精,无限接近,方得始终.

◎ 唐代诗人李白的诗作"故人西辞黄鹤楼,烟花三月下扬州;孤帆远影碧空尽,唯见长江天际流”，意境深远，亦诗亦画. 这首诗淋漓尽致地刻画了无穷小的意境，“帆影”渐远渐小，可以看作一个随时间变化而趋于零的量，充分体现了诗人李白送别友人时的依依不舍之情.

◎ 墨子说，“穷：或不容尺，有穷；莫不容尺，无穷也. 始：时或有久，或无久. 始当无久.”墨子在这句话中分析了“有穷”“无穷”的定义. 墨子认为宇宙无边无际，时间无始无终，含有无穷大和无穷小的思想. 每个人的生活都是由一件件小事组成的，养小德才能成大德；不以善小而不为，不以恶小而为之.

• 课外演练 •

1. 观察以下数列，当 $n\to\infty$ 时，指出哪些数列收敛，哪些数列发散；若收敛，写出其极限.

(1) $a_n=(-1)^n\dfrac{1}{n}$；

(2) $a_n=1+(-1)^n$；

(3) $a_n=1-\dfrac{1}{10^n}$；

(4) $a_n=\sin\dfrac{n\pi}{2}$.

2. 通过函数图形指出以下函数的极限.

(1) $\lim\limits_{x\to+\infty}\mathrm{e}^{-x}$；

(2) $\lim\limits_{x\to-\infty}\arctan x$；

(3) $\lim\limits_{x\to1}\ln x$；

(4) $\lim\limits_{x\to-1}\dfrac{x^2-1}{x+1}$.

3. 画出函数 $f(x)=\begin{cases}x^2+1, & x<0,\\ x+1, & x>0\end{cases}$ 的图形，讨论 $f(x)$ 当 $x\to0$ 时极限是否存在.

4. 讨论当 $x\to0$ 时函数 $f(x)=\dfrac{|x|}{x}$ 极限的存在性.

5. 指出以下函数在自变量相应的变化过程中是无穷大还是无穷小.

(1) $\tan x\left(x\to\dfrac{\pi}{2}\right)$；

(2) $2^x(x\to-\infty)$；

(3) $2^x(x\to+\infty)$；

(4) $\dfrac{x^2-4}{x+2}(x\to2)$.

6. 函数 $f(x)=\dfrac{x-1}{x+2}$ 在什么条件下是无穷大，在什么条件下是无穷小？

7. 求下列极限.

(1) $\lim\limits_{n\to\infty}\dfrac{\sin\dfrac{n\pi}{2}}{n}$；

(2) $\lim\limits_{x\to\infty}\dfrac{\arctan x}{x}$；

(3) $\lim\limits_{x\to\infty}\dfrac{\sin 2x}{x+1}$；

(4) $\lim\limits_{x\to0}\dfrac{|x|}{x}\sin x$.

8. 设 S_n 是半径为 r 的圆的内接正 n 边形的面积 $(n=3,4,5,\cdots)$，求 S_n 并猜测极限 $\lim\limits_{n\to\infty}S_n$.

2.2 函数极限的运算

· 案例导出 ·

案例 1 某公司推出一款新游戏，其销售量 $s(t)=\dfrac{200t}{t^2+100}$ 是销售时间 t 的函数，如果要对该产品进行长期销售，请你对销售量进行预测.

案例 2 请借用我国古代数学家刘徽的“割圆术”思想，求半径为 r 的圆的面积.

案例 3 设某人以本金 p 元进行一项投资，年利率为 r. 如果计算连续复利(每时每刻计算利息)，求 t 年后其获得的本息.

案例 4 我们知道，自变量的同一变化过程的两个无穷小量的商未必是无穷小量. 请举例并分析.

· 案例分析 ·

对于案例 1，由于要对该产品进行长期销售，要对销售量进行预测，即求 $t\to+\infty$ 时，销售量 $s(t)=\dfrac{200t}{t^2+100}$ 的极限. 前面我们讨论函数极限时，基本上是通过函数图形来观察和分析函数值的变化趋势，从而求出函数的极限. 本案例涉及的函数 $s(t)$ 结构稍显复杂，通过图形观察分析比较困难. 因此，我们有必要讨论一些结构复杂的函数的极限的运算方法——极限的四则运算法则.

对于案例 2，根据“割圆术”的思想，设 S_n 为圆的内接正 n 边形的面积($n=3,4,\cdots$)，则极限 $\lim\limits_{n\to\infty}S_n$ 为圆的面积. 容易求得 $S_n=\dfrac{n}{2}r^2\sin\dfrac{2\pi}{n}$，若以 x 代替 $\dfrac{2\pi}{n}$，则 $\lim\limits_{n\to\infty}S_n=\lim\limits_{n\to\infty}\dfrac{n}{2}r^2\sin\dfrac{2\pi}{n}=\pi r^2\lim\limits_{x\to0}\dfrac{\sin x}{x}$，由此归结为计算极限 $\lim\limits_{x\to0}\dfrac{\sin x}{x}$.

对于案例 3，如果以年为单位计算复利(每年计息一次，并把利息加入本金，重复计息)，则 t 年后的本息将为 $p(1+r)^t$. 若以 $\dfrac{1}{n}$ 年为单位计算复利(如 $n=12$ 时就是按月计算复利)，则 $\dfrac{1}{n}$ 年的利率为 $\dfrac{r}{n}$，t 年后的本息将为 $p\left(1+\dfrac{r}{n}\right)^{nt}$. 现在要求计算连续复利(即每时每刻计算利息)，相当于 $n\to\infty$ 时，计算极限 $\lim\limits_{n\to\infty}p\left(1+\dfrac{r}{n}\right)^{nt}$. 若以 x 代替 $\dfrac{r}{n}$，则 $\lim\limits_{n\to\infty}p\left(1+\dfrac{r}{n}\right)^{nt}=p\lim\limits_{x\to0}[(1+x)^{\frac{1}{x}}]^{rt}$，由此归结为计算极限 $\lim\limits_{x\to0}(1+x)^{\frac{1}{x}}$ 或 $\lim\limits_{t\to\infty}\left(1+\dfrac{1}{t}\right)^t$.

事实上，极限 $\lim\limits_{x\to0}\dfrac{\sin x}{x}$ 和 $\lim\limits_{x\to\infty}\left(1+\dfrac{1}{x}\right)^x$ (或 $\lim\limits_{x\to0}(1+x)^{\frac{1}{x}}$) 在科学技术及以后的极限计算中十分有用，我们称之为两个重要极限，将在 2.2.2 中专门讨论.

自变量的同一变化过程的两个无穷小量的和、差、积仍然是该过程的无穷小量，但两个无穷小的商则未必是无穷小. 例如, $x, 2x, x^2$ 均是 $x\to 0$ 时的无穷小量, 而 $\lim\limits_{x\to 0}\frac{x^2}{2x}=0$, $\lim\limits_{x\to 0}\frac{2x}{x^2}=\infty$, $\lim\limits_{x\to 0}\frac{2x}{x}=2$. 我们来看当 $x\to 0$ 时, $x, 2x, x^2$ 的数值变化情况(表 2-1).

表 2-1

x	1	0.5	0.1	0.01	0.001	$\to 0$
$2x$	2	1	0.2	0.02	0.002	$\to 0$
x^2	1	0.25	0.01	0.0001	0.000001	$\to 0$

从表 2-1 可以清楚地看出, 三个无穷小趋于 0 的速度是有差别的. 事实上, 这些极限的不同反映的是无穷小趋于零的速度上的差异. 我们将在 2.2.3 中讨论无穷小的比较.

· 相关知识 ·

极限的四则运算法则

2.2.1 极限的四则运算法则

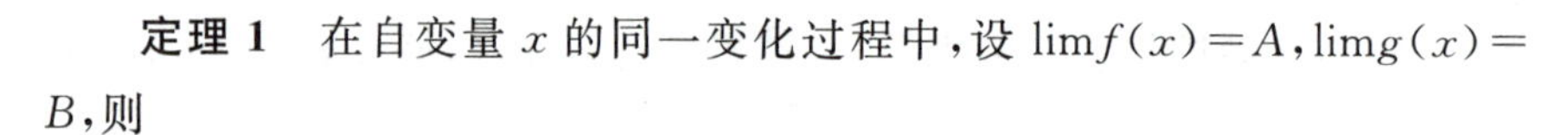
定理 1 在自变量 x 的同一变化过程中, 设 $\lim f(x)=A$, $\lim g(x)=B$, 则

(1) $\lim[f(x)\pm g(x)]=\lim f(x)\pm\lim g(x)=A\pm B$;

(2) $\lim[f(x)g(x)]=\lim f(x)\lim g(x)=AB$;

(3) 若 $B\neq 0$, 则 $\lim\frac{f(x)}{g(x)}=\frac{\lim f(x)}{\lim g(x)}=\frac{A}{B}$.

由定理 1 的(2), 我们容易得到以下推论.

推论 (1) $\lim[Cf(x)]=C\lim f(x)$ (C 为常数);

(2) 若 $\lim f(x)$ 存在, 则 $\lim[f(x)]^n=[\lim f(x)]^n$ (n 为有限数).

对于推论(2), 容易得到 $\lim\limits_{x\to x_0}x^n=x_0^n$.

例 1 求 $\lim\limits_{x\to 2}(x^2+3x-2)$.

解 $\lim\limits_{x\to 2}(x^2+3x-2)=\lim\limits_{x\to 2}x^2+\lim\limits_{x\to 2}(3x)-2=4+3\lim\limits_{x\to 2}x-2=4+6-2=8$.

对于多项式函数 $P_n(x)=a_nx^n+a_{n-1}x^{n-1}+\cdots+a_1x+a_0$, 类似于该例, 容易得到 $\lim\limits_{x\to x_0}P_n(x)=a_nx_0^n+a_{n-1}x_0^{n-1}+\cdots+a_1x_0+a_0=P_n(x_0)$, 也就是说在求多项式函数在某个定点处的极限时, 只要将定点代入函数表达式, 对应的函数值即为极限.

例 2 求 $\lim\limits_{x\to -1}\frac{x^3+2x-1}{x-1}$.

解 因为 $\lim\limits_{x\to -1}(x-1)=-2\neq 0$, 所以 $\lim\limits_{x\to -1}\frac{x^3+2x-1}{x-1}=\frac{\lim\limits_{x\to -1}(x^3+2x-1)}{\lim\limits_{x\to -1}(x-1)}=\frac{-4}{-2}=2$.

例 3 求 $\lim\limits_{x\to 1}\frac{x^2+1}{x-1}$.

解　因为$\lim\limits_{x\to1}(x-1)=0$，所以不能直接利用商的法则将定点代入分母. 但我们注意到分子的极限$\lim\limits_{x\to1}(x^2+1)=2\neq0$，于是$\lim\limits_{x\to1}\frac{x-1}{x^2+1}=\frac{0}{2}=0$，即函数$\frac{x-1}{x^2+1}$在$x\to1$时为无穷小量，因而它的倒数是无穷大，所以$\lim\limits_{x\to1}\frac{x^2+1}{x-1}=\infty$.

例 4　求$\lim\limits_{x\to2}\frac{x^2-4}{x-2}$.

解　当$x\to2$时，分子、分母的极限都是0，不能直接利用商的法则，但分子、分母有公因子$x-2$，因而$\lim\limits_{x\to2}\frac{x^2-4}{x-2}=\lim\limits_{x\to2}\frac{(x-2)(x+2)}{x-2}=\lim\limits_{x\to2}\frac{x+2}{1}=4$.

该例中，当$x\to2$时，分子、分母的极限都是0，这是一种非常重要的极限类型，可称为“无穷小比无穷小”型，或者简称为“$\frac{0}{0}$”型. 目前在计算“$\frac{0}{0}$”型的极限时，一般都可在分子、分母间找到公因子，消去公因子就可求出极限.

例 5　求$\lim\limits_{x\to1}\frac{x^2-3x+2}{2x^2+x-3}$.

解　$\lim\limits_{x\to1}\frac{x^2-3x+2}{2x^2+x-3}=\lim\limits_{x\to1}\frac{(x-1)(x-2)}{(x-1)(2x+3)}=\lim\limits_{x\to1}\frac{x-2}{2x+3}=-\frac{1}{5}$.

上面我们讨论的是在$x\to x_0$时，两个多项式之商(也称为有理函数)的极限. 若在x的某种变化方式下，分子、分母都是无穷大，这种极限类型可简记为“$\frac{\infty}{\infty}$”型. 我们可将分子、分母同除以分子与分母中x的最高次，然后再求出极限.

例 6　求$\lim\limits_{x\to\infty}\frac{2x^2+3x+1}{3x^2-x+2}$.

解　$\lim\limits_{x\to\infty}\frac{2x^2+3x+1}{3x^2-x+2}=\lim\limits_{x\to\infty}\frac{2+\frac{3}{x}+\frac{1}{x^2}}{3-\frac{1}{x}+\frac{2}{x^2}}=\frac{2}{3}$.

例 7　求$\lim\limits_{x\to\infty}\frac{x^2+x+1}{3x-2}$.

解　$\lim\limits_{x\to\infty}\frac{x^2+x+1}{3x-2}=\lim\limits_{x\to\infty}\frac{1+\frac{1}{x}+\frac{1}{r^2}}{\frac{3}{x}-\frac{2}{x^2}}=\infty$.

从例6及例7可以看出，当$x\to\infty$时，“$\frac{\infty}{\infty}$”型的有理函数求极限，起主要作用的是分子、分母中x的最高次. 我们不难得到以下结果：

$$\lim_{x\to\infty}\frac{a_nx^n+a_{n-1}x^{n-1}+\cdots+a_1x+a_0}{b_mx^m+b_{m-1}x^{m-1}+\cdots+b_1x+b_0}=\begin{cases}\infty, & m<n,\\ 0, & m>n,\\ \frac{a_n}{b_m}, & m=n.\end{cases}$$

例 8 求$\lim\limits_{x\to\infty}\left(\dfrac{2x^2-1}{1-x^2}+\dfrac{1}{2-x}-\dfrac{3x+1}{1-3x}\right)$.

解 $\lim\limits_{x\to\infty}\left(\dfrac{2x^2-1}{1-x^2}+\dfrac{1}{2-x}-\dfrac{3x+1}{1-3x}\right)=\dfrac{2}{-1}+0-\dfrac{3}{-3}=-1$.

例 9 求$\lim\limits_{x\to 2}\left(\dfrac{2x}{x^2-4}-\dfrac{1}{x-2}\right)$.

解 当 $x\to 2$ 时，该式两项极限均不存在(呈现“$\infty-\infty$”型)，可以通过通分再求出极限.

$$\lim_{x\to 2}\left(\frac{2x}{x^2-4}-\frac{1}{x-2}\right)=\lim_{x\to 2}\frac{x-2}{x^2-4}=\lim_{x\to 2}\frac{x-2}{(x-2)(x+2)}=\lim_{x\to 2}\frac{1}{x+2}=\frac{1}{4}.$$

定理 2(复合函数的极限运算法则) 设函数 $y=f(u)$和 $u=\varphi(x)$的复合函数 $y=f(\varphi(x))$满足$\lim\limits_{x\to x_0}\varphi(x)=u_0$，$\lim\limits_{u\to u_0}f(u)=f(u_0)$，则复合函数 $y=f(\varphi(x))$在 $x\to x_0$时极限存在，且有$\lim\limits_{x\to x_0}f(\varphi(x))=f(\lim\limits_{x\to x_0}\varphi(x))=f(u_0)$.

应当指出，该法则对于 $x\to\infty$时同样成立.

例 10 求下列极限.

(1) $\lim\limits_{x\to 2}\sqrt{x+1}$；　　　(2) $\lim\limits_{x\to 2}\dfrac{\sqrt{x+2}-2}{x-2}$.

解 (1) $\lim\limits_{x\to 2}\sqrt{x+1}=\sqrt{\lim\limits_{x\to 2}(x+1)}=\sqrt{3}$.

(2) 该极限类型是“$\dfrac{0}{0}$”型的，而分子、分母没有公因子，注意到分子的形式，可以先对分子进行有理化，然后再求极限.

$$\begin{aligned}\lim_{x\to 2}\frac{\sqrt{x+2}-2}{x-2}&=\lim_{x\to 2}\frac{(\sqrt{x+2}-2)(\sqrt{x+2}+2)}{(x-2)(\sqrt{x+2}+2)}\\&=\lim_{x\to 2}\frac{x-2}{(x-2)(\sqrt{x+2}+2)}\\&=\lim_{x\to 2}\frac{1}{\sqrt{x+2}+2}=\frac{1}{4}.\end{aligned}$$

上述各例的解法启示我们：

(1) 只有各项极限都存在(对于商，还要求分母极限不为零)，才能运用极限运算法则.

(2) 在计算函数的极限时，首先应分析函数极限的类型，再用相应的方法. 对于“$\dfrac{0}{0}$”型和“$\dfrac{\infty}{\infty}$”型的极限，在后续章节中，我们将进一步讨论.

2.2.2 两个重要极限

第一个重要极限

(一) 第一个重要极限$\lim\limits_{x\to 0}\dfrac{\sin x}{x}=1$

对于函数$\dfrac{\sin x}{x}$，当 $x\to 0$ 时，分子、分母的极限都是 0，所以该极限是

“$\frac{0}{0}$”型的，显然不能通过约公因子的方法来求该极限. 现在，我们通过列出函数$\frac{\sin x}{x}$的函数值表(表 2-2)来观察：当 $x\to 0$ 时，函数值$\frac{\sin x}{x}$的变化趋势.

表 2-2

x	0.50	0.10	0.05	0.04	0.03	0.02	…
	−0.50	−0.10	−0.05	−0.04	−0.03	−0.02	…
$\frac{\sin x}{x}$	0.9585	0.9983	0.9996	0.9997	0.9998	0.9999	…

从表 2-2 可以看出，当 x 无限趋于零时，函数$\frac{\sin x}{x}$无限接近于 1，理论上可以证明 $\lim\limits_{x\to 0}\frac{\sin x}{x}=1$.

例 11　求下列极限.

(1) $\lim\limits_{x\to 0}\frac{\tan x}{x}$；　　(2) $\lim\limits_{x\to 0}\frac{1-\cos x}{x^2}$.

解　(1) $\lim\limits_{x\to 0}\frac{\tan x}{x}=\lim\limits_{x\to 0}\left(\frac{\sin x}{x}\cdot\frac{1}{\cos x}\right)=\lim\limits_{x\to 0}\frac{\sin x}{x}\cdot\lim\limits_{x\to 0}\frac{1}{\cos x}=1.$

(2)
$$\lim_{x\to 0}\frac{1-\cos x}{x^2}=\lim_{x\to 0}\frac{1-\cos^2 x}{x^2(1+\cos x)}=\lim_{x\to 0}\left(\frac{\sin^2 x}{x^2}\cdot\frac{1}{1+\cos x}\right)$$
$$=\left(\lim_{x\to 0}\frac{\sin x}{x}\right)^2\cdot\lim_{x\to 0}\frac{1}{1+\cos x}=1^2\times\frac{1}{2}=\frac{1}{2}.$$

对于第一个重要极限$\lim\limits_{x\to 0}\frac{\sin x}{x}=1$，我们可以把它形象地写成$\lim\limits_{\square\to 0}\frac{\sin\square}{\square}=1$，这里□可以是变量 x，也可以是关于 x 的表达式(我们把它看成整体变量). 因此，上例中(2)也可以有如下计算方法.

$$\lim_{x\to 0}\frac{1-\cos x}{x^2}=\lim_{x\to 0}\frac{2\sin^2\frac{x}{2}}{x^2}=2\lim_{x\to 0}\left(\frac{\sin\frac{x}{2}}{x}\right)^2=2\lim_{x\to 0}\left(\frac{\sin\frac{x}{2}}{2\cdot\frac{x}{2}}\right)^2$$
$$=\frac{2}{2^2}\left(\lim_{x\to 0}\frac{\sin\frac{x}{2}}{\frac{x}{2}}\right)^2=\frac{1}{2}.$$

这里我们将$\frac{x}{2}$看成了整体变量□. 事实上，$\lim\limits_{\square\to 0}\frac{\sin\square}{\square}=1$ 还可理解成：在 x 的某种趋向方式下($x\to\cdots$)，只要整体变量□趋于零，我们就有$\lim\limits_{x\to\cdots}\frac{\sin\square}{\square}=1$.

例 12　求下列极限.

(1) $\lim\limits_{x\to 0}\frac{\sin 3x}{\sin 4x}$；　　(2) $\lim\limits_{x\to\pi}\frac{\sin x}{\pi-x}$.

解　(1) $\lim\limits_{x\to 0}\frac{\sin 3x}{\sin 4x}=\lim\limits_{x\to 0}\left(\frac{\sin 3x}{3x}\cdot\frac{4x}{\sin 4x}\cdot\frac{3x}{4x}\right)=\frac{3}{4}\lim\limits_{x\to 0}\frac{\sin 3x}{3x}\cdot\lim\limits_{x\to 0}\frac{4x}{\sin 4x}=\frac{3}{4}.$

(2) $\lim\limits_{x\to\pi}\frac{\sin x}{\pi-x}=\lim\limits_{x\to\pi}\frac{\sin(\pi-x)}{\pi-x}=1.$

需要强调的是，检验整体变量是否以零为极限非常重要. 例如，极限$\lim\limits_{x\to 0}\frac{\sin\frac{1}{x}}{\frac{1}{x}}$，虽然函数形式为$\frac{\sin\Box}{\Box}$，但变量$\Box=\frac{1}{x}$在$x\to 0$时趋于无穷大而不是趋于零，故该极限不是第一个重要极限，它的极限不为1. 事实上，$\lim\limits_{x\to 0}\frac{\sin\frac{1}{x}}{\frac{1}{x}}=\lim\limits_{x\to 0}x\sin\frac{1}{x}=0$.（想一想，为什么?）

（二）第二个重要极限$\lim\limits_{x\to\infty}\left(1+\frac{1}{x}\right)^x=\mathrm{e}$（或$\lim\limits_{x\to 0}(1+x)^{\frac{1}{x}}=\mathrm{e}$）

第二个重要极限

我们来考查$x\to\infty$时，函数$\left(1+\frac{1}{x}\right)^x$的极限和第一个重要极限一样，我们不做理论推导，只通过列出函数$\left(1+\frac{1}{x}\right)^x$的函数值表（表2-3、表2-4）来观察其变化趋势.

表2-3

x	10	100	1000	10000	100000	…
$\left(1+\frac{1}{x}\right)^x$	2.594	2.705	2.717	2.7181	2.71828	…

表2-4

x	−10	−100	−1000	−10000	−100000	…
$\left(1+\frac{1}{x}\right)^x$	2.88	2.732	2.720	2.7183	2.71828	…

从表中可以看出，当$x\to\infty$时，函数$\left(1+\frac{1}{x}\right)^x$的变化趋势，可以证明当$x\to\infty$时，$\left(1+\frac{1}{x}\right)^x$趋近于一个确定的无理数2.718281828…，即自然对数的底e，即

$$\lim_{x\to\infty}\left(1+\frac{1}{x}\right)^x=\mathrm{e}.$$

在上式中，设$u=\frac{1}{x}$，则当$x\to\infty$时，$u\to 0$，于是又有$\lim\limits_{u\to 0}(1+u)^{\frac{1}{u}}=\mathrm{e}$，也可写成

$$\lim_{x\to 0}(1+x)^{\frac{1}{x}}=\mathrm{e}.$$

一般地，$\lim\limits_{x\to\infty}\left(1+\frac{1}{x}\right)^x=\mathrm{e}$和$\lim\limits_{x\to 0}(1+x)^{\frac{1}{x}}=\mathrm{e}$统称为第二个重要极限.

分析第二个重要极限的极限类型，不难发现，它是“1^∞”型的极限；另外，函数形式可以统一写成$(1+\Box)^{\frac{1}{\Box}}$的形式（可读作一加变量的变量分之一次方）. 这里□是整体变量，它可以

是变量 x,变量$\frac{1}{x}$,也可以是关于 x 的较复杂的表达式.

事实上,当我们分析出函数的极限类型是"1^{∞}"型,并且函数形式可写为$(1+\square)^{\frac{1}{\square}}$时,则$\lim(1+\square)^{\frac{1}{\square}}=\mathrm{e}$.

例 13　求下列极限.

(1) $\lim\limits_{x\to\infty}\left(1+\frac{3}{x}\right)^{x}$;　　　　(2) $\lim\limits_{x\to 0}(1-2x)^{\frac{1}{x}}$.

解　(1) 该极限是"1^{∞}"型的.

$$\lim_{x\to\infty}\left(1+\frac{3}{x}\right)^{x}=\lim_{x\to\infty}\left[\left(1+\frac{3}{x}\right)^{\frac{x}{3}}\right]^{3}=\mathrm{e}^{3}.$$

(2) 该极限是"1^{∞}"型的.

$$\lim_{x\to 0}(1-2x)^{\frac{1}{x}}=\lim_{x\to 0}(1-2x)^{\frac{1}{-2x}\cdot(-2)}=\lim_{x\to 0}\left[(1-2x)^{\frac{1}{-2x}}\right]^{(-2)}=\mathrm{e}^{-2}.$$

例 14　求$\lim\limits_{x\to\infty}\left(\frac{3-x}{2-x}\right)^{x}$.

解　该极限是"1^{∞}"型的.

$$\lim_{x\to\infty}\left(\frac{3-x}{2-x}\right)^{x}=\lim_{x\to\infty}\left(\frac{2-x+1}{2-x}\right)^{x}=\lim_{x\to\infty}\left(1+\frac{1}{2-x}\right)^{x}=\lim_{x\to\infty}\left(1+\frac{1}{2-x}\right)^{(2-x)(-1)+2}$$

$$=\lim_{x\to\infty}\left[\left(1+\frac{1}{2-x}\right)^{2-x}\right]^{(-1)}\cdot\lim_{x\to\infty}\left(1+\frac{1}{2-x}\right)^{2}=\mathrm{e}^{-1}\cdot 1=\mathrm{e}^{-1}.$$

该例中,如果指数部分的 x 表示成$(2-x)-2+2x$ 将无功而返.(想一想,为什么?)

2.2.3　无穷小的比较

无穷小的比较

定义　设在自变量的某一变化过程下,$f(x)$和 $g(x)$均是无穷小,且$g(x)\neq 0$.

(1) 若 $\lim\frac{f(x)}{g(x)}=0$,则称 $f(x)$是 $g(x)$的高阶无穷小,或称 $g(x)$是$f(x)$的低阶无穷小,记为 $f(x)=o(g(x))$.

(2) 若 $\lim\frac{f(x)}{g(x)}=C(C\neq 0)$,则称 $f(x)$与 $g(x)$是同阶无穷小.特别地,若 $C=1$,则称$f(x)$与 $g(x)$是等价无穷小,记为 $f(x)\sim g(x)$.

例如,因为 $x\to 0$ 时,x^2,$\sin x$,$\tan x$,$1-\cos x$ 都是无穷小,且有$\lim\limits_{x\to 0}\frac{x^2}{x}=0$,$\lim\limits_{x\to 0}\frac{\sin x}{x}=1$,$\lim\limits_{x\to 0}\frac{\tan x}{x}=1$,$\lim\limits_{x\to 0}\frac{1-\cos x}{x^2}=\frac{1}{2}$,所以,当 $x\to 0$ 时,$x^2=o(x)$,$x\sim\sin x$,$x\sim\tan x$,而 $1-\cos x$ 与x^2是同阶无穷小.

可以证明,两个无穷小间的等价关系具有传递性,即若 $f(x)\sim g(x)$且 $g(x)\sim h(x)$,则$f(x)\sim h(x)$.因此,可得当 $x\to 0$ 时,$x\sim\sin x\sim\tan x$.

下面我们给出几组重要的无穷小的等价关系:

当 $x\to 0$ 时,$x\sim\sin x\sim\tan x\sim\ln(1+x)\sim\mathrm{e}^{x}-1\sim\arctan x\sim\arcsin x$;$1-\cos x\sim\frac{1}{2}x^{2}$;

$(1+x)^{\alpha}-1\sim\alpha x$.

需要指出的是,两个无穷小的等价关系不是相等关系.例如,当 $x\to0$ 时,$1-\cos x\sim\frac{1}{2}x^2$,不能写成 $1-\cos x=\frac{1}{2}x^2$,当然更不能写为 $1-\frac{1}{2}x^2\sim\cos x$.(想一想,为什么?)

下面的无穷小量等价代换定理在求极限时有着重要作用.

定理 3(无穷小量等价代换定理) 设在 x 的某种变化方式下,$f(x)\sim g(x)$,$h(x)\sim r(x)$,若 $\lim\frac{g(x)}{r(x)}=A$(或∞),则 $\lim\frac{f(x)}{h(x)}=\lim\frac{g(x)}{r(x)}=A$(或$\infty$).

例 15 求下列极限.

(1) $\lim\limits_{x\to0}\frac{(e^x-1)\ln(1+x)}{1-\cos x}$;　　(2) $\lim\limits_{x\to0}\frac{\sqrt[3]{1+x}-1}{2x}$.

解 (1) 因为当 $x\to0$ 时,$x\sim\ln(1+x)\sim e^x-1$,$1-\cos x\sim\frac{1}{2}x^2$,

所以$\lim\limits_{x\to0}\frac{(e^x-1)\ln(1+x)}{1-\cos x}=\lim\limits_{x\to0}\frac{x\cdot x}{\frac{1}{2}x^2}=2$.

(2) 因为当 $x\to0$ 时,$(1+x)^{\frac{1}{3}}-1\sim\frac{1}{3}x$,所以$\lim\limits_{x\to0}\frac{\sqrt[3]{1+x}-1}{2x}=\lim\limits_{x\to0}\frac{\frac{1}{3}x}{2x}=\frac{1}{6}$.

例 16 求$\lim\limits_{x\to0}\frac{\tan2x}{\sin5x}$.

解 因为当 $x\to0$ 时,$2x\sim\tan2x$,$5x\sim\sin5x$,所以$\lim\limits_{x\to0}\frac{\tan2x}{\sin5x}=\lim\limits_{x\to0}\frac{2x}{5x}=\frac{2}{5}$.

从该例可以看出,在 x 的某种变化方式下(x 也可以不趋向于零),只要关于 x 的表达式(记作整体变量□)在 x 的这种变化方式下趋于零时(□$\to0$),则三组等价关系可表示为

$\square\sim\sin\square\sim\tan\square\sim\ln(1+\square)\sim e^{\square}-1\sim\arctan\square\sim\arcsin\square$;$1-\cos\square\sim\frac{1}{2}\square^2$;

$(1+\square)^{\alpha}-1\sim\alpha\square$.

例 17 求下列极限.

(1) $\lim\limits_{x\to0}\frac{1-\cos2x}{\sin x^2}$;　　(2) $\lim\limits_{n\to\infty}n\sin\frac{\pi}{n}$.

解 (1) $\lim\limits_{x\to0}\frac{1-\cos2x}{\sin x^2}=\lim\limits_{x\to0}\frac{\frac{1}{2}(2x)^2}{x^2}=2$;

(2) $\lim\limits_{n\to\infty}n\sin\frac{\pi}{n}=\lim\limits_{n\to\infty}n\cdot\frac{\pi}{n}=\pi$(因为 $n\to\infty$时,$\frac{\pi}{n}\to0$,从而$\frac{\pi}{n}\sim\sin\frac{\pi}{n}$).

例 18 求极限$\lim\limits_{x\to0}\frac{\tan x-\sin x}{x\sin^2x}$.

解 原式$=\lim\limits_{x\to0}\frac{\tan x(1-\cos x)}{x\cdot x^2}=\lim\limits_{x\to0}\frac{x\cdot\frac{1}{2}x^2}{x^3}=\frac{1}{2}$.

应该指出,在极限运算中,恰当地使用无穷小量等价代换,能起到简化运算的作用.当然

在使用该方法时,一定要注意只能在乘除运算中使用,特别在除法中,只能对分子或分母的因子整体替换,不能对非因子的项替换.如在例 18 中,若要以 $\tan x\sim x$,$\sin x\sim x$,将得到 $\lim\limits_{x\to 0}\dfrac{\tan x-\sin x}{x\sin^2 x}=\lim\limits_{x\to 0}\dfrac{x-x}{x^3}$ 的错误结果.另外,在作整体代换时,要检查整体变量"□"在自变量变化方式下是否趋于零,若"□"不趋于零,则不能用等价代换.

· 知识应用 ·

例 19　完成案例 1 中对销售量的预测.

解　因为 $\lim\limits_{t\to+\infty}s(t)=\lim\limits_{t\to+\infty}\dfrac{200t}{t^2+100}=0$,所以随着销售时间的推移,该产品的销售量会越来越少且趋向于零,人们会转向购买新游戏.

例 20　已知某厂生产 x 台手机的成本为 $C(x)=200+\sqrt{1+x^2}$(单位:元),当产量很大时,求每台手机的生产成本.

解　由题意,生产 x 台手机的平均成本为$\dfrac{C(x)}{x}$,当产量很大时,每台手机的生产成本大致为 $\lim\limits_{x\to+\infty}\dfrac{C(x)}{x}=\lim\limits_{x\to+\infty}\dfrac{200+\sqrt{1+x^2}}{x}=\lim\limits_{x\to+\infty}\left(\dfrac{200}{x}+\sqrt{\dfrac{1}{x^2}+1}\right)=1$.

例 21　完成案例 2 中圆的面积的求解及案例 3 中 t 年后获得的本息的求解.

解　对于案例 2,圆的面积 $S=\lim\limits_{n\to\infty}S_n=\lim\limits_{n\to\infty}\dfrac{n}{2}r^2\sin\dfrac{2\pi}{n}=\pi r^2\lim\limits_{n\to\infty}\dfrac{\sin\dfrac{2\pi}{n}}{\dfrac{2\pi}{n}}=\pi r^2$;

对于案例 3,此人在 t 年后获得的本息将为$\lim\limits_{n\to\infty}p\left(1+\dfrac{r}{n}\right)^{nt}=\lim\limits_{n\to\infty}p\left(1+\dfrac{r}{n}\right)^{\frac{n}{r}\cdot rt}=pe^{rt}$.

· 思想启迪 ·

◎ 在计算函数极限时,必须遵守极限运算法则,养成先分析极限类型,再确定计算方法的习惯.我们在解题过程中遇到困难,要抓矛盾的根源,对其进行化解,将未知转化为已知,这样解题能力才能得到提升.生活中的事情也一样,遇到困难时,要乐观面对,把它当作一个锻炼机会,找到问题的突破口,战胜困难,才能获得进步与提升.

◎ 两个数学式子$(1+0.01)^{365}\approx 37.8$,$(1-0.01)^{365}\approx 0.03$ 蕴含的哲理:积跬步以至千里,积懒惰以致深渊;每天努力一点点,一年之后将有很大收获;而每天懒惰一点点,一年后会被人远远地抛在后面;要与时俱进,因为那些每天只比你努力一点点的人,最终会将你远远甩开.

·课外演练·

1. 利用极限的四则运算法则求下列极限.

(1) $\lim\limits_{x\to1}\frac{x^2-x+1}{x+1}$; (2) $\lim\limits_{x\to-1}\frac{2x^2-3x-5}{x^2-x-2}$;

(3) $\lim\limits_{x\to2}\frac{x^3-3x^2+2x}{x^2+x-6}$; (4) $\lim\limits_{x\to4}\frac{x-4}{\sqrt{x}-2}$;

(5) $\lim\limits_{x\to+\infty}(\sqrt{x+1}-\sqrt{x-1})$; (6) $\lim\limits_{x\to\infty}\frac{4x^3-2x+8}{2x^3+1}$;

(7) $\lim\limits_{x\to\infty}\frac{(2x+1)^{10}(3x-2)^{20}}{(3x+1)^{30}}$; (8) $\lim\limits_{x\to3}\left(\frac{1}{x-3}-\frac{6}{x^2-9}\right)$.

2. 利用两个重要极限求下列极限.

(1) $\lim\limits_{x\to0}\frac{\sin3x}{\sin2x}$; (2) $\lim\limits_{x\to0^-}\frac{x}{\sqrt{1-\cos x}}$;

(3) $\lim\limits_{x\to\infty}x\sin\frac{1}{x}$; (4) $\lim\limits_{n\to\infty}n\sin\frac{\pi}{n}$;

(5) $\lim\limits_{x\to0^+}(1-x)^{\frac{1}{x}}$; (6) $\lim\limits_{x\to\infty}\left(1+\frac{2}{x}\right)^{-x}$;

(7) $\lim\limits_{x\to\infty}\left(\frac{x}{x-1}\right)^x$; (8) $\lim\limits_{x\to0}\left(\frac{1+2x}{1+x}\right)^{\frac{1}{x}}$.

3. 利用无穷小量等价代换定理求下列极限.

(1) $\lim\limits_{x\to0}\frac{\sin3x}{\sin2x}$; (2) $\lim\limits_{x\to0}\frac{\tan2x}{\sin3x}$;

(3) $\lim\limits_{n\to\infty}2^n\tan\frac{\pi}{2^n}$; (4) $\lim\limits_{x\to0}\frac{\sqrt{1+2x}-1}{\sin x}$;

(5) $\lim\limits_{x\to\pi}\frac{\sin x}{\pi-x}$; (6) $\lim\limits_{x\to+\infty}x(\sqrt{1+x^2}-x)$.

4. 假设一产品的销售价格为 $P(t)=20-20e^{-0.1t}$(单位:元),随着时间的推移,产品销售价格会随之不断变化,请对该产品的长期销售价格作一预测.

5. 洗衣机的洗衣过程为以下几次循环:加水—漂洗—脱水.假设洗衣机每次加水量为 C(单位:L),衣物的污物质量为 A(单位:kg),衣物脱水后含水量为 m(单位:kg).请问经过 n 次循环后,衣物的污物浓度为多少?能否将污物完全清除?(提示:污物浓度是指污物的质量与水量之比;洗涤第 1 次和第 2 次后,污物浓度分别为 $\rho_1=\frac{A}{C}$,$\rho_2=\frac{m\rho_1}{C+m}$,洗涤 n 次后污物浓度为 $\rho_n=\frac{m\rho_{n-1}}{C+m}$).

2.3　函数的连续性

函数的连续性

·案例导出·

案例 1　观察现实生活中的一些现象,如时间的推移、河水的流动、人体身高的增长等,我们会发现很多现象都是连续变化着的,没有间断.

案例 2　平面上的一条曲线,只要它是连绵不断的,我们就可以笔尖不离纸面一笔画成.

案例 3　某士兵早晨 6 时从山上的哨卡下山,下午 4 时到达山下部队驻地;第二天早晨 6 时士兵从山下部队驻地沿原路返回,下午 4 时到达山上哨卡.请思考这两天内是否有同一个时刻,士兵经过途中的同一地点.

·案例分析·

案例 1、案例 2 说明,在现实生活中,有许多量都是连续不断地变化着的,反映在数学上就是函数的连续性.

案例 3 是一个比较简单的问题.我们不妨假设有两个士兵在早晨 6 时分别从山上哨卡和山下部队驻地同时沿相同路径出发,他们在途中肯定会相遇,相遇的地点就是问题所述的同一时刻同一地点.事实上,我们也可以用闭区间上连续函数的性质来说明这件事.

·相关知识·

2.3.1　函数连续性的概念

(一) 函数在定点及区间上的连续性

记 $\Delta x=x-x_0$,称之为自变量的改变量,相应的函数值的改变量记为 Δy,即 $\Delta y=f(x)-f(x_0)=f(x_0+\Delta x)-f(x_0)$.在图 2-14 中,给出了 Δx 和 Δy.由图可知,若函数 $y=f(x)$ 对应的平面曲线在 (x_0,y_0)处不断开("连续"),则当 $\Delta x\to 0$ 时,$\Delta y\to 0$.

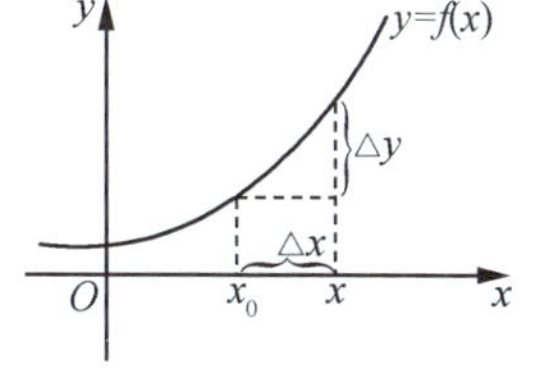

图 2-14

定义 1　设函数 $y=f(x)$在点 x_0处及其附近有定义,如果

$$\lim_{\Delta x\to 0}\Delta y=\lim_{\Delta x\to 0}[f(x_0+\Delta x)-f(x_0)]=0,$$

则称函数 $y=f(x)$在点 x_0处连续,x_0称为函数的连续点.

简单地说,如果函数在 x_0处连续,则自变量的改变量非常小时,函数值的变化也非常小.

由于 $\Delta x\to 0$,即 $x\to x_0$,因此定义 1 中的表达式可改写为 $\lim\limits_{x\to x_0}[f(x)-f(x_0)]=0$,即 $\lim\limits_{x\to x_0}f(x)=f(x_0)$.于是可得函数在一点处连续的等价定义.

定义 2　设函数 $y=f(x)$在点 x_0处及其附近有定义,如果 $\lim\limits_{x\to x_0}f(x)=f(x_0)$,则称函数 $y=f(x)$在点 x_0处连续,x_0称为函数的连续点.

从连续性的定义可知，若函数 $f(x)$ 在点 x_0 处连续，则函数 $f(x)$ 在该点处的极限一定存在且极限为该点处的函数值.

相应于 $f(x)$ 在 x_0 处的左、右极限的概念，有以下左、右连续性的概念.

定义 3 若 $\lim\limits_{x\to x_0^-} f(x)=f(x_0)$，则称函数 $f(x)$ 在 x_0 处左连续. 若 $\lim\limits_{x\to x_0^+} f(x)=f(x_0)$，则称函数 $f(x)$ 在 x_0 处右连续.

易见，$f(x)$ 在 x_0 处连续当且仅当 $f(x)$ 在 x_0 处左连续且右连续.

例 1 设函数 $f(x)=\begin{cases} x^2, & 0\leqslant x\leqslant 1, \\ x+1, & x>1, \end{cases}$ 讨论 $f(x)$ 在 $x=1$ 处的连续性.

解 因为 $\lim\limits_{x\to 1^-} f(x)=\lim\limits_{x\to 1^-} x^2=1=f(1)$，则 $f(x)$ 在 $x=1$ 处左连续，

又 $\lim\limits_{x\to 1^+} f(x)=\lim\limits_{x\to 1^+}(x+1)=2\neq f(1)$，则 $f(x)$ 在 $x=1$ 处不是右连续的.

所以 $f(x)$ 在 $x=1$ 处不连续.

例 2 设函数 $f(x)=\begin{cases} 1, & x\neq 0, \\ 0, & x=0, \end{cases}$ 讨论 $f(x)$ 在 $x=0$ 处的连续性.

解 因为 $\lim\limits_{x\to 0} f(x)=1\neq f(0)$，所以 $f(x)$ 在 $x=0$ 处不连续.

下面我们可以给出一个函数在区间上的连续性定义.

定义 4 如果函数 $f(x)$ 在开区间 (a,b) 内的每个点处都连续，则称 $f(x)$ 在开区间 (a,b) 内连续；如果函数 $f(x)$ 在开区间 (a,b) 内连续，在 $x=a$ 处右连续，在 $x=b$ 处左连续，则称 $f(x)$ 在闭区间 $[a,b]$ 上连续. 连续函数的图形是一条连绵不断的曲线.

对于多项式函数 $P_n(x)$，因为 $\lim\limits_{x\to x_0} P_n(x)=P_n(x_0)$，则多项式函数在实数范围内处处连续. 可以证明：基本初等函数在其定义域内处处连续.

对于二元函数 $z=f(x,y)$ 在定点 P_0 处及在区域内的连续性可以与一元函数的连续性类似定义.

定义 5 设二元函数 $z=f(x,y)$ 在 $P_0(x_0,y_0)$ 及其附近有定义，若 $\lim\limits_{P\to P_0} f(x,y)=f(x_0,y_0)$，则称 $z=f(x,y)$ 在 P_0 处连续. 若 $z=f(x,y)$ 在区域 D 内的每个点处都连续，则称 $f(x,y)$ 在区域 D 内连续.

（二）函数间断点及其分类

从定义 2 可以看出，函数 $y=f(x)$ 在点 x_0 处连续，必须同时满足以下三个条件：

(1) $f(x)$ 在点 x_0 处及其附近有定义；

(2) $\lim\limits_{x\to x_0} f(x)$ 存在；

(3) $\lim\limits_{x\to x_0} f(x)=f(x_0)$.

如果上面三个条件中任何一条不成立，我们就说函数 $f(x)$ 在 x_0 处不连续，点 x_0 称为函数 $f(x)$ 的间断点.

根据函数在间断点附近的变化特点，可以将间断点分为两种类型：

设 x_0 为函数 $f(x)$ 的间断点，若 $f(x)$ 在 x_0 处的左、右极限都存在，则称 x_0 为 $f(x)$ 的

第一类间断点;除第一类间断点以外的间断点都称为**第二类间断点**.

在第一类间断点中,如果左、右极限存在但不相等,这种间断点又称为跳跃间断点;如果左、右极限存在且相等,这种间断点称为可去间断点.

如例 1 中,在 $x=1$ 处左、右极限都存在但不相等,$x=1$ 为第一类间断点且为跳跃间断点,如图 2-15 为例 1 中对应函数的图形,函数图形在 $x=1$ 处有一个跳跃.在例 2 中,函数在 $x=0$ 处极限存在,也就是在 $x=0$ 处左、右极限都存在且相等,但 $x=0$ 是间断点(极限值不等于函数值),因此 $x=0$ 是第一类间断点的可去间断点(图 2-16).

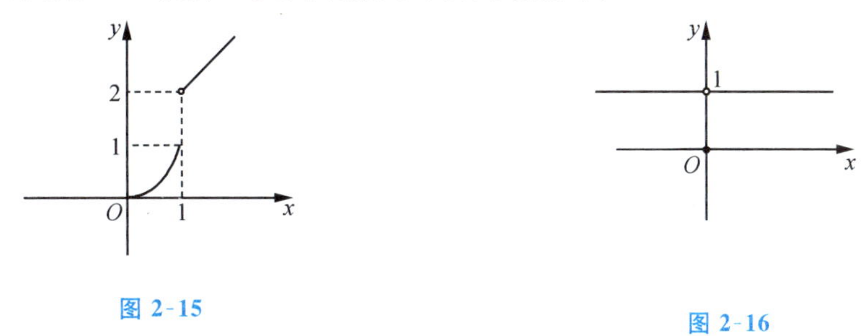

图 2-15　　图 2-16

函数 $y=\dfrac{1}{x}$ 在 $x=0$ 处间断.由于 $\lim\limits_{x\to 0}\dfrac{1}{x}=\infty$,即在 $x=0$ 处左、右极限至少有一个不存在,因此 $x=0$ 是 $y=\dfrac{1}{x}$ 的第二类间断点.

(三)初等函数的连续性

为研究初等函数的连续性,我们先不加证明地给出以下结论.

定理 1　设函数 $f(x)$ 和 $g(x)$ 都在点 x_0 处连续,则函数 $f(x)\pm g(x)$,$f(x)g(x)$ 在 x_0 处连续;又若 $g(x_0)\neq 0$,则函数 $\dfrac{f(x)}{g(x)}$ 也在 x_0 处连续.

该定理表明,连续函数的和、差、积、商仍然是连续函数.

定理 2　设函数 $y=f(u)$ 在点 u_0 处连续,函数 $u=\varphi(x)$ 在点 x_0 处连续,且 $u_0=\varphi(x_0)$,则复合函数 $y=f(\varphi(x))$ 在点 x_0 处连续,即 $\lim\limits_{x\to x_0}f(\varphi(x))=f(\lim\limits_{x\to x_0}\varphi(x))=f(\varphi(x_0))$.

该定理表明,连续函数的复合函数仍然是连续函数.同时还表明,当满足该定理的条件时,函数符号 f 和极限符号可以交换位置.

前面我们指出:基本初等函数在其定义域内连续.而初等函数是由基本初等函数经过有限次四则运算或有限次复合运算得到的函数,再由定理 1 和定理 2,我们得到以下重要结论.

定理 3　初等函数在其定义域内连续.

该定理不仅给我们提供了判断初等函数是否连续的依据,而且还提供了计算初等函数极限的一种方法:初等函数在定义域内的任一点处的极限即为该点处的函数值.

例 3　求函数 $f(x)=\sqrt{3+2x-x^2}$ 的连续区间.

解　由 $3+2x-x^2\geqslant 0$ 得 $-1\leqslant x\leqslant 3$,因此 $f(x)=\sqrt{3+2x-x^2}$ 的定义域为 $[-1,3]$.又因为该函数是初等函数,则 $f(x)$ 的定义域即为它的连续区间,所以 $f(x)=\sqrt{3+2x-x^2}$ 的连续区间为 $[-1,3]$.

例 4 求$\lim\limits_{x\to 1}\dfrac{e^{-x}+\cos(x-1)}{2x-1}$.

解 因为 1 是初等函数$\dfrac{e^{-x}+\cos(x-1)}{2x-1}$定义域内的点，所以

$$\lim_{x\to 1}\frac{e^{-x}+\cos(x-1)}{2x-1}=\frac{e^{-1}+\cos(1-1)}{2-1}=e^{-1}+1.$$

现在，对于函数极限的计算和讨论我们有了一个较为清晰的脉络. 目前我们处理的绝大部分函数是初等函数和分段函数. 对于分段函数，由于函数在分段点两侧的表达式不同，因此一般要用左、右极限来讨论分段点处的极限. 而对于初等函数，若定点在定义域内，则函数值即为极限值；若定点不在定义域内，即函数在该点不连续，则根据极限类型做出不同的处理，或用无穷小等价代换，或分子、分母约去公因子，或用重要极限等.

2.3.2 闭区间上连续函数的性质

闭区间上连续函数性质

闭区间上的连续函数具有一些重要性质，这些性质在直观上比较明显，在微积分的理论及实际应用中经常使用. 这些性质的严格证明会涉及严密的实数理论，因此我们不加证明地直接给出结论.

定理 4（最值定理） 闭区间上的连续函数一定存在最大值和最小值.

如图 2-17 所示，函数 $f(x)$ 在闭区间 $[a,b]$ 上连续，则曲线在 $[a,b]$ 上总有一个最高点，对应的函数值 $f(\xi_1)$ 为最大值，总有一个最低点，对应的函数值 $f(\xi_2)$ 为最小值.

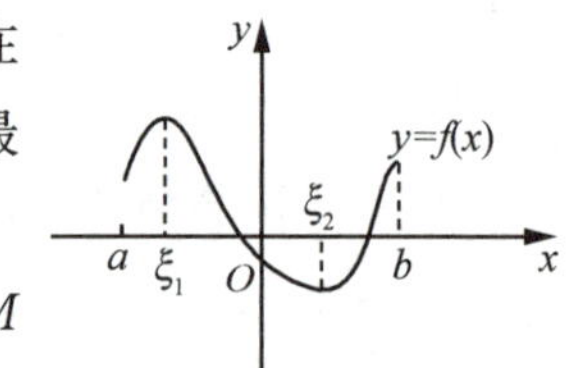

图 2-17

定理 5（介值定理） 若函数 $f(x)$ 在闭区间 $[a,b]$ 上连续，m 与 M 分别为 $f(x)$ 在区间 $[a,b]$ 上的最小值、最大值，u 是介于 m 与 M 间的任意实数，即 $m\leqslant u\leqslant M$，则至少存在一点 $\xi\in(a,b)$，使得 $f(\xi)=u$.

从几何上看，该结论是显然的. 如图 2-18 所示，介于两条水平线 $y=m$ 和 $y=M$ 之间的任一条直线 $y=u$，与 $y=f(x)$ 对应的曲线至少有一个交点.

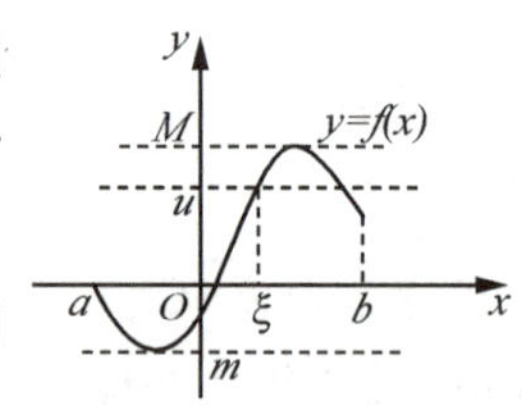

图 2-18

推论（零点定理、根的存在性定理） 若函数 $f(x)$ 在闭区间 $[a,b]$ 上连续，且 $f(a)$ 与 $f(b)$ 异号，则至少存在一点 $\xi\in(a,b)$，使得 $f(\xi)=0$.

该推论的几何含义十分明显：一条连续曲线段，若其端点的纵坐标由负值变为正值或由正值变为负值时，则曲线至少与 x 轴有一个交点（图 2-19）.

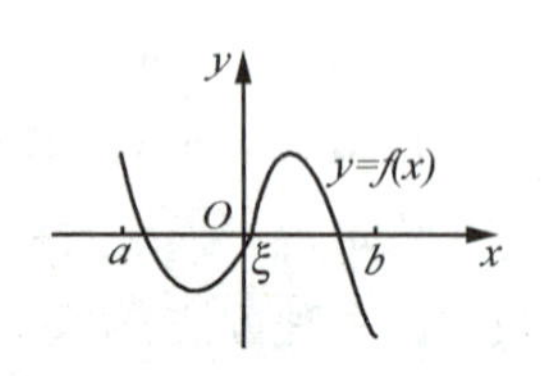

图 2-19

例 5 证明：方程 $\sin x=x-1$ 在 $(0,\pi)$ 内至少有一个实根.

证 令 $f(x)=\sin x-x+1,0\leqslant x\leqslant\pi$，则 $f(x)$ 是定义域为 $(-\infty,+\infty)$ 的初等函数，它在 $(-\infty,+\infty)$ 内连续，所以 $f(x)$ 在 $[0,\pi]$ 上也连续. 又因为 $f(0)=1>0$，$f(\pi)=-\pi+1<0$，所以，由根的存在性定理知，至少存在一点 $\xi\in(0,\pi)$，使得 $f(\xi)=0$，即方程 $\sin x=x-1$ 在 $(0,\pi)$ 内至少有一个实根.

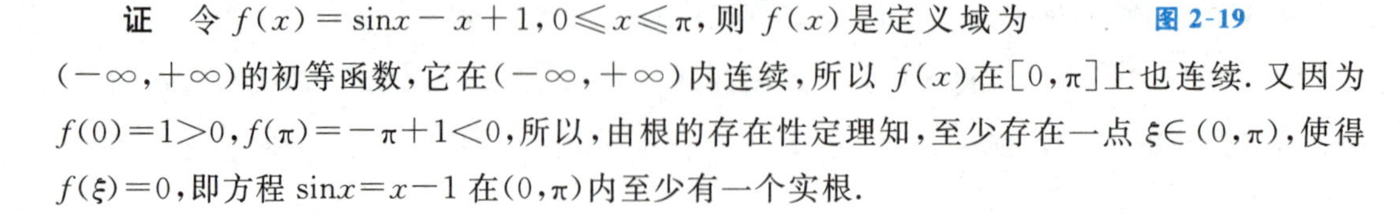

· 知识应用 ·

例 6　设某城市的出租车收费 y(单位:元)与行驶路程 x(单位:km)之间的函数关系为 $y=f(x)=\begin{cases}10, & 0<x\leqslant 3,\\ 10+2(x-3), & x>3.\end{cases}$ 函数 $y=f(x)$ 在 $x=3$ 处连续吗？在 $x=5$ 处连续吗？

解　因为 $\lim\limits_{x\to 3^-}f(x)=\lim\limits_{x\to 3^-}10=10=f(3)$,

$\lim\limits_{x\to 3^+}f(x)=\lim\limits_{x\to 3^+}[10+2(x-3)]=10=f(3)$,

所以函数 $y=f(x)$ 在 $x=3$ 处连续.

由于 $x=5$ 是初等函数 $10+2(x-3)$ 定义区间内的点,因此函数也在 $x=5$ 处连续.

例 7　设冰从 -40 ℃升到 100 ℃所需的热量为 $f(x)=\begin{cases}2x+84, & -40\leqslant x\leqslant 0,\\ 4x+420, & 0<x\leqslant 100,\end{cases}$ 试问 $f(x)$ 在 $x=0$ 处是否连续？若不连续,指出其间断点的类型,并解释其意义.

解　因为 $\lim\limits_{x\to 0^-}f(x)=\lim\limits_{x\to 0^-}(2x+84)=84$,

$\lim\limits_{x\to 0^+}f(x)=\lim\limits_{x\to 0^+}(4x+420)=420$,

则 $\lim\limits_{x\to 0^-}f(x)=84\neq 420=\lim\limits_{x\to 0^+}f(x)$,所以函数 $f(x)$ 在 $x=0$ 处不连续.

由于 $f(x)$ 在 $x=0$ 处左、右极限都存在,所以 $x=0$ 是函数 $f(x)$ 的第一类间断点. 这说明冰化成水时所需要的热量会突然增加.

例 8　请建立适当的数学模型,用闭区间上连续函数的性质说明案例 3.

解　不妨假设有甲、乙两个士兵分别从山下部队驻地和山上哨卡同时沿相同路径出发. 以山下部队驻地为参照点,从山下部队驻地到山上哨卡的位移为 s.

设 $f(t)$ 为甲从山下部队驻地上山时在 t 时刻的位移,$g(t)$ 为乙从山上哨卡沿相同路径下山时在 t 时刻的位移. 令 $F(t)=f(t)-g(t)$,$t\in[6,16]$,则

$F(6)=f(6)-g(6)=0-s=-s$,$F(16)=f(16)-g(16)=s-0=s$,

于是有 $F(6)F(16)<0$,而 $F(t)$ 在闭区间 $[6,16]$ 内连续. 由零点定理知,存在 $\xi\in(6,16)$,使得 $F(\xi)=0$,即 $f(\xi)=g(\xi)$,也就是说甲、乙两个士兵在同一时刻同一地点相遇.

· 思想启迪 ·

◎ 生活中,很多事物的变化都是连续的,像气温的变化、河水的流动、植物的生长、知识的积累等,都不能急于求成,必须遵循它本来的规律. 比如学习,知识的积累需要时间和付出坚持不懈的努力,寻求捷径的想法是不科学的,只能事与愿违. 古人用拔苗助长的故事比喻违反事物发展的客观规律,急于求成,反而坏事. 函数连续性的定义也印证了这一道理.

大学期间,进行自己的职业规划非常必要,也就是要树立一个目标,并为此而努力,为最终目标的实现打下一个良好的基础. 时间是连续的,一定要珍惜大学期间的好时光,不能让任何坏习惯成为打破大学期间连续曲线的"间断点";同时,人生也像一条连续的曲线,珍惜

生命，不要遇到问题就走极端，人生一旦出现间断点，便不可能“补充”为连续的. 经过几年大学的奋斗，实现一次飞跃，使我们有一个更高的起点，在此基础上才能实现更大的人生价值.

· 课外演练 ·

1. 求下列极限.

(1) $\lim\limits_{x\to 3\pi}\sin 2x$；　　(2) $\lim\limits_{x\to e}\frac{\ln x}{x}$；

(3) $\lim\limits_{x\to 1}\frac{\sqrt{5x-4}-\sqrt{x}}{x}$；　　(4) $\lim\limits_{x\to\infty}\arcsin\frac{1-x^2}{1+x^2}$.

2. 求函数 $f(x)=\frac{x^3+3x^2-x-3}{x^2+x-6}$ 的连续区间，并求极限 $\lim\limits_{x\to 0}f(x)$，$\lim\limits_{x\to -3}f(x)$，$\lim\limits_{x\to 2}f(x)$.

3. 讨论下列函数的连续性，若有间断点，请指出间断点的类型.

(1) $f(x)=\frac{x^2-1}{x^2-x-2}$；　　(2) $f(x)=\begin{cases}x, & |x|\leqslant 1,\\ 1, & |x|>1.\end{cases}$

4. 设 $f(x)=\begin{cases}\frac{e^{2x}-1}{\sin x}, & x<0,\\ x+a, & x\geqslant 0,\end{cases}$ 当常数 a 为何值时，函数 $f(x)$ 在 $x=0$ 处连续？

5. 证明方程 $x^5-3x-1=0$ 在区间(1,2)内至少有一个实根.

6. 某停车场第一个小时(或不到一小时)收费 3 元，以后每小时(或不到整时)收费 2 元，每天最多收费 10 元. 请写出该停车场的收费关于停车时间的函数，并讨论该函数的间断点及它们对停车人的意义.

2.4* 极限运算实验

· 案例导出 ·

案例　某金融机构一年期存贷款基准利率分别上调 0.25 个百分点，其他各档次存贷款基准利率相应调整. 调整后人民币活期年利率为 0.5%. 某储户将 10 万元人民币以活期方式存入银行，若银行允许储户一年内任意次结算，且储户可增加结算次数，则随着结算次数的增加，一年后本息有多少？

· 案例分析 ·

假设将一年等分成 n 段进行结算，则每段的利率为：$\frac{\text{年利率}}{n}$. 如果该储户每年结算一次，则一年后本息共计 $100000\times(1+0.005)=100500$ 元；如果该储户每季度结算一次，则一年后本息共计 $100000\times\left(1+\frac{0.005}{4}\right)^4$ 元；如果该储户每月结算一次，则一年后本息共计 $100000\times\left(1+\frac{0.005}{12}\right)^{12}$ 元；如果该储户每天结算一次，则一年后本息共计 $100000\times\left(1+\frac{0.005}{365}\right)^{365}$ 元；

如果该储户等间隔结算 n 次，则一年后本息共计 $100000\times\left(1+\frac{0.005}{n}\right)^n$ 元，这是一个随 n 增加而递增的数列.

・相关知识・

用数学软件 Mathematica 来计算极限等内容的相关函数与命令为

(1) 求极限 Limit;

(2) 制表 Table;

(3) 求近似值 N;

(4) 斐波那契数列 Fibonacci.

例 1　计算极限 $\lim\limits_{n\to\infty}\left(1+\frac{1}{n}\right)^n$.

解　In[1]:=Limit[(1+1/n)^n,n->Infinity]

Out[1]=e

例 2　计算极限 $\lim\limits_{x\to1}\frac{x^2+2x-3}{x^2-3x+2}$.

解　In[1]:=Limit[(x^2+2x-3)/(x^2-3x+2),x->1]

Out[1]=-4

例 3　某人把一对兔子放入一个四面被高墙围住的地方.假设每对兔子每月能生下一对小兔，而每对新生小兔从第二个月开始又具备生育能力，请问：一年后应有多少对兔子？

解　如果月份一直延续，则每个月兔子的对数构成的数列就是著名的斐波那契数列：1,1,2,3,5,8,13,….从第三个数起每个数都是前两个数之和，Mathematica 软件中可以用内部函数 Fibonacci 来计算这个数列.

In[1]:=Table[Fibonacci[n],{n,1,12}]

Out[1]={1,1,2,3,5,8,13,21,34,55,89,144}

可见一年后总共有 144 对兔子.将斐波那契数列相邻两项相除，取极限可以得到

In[2]:=Limit[Fibonacci[n]/Fibonacci[n+1],n->Infinity]

Out[2]= $\frac{1+\sqrt{5}}{3+\sqrt{5}}$

查看近似值

In[3]:=N[%]

Out[3]=0.618034

这就是黄金分割比例.

例 4　用 Mathematica 完成案例.

解　用软件计算当 n 趋于无穷时 $100000\times\left(1+\frac{0.005}{n}\right)^n$ 的情况.

In[1]:=Limit[100000 * (1+0.005/n)^n,n->Infinity]

Out[1]=100501.

由此可见，即使储户进行无穷次结算，也只比结算一次多 1 元钱.而由例 1 的结论可知，

即使年利率达到100%，储户将100000元进行无穷次结算一年的本息为100000e，即大约为271828元，也不可能成为百万富翁.

· 课堂演练 ·

求下列极限.

(1) $\lim\limits_{x\to+\infty}(\sqrt[3]{x^3+x^2+x+1}-x)$；(2) $\lim\limits_{x\to0}\dfrac{\sqrt{2}-\sqrt{1+\cos x}}{\sin^2 x}$；

(3) $\lim\limits_{x\to0}(1+x^2)^{\cot^2 x}$.

名家链接

中国古典数学理论的奠基人——刘徽

刘徽(生于公元3世纪)，魏晋时期伟大的数学家，中国古典数学理论的奠基人之一. 刘徽在中国数学史上做出了极大的贡献，他的杰作《九章算术注》和《海岛算经》，是中国最宝贵的数学遗产.

《九章算术》约成书于东汉之初，共有246个问题的解法. 涉及许多方面，如解联立方程、分数四则运算、正负数运算、几何图形的体积面积计算等.

刘徽在魏景元四年完成了为《九章算术》作注的工作，他一方面阐述每个具体算法的理论依据，另一方面揭示各种算法之间的内在联系，对数学概念分别给出定义，对公式、定理一一加以证明，对解题过程详加分析，并提出了很多独创的见解. 这些解法和证明，显示了他在诸多方面的创造性思想. 他是世界上最早提出十进制小数概念的人，并用十进制小数来表示无理数的立方根. 在代数方面，他正确地提出了正负数的概念及其加减运算的法则，改进了线性方程组的解法. 在几何方面，提出了"割圆术"，求出了圆周率$\pi\approx3.1416$. 后人为纪念刘徽的贡献，将3.14称为徽率. 刘徽在割圆术中提出的"割之弥细，所失弥少，割之又割，以至于不可割，则与圆合体而无所失矣"的思想，可视为中国古代极限观念的佳作. 南北朝时期的祖冲之父子在刘徽研究的基础上，把圆周率推算到更加精确的小数点后七位，是当时世界上最先进的数学成果.

在《海岛算经》一书中，刘徽精心选编了9个测量问题，这些题目的创造性、复杂性和代表性，都在当时为西方所瞩目.

刘徽严谨的逻辑思维和深刻的数学思想，为中国古代数学奠定了坚实的理论基础. 他思维敏捷，方法灵活，既提倡推理又主张直观，是我国最早明确主张用逻辑推理的方式来论证数学命题的人. 刘徽的一生是刻苦探求数学真谛的一生.

第二篇 微分学

第三章 导数与微分

教学目标

理解导数与微分的概念及意义；掌握一元函数求导的四则运算法则和多元函数求偏导数的方法；掌握一元复合函数的求导方法及多元复合函数求偏导数的方法.

内容简介

导数与微分是微分学中两个重要概念.导数反映函数相对于自变量的变化率，也就是函数相对于自变量的变化快慢程度.在自然科学的许多领域中，都非常关心这种变化率，如曲线的切线问题、物体运动的速度、电流强度及生物繁衍率等.而微分与导数密切相关，它反映自变量有微小变化时，函数值的大体变化情况.本章重点介绍一元函数导数与微分的概念、定理及它们的运算法则，并在一元函数的基础上进一步讨论二元函数的偏导数与全微分.

导数的概念

3.1 导数的概念

· 案例导出 ·

案例 1 设一物体做变速直线运动，它经过的路程为时间 t 的函数 $s(t)$，求物体在 t_0 时刻的瞬时速度 $v(t_0)$.

案例 2 如图 3-1 所示，l 是一平面曲线，其方程为 $y=f(x)$，点 $M_0(x_0, f(x_0))$ 在曲线 l 上，求曲线在点 M_0 处的切线的斜率.

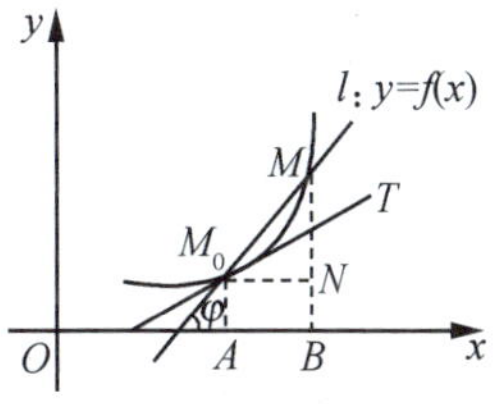

图 3-1

· 案例分析 ·

对于案例 1，若物体做匀速直线运动，物体的速度可以用路程除以时间得到.在该问题中，物体做变速直线运动，路程除以时间只是表示物体走完某一段路程的平均速度.可以这样考虑，任取接近 t_0 的时刻 $t_0+\Delta t$，则在时刻 t_0 至时刻 $t_0+\Delta t$ 这一时段内物体运动经过的路程为 $\Delta s=s(t_0+\Delta t)-s(t_0)$，于是这段时间内物体的平均速度为

$$\frac{\Delta s}{\Delta t}=\frac{s(t_0+\Delta t)-s(t_0)}{\Delta t}.$$

很明显，当 $\Delta t\to 0$ 时，平均速度的极限就是 t_0 时刻的瞬时速度 $v(t_0)$，即

$$v(t_0)=\lim_{\Delta t\to 0}\frac{\Delta s}{\Delta t}=\lim_{\Delta t\to 0}\frac{s(t_0+\Delta t)-s(t_0)}{\Delta t}.$$

对于案例 2，在曲线 l 上 M_0 的附近(图 3-1)取一点 M，作割线 M_0M，当动点 M 沿曲线 l 无限趋近于 M_0 时，如果割线 M_0M 的极限位置 M_0T 存在，则将直线 M_0T 称为曲线 l 在点 M_0 处的切线. 设动点 M 的坐标为 $M(x_0+\Delta x,f(x_0+\Delta x))$，割线 M_0M 的倾斜角为 φ，M_0 及 M 在 x 轴上的投影分别为 A 和 B，作 M_0N 垂直于 MB 并交 MB 于点 N，则 $M_0N=\Delta x$，而 $MN=f(x_0+\Delta x)-f(x_0)=\Delta y$，于是割线 M_0M 的斜率为

$$\tan\varphi=\frac{MN}{M_0N}=\frac{\Delta y}{\Delta x}=\frac{f(x_0+\Delta x)-f(x_0)}{\Delta x}.$$

当动点 M 沿曲线无限趋近于 $M_0(\Delta x\to 0)$ 时，割线 M_0M 的极限位置是切线 M_0T. 也就是当 $\Delta x\to 0$ 时，割线 M_0M 的倾斜角 φ 将趋于切线 M_0T 的倾斜角 α，于是

$$\tan\alpha=\lim_{\Delta x\to 0}\tan\varphi=\lim_{\Delta x\to 0}\frac{\Delta y}{\Delta x}=\lim_{\Delta x\to 0}\frac{f(x_0+\Delta x)-f(x_0)}{\Delta x},$$

即切线的斜率为

$$k=\lim_{\Delta x\to 0}\frac{\Delta y}{\Delta x}=\lim_{\Delta x\to 0}\frac{f(x_0+\Delta x)-f(x_0)}{\Delta x}.$$

上面我们研究的变速直线运动时物体的瞬时速度问题和平面曲线切线的斜率问题，虽然它们的实际意义不同，但从数学结构上看，它们却具有完全相同的形式，都可归结为计算函数增量 Δy 与自变量增量 Δx 之比值 $\frac{\Delta y}{\Delta x}$ 在 $\Delta x\to 0$ 时的极限. 将这种共性抽象化就产生了导数的概念.

· 相关知识 ·

(一) 导数的定义

定义 1 设函数 $y=f(x)$ 在点 x_0 及其附近有定义，当自变量由 x_0 变化到 $x_0+\Delta x(\Delta x\neq 0)$ 时，相应的函数增量为 $\Delta y=f(x_0+\Delta x)-f(x_0)$. 如果当 $\Delta x\to 0$ 时，极限

$$\lim_{\Delta x\to 0}\frac{\Delta y}{\Delta x}=\lim_{\Delta x\to 0}\frac{f(x_0+\Delta x)-f(x_0)}{\Delta x}$$

存在，则称函数 $f(x)$ 在点 x_0 处可导，称 x_0 为 $f(x)$ 的可导点，极限值称为函数 $f(x)$ 在点 x_0 处的导数，记作 $f'(x_0)$，也可记为 $y'\Big|_{x=x_0}$，$\frac{\mathrm{d}y}{\mathrm{d}x}\Big|_{x=x_0}$ 或 $\frac{\mathrm{d}f}{\mathrm{d}x}\Big|_{x=x_0}$，即

$$f'(x_0)=\lim_{\Delta x\to 0}\frac{\Delta y}{\Delta x}=\lim_{\Delta x\to 0}\frac{f(x_0+\Delta x)-f(x_0)}{\Delta x}.$$

如果极限不存在，则称函数 $y=f(x)$ 在 x_0 处不可导.

在上述导数定义中，若令 $x=\Delta x+x_0$，当 $\Delta x\to 0$ 时，有 $x\to x_0$. 因此，函数在 x_0 处的导数 $f'(x_0)$ 也可表示为

$$f'(x_0)=\lim_{x\to x_0}\frac{f(x)-f(x_0)}{x-x_0}.$$

有了导数的定义，案例 1 中变速直线运动的物体在时刻 t_0 时的瞬时速度 $v(t_0)$ 就是路程对时间的导数 $s'(t_0)$，而案例 2 中平面曲线 $y=f(x)$ 在点 $M_0(x_0,f(x_0))$ 处的切线的斜率就是导数 $f'(x_0)$.

如果函数 $f(x)$ 在区间 I 内的每个点处都可导，那么对应于区间 I 内的每一个确定的 x 值，都有唯一的导数值 $f'(x)$ 与之对应，这样就确定了定义在区间 I 上的一个函数，此函数称为函数 $f(x)$ 的**导函数**，简称**导数**，记作 $f'(x)$，y'，$\frac{\mathrm{d}y}{\mathrm{d}x}$ 或 $\frac{\mathrm{d}f}{\mathrm{d}x}$，即

$$f'(x)=\lim_{\Delta x\to 0}\frac{f(x+\Delta x)-f(x)}{\Delta x}.$$

显然，函数 $y=f(x)$ 在点 x_0 处的导数 $f'(x_0)$ 就是导函数 $f'(x)$ 在点 $x=x_0$ 处的函数值，即

$$f'(x_0)=f'(x)\Big|_{x=x_0}.$$

在数学中，若函数 $y=f(x)$ 在某点可导，则其曲线在该点处光滑. 这里的光滑可以形象地认为是没有断点的、没有毛刺的. 在前面一章我们也指出，若函数 $y=f(x)$ 在某点处连续，则其曲线在该点处不断开. 光滑的一定没有断点，而没有断点则未必光滑. 因此，可导必连续，但连续未必可导. 如图 3-2 所示，函数 $y=|x|$ 的图形在 $x=0$ 处虽然不断(连续)，但在 $x=0$ 处是一个毛刺(不可导). 当然，如果不连续，则一定不可导.

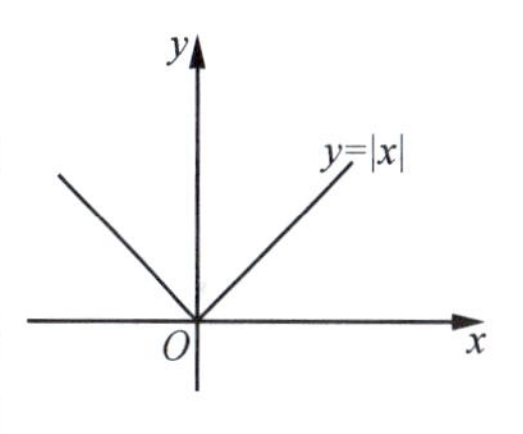

图 3-2

另外，由导函数的定义可知，若用定义计算函数 $y=f(x)$ 的导数 $f'(x)$，可分三步：

(1) 求增量：$\Delta y=f(x+\Delta x)-f(x)$；

(2) 算比值：$\frac{\Delta y}{\Delta x}=\frac{f(x+\Delta x)-f(x)}{\Delta x}$；

(3) 取极限：$f'(x)=\lim\limits_{\Delta x\to 0}\frac{\Delta y}{\Delta x}=\lim\limits_{\Delta x\to 0}\frac{f(x+\Delta x)-f(x)}{\Delta x}$.

要注意的是，在极限过程中，x 相对于 Δx 可作为常量处理. 若要求 $f'(x_0)$，只要将 x_0 代入 $f'(x)$ 即可.

例 1　求常数函数 $y=C$(C 为常数)的导数.

解　因为 $\Delta y=C-C=0$，则 $\frac{\Delta y}{\Delta x}=\frac{0}{\Delta x}=0$，所以 $y'=\lim\limits_{\Delta x\to 0}\frac{\Delta y}{\Delta x}=0$.

即　$C'=0$(常数函数的导数为零).

例 2　求函数 $y=f(x)=x^2$ 的导数 $f'(x)$ 及 $f'(1)$.

解 因为 $\Delta y=f(x+\Delta x)-f(x)=(x+\Delta x)^2-x^2=2x\Delta x+(\Delta x)^2$，则

$$\frac{\Delta y}{\Delta x}=\frac{2x\Delta x+(\Delta x)^2}{\Delta x}=2x+\Delta x,$$

于是

$$\lim_{\Delta x\to 0}\frac{\Delta y}{\Delta x}=\lim_{\Delta x\to 0}(2x+\Delta x)=2x,$$

所以 $f'(x)=(x^2)'=2x$，从而 $f'(1)=2x\big|_{x=1}=2$.

一般地，对于幂函数 $y=x^{\alpha}(\alpha\in\mathbf{R},x>0)$，因为

$$\frac{\Delta y}{\Delta x}=\frac{(x+\Delta x)^{\alpha}-x^{\alpha}}{\Delta x}=x^{\alpha}\cdot\frac{\left(1+\frac{\Delta x}{x}\right)^{\alpha}-1}{\Delta x},$$

由于 $\Delta x\to 0$ 时，$\frac{\Delta x}{x}\to 0$，故此时 $\left(1+\frac{\Delta x}{x}\right)^{\alpha}-1\sim\alpha\frac{\Delta x}{x}$，于是

$$\lim_{\Delta x\to 0}\frac{\Delta y}{\Delta x}=x^{\alpha}\lim_{\Delta x\to 0}\frac{\left(1+\frac{\Delta x}{x}\right)^{\alpha}-1}{\Delta x}=x^{\alpha}\lim_{\Delta x\to 0}\frac{\alpha\frac{\Delta x}{x}}{\Delta x}=\alpha x^{\alpha-1}.$$

所以，对于幂函数有 $(x^{\alpha})'=\alpha x^{\alpha-1}$.

例如，$(\sqrt{x})'=(x^{\frac{1}{2}})'=\frac{1}{2}x^{\frac{1}{2}-1}=\frac{1}{2}x^{-\frac{1}{2}}=\frac{1}{2\sqrt{x}}$；

$\left(\frac{1}{x}\right)'=(x^{-1})'=-x^{-1-1}=-\frac{1}{x^2}$；

$(\sqrt{x\sqrt{x}})'=(x^{\frac{1}{2}+\frac{1}{4}})'=(x^{\frac{3}{4}})'=\frac{3}{4}x^{-\frac{1}{4}}$.

例 3 求对数函数 $y=\ln x$ 的导数.

解 因为 $\Delta y=\ln(x+\Delta x)-\ln x=\ln\left(\frac{x+\Delta x}{x}\right)=\ln\left(1+\frac{\Delta x}{x}\right)$，则 $\frac{\Delta y}{\Delta x}=\frac{\ln\left(1+\frac{\Delta x}{x}\right)}{\Delta x}$. 由于 $\Delta x\to 0$ 时，$\frac{\Delta x}{x}\to 0$，故此时 $\ln\left(1+\frac{\Delta x}{x}\right)\sim\frac{\Delta x}{x}$.

利用无穷小量等价代换有

$$\lim_{\Delta x\to 0}\frac{\Delta y}{\Delta x}=\lim_{\Delta x\to 0}\frac{\ln\left(1+\frac{\Delta x}{x}\right)}{\Delta x}=\lim_{\Delta x\to 0}\frac{\left(\frac{\Delta x}{x}\right)}{\Delta x}=\frac{1}{x}.$$

所以，$(\ln x)'=\frac{1}{x}$.

一般地，利用换底公式 $\log_a x=\frac{\ln x}{\ln a}$，可得对数函数 $\log_a x(a>0,a\neq 1)$ 的导数为

$$(\log_a x)'=\frac{1}{x\ln a}.$$

类似地，利用导数的定义及三角函数的性质，我们可以得到：

$$(\sin x)'=\cos x,(\cos x)'=-\sin x.$$

另外，我们还可以利用导数的定义求极限.

例 4 已知 $f'(x_0)$ 存在，求 $\lim\limits_{\Delta x\to 0}\dfrac{f(x_0-2\Delta x)-f(x_0)}{\Delta x}$.

解 原式 $=\lim\limits_{\Delta x\to 0}\dfrac{f[x_0+(-2\Delta x)]-f(x_0)}{-2\Delta x}\cdot(-2)=-2f'(x_0)$.

（二）导数的几何意义

从案例 2 的切线问题的讨论及导数的定义可知，函数 $y=f(x)$ 在点 x_0 处的导数 $f'(x_0)$ 在几何上表示曲线 $y=f(x)$ 在点 $(x_0,f(x_0))$ 处的切线的斜率，这就是导数的几何意义.

因此，若曲线 $y=f(x)$ 在点 x_0 处可导，则过点 $(x_0,f(x_0))$ 处的切线方程为

$$y-f(x_0)=f'(x_0)(x-x_0).$$

我们将经过切点且与切线垂直的直线称为曲线在切点处的**法线**. 因此，若 $f'(x_0)\neq 0$，则过点 $(x_0,f(x_0))$ 处的法线方程为

$$y-f(x_0)=-\frac{1}{f'(x_0)}(x-x_0).$$

例 5 求曲线 $y=x^3$ 在点 $(1,1)$ 处的切线方程和法线方程.

解 因为 $(x^3)'=3x^2$，所以 $y'|_{x=1}=3$，即切线的斜率为 3，因而切线方程为 $y-1=3(x-1)$，化简得 $y=3x-2$.

法线方程为 $y-1=-\dfrac{1}{3}(x-1)$，化简得 $y=-\dfrac{1}{3}x+\dfrac{4}{3}$.

· 知识应用 ·

例 6 通过导线某处的电荷量 $Q(t)$ 与所需时间 t 的比称为电流强度，简称电流. 已知 $Q(t)=\sin t$，求时刻 t 的电流函数 $i(t)$.

解 若电荷量 $Q=Q(t)$，则在 $[t,t+\Delta t]$ 时间段内的平均电流为 $\dfrac{\Delta Q}{\Delta t}$，在时刻 t 的电流为 $i(t)=\lim\limits_{\Delta t\to 0}\dfrac{\Delta Q}{\Delta t}=Q'(t)=\cos t$.

例 7 某工人上班后开始连续工作，生产的产品数量 y（单位：kg）是其工作时间 t（单位：h）的函数，若 $f(t)=\ln t$，求 $f'(1)$ 及 $f'(2)$，并解释它们的实际意义.

解 因为 $f'(t)=\dfrac{1}{t}$，所以 $f'(1)=1$，$f'(2)=0.5$.

导数 $f'(1)=1$ 表示该名工人上班后工作到 1 h 的时候，其生产速度（工作效率）为 1 kg/h，而导数 $f'(2)$ 表示该工人上班后工作至 2 h 的时候，其生产速度下降为 0.5 kg/h.

· 思想启迪 ·

◎ 瞬时速度表示物体在某一时刻或经过某一位置时的速度，也叫作位移的瞬时变化率，导数就是瞬时变化率的最佳近似. 中国自主研发、具有完全知识产权的新一代标准动车组“复兴号”的标准速度是 350km/h，最高可达 400km/h，是目前世界上商业运营速度最快的

高铁."交通强国,铁路先行".10多年来,我国高铁技术领跑全球,改写着世界铁路规则,国内"八纵八横"的高铁网密集成型,贯通东西南北,更将高铁打造成国家名片走向海外.

◎ 世界上一切事物的存在和发展,都是绝对运动和相对静止的统一,它们之间是相互依存、相互渗透和相互统一的.导数描述的是函数的局部性质,它是该函数在某一点附近的变化率.求导的过程,实际上就是一个求极限的过程,将这一性质运用到物理的学习中,我们就可以对各种复杂的运动进行很好的描述,比如用导数来描述加速度:加速度等于速度对时间的导数.

• 课外演练 •

1. 已知抛物线 $y=x^2$,求:

(1) 该抛物线在 $x=1$ 和 $x=3$ 处的切线的斜率;

(2) 该抛物线上何点处的切线与 x 轴正方向成 $45°$ 角.

2. 曲线 $y=x^3$ 和曲线 $y=x^2$ 在哪一点处的切线的斜率相同?

3. 求曲线 $y=\log_2 x$ 在 $x=2$ 处的切线和法线方程.

4. 一球从桥上垂直抛向空中,t s 后它相对于地面的高度为 y m,$y=-5t^2+15t+12$.求:

(1) 桥距地面的高度;

(2) 球在$[0,1]$ s 内的平均速度;

(3) 球在 $t=1$ s 时的瞬时速度.

5. 一城市正遭受一场瘟疫,经过研究发现,该疾病在第 t 天感染的人数为$p(t)=120t^2-2t^3$.试问该疾病在 $t=10$ 天、$t=20$ 天、$t=40$ 天时的传播速度分别是多少?

3.2 导数的计算

• 案例导出 •

案例 汽车的减震器是一种弹簧的运动,它通常受阻力及摩擦力的影响,一般可以用指数函数和正弦函数的乘积表示.设减振器上一点的运动方程为 $s(t)=2e^{-t}\sin 2\pi t$,请计算该点在 t 时刻的速度.

• 案例分析 •

由于运动方程为 $s(t)=2e^{-t}\sin 2\pi t$,则在 t 时刻的瞬时速度为 $s'(t)$.但 $s(t)$是一个较复杂的初等函数,如果根据导数的定义计算将会相当烦琐,我们有必要学习关于基本初等函数的求导公式、导数的四则运算法则、复合函数的求导方法等.

· 相关知识 ·

3.2.1 导数的四则运算法则

导数的四则运算法则

（一）基本初等函数的求导公式

下面列出基本初等函数的导数公式，请读者熟记这些基本公式. 这些公式中，常数函数 $y=C$、幂函数 $y=x^{\alpha}$、对数函数 $y=\log_a x$ 和三角函数中的 $y=\sin x$ 及 $y=\cos x$ 的导数在前一节已经给出，其余基本初等函数的导数公式，以后我们将利用求导法则予以验证.

1. $(C)'=0$（C 为常数）；

2. $(x^{\alpha})'=\alpha x^{\alpha-1}$（$\alpha$ 为非零常数，$x>0$）；$(\sqrt{x})'=\frac{1}{2\sqrt{x}}$；$\left(\frac{1}{x}\right)'=-\frac{1}{x^2}$；

3. $(a^x)'=a^x\ln a(a>0,a\neq1)$，特别地，$(e^x)'=e^x$；

4. $(\log_a x)'=\frac{1}{x\ln a}(a>0,a\neq1)$，特别地，$(\ln x)'=\frac{1}{x}$；

5. $(\sin x)'=\cos x$；

6. $(\cos x)'=-\sin x$；

7. $(\tan x)'=\sec^2 x$；

8. $(\cot x)'=-\csc^2 x$；

9. $(\sec x)'=\sec x\tan x$；

10. $(\csc x)'=-\csc x\cot x$；

11. $(\arcsin x)'=\frac{1}{\sqrt{1-x^2}}$；

12. $(\arccos x)'=-\frac{1}{\sqrt{1-x^2}}$；

13. $(\arctan x)'=\frac{1}{1+x^2}$；

14. $(\operatorname{arccot} x)'=-\frac{1}{1+x^2}$.

（二）导数的四则运算法则

利用导数的定义及极限运算法则容易验证以下定理.

定理 1 若函数 $u(x)$ 和 $v(x)$ 在点 x 处可导，则 $u\pm v$，uv 和 $\frac{u}{v}(v\neq0)$ 在点 x 处也可导，且有

(1) $(u\pm v)'=u'\pm v'$；

(2) $(uv)'=u'v+uv'$；

(3) $\left(\frac{u}{v}\right)'=\frac{u'v-uv'}{v^2}(v(x)\neq0)$.

显然，定理中的(1)(2)可推广到有限个函数的和、差、积的情形.

推论 1 $[Cu(x)]'=Cu'(x)$（C 为常数）.

推论 2 $\left[\frac{C}{v(x)}\right]'=-\frac{Cv'(x)}{v^2(x)}$（$C$ 为常数）.

例 1 求函数 $y=-2e^x+\sqrt{x}-4\ln x+\sin x-e^2$ 的导数.

解 $y'=(-2e^x)'+(\sqrt{x})'-(4\ln x)'+(\sin x)'-(e^2)'$

$=(-2)e^x+\frac{1}{2\sqrt{x}}-\frac{4}{x}+\cos x.$

例 2 求函数 $y=x\ln x+3^x+\frac{1}{x}-\log_2 x$ 的导数.

解 $y'=(x\ln x)'+(3^x)'+\left(\frac{1}{x}\right)'-(\log_2 x)'$

$=x'\ln x+x(\ln x)'+3^x\ln 3-\frac{1}{x^2}-\frac{1}{x\ln 2}=\ln x+1+3^x\ln 3-\frac{1}{x^2}-\frac{1}{x\ln 2}$

$=\ln x+3^x\ln 3-\frac{1}{x^2}-\frac{1}{x\ln 2}+1.$

例 3 求函数 $y=xe^x\ln x$ 的导数.

解 $y'=x'e^x\ln x+x(e^x)'\ln x+xe^x(\ln x)'$

$=e^x\ln x+xe^x\ln x+xe^x\frac{1}{x}=e^x\ln x+xe^x\ln x+e^x.$

该例告诉我们,有 n 个函数相乘求导数,对每个函数都要求导,但每次只能对其中一个函数求导,中间用加法. 于是该函数的导函数式子中就有 n 项相加,每项是 n 个函数的乘积.

例 4 求函数 $y=\tan x$ 的导数.

解 $y'=(\tan x)'=\left(\frac{\sin x}{\cos x}\right)'=\frac{(\sin x)'\cos x-\sin x(\cos x)'}{\cos^2 x}$

$=\frac{\cos^2 x+\sin^2 x}{\cos^2 x}=\frac{1}{\cos^2 x}=\sec^2 x.$

类似地可以得到:$(\cot x)'=-\csc^2 x$. 这样便验证了基本初等函数导数公式中的 7 与 8.

例 5 求函数 $y=\sec x$ 的导数.

解 $y'=(\sec x)'=\left(\frac{1}{\cos x}\right)'=-\frac{(\cos x)'}{\cos^2 x}=\frac{\sin x}{\cos^2 x}=\sec x\tan x.$

类似地,可求得余割函数的导数 $(\csc x)'=-\csc x\cot x$. 这样基本初等函数导数公式中的 9 与 10 又得到验证.

为使其余基本初等函数的求导公式得到验证,下面我们来看反函数的求导方法.

定理 2 如果单调连续函数 $x=\varphi(y)$ 在点 y 处可导,且 $\varphi'(y)\neq 0$,那么它的反函数 $y=f(x)$ 在对应点 x 处可导,且有 $f'(x)=\frac{1}{\varphi'(y)}$ 或 $\frac{dy}{dx}=\frac{1}{\frac{dx}{dy}}$.

该定理说明:在一定条件下,反函数的导数与原函数的导数互为倒数.

例 6 求函数 $y=\arctan x$ 的导数.

解 因为 $y=\arctan x$ 的反函数 $x=\tan y$ 在 $\left(-\frac{\pi}{2},\frac{\pi}{2}\right)$ 内单调、可导,且 $\frac{dx}{dy}=\sec^2 y\neq 0$,所以

$$(\arctan x)'=\frac{1}{\frac{dx}{dy}}=\frac{1}{\sec^2 y}=\frac{1}{1+\tan^2 y}=\frac{1}{1+x^2}.$$

同理可求得 $(\text{arccot}\, x)'=-\frac{1}{1+x^2}$.

类似地，请读者模仿该例推出 $y=\arcsin x$ 及 $y=\arccos x$ 的求导公式.

至此，我们已将所有基本初等函数的求导公式全部验证，请读者熟记.

3.2.2 复合函数的求导方法

复合函数的求导

我们知道产生初等函数的方法，除了基本初等函数的四则运算外，还可以通过基本初等函数的复合，因而复合函数的求导方法也是不可缺少的.

关于复合函数的求导方法，我们不加证明地给出以下定理.

定理 3 设 $u=\varphi(x)$ 在点 x 处可导，$y=f(u)$ 在对应点 u 处可导，那么复合函数 $y=f(\varphi(x))$ 在点 x 处也可导，且有 $y'_x=y'_u\cdot u'_x=f'(u)\varphi'(x)$ 或 $\frac{\mathrm{d}y}{\mathrm{d}x}=\frac{\mathrm{d}y}{\mathrm{d}u}\cdot\frac{\mathrm{d}u}{\mathrm{d}x}$.

定理中的下标注明了对哪个变量求导.

从该定理可知，复合函数对自变量的导数等于复合函数对中间变量的导数乘以中间变量对自变量的导数. 该复合函数的求导方法也可用于多次复合的情形.

例如，设函数 $y=f(u)$，$u=\varphi(v)$，$v=\psi(x)$ 均可导，则 $\frac{\mathrm{d}y}{\mathrm{d}x}=\frac{\mathrm{d}y}{\mathrm{d}u}\cdot\frac{\mathrm{d}u}{\mathrm{d}v}\cdot\frac{\mathrm{d}v}{\mathrm{d}x}$. 这种由外向内逐层求导的方法也称为“**链式法则**”.

例 7 求函数 $y=(2x-3)^8$ 的导数.

解 函数 $y=(2x-3)^8$ 可以看成由函数 $y=u^8$ 与 $u=2x-3$ 复合而成，所以

$$y'=(u^8)'_u(2x-3)'=8u^7\cdot 2=16(2x-3)^7.$$

例 8 求函数 $y=\cos x^2$ 的导数.

解 函数 $y=\cos x^2$ 可以看成由函数 $y=\cos u$ 与 $u=x^2$ 复合而成，所以

$$y'=(\cos u)'_u(x^2)'=-\sin u\cdot 2x=-2x\sin x^2.$$

对复合函数的分解比较熟练后，可以省略中间变量，采用以下例题中的方法计算.

例 9 求函数 $y=\ln(x^3-x)$ 的导数.

解 $y'=\frac{1}{x^3-x}(x^3-x)'=\frac{3x^2-1}{x^3-x}$.

例 10 求下列函数的导数.

(1) $y=\cos^3 2x$； (2) $y=\ln\tan\sqrt{x}$.

解 (1) $y'=(\cos^3 2x)'=3\cos^2 2x\cdot(\cos 2x)'$

$$=3\cos^2 2x\cdot(-\sin 2x)\cdot(2x)'=-6\sin 2x\cdot\cos^2 2x;$$

(2) $y'=(\ln\tan\sqrt{x})'=\frac{1}{\tan\sqrt{x}}\cdot(\tan\sqrt{x})'=\frac{1}{\tan\sqrt{x}}\cdot\sec^2\sqrt{x}\cdot(\sqrt{x})'$

$$=\frac{1}{\tan\sqrt{x}}\cdot\frac{1}{\cos^2\sqrt{x}}\cdot\frac{1}{2\sqrt{x}}=\frac{1}{\sin\sqrt{x}}\cdot\frac{1}{\cos\sqrt{x}}\cdot\frac{1}{2\sqrt{x}}=\frac{1}{\sqrt{x}\sin 2\sqrt{x}}.$$

对复合函数求导，总是从外层向内层求导，每次只对一层关系求导，逐层求导，中间用乘法，直到简单函数求导为止. 在求导时，还是先用法则后用公式.

例 11　求函数 $y=\sqrt{\sin x-e^{-x}}$ 的导数.

解　$$y'=\frac{1}{2\sqrt{\sin x-e^{-x}}}(\sin x-e^{-x})'=\frac{1}{2\sqrt{\sin x-e^{-x}}}[(\sin x)'-(e^{-x})']$$

$$=\frac{1}{2\sqrt{\sin x-e^{-x}}}(\cos x+e^{-x}).$$

例 12　求下列函数的导数.

(1) $y=\frac{x}{\sqrt{x^2-1}}$;　　　　(2) $y=\ln(x+\sqrt{1+x^2})$.

解　(1) $$y'=\left(\frac{x}{\sqrt{x^2-1}}\right)'=\frac{x'\cdot\sqrt{x^2-1}-x(\sqrt{x^2-1})'}{x^2-1}$$

$$=\frac{\sqrt{x^2-1}-x\frac{1}{2\sqrt{x^2-1}}(x^2-1)'}{x^2-1}$$

$$=\frac{\sqrt{x^2-1}-x\frac{1}{2\sqrt{x^2-1}}2x}{x^2-1}=-\frac{1}{(x^2-1)^{\frac{3}{2}}};$$

(2) $$y'=[\ln(x+\sqrt{1+x^2})]'=\frac{1}{x+\sqrt{1+x^2}}\cdot(x+\sqrt{1+x^2})'$$

$$=\frac{1}{x+\sqrt{1+x^2}}\cdot\left(1+\frac{1}{2\sqrt{1+x^2}}2x\right)$$

$$=\frac{1}{x+\sqrt{1+x^2}}\cdot\frac{\sqrt{1+x^2}+x}{\sqrt{1+x^2}}=\frac{1}{\sqrt{1+x^2}}.$$

有时,抽象函数与具体函数会结合在一起求导数,只要抓住复合函数求导的基本方法,这类问题并不难处理.

例 13　已知 $f(u)$ 可导,求 $\ln f(x)$ 及 $f(\ln x)$ 的导数.

解　$$[\ln f(x)]'=\frac{1}{f(x)}\cdot f'(x)=\frac{f'(x)}{f(x)};$$

$$[f(\ln x)]'=f'(\ln x)\cdot(\ln x)'=\frac{f'(\ln x)}{x}.$$

3.2.3　由参数方程所确定的函数的导数

参数方程求导

在研究物体的运动轨迹时,曲线常被看作运动的轨迹,动点 $M(x,y)$ 的位置随参数 t 的变化而变化,动点坐标 x,y 都是 t 的函数. 我们用参数方程来表示这类曲线,它的一般形式为

$$\begin{cases}x=\varphi(t),\\y=\psi(t)\end{cases}(t\text{ 为参数},a\leqslant t\leqslant b).$$

如果通过参数 t 能够确定 y 为 x 的函数 $y=f(x)$,我们称之为由参数方程确定的函数. 在计算由参数方程所确定的函数的导数时,通常并不需要先化去参数,找到 y 与 x 的直接函

数关系后再求导.

如果 $x=\varphi(t)$，$y=\psi(t)$都可导，且 $\varphi'(t)\neq 0$. 设 $x=\varphi(t)$的反函数为 $t=\varphi^{-1}(x)$，则由参数方程确定的函数 $y=f(x)$可以看成由 $y=\psi(t)$与 $t=\varphi^{-1}(x)$复合而成的函数，根据复合函数的求导方法及反函数的求导方法，有

$$\frac{\mathrm{d}y}{\mathrm{d}x}=\frac{\mathrm{d}y}{\mathrm{d}t}\cdot\frac{\mathrm{d}t}{\mathrm{d}x}=\frac{\mathrm{d}y}{\mathrm{d}t}\cdot\frac{1}{\frac{\mathrm{d}x}{\mathrm{d}t}}=\psi'(t)\cdot\frac{1}{\varphi'(t)}=\frac{\psi'(t)}{\varphi'(t)}.$$

这就是由参数方程确定的函数的求导公式，即$\frac{\mathrm{d}y}{\mathrm{d}x}=\frac{\psi'(t)}{\varphi'(t)}$. 通常我们还将它记为$\frac{\mathrm{d}y}{\mathrm{d}x}=\frac{y'_t}{x'_t}$，即 y 关于参数 t 的导数除以 x 关于 t 的导数.

例 14 求由参数方程$\begin{cases}x=R\cos t,\\ y=R\sin t\end{cases}$($R>0$ 为常数，$0<t<\pi$)所确定的函数 $y=f(x)$的导数$\frac{\mathrm{d}y}{\mathrm{d}x}$.

解 因为 $x'_t=-R\sin t$，$y'_t=R\cos t$，所以$\frac{\mathrm{d}y}{\mathrm{d}x}=\frac{y'_t}{x'_t}=\frac{R\cos t}{-R\sin t}=-\cot t(0<t<\pi)$.

值得注意的是，参数方程求导的结果是参数 t 的函数.

例 15 求摆线的参数方程$\begin{cases}x=t-\sin t,\\ y=1-\cos t\end{cases}$上对应于 $t=\frac{\pi}{2}$处的切线方程与法线方程.

解 因为摆线上任一点处的切线的斜率为

$$\frac{\mathrm{d}y}{\mathrm{d}x}=\frac{y'_t}{x'_t}=\frac{(1-\cos t)'_t}{(t-\sin t)'_t}=\frac{\sin t}{1-\cos t}=\cot\frac{t}{2}.$$

当 $t=\frac{\pi}{2}$时，对应的摆线上的点的坐标为$\left(\frac{\pi}{2}-1,1\right)$，则此点处切线的斜率为

$$\left.\frac{\mathrm{d}y}{\mathrm{d}x}\right|_{t=\frac{\pi}{2}}=\left.\cot\frac{t}{2}\right|_{t=\frac{\pi}{2}}=1,$$

所以，此点处的切线方程为 $y-1=x-\left(\frac{\pi}{2}-1\right)$，即 $y=x+2-\frac{\pi}{2}$；法线方程为 $y-1=-\left[x-\left(\frac{\pi}{2}-1\right)\right]$，即 $y=-x+\frac{\pi}{2}$.

· 知识应用 ·

例 16 在一个含有可变电阻 R 的电路中，电压 $U=\frac{3R-1}{2R+1}$，求 $R=7$ 时，电压关于可变电阻 R 的变化率.

解 电压关于可变电阻 R 的变化率为

$$U'=\left(\frac{3R-1}{2R+1}\right)'=\frac{3(2R+1)-2(3R-1)}{(2R+1)^2}=\frac{5}{(2R+1)^2},$$

于是，$R=7$ 时，电压关于可变电阻 R 的变化率为

$$U'|_{R=7}=\frac{5}{(2R+1)^2}\bigg|_{R=7}=\frac{1}{45}.$$

例 17　对冰箱制冷后断电以测试其制冷效果，t s 后冰箱的温度为 $T=\frac{\ln t}{t}$. 求冰箱温度 T 关于时间 t 的变化率.

解　冰箱温度 T 关于时间 t 的变化率为

$$\frac{dT}{dt}=\left(\frac{\ln t}{t}\right)'=\frac{1-\ln t}{t^2}.$$

例 18　设某钢棒的长度为 L，当温度 H 每升高 1 ℃时，其长度增加 4 cm，而时间 T 每过 1 h 气温就上升 2 ℃，请问钢棒长度关于时间的增加有多快？

解　由题意，钢棒的长度 L 通过温度 H 成为时间 T 的函数，L 是 T 的复合函数，L 对于 T 的变化率即为当时间每变化 1 h 钢棒增加的长度，而$\frac{dL}{dT}=\frac{dL}{dH}\cdot\frac{dH}{dT}=4\times2=8$，所以当时间每变化 1 h 钢棒增加的长度为 8 cm.

例 19　完成本节案例中汽车的减振器上一点在 t 时刻的速度.

解　因为该点的运动方程为 $s(t)=2e^{-t}\sin2\pi t$，所以该点在 t 时刻的速度为

$$\begin{aligned}v(t)&=s'(t)=(2e^{-t}\sin2\pi t)'\\&=2(-e^{-t}\sin2\pi t+e^{-t}\cos2\pi t\cdot2\pi)\\&=2e^{-t}(2\pi\cos2\pi t-\sin2\pi t).\end{aligned}$$

例 20　一架飞机在离地面 2 km 的高度，以 200 km/h 的速度飞临某目标上空进行航空摄影. 试求飞机飞至该目标正上方时摄影机转动的角速度.

解　将目标作为坐标原点建立平面直角坐标系(图 3-3). 设飞机和目标水平距离为 x km，则 x 是时间 t 的函数 $x=x(t)$. 设 θ 是摄影机拍摄目标的俯角，由图可知 $\tan\theta=\frac{2}{x}$，则 $\theta=\arctan\frac{2}{x}$. 由题意可知，本题为求当 $x=0$ 时$\frac{d\theta}{dt}$的值.

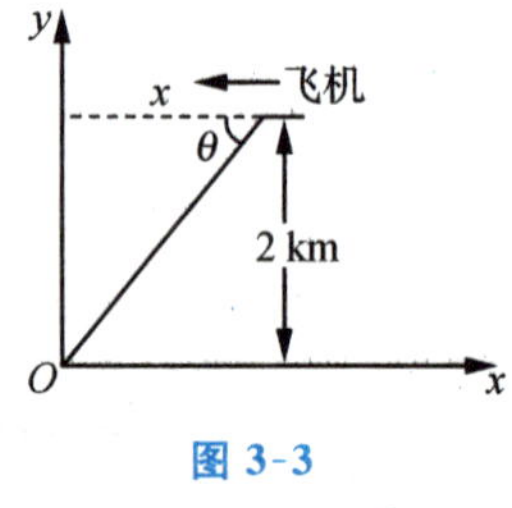

图 3-3

由于 $\theta=\arctan\frac{2}{x}$，$x=x(t)$，根据复合函数的求导法则，有

$$\frac{d\theta}{dt}=\frac{d\theta}{dx}\cdot\frac{dx}{dt}=\frac{1}{1+\frac{4}{x^2}}\cdot\left(-\frac{2}{x^2}\right)\cdot\frac{dx}{dt}=-\frac{2}{4+x^2}\cdot\frac{dx}{dt},$$

而$\frac{dx}{dt}=-200$(负号表示飞机临近目标时，x 不断减少)，于是$\frac{d\theta}{dt}=\frac{400}{4+x^2}$. 因此，飞机飞至该目标正上方时摄影机转动的角速度为

$$\frac{d\theta}{dt}\bigg|_{x=0}=\frac{400}{4+x^2}\bigg|_{x=0}=100(\text{rad/h}).$$

· 思想启迪 ·

◎ 在计算函数导数时，必须遵守导数运算的相关法则，先乘除后加减，先用法则再用公式. 大学生正处在人生的十字路口，人生需要合理规划，遵纪守规，循序渐进，要学会将数学中的“法则”贯穿在生活中，提高规则意识，增强法治观念，加强自身修养，时刻预防违规、违纪、漠视规则之念的产生，奋发向上，积极进取，以健康的身心去迎接美好的未来.

· 课外演练 ·

1. 求下列函数的导数.

(1) $y=x\sqrt{x}-2\cos x+5e^x$；

(2) $y=2\sqrt{x}+3\log_2 x-4\tan x$；

(3) $y=\dfrac{1}{\sqrt{x}}+\dfrac{2}{x}+\dfrac{3}{x^2}$；

(4) $y=\dfrac{x^3+x^2+1}{\sqrt{x}}$；

(5) $y=e^x(\sin x+\cos x)$；

(6) $y=\sec x\tan x$；

(7) $y=\dfrac{1+\sin x}{1-\sin x}$；

(8) $s=\dfrac{1-\ln t}{1+\ln t}$.

2. 求下列函数的导数.

(1) $y=(2x+1)^5$；

(2) $y=\cos\left(\dfrac{\pi}{4}-x\right)$；

(3) $y=\sin^2 3x$；

(4) $y=e^{t^2-t}$；

(5) $y=\ln^2(x+1)$；

(6) $y = \arctan e^{2x}$；

(7) $y=x\sqrt{1+x^2}$；

(8) $y=x\sec^2 x-\tan x$；

(9) $y=\ln(\sqrt{x^2+4}-x)$；

(10) $y=\dfrac{1}{4}\ln\dfrac{1+x}{1-x}-\dfrac{1}{2}\arctan x$.

3. 求下列参数方程所确定的函数的导数.

(1) $\begin{cases}x=t\cos t,\\ y=t\sin t;\end{cases}$

(2) $\begin{cases}x=t-\arctan t,\\ y=\ln(1+t^2);\end{cases}$

(3) $\begin{cases}x=\cos^3 t,\\ y=\sin^3 t.\end{cases}$

4. 求曲线 $y=e^{-x}\cdot\sqrt[3]{1+x}$在点(0,1)及点(-1,0)处的切线方程与法线方程.

5. 已知曲线$\begin{cases}x=t^2+at+b,\\ y=ce^t-e\end{cases}$在 $t=1$ 时经过原点，且曲线在原点处的切线平行于直线 $2x-y+1=0$，求 a,b,c.

6. 一艘抛锚的船只在海浪中随着海浪上下摆动，甲板与海平面的距离 y(单位：m)与时间 t(单位：min)的函数关系为 $y=5+\sin(2\pi t)$. 求 $t=5$ min 时，船体上下摆动的速度.

7. 在一定的条件下,传闻按照方程 $p(t)=\dfrac{1}{1+a\mathrm{e}^{-kt}}$ 传播,其中 $p(t)$ 指在时刻 t 知道传闻的人口比例,a 和 k 是正常数.

(1) 求 $\lim\limits_{t\to+\infty}p(t)$; (2) 求传闻的传播速率.

8. 如图,路灯距离地面 6 m,现有一身高为 1.8 m 的人离灯而去,它的行走速率为56 m/min,问此人影子的增长速率是多少?

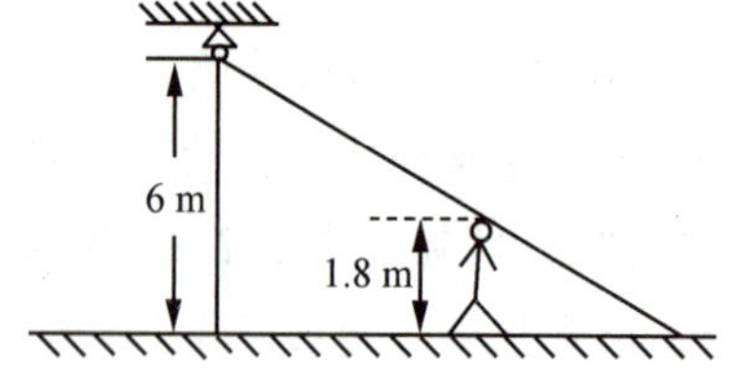

3.3 多元函数的偏导数

·案例导出·

案例 天气热的时候,潮湿会让我们感觉比实际温度高,但天气干燥时,我们会感觉比实际温度低.气象局一般会发布热度指标,用来指出温度和湿度共同影响的结果.热度指标 I 是当实际温度为 T,湿度为 H 时的感知温度,它是实际温度及湿度的二元函数.设某一地区,热度指标函数为 $I=f(T,H)=\dfrac{27}{25}T+\dfrac{3}{25}H$,请问热度指标受温度与湿度中哪个因素的影响大?

·案例分析·

热度指标受温度与湿度两个因素共同影响.当湿度 H 固定不变时,热度指标 I 关于温度 T 的变化率 I'_T 表示热度指标受温度的影响,而当温度 T 固定不变时,热度指标 I 关于湿度 H 的变化率 I'_H 则表示热度指标受湿度的影响.因为 $I'_T=\dfrac{27}{25}$(此时 H 固定不变),$I'_H=\dfrac{3}{25}$(此时 T 固定不变),所以热度指标受温度的影响大.

这里,对于二元函数 $I=f(T,H)$ 关于某个变量求导数时,另一变量视为常量.一般地,对于多元函数,其自变量不止一个,我们考虑多元函数关于其中一个变量的变化率时,其余变量暂时认为是常量.这就产生了多元函数偏导数的概念.

·相关知识·

偏导数

3.3.1 二元函数的偏导数

定义 1 设二元函数 $z=f(x,y)$ 在点 (x_0,y_0) 处及其附近有定义,当自变量 y 保持 y_0 不变,而 x 在 x_0 处有改变量 Δx 时,函数有相应增量 $f(x_0+\Delta x,y_0)-f(x_0,y_0)$.如果极限 $\lim\limits_{\Delta x\to 0}\dfrac{f(x_0+\Delta x,y_0)-f(x_0,y_0)}{\Delta x}$ 存在,则称此极限值为函数 $z=f(x,y)$ 在点 (x_0,y_0) 处关于 x 的偏导数,记作

$$f'_x(x_0,y_0),\frac{\partial f(x_0,y_0)}{\partial x},\frac{\partial z}{\partial x}\bigg|_{\substack{x=x_0\\y=y_0}}\text{或 } z'_x\bigg|_{\substack{x=x_0\\y=y_0}},$$

即

$$f'_x(x_0,y_0)=\lim_{\Delta x\to 0}\frac{f(x_0+\Delta x,y_0)-f(x_0,y_0)}{\Delta x}.$$

类似地,函数 $z=f(x,y)$在点(x_0,y_0)处关于 y 的偏导数为极限值$\lim\limits_{\Delta y\to 0}\dfrac{f(x_0,y_0+\Delta y)-f(x_0,y_0)}{\Delta y}$,记作

$$f'_y(x_0,y_0),\frac{\partial f(x_0,y_0)}{\partial y},\frac{\partial z}{\partial y}\bigg|_{\substack{x=x_0\\y=y_0}}\text{或 } z'_y\bigg|_{\substack{x=x_0\\y=y_0}},$$

即

$$f'_y(x_0,y_0)=\lim_{\Delta y\to 0}\frac{f(x_0,y_0+\Delta y)-f(x_0,y_0)}{\Delta y}.$$

如果函数 $z=f(x,y)$在区域 D 内的每一点(x,y)处关于 x 的偏导数都存在,这个偏导数仍是 x,y 的二元函数,称其为函数 $z=f(x,y)$关于自变量 x 的偏导函数,简称偏导数,记作

$$f'_x(x,y),\frac{\partial z}{\partial x},\frac{\partial f}{\partial x}\text{或 } z'_x.$$

类似地,可以定义函数 $z=f(x,y)$关于 y 的偏导函数,记作

$$f'_y(x,y),\frac{\partial z}{\partial y},\frac{\partial f}{\partial y}\text{或 } z'_y.$$

如同一元函数的导函数一样,二元函数在点(x_0,y_0)处的偏导数就是偏导函数在点(x_0,y_0)处的函数值,即

$$f'_x(x_0,y_0)=f'_x(x,y)\big|_{(x_0,y_0)},f'_y(x_0,y_0)=f'_y(x,y)\bigg|_{\substack{x=x_0\\y=y_0}}.$$

显然,偏导数的概念可推广到二元以上的函数.例如,三元函数 $u=f(x,y,z)$的三个偏导数可以分别记为 u'_x,u'_y和 u'_z.

由偏导数的定义可以知道,多元函数有几个自变量就有几个偏导数.在求多元函数对某个变量的偏导数时,其余变量均可视为常量,本质上是一元函数的求导,因此并不需要建立新的运算法则.

例 1 求 $z=x^2+3xy+y^2$的偏导数.

解 将 y 视为常量对 x 求偏导数,得$\dfrac{\partial z}{\partial x}=\dfrac{\partial}{\partial x}(x^2+3xy+y^2)=2x+3y$;

将 x 视为常量对 y 求偏导数,得$\dfrac{\partial z}{\partial y}=\dfrac{\partial}{\partial y}(x^2+3xy+y^2)=3x+2y$.

例 2 设 $z=y^x$,试证$\dfrac{y}{x}\dfrac{\partial z}{\partial y}+\dfrac{1}{\ln y}\dfrac{\partial z}{\partial x}=2z$.

证 将 y 视为常量对 x 求偏导数,此时 $z=y^x$是指数函数,故$\dfrac{\partial z}{\partial x}=y^x\ln y$;将 x 视为常量

对 y 求偏导数，此时 $z=y^x$ 是幂函数，故 $\frac{\partial z}{\partial y}=xy^{x-1}$. 于是

$$\frac{y}{x}\frac{\partial z}{\partial y}+\frac{1}{\ln y}\frac{\partial z}{\partial x}=\frac{y}{x}xy^{x-1}+\frac{1}{\ln y}y^x\ln y=2y^x=2z.$$

例 3 设 $f(x,y)=e^{xy}\ln(x^2+y^2)$，求 $f'_x(2,0)$.

解 （方法一） 先求偏导数 $f'_x(x,y)=ye^{xy}\ln(x^2+y^2)+e^{xy}\cdot\frac{2x}{x^2+y^2}$，再将点 $(2,0)$ 代入得 $f'_x(2,0)=0+e^0\cdot\frac{4}{4}=1$.

（方法二） 先求偏导数 $f'_x(x,y)$，运算比较繁杂，但若先把函数中的 y 固定在 $y=0$，则有

$$f(x,0)=\ln x^2=2\ln x,$$

从而 $f'_x(x,0)=\frac{2}{x}$，所以 $f'_x(2,0)=\frac{2}{2}=1$.

例 4 求三元函数 $f(x,y,z)=\sin(x+y^2-e^z)$ 的偏导数.

解 先对 x 求偏导，将 y 和 z 都视为常量，则 $\frac{\partial f}{\partial x}=\cos(x+y^2-e^z)$.

类似地，$\frac{\partial f}{\partial y}=2y\cos(x+y^2-e^z)$，$\frac{\partial f}{\partial z}=-e^z\cos(x+y^2-e^z)$.

有一类函数比较有趣，当函数的两个自变量相互替换后函数形式不变，此时我们称函数关于这两个自变量具有自对称性，如函数 $z=\sin(xy)$ 关于 x,y 具有自对称性，函数 $u=xyz$ 关于变量 x,y,z 都有自对称性.

一般具有自对称性的函数在求偏导数时，可以用相应自变量相互替换，以简化计算过程.

例 5 设 $u=\sqrt{x^2+y^2+z^2}$，试证：$\left(\frac{\partial u}{\partial x}\right)^2+\left(\frac{\partial u}{\partial y}\right)^2+\left(\frac{\partial u}{\partial z}\right)^2=1$.

证 因为 $\frac{\partial u}{\partial x}=\frac{1}{2\sqrt{x^2+y^2+z^2}}2x=\frac{x}{\sqrt{x^2+y^2+z^2}}$，根据函数 $u=\sqrt{x^2+y^2+z^2}$ 的自对称性，有

$$\frac{\partial u}{\partial y}=\frac{y}{\sqrt{x^2+y^2+z^2}},\frac{\partial u}{\partial z}=\frac{z}{\sqrt{x^2+y^2+z^2}}.$$

所以

$$\left(\frac{\partial u}{\partial x}\right)^2+\left(\frac{\partial u}{\partial y}\right)^2+\left(\frac{\partial u}{\partial z}\right)^2=\frac{x^2+y^2+z^2}{x^2+y^2+z^2}=1.$$

例 6 已知理想气体状态方程 $PV=RT$（R 是常数），试证明：$\frac{\partial P}{\partial V}\cdot\frac{\partial V}{\partial T}\cdot\frac{\partial T}{\partial P}=-1$.

证 因为 $P=\frac{RT}{V}$，$\frac{\partial P}{\partial V}=-\frac{RT}{V^2}$；$V=\frac{RT}{P}$，$\frac{\partial V}{\partial T}=\frac{R}{P}$；$T=\frac{PV}{R}$，$\frac{\partial T}{\partial P}=\frac{V}{R}$.

所以

$$\frac{\partial P}{\partial V}\cdot\frac{\partial V}{\partial T}\cdot\frac{\partial T}{\partial P}=-\frac{RT}{V^2}\cdot\frac{R}{P}\cdot\frac{V}{R}=-\frac{RT}{PV}=-1.$$

该例说明，偏导数记号$\frac{\partial z}{\partial x}$是一个整体符号，不能看作是$\partial z$ 和∂x 商的形式.

3.3.2　多元复合函数的求导法

多元复合函数求(偏)导

在一元函数求导法中，复合函数求导方法对导数的计算起着至关重要的作用，对多元函数依然如此.

定理 1　设函数 $u=u(x,y)$，$v=v(x,y)$在点(x,y)处有偏导数，函数 $z=f(u,v)$在对应点(u,v)处有连续偏导数，则复合函数 $z=f[u(x,y),v(x,y)]$在点(x,y)处有偏导数，且

$$\frac{\partial z}{\partial x}=\frac{\partial z}{\partial u}\frac{\partial u}{\partial x}+\frac{\partial z}{\partial v}\frac{\partial v}{\partial x},\frac{\partial z}{\partial y}=\frac{\partial z}{\partial u}\frac{\partial u}{\partial y}+\frac{\partial z}{\partial v}\frac{\partial v}{\partial y}.$$

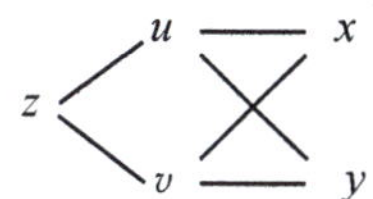

图 3-4

图 3-4 清楚地表示了定理中各变量的关系，该图我们称为函数关系图. 从关系图清楚地看出：u,v 是中间变量，x,y 是最后变量. 当求$\frac{\partial z}{\partial x}$时，$y$ 是常量，z 通过中间变量 u,v 到达 x 有两条路径，正好对应定理公式中的两项相加，而每一条路径上，正好是 z 通过中间变量成为 x 的一元复合函数，用一元复合函数的求导方法，正好得到该定理公式中和式的每一项. 同样，求$\frac{\partial z}{\partial y}$时，从函数关系图，可以较快地写出定理中的公式.

因此，多元复合函数求导数时，我们可以通过函数关系图，z 到最后变量有几条路径，则求导公式中就有几项相加，而每条路径相当于一元复合函数的求导，这样比较容易写出求导公式.

例 7　设 $z=e^u\sin v$，$u=xy$，$v=x+y$，求$\frac{\partial z}{\partial x}$和$\frac{\partial z}{\partial y}$.

解　函数关系图如图 3-4 所示，则

$$\frac{\partial z}{\partial x}=\frac{\partial z}{\partial u}\cdot\frac{\partial u}{\partial x}+\frac{\partial z}{\partial v}\cdot\frac{\partial v}{\partial x}=e^u\sin v\cdot y+e^u\cos v\cdot 1$$
$$=e^u(y\sin v+\cos v)=e^{xy}[y\sin(x+y)+\cos(x+y)];$$
$$\frac{\partial z}{\partial y}=\frac{\partial z}{\partial u}\cdot\frac{\partial u}{\partial y}+\frac{\partial z}{\partial v}\cdot\frac{\partial v}{\partial y}=e^u\sin v\cdot x+e^u\cos v\cdot 1$$
$$=e^u(x\sin v+\cos v)=e^{xy}[x\sin(x+y)+\cos(x+y)].$$

例 8　设 $z=uv^2$，$u=\sin(x+y)$，$v=\cos x$，求$\frac{\partial z}{\partial x}$和$\frac{\partial z}{\partial y}$.

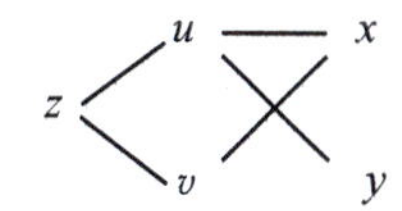

图 3-5

解　画出函数关系图(图 3-5)，则

$$\frac{\partial z}{\partial x}=\frac{\partial z}{\partial u}\cdot\frac{\partial u}{\partial x}+\frac{\partial z}{\partial v}\cdot\frac{\partial v}{\partial x}=v^2\cdot\cos(x+y)+2uv\cdot(-\sin x)$$
$$=[\cos x\cos(x+y)-2\sin(x+y)\sin x]\cos x;$$

$$\frac{\partial z}{\partial y}=\frac{\partial z}{\partial u}\cdot\frac{\partial u}{\partial y}=v^2\cdot\cos(x+y)=\cos^2 x\cos(x+y).$$

该例中，从 z 到最后变量 y 仅一条路径，因此求 $\frac{\partial z}{\partial y}$ 时仅一项.

例 9　设 $z=u^2v, u=e^x, v=\sin x$，求 $\frac{dz}{dx}$.

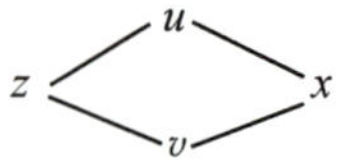

z — u — x；z — v — x

图 3-6

解　由图 3-6 知

$$\frac{dz}{dx}=\frac{\partial z}{\partial u}\cdot\frac{du}{dx}+\frac{\partial z}{\partial v}\cdot\frac{dv}{dx}=2uve^x+u^2\cos x$$

$$=2e^{2x}\sin x+e^{2x}\cos x=e^{2x}(2\sin x+\cos x).$$

该例中，z 经过中间变量成为一个变量 x 的函数，z 是 x 的一元函数，因此求导时用 $\frac{dz}{dx}$ 而不用 $\frac{\partial z}{\partial x}$.

例 10　设 $z=uv+\sin t, u=e^t, v=\cos t$，求 $\frac{dz}{dt}$.

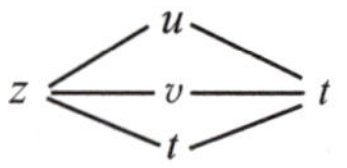

z — u — t；z — v — t；z — t — t

图 3-7

解　由图 3-7 知

$$\frac{dz}{dt}=\frac{\partial z}{\partial u}\cdot\frac{du}{dt}+\frac{\partial z}{\partial v}\cdot\frac{dv}{dt}+\frac{\partial z}{\partial t}\cdot\frac{dt}{dt}$$

$$=ve^t+u(-\sin t)+\cos t\cdot 1$$

$$=\cos te^t+e^t(-\sin t)+\cos t$$

$$=(\cos t-\sin t)e^t+\cos t.$$

该例对应的函数关系图中有两个 t，一个作为中间变量，另一个作为最后变量，注意区别.

例 11　设 $z=e^{xy(x^2+y^2)}$，求 $\frac{\partial z}{\partial x}$.

解　$z=e^{xy(x^2+y^2)}$ 可看成由 $z=e^{uv}, u=xy, v=x^2+y^2$ 复合而成的复合函数. 于是由图 3-4 知，$\frac{\partial z}{\partial x}=\frac{\partial z}{\partial u}\cdot\frac{\partial u}{\partial x}+\frac{\partial z}{\partial v}\cdot\frac{\partial v}{\partial x}=ve^{uv}\cdot y+ue^{uv}\cdot 2x=(vy+2ux)e^{uv}=(y^3+3x^2y)e^{xy(x^2+y^2)}$.

该例中，将二元函数先看成二元复合函数，用多元复合函数的求导方法进行求导，当然也可以直接求导，只不过稍微烦琐一点. 同样，前面例 7 至例 10，也可将中间变量消去，用直接求导法解决. 不过，当我们直接求导无法处理或比较烦琐时，转变为复合函数进行求导是一种很好的方法，如例 12 和例 13.

例 12　设 $z=(x^2+y^2)^{xy}$，求 $\frac{\partial z}{\partial x}$.

解　$z=(x^2+y^2)^{xy}$ 可看成由 $z=u^v, u=x^2+y^2, v=xy$ 复合而成的复合函数. 于是由图 3-4知

$$\frac{\partial z}{\partial x}=\frac{\partial z}{\partial u}\cdot\frac{\partial u}{\partial x}+\frac{\partial z}{\partial v}\cdot\frac{\partial v}{\partial x}=vu^{v-1}\cdot 2x+u^v\ln u\cdot y$$

$$=(x^2+y^2)^{xy}\left[\frac{2x^2y}{x^2+y^2}+y\ln(x^2+y^2)\right].$$

该例中，如果函数 $z=(x^2+y^2)^{xy}$ 直接对 x 求偏导，虽然此时 y 被视为常量，但幂底及指数部分均含有自变量 x，它既不是幂函数，也不是指数函数，通常称之为幂指函数. 对于这类函数求导有比较多的方法，这里我们采用了多元复合函数求导的方法求得了$\frac{\partial z}{\partial x}$.

例 13　设 $y=\frac{(1+x^2)\ln x}{\sin x+\cos x}$，求 y'.

解　由于直接求导比较烦琐，这里我们用多元复合函数的求导法.

设 $u=\sin x+\cos x, v=1+x^2, w=\ln x$，则 $y=\frac{vw}{u}$. 由图 3-8 知

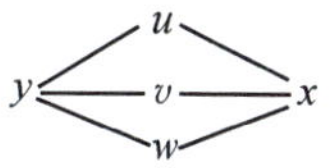

图 3-8

$$\frac{dy}{dx}=\frac{\partial y}{\partial u}\cdot\frac{du}{dx}+\frac{\partial y}{\partial v}\cdot\frac{dv}{dx}+\frac{\partial y}{\partial w}\cdot\frac{dw}{dx}$$

$$=-\frac{vw}{u^2}\cdot(\cos x-\sin x)+\frac{w}{u}\cdot 2x+\frac{v}{u}\cdot\frac{1}{x}$$

$$=-\frac{(1+x^2)(\cos x-\sin x)\ln x}{(\sin x+\cos x)^2}+\frac{2x\ln x}{\sin x+\cos x}+\frac{1+x^2}{x(\sin x+\cos x)}.$$

例 14　设 $z=f(2x-2y,2x-y)$，求$\frac{\partial z}{\partial x}$.

解　$z=f(2x-2y,2x-y)$ 可看成由 $z=f(u,v), u=2x-2y, v=2x-y$ 复合而成的复合函数，记

$$\frac{\partial z}{\partial u}=f_1'(2x-2y,2x-y)=f_1', \frac{\partial z}{\partial v}=f_2'(2x-2y,2x-y)=f_2'.$$

（这里 f_1' 是 $f_1'(2x-2y,2x-y)$ 的简化写法，都代表 f 对第一个坐标分量的偏导数. 类似地，$f_2'(2x-2y,2x-y)=f_2'$ 代表 f 对第二个坐标分量的偏导数，这些约定的记号在其他类似问题中也可类似使用）

因此，$\frac{\partial z}{\partial x}=f_1'\cdot\frac{\partial(2x-2y)}{\partial x}+f_2'\cdot\frac{\partial(2x-y)}{\partial x}=2f_1'+2f_2'.$

例 15　设 $z=yf\left(\frac{x}{y},\frac{y}{x}\right)$，求$\frac{\partial z}{\partial y}$.

解　$\frac{\partial z}{\partial y}=f+y\left[f_1'\cdot\frac{\partial}{\partial y}\left(\frac{x}{y}\right)+f_2'\cdot\frac{\partial}{\partial y}\left(\frac{y}{x}\right)\right]=f+y\left(-\frac{x}{y^2}f_1'+\frac{1}{x}f_2'\right)$

$$=f-\frac{x}{y}f_1'+\frac{y}{x}f_2'\left(\text{其中 } f \text{ 表示 } f\left(\frac{x}{y},\frac{y}{x}\right)\right).$$

多元函数的复合关系是多种多样的，我们不可能也不必要把所有公式都写出并记住，只要将函数关系理清（如画函数关系图），把握住函数间的复合关系，并记住函数对某个自变量求偏导数时，应通过一切有关的中间变量，用一元复合函数的求导法求导到该变量这一原则，就可以灵活掌握复合函数的求导方法.

• 知识应用 •

例 16 并联的两个电阻，电阻值分别为 R_1, R_2，总电阻为 R. 若 $R_1 > R_2$，问改变哪一个电阻，对总电阻的变化影响较大？

解 由并联电路可知总电阻 R 与 R_1, R_2 的关系为 $\frac{1}{R}=\frac{1}{R_1}+\frac{1}{R_2}$，即 $R=\frac{R_1R_2}{R_1+R_2}$. 于是

$$\frac{\partial R}{\partial R_1}=\frac{R_2(R_1+R_2)-R_1R_2}{(R_1+R_2)^2}=\frac{R_2^2}{(R_1+R_2)^2},\frac{\partial R}{\partial R_2}=\frac{R_1^2}{(R_1+R_2)^2}.$$

因为 $R_1 > R_2$，所以 $\frac{\partial R}{\partial R_2}>\frac{\partial R}{\partial R_1}$. 因此，在并联电路中改变电阻值较小的电阻对总电阻变化影响较大.

例 17 一只小虫在 t(单位：s)时刻的坐标为 $x=\sqrt{1+t}$，$y=2+\frac{1}{3}t$，其中 x 和 y 的坐标单位都是 cm. 又在点 (x,y) 的温度为 $T(x,y)$，温度单位为℃. 温度函数满足 $T'_x(2,3)=4$，$T'_y(2,3)=3$，那么在 $t=3$ s 时，小虫爬行路线上温度的升高速度是多少？

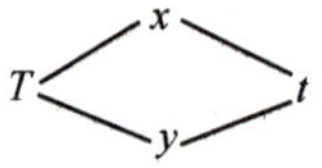

图 3-9

解 温度 T 与时间 t 之间的函数关系图如图 3-9 所示，因此小虫爬行路线上温度的升高速度 $\frac{\mathrm{d}T}{\mathrm{d}t}=T'_x\cdot\frac{\mathrm{d}x}{\mathrm{d}t}+T'_y\cdot\frac{\mathrm{d}y}{\mathrm{d}t}=T'_x\cdot\frac{1}{2\sqrt{1+t}}+T'_y\cdot\frac{1}{3}$. 又 $t=3$ 时，$x=2$，$y=3$，于是

$$\left.\frac{\mathrm{d}T}{\mathrm{d}t}\right|_{t=3}=T'_x(2,3)\cdot\frac{1}{2\sqrt{1+3}}+T'_y(2,3)\cdot\frac{1}{3}=2,$$

所以，在 $t=3$ s 时，小虫爬行路线上温度的升高速度为 2 ℃/s.

• 思想启迪 •

◎ 在计算多元函数对某个变量的偏导数时，其他变量被视为常数，这是分析问题的一种方式，即在分析某一个因素对整个事情的影响时，固定其他因素，只看主要因素. 将这种思想引入日常生活中，即要养成全面思考问题的习惯，观察事物的视角不同，结论往往会不同；要学会换位思考，在抓住主题的同时，从不同角度去理解他人.

◎ 在计算多元复合函数偏导数时，必须仔细、耐心，逐步分解，否则非常容易出错. 日常做事，也要有"咬定青山不放松"的劲头，时刻保持清醒头脑，持之以恒，脚踏实地，一步一步达成自己的目标.

• 课外演练 •

1. 设 $z=x+y-\sqrt{x^2+y^2}$，求 $\left.\frac{\partial z}{\partial x}\right|_{(3,4)}$，$\left.\frac{\partial z}{\partial y}\right|_{(3,4)}$.

2. 设 $z=\ln\left(x+\frac{y}{2x}\right)$，求 $\left.\frac{\partial z}{\partial x}\right|_{(1,2)}$，$\left.\frac{\partial z}{\partial y}\right|_{(1,2)}$.

3. 设 $z=(1+xy)^x$,求$\left.\frac{\partial z}{\partial x}\right|_{(1,1)}$,$\left.\frac{\partial z}{\partial y}\right|_{(1,1)}$.

4. 求下列函数的偏导数.

(1) $z=x^3y-y^3x$;

(2) $z=e^x\sin y$;

(3) $z=x^{\sqrt{y}}$;

(4) $z=xe^{-xy}$;

(5) $z=\arctan(xy)$;

(6) $z=\frac{x}{\sqrt{x^2+y^2}}$;

(7) $z=\ln\left(\tan\frac{y}{x}\right)$;

(8) $z=\ln(y+\sqrt{x^2+y^2})$;

(9) $u=e^{xy}\ln z$.

5. 设 $z=\arctan\frac{y}{x}$,求证:$x\frac{\partial z}{\partial y}-y\frac{\partial z}{\partial x}=1$.

6. 设 $z=\left(\frac{1}{3}\right)^{-\frac{y}{x}}$,求证:$x\frac{\partial z}{\partial x}+y\frac{\partial z}{\partial y}=0$.

7. 求下列复合函数的偏导数(或导数).

(1) 设 $z=\frac{v}{u}$,$u=1-e^{2x}$,$v=e^x$,求$\frac{dz}{dx}$;

(2) 设 $z=u^2+v^2$,$u=x+2y$,$v=2x-y$,求$\frac{\partial z}{\partial x}$,$\frac{\partial z}{\partial y}$;

(3) 设 $z=u^v$,$u=3x+y$,$v=x+3y$,求$\frac{\partial z}{\partial x}$,$\frac{\partial z}{\partial y}$;

(4) 设 $z=u^2v-uv^2$,$u=x\cos y$,$v=x\sin y$,求$\frac{\partial z}{\partial x}$,$\frac{\partial z}{\partial y}$;

(5) 设 $z=e^{u+v}$,$u=\sin(x+y)$,$v=\ln y$,求$\frac{\partial z}{\partial x}$,$\frac{\partial z}{\partial y}$;

(6) 设 $z=\arctan(xy)$,$y=e^{2x}$,求$\frac{dz}{dx}$;

(7) 设 $z=f(x^2-y^2,e^{xy})$,求$\frac{\partial z}{\partial x}$,$\frac{\partial z}{\partial y}$;

(8) 设 $u=f\left(\frac{x}{y},\frac{y}{z}\right)$,求$\frac{\partial u}{\partial x}$,$\frac{\partial u}{\partial y}$,$\frac{\partial u}{\partial z}$.

8. 设 $z=f(x^2+y^2)$,其中 $f(u)$为可微函数,证明:$y\frac{\partial z}{\partial x}-x\frac{\partial z}{\partial y}=0$.

9. 设 $z=\frac{y}{f(x^2-y^2)}$,其中 $f(u)$为可微函数,证明:$\frac{1}{x}\frac{\partial z}{\partial x}+\frac{1}{y}\frac{\partial z}{\partial y}=\frac{z}{y^2}$.

10. 科学研究表明,深度为 x 处(单位:英尺)在时刻 t 的温度 T(单位:摄氏度)可用如下模型表示:

$$T(x,t)=T_0+T_1e^{-\lambda x}\sin(\omega t-\lambda x),$$

其中,T_0,T_1为常数,λ 为正常数,$\omega=\frac{2\pi}{365}$. 求$\frac{\partial T}{\partial x}$,$\frac{\partial T}{\partial t}$,并解释它们的实际意义.

3.4 隐函数及其求导方法

隐函数求导

• 案例导出 •

案例 由方程 $x^3+y^3=6xy$ 所确定的函数 $y=y(x)$ 对应的平面曲线一般称为笛卡儿叶形线(图 3-10). 请求出笛卡尔叶形线在点 $(3,3)$ 处的切线方程.

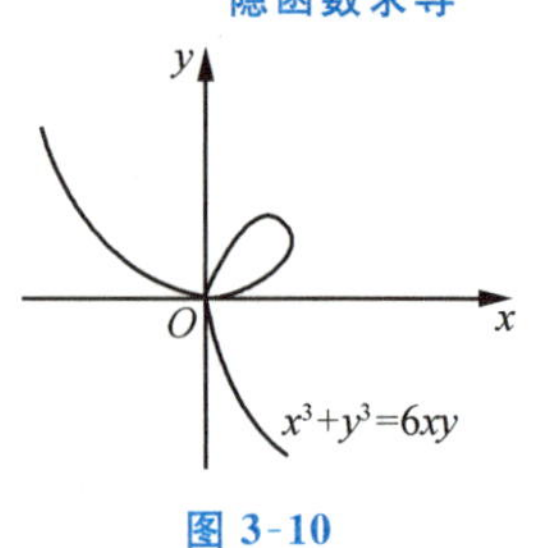

图 3-10

• 案例分析 •

根据导数的几何意义,要求笛卡儿叶形线在点 $(3,3)$ 处的切线方程,只要求出切线的斜率 $y'(3)$,但由方程 $x^3+y^3=6xy$ 所确定的函数 $y=y(x)$ 与我们前面所遇到的函数有所不同,前面我们遇到的不管是一元函数还是二元函数,都是因变量可由含有自变量的数学表达式直接表示出来的函数形式,如 $y=\sin x$, $y=\sqrt{1-x^2}$, $z=e^{x+y}$ 等,我们称这样的函数为显式函数. 但是,有些时候函数的因变量与自变量之间的表达式却不是这样直接的,如方程 $x+y-10=0$ 和 $z-x-y=0$,它们分别确定了函数 $y=10-x$ 与 $z=x+y$. 换句话说,将因变量与自变量之间的函数关系隐藏在方程里,这种函数我们称为隐函数. 案例中的函数就是隐函数. 将隐函数化为显式函数,叫作隐函数的显式化. 例如,通过方程 $x+y-10=0$ 和 $z-x-y=0$ 容易找到显式函数 $y=10-x$ 与 $z=x+y$,但是大部分隐函数是不容易显式化的. 例如,方程 $e^{xy}-y=0$, $z-\ln(z+x)+xy=0$ 等确定的函数就无法显式化,案例中的隐函数同样无法显式化. 求这种隐藏在方程中的函数的导数或偏导数就称作隐函数求导.

• 相关知识 •

一般地,如果变量 x,y 之间的函数关系 $y=y(x)$ 由方程 $F(x,y)=0$ 所确定,这样的函数称为由方程 $F(x,y)=0$ 确定的一元隐函数. 类似地,由方程 $F(x,y,z)=0$ 确定的二元函数 $z=z(x,y)$ 称为二元隐函数.

显然,通过将隐函数显式化来求出隐函数的导数是行不通的. 下面,我们先来介绍一元隐函数的求导方法,然后将其推广到二元隐函数,再利用多元复合函数求导方法,得到隐函数求导的一般公式.

方法一:对确定隐函数的方程两边关于自变量求导.

我们知道,一元隐函数 $y=y(x)$ 由方程 $F(x,y)=0$ 确定,对方程两边同时关于自变量 x 求导,注意到 y 是 x 的函数,利用复合函数求导方法,可以得到一个含有 y' 的方程,解出 y' 即找到了一元隐函数的导数.

例 1 求由方程 $e^x-e^y-xy=0$ 确定的隐函数 $y=y(x)$ 的导数 y' 及 $y'(0)$.

解 对方程 $e^x-e^y-xy=0$ 两边关于 x 求导,注意到 y 是 x 的函数,得

$$e^x-e^y y'-(y+xy')=0.$$

由上式解出 y'，便得到隐函数的导数 $y'=\dfrac{e^x-y}{x+e^y}$ $(x+e^y\neq 0)$.

又 $x=0$ 时，代入原方程得 $y=0$，于是将 $x=0$ 及 $y=0$ 同时代入 y' 得 $y'(0)=1$.

注意 由于 y 是 x 的函数，该例中 e^y 是以 y 为中间变量的关于 x 的复合函数，因此对 e^y 关于 x 求导应利用一元复合函数的求导方法，y' 不能丢. 另外，我们也应注意到，隐函数求导时，结果中可以含有 x 也可含有因变量 y，因此求 $y'(x_0)$ 时，应先将 x_0 代入方程 $F(x,y)=0$ 求得 y_0，再将 x_0，y_0 同时代入 y'，从而求得 $y'(x_0)$.

例 2 求出案例中笛卡儿叶形线在点(3,3)处的切线方程.

解 方程两边对 x 求导，可得 $x^2+y^2y'=2y+2xy'$，于是 $y'=\dfrac{2y-x^2}{y^2-2x}$，因此有

$$y'|_{(3,3)}=\frac{2\times 3-3^2}{3^2-2\times 3}=-1.$$

所以，切线方程为 $y-3=-(x-3)$，即 $x+y=6$.

在上面一节中，我们提到了幂指函数，就是在底数和指数部分都含有自变量的函数. 对于幂指函数的求导，我们可以转变为多元复合函数再求导，如上一节例 12. 我们也可以对幂指函数 $y=f(x)$ 两边取自然对数，将显式函数转变为隐函数，再用隐函数求导方法求出导数 y'，这种方法通常称为取对数求导法.

例 3 求 $y=(1+x^2)^{\sin x}$ 的导数.

解 对 $y=(1+x^2)^{\sin x}$ 两边取对数，得

$$\ln y=\sin x\ln(1+x^2),$$

再求上式两边对 x 的导数，得

$$\frac{1}{y}\cdot y'=\cos x\ln(1+x^2)+\sin x\,\frac{2x}{1+x^2},$$

所以

$$\begin{aligned} y'&=y\cdot\left[\cos x\ln(1+x^2)+\sin x\,\frac{2x}{1+x^2}\right]\\ &=(1+x^2)^{\sin x}\left[\cos x\ln(1+x^2)+\sin x\,\frac{2x}{1+x^2}\right]. \end{aligned}$$

注意 该例是对显式函数求导，因而要将结果中的因变量 y 替换掉. 另外，对于由三个以上的函数连续相乘、相除得到的函数，也可采用取对数求导法.

例 4 求 $y=\sqrt[3]{\dfrac{(x-1)(x-3)}{(x-2)(x-4)}}$ 的导数.

解 对 $y=\sqrt[3]{\dfrac{(x-1)(x-3)}{(x-2)(x-4)}}$ 两边取对数，得

$$\ln y=\frac{1}{3}[\ln(x-1)+\ln(x-3)-\ln(x-2)-\ln(x-4)],$$

求上式两边对 x 的导数，得

$$\frac{1}{y}\cdot y'=\frac{1}{3}\left(\frac{1}{x-1}+\frac{1}{x-3}-\frac{1}{x-2}-\frac{1}{x-4}\right),$$

所以

$$y'=\frac{y}{3}\left(\frac{1}{x-1}+\frac{1}{x-3}-\frac{1}{x-2}-\frac{1}{x-4}\right)$$
$$=\frac{1}{3}\sqrt[3]{\frac{(x-1)(x-3)}{(x-2)(x-4)}}\left(\frac{1}{x-1}+\frac{1}{x-3}-\frac{1}{x-2}-\frac{1}{x-4}\right).$$

读者可以试着用取对数求导法来求解上节中的例 12 和例 13.

对方程两边关于自变量求导的方法同样适用于二元隐函数，当对方程 $F(x,y,z)=0$ 两边关于某个自变量求偏导数时，要将其余自变量视为常量，同样要注意因变量 z 是该自变量的函数.

例 5 设 $z=z(x,y)$ 由方程 $x^2z+2y^2z^2+y=0$ 确定，求 $\frac{\partial z}{\partial x},\frac{\partial z}{\partial y}$.

解 两边同时对 x 求偏导数，将 y 看成常数，有

$$2xz+x^2\frac{\partial z}{\partial x}+2y^2\cdot 2z\frac{\partial z}{\partial x}=0,$$

于是
$$\frac{\partial z}{\partial x}=-\frac{2xz}{x^2+4y^2z}.$$

类似地，两边同时对 y 求偏导数，将 x 看成常数，有

$$\frac{\partial z}{\partial y}=-\frac{4yz^2+1}{x^2+4y^2z}.$$

方法二：公式法求隐函数的导数.

我们采用多元复合函数求导的方法来找到隐函数的求导公式.

设方程 $F(x,y)=0$ 确定了一元隐函数 $y=y(x)$，其中 $F(x,y)$ 具有一阶连续偏导数 F'_x,F'_y 且 $F'_y\neq 0$. $F(x,y)$ 是关于 x 的复合函数，y 是中间变量，x 既是中间变量又是自变量，函数关系图如图 3-11 所示. 现对方程 $F(x,y)=0$ 两边关于 x 求导，由多元复合函数求导法，可得 $F'_x+F'_y\frac{\mathrm{d}y}{\mathrm{d}x}=0$.

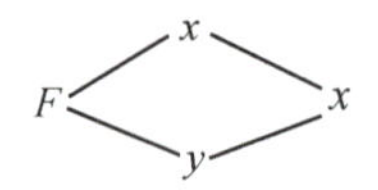

图 3-11

由此得到一元隐函数的求导公式为 $\frac{\mathrm{d}y}{\mathrm{d}x}=-\frac{F'_x}{F'_y}$.

类似地，设方程 $F(x,y,z)=0$ 确定了隐函数 $z=z(x,y)$，其中 $F(x,y,z)$ 有一阶连续偏导数 F'_x,F'_y 及 F'_z 且 $F'_z\neq 0$，$F(x,y,z)$ 是关于 x,y 的二元复合函数，z 是中间变量，x,y 既是中间变量又是自变量，函数关系图如图 3-12所示. 对方程 $F(x,y,z)=0$ 两边分别关于 x,y 求偏导数，得

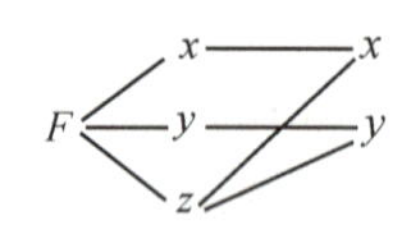

图 3-12

$$F'_x+F'_z\frac{\partial z}{\partial x}=0,F'_y+F'_z\frac{\partial z}{\partial y}=0.$$

由此得到二元函数隐函数的一般求导公式为

$$\frac{\partial z}{\partial x}=-\frac{F'_x}{F'_z},\frac{\partial z}{\partial y}=-\frac{F'_y}{F'_z}.$$

例 6 设 $y=y(x)$ 由方程 $y=x\ln y$ 确定，求 y'.

解 令 $F(x,y)=y-x\ln y$，则 $F'_x=-\ln y$，$F'_y=1-\frac{x}{y}$，于是

$$y'=-\frac{F'_x}{F'_y}=\frac{\ln y}{1-\frac{x}{y}}=\frac{y\ln y}{y-x}\ (y-x\neq 0).$$

例 7 设 $e^{3xy}-z^2+e^{-z}=0$ 确定了隐函数 $z=z(x,y)$，求 $\frac{\partial z}{\partial x}$，$\frac{\partial z}{\partial y}$.

解 令 $F(x,y,z)=e^{3xy}-z^2+e^{-z}$，则

$$F'_x=3ye^{3xy},F'_y=3xe^{3xy},F'_z=-2z-e^{-z},$$

于是

$$\frac{\partial z}{\partial x}=-\frac{F'_x}{F'_z}=-\frac{3ye^{3xy}}{-2z-e^{-z}}=\frac{3ye^{3xy}}{2z+e^{-z}},$$

$$\frac{\partial z}{\partial y}=-\frac{F'_y}{F'_z}=-\frac{3xe^{3xy}}{-2z-e^{-z}}=\frac{3xe^{3xy}}{2z+e^{-z}}.$$

本节例题的隐函数都可以用上述两种方法处理，两种方法本质一致，但使用时要注意区别. 第一种方法，因变量始终是自变量的函数；而第二种方法首先要构造辅助函数，当对该函数的某个坐标分量求偏导数时，其他坐标分量都视为常量.

• 思想启迪 •

◎ 隐函数是指隐藏在某一方程里的函数. 对于隐函数的求导，要学会透过现象看本质，就是在看待问题时能够抓住背后的根本性逻辑，能够理解问题发生的真正原因，而不被问题的表象所蒙蔽，不受一些无关紧要的感性偏见的影响.

• 课外演练 •

1. 求下列方程所确定的隐函数 y 的导数或在指定点处的导数.

(1) $x^2-y^2=16$；　　(2) $xe^y-ye^x=x$；

(3) $y\sin x=\cos(x+y)$；　　(4) $x^2+2xy-y^2=2x$，$y'|_{(x=2,y=0)}$；

(5) $2^x+2y=2^{x+y}$，在 $x=0$ 处.

2. 求下列函数的导数.

(1) $y=x^{\sqrt{x}}$；　　(2) $y=\frac{x^2e^x}{(1+x)\sqrt{x+2}}$；

(3) $y=\sqrt{x\sin x\sqrt{e^x}}$.

3. 求曲线 $y^3=1+xe^y$ 在与 y 轴交点处的切线方程与法线方程.

4. 设 z 是由方程 $\ln z=xyz$ 所确定的隐函数，求 $\frac{\partial z}{\partial x}$，$\frac{\partial z}{\partial y}$.

5. 设 z 是由方程 $z=2\sqrt{xyz}-x-2y$ 所确定的隐函数，求 $\frac{\partial z}{\partial x}$，$\frac{\partial z}{\partial y}$.

6. 设 z 是由方程 $F(x+y,y+z)=0$ 所确定的隐函数，其中 F 具有连续偏导数，求 $\frac{\partial z}{\partial x},\frac{\partial z}{\partial y}$.

3.5 高阶导数

• 案例导出 •

案例 我们知道，做变速直线运动的物体的瞬时速度 $v(t)$ 是其位移函数 $s(t)$ 对时间 t 的变化率，即 $v(t)=s'(t)$. 那么，物体在时刻 t 的瞬时加速度 $a(t)$ 是多少呢？

• 案例分析 •

事实上，物体在时刻 t 的瞬时加速度 $a(t)$ 相当于速度关于时间的瞬时变化率，因而加速度 $a(t)$ 是瞬时速度关于 t 的导数，即 $a=v_t'=[s'(t)]'$，相当于位移函数 $s(t)$ 连续对 t 求两次导数.

• 相关知识 •

3.5.1 一元函数的高阶导数

高阶导数

定义 1 如果函数 $y=f(x)$ 的导函数 $f'(x)$ 仍是 x 的可导函数，则称 $f'(x)$ 的导数为函数 $y=f(x)$ 的二阶导数，记作 $f''(x)$，y'' 或 $\frac{d^2y}{dx^2}$，$\frac{d^2f}{dx^2}$，即

$$y''=(y')'=f''(x)\text{或}\frac{d^2y}{dx^2}=\frac{d}{dx}\left(\frac{dy}{dx}\right)=\frac{d}{dx}\left(\frac{df}{dx}\right)=\frac{d^2f}{dx^2}.$$

类似地，二阶导数的导数叫作三阶导数，记为 $f'''(x)$，y''' 或 $\frac{d^3y}{dx^3}$，$\frac{d^3f}{dx^3}$；同样，三阶导数的导数称为四阶导数，…. 一般地，函数 $y=f(x)$ 的 $n-1$ 阶导数的导数称为 $y=f(x)$ 的 n 阶导数，记为 $f^{(n)}(x)$，$y^{(n)}$ 或 $\frac{d^ny}{dx^n}$，$\frac{d^nf}{dx^n}$，且有 $y^{(n)}=[y^{(n-1)}]'$ 或 $\frac{d^ny}{dx^n}=\frac{d}{dx}\left(\frac{d^{n-1}y}{dx^{n-1}}\right)$.

二阶和二阶以上的导数统称为**高阶导数**，相应地把函数 $y=f(x)$ 的导数 $f'(x)$ 称为函数 $y=f(x)$ 的一阶导数. 显然，求高阶导数并不需要新方法，要求几阶导数只要连续对函数求几次导数即可. 另外，要注意符号 $\frac{d^2y}{dx^2}$ 的写法，不能写成 $\frac{d^2y}{d^2x}$ 或 $\frac{dy^2}{dx^2}$.

例 1 求函数 $y=e^x\sin x$ 的二阶和三阶导数，并求 $y'''(0)$.

解 因为 $y'=e^x\sin x+e^x\cos x=e^x(\sin x+\cos x)$，

所以 $y''=[e^x(\sin x+\cos x)]'=e^x(\sin x+\cos x)+e^x(\cos x-\sin x)=2e^x\cos x$.

$y'''=(2e^x\cos x)'=2e^x\cos x-2e^x\sin x=2e^x(\cos x-\sin x)$.

于是，$y'''(0)=y'''|_{x=0}=2e^0(\cos 0-\sin 0)=2$.

例 2 已知 $f^{(8)}(x)=(2x+1)^3$，求 $f^{(10)}(1)$.

解 因为 $f^{(8)}(x)=(2x+1)^3$，所以 $f^{(9)}(x)=3(2x+1)^2\cdot 2=6(2x+1)^2$，于是

$$f^{(10)}(x)=12(2x+1)\cdot 2=24(2x+1),$$

所以 $f^{(10)}(1)=72$.

例 3 求 n 次多项式函数 $y=a_nx^n+a_{n-1}x^{n-1}+\cdots+a_1x+a_0$ 的 n 阶导数.

解 $y'=na_nx^{n-1}+(n-1)a_{n-1}x^{n-2}+\cdots+a_2x+a_1$，

$y''=n(n-1)a_nx^{n-2}+(n-1)(n-2)a_{n-1}x^{n-3}+\cdots+a_3x+a_2$.

可见每经过一次求导计算，多项式的次数就降低一次，而且由前面求导规律，有 $y^{(n)}=n!\,a_n$.

例 4 求函数 $y=a^x$ 的 n 阶导数.

解 $y'=(a^x)'=a^x\ln a$，$y''=(a^x\ln a)'=a^x\ln^2 a$，$y'''=(a^x\ln^2 a)'=a^x\ln^3 a$，依此类推，得 $y^{(n)}=a^x\ln^n a$.

特别地，$(\mathrm{e}^x)^{(n)}=\mathrm{e}^x$.

例 5 求函数 $y=\sin x$ 的 n 阶导数.

解 $y'=\cos x=\sin\left(x+\dfrac{\pi}{2}\right)$，$y''=-\sin x=\sin(x+\pi)=\sin\left(x+\dfrac{2\pi}{2}\right)$，

$y'''=-\cos x=\sin\left(x+\dfrac{3\pi}{2}\right)$，$y^{(4)}=\sin x=\sin\left(x+\dfrac{4\pi}{2}\right)$，

依此类推，可得 $y^{(n)}=\sin\left(x+\dfrac{n\pi}{2}\right)$，即 $(\sin x)^{(n)}=\sin\left(x+\dfrac{n\pi}{2}\right)$.

类似地，$(\cos x)^{(n)}=\cos\left(x+\dfrac{n\pi}{2}\right)$.

高阶偏导数

3.5.2 二元函数的高阶偏导数

我们知道，二元函数 $z=f(x,y)$ 的两个偏导数 $\dfrac{\partial z}{\partial x}$ 和 $\dfrac{\partial z}{\partial y}$ 仍是自变量 x,y 的函数，与一元函数类似，可以定义二元函数的高阶偏导数.

定义 2 设 $z=f(x,y)$ 在区域 D 内具有偏导数 $\dfrac{\partial z}{\partial x}$ 和 $\dfrac{\partial z}{\partial y}$，如果它们关于 x,y 的偏导数也存在，则称这两个偏导数的偏导数为 $z=f(x,y)$ 的二阶偏导数. 这样的二阶偏导数共有四个，分别记作

$$\frac{\partial}{\partial x}\left(\frac{\partial z}{\partial x}\right)=\frac{\partial^2 z}{\partial x^2}=f''_{xx}(x,y)=z''_{xx}(x,y),$$

$$\frac{\partial}{\partial y}\left(\frac{\partial z}{\partial x}\right)=\frac{\partial^2 z}{\partial x\partial y}=f''_{xy}(x,y)=z''_{xy}(x,y),$$

$$\frac{\partial}{\partial x}\left(\frac{\partial z}{\partial y}\right)=\frac{\partial^2 z}{\partial y\partial x}=f''_{yx}(x,y)=z''_{yx}(x,y),$$

$$\frac{\partial}{\partial y}\left(\frac{\partial z}{\partial y}\right)=\frac{\partial^2 z}{\partial y^2}=f''_{yy}(x,y)=z''_{yy}(x,y).$$

其中偏导数$\frac{\partial^2 z}{\partial x\partial y}$，$\frac{\partial^2 z}{\partial y\partial x}$称为**二阶混合偏导数**. 同样还可以定义三阶、四阶乃至 n 阶偏导数，如$\frac{\partial^3 z}{\partial x^3}=\frac{\partial}{\partial x}\left(\frac{\partial^2 z}{\partial x^2}\right)$，$\frac{\partial^3 z}{\partial x\partial y^2}=\frac{\partial}{\partial y}\left(\frac{\partial^2 z}{\partial x\partial y}\right)$等. 我们将二阶及二阶以上的偏导数统称为**高阶偏导数**.

例 6　求 $z=x^2+y^3-2xy^2$ 的二阶偏导数.

解　因为
$$\frac{\partial z}{\partial x}=2x-2y^2,\frac{\partial z}{\partial y}=3y^2-4xy,$$
所以
$$\frac{\partial^2 z}{\partial x^2}=\frac{\partial}{\partial x}\left(\frac{\partial z}{\partial x}\right)=2,\frac{\partial^2 z}{\partial x\partial y}=\frac{\partial}{\partial y}\left(\frac{\partial z}{\partial x}\right)=-4y,$$
$$\frac{\partial^2 z}{\partial y\partial x}=\frac{\partial}{\partial x}\left(\frac{\partial z}{\partial y}\right)=-4y,\frac{\partial^2 z}{\partial y^2}=\frac{\partial}{\partial y}\left(\frac{\partial z}{\partial y}\right)=6y-4x.$$

例 7　求 $z=ye^{xy}$ 的二阶偏导数.

解　因为
$$\frac{\partial z}{\partial x}=y^2e^{xy},\frac{\partial z}{\partial y}=e^{xy}+xye^{xy}=e^{xy}(1+xy),$$
所以
$$\frac{\partial^2 z}{\partial x^2}=y^3e^{xy},\frac{\partial^2 z}{\partial x\partial y}=2ye^{xy}+xy^2e^{xy},$$
$$\frac{\partial^2 z}{\partial y\partial x}=ye^{xy}(1+xy)+e^{xy}y=2ye^{xy}+xy^2e^{xy},$$
$$\frac{\partial^2 z}{\partial y^2}=xe^{xy}(1+xy)+e^{xy}x=2xe^{xy}+x^2ye^{xy}.$$

可以看到上述两例中两个二阶混合偏导数分别相等，即有$\frac{\partial^2 z}{\partial x\partial y}=\frac{\partial^2 z}{\partial y\partial x}$，但这个结论并不是对任意可求二阶偏导数的二元函数都成立. 若两个二阶混合偏导数$\frac{\partial^2 z}{\partial x\partial y}$，$\frac{\partial^2 z}{\partial y\partial x}$满足下面的条件，则上述结论成立.

定理　若函数 $z=f(x,y)$的两个二阶混合偏导数$\frac{\partial^2 z}{\partial x\partial y}$，$\frac{\partial^2 z}{\partial y\partial x}$在区域 D 内连续，则在区域 D 内有$\frac{\partial^2 z}{\partial x\partial y}=\frac{\partial^2 z}{\partial y\partial x}$.

该定理表明，在二元函数的两个二阶混合偏导数连续的条件下，其求导结果与求导次序无关.

对于三元以上的函数也可以类似地定义高阶偏导数，而且在偏导数连续时，混合偏导数也与求偏导的先后次序无关.

例 8　设 $u=\frac{1}{\sqrt{x^2+y^2+z^2}}$，试证：$\frac{\partial^2 u}{\partial x^2}+\frac{\partial^2 u}{\partial y^2}+\frac{\partial^2 u}{\partial z^2}=0$.

证　设 $r=\sqrt{x^2+y^2+z^2}$，则 $u=\frac{1}{\sqrt{x^2+y^2+z^2}}$可看成由 $u=\frac{1}{r}$，$r=\sqrt{x^2+y^2+z^2}$复合而成，于是
$$\frac{\partial u}{\partial x}=-\frac{1}{r^2}\cdot\frac{2x}{2r}=-\frac{x}{r^3},\frac{\partial^2 u}{\partial x^2}=-\frac{1}{r^3}+x\cdot\frac{3}{r^4}\cdot\frac{x}{r}=-\frac{1}{r^3}+\frac{3x^2}{r^5}.$$

由函数的自对称性,有

$$\frac{\partial^2 u}{\partial y^2}=-\frac{1}{r^3}+\frac{3y^2}{r^5},\frac{\partial^2 u}{\partial z^2}=-\frac{1}{r^3}+\frac{3z^2}{r^5},$$

所以

$$\frac{\partial^2 u}{\partial x^2}+\frac{\partial^2 u}{\partial y^2}+\frac{\partial^2 u}{\partial z^2}=-\frac{3}{r^3}+\frac{3(x^2+y^2+z^2)}{r^5}=-\frac{3}{r^3}+\frac{3}{r^3}=0.$$

· 思想启迪 ·

◎ 对于幂函数 x^n,每一次求导,都能把幂降低 1 次,第 n 次求导便得到一个常数,而求导次数大于 n 时的导数都等于 0;指数函数 e^x 的各阶导数仍是 e^x;三角函数 $\sin x$ 的高阶导数循环出现;对数函数的高阶导数会发生改变.这就如同人生的四种态度,即消逝不见、始终不变、周期循环、改变目标.如果把每一次求导当成一次挫折,那么,到底是被挫折磨灭了意志,还是始终坚持初心,或原地踏步,或改变最初的理想.我们不禁会问,生活中是否有像函数 e^x 那样的一种誓言,虽历经磨难,但始终不忘初心、坚定信念、百折不挠、勇敢面对.

◎ 数学家莱布尼茨和拉格朗日的故事.莱布尼茨在数学史和哲学史上都有重要的地位,他创立的微积分数学符号被广泛使用,但他的很多数学成果都是在往返于各大城镇的颠簸的马车上完成的,艰难的环境能造就精彩的人生.我们现在有着优美的学习环境,有整洁的教室和教学楼,窗明几净;有着人人争先、奋发向上的学习氛围,因此更应该珍惜现在求学的好时光,爱拼才会赢,美好的时代造就美好的未来.

18 岁的拉格朗日独立地推出了莱布尼茨公式,他兴奋地把论文寄给大数学家欧拉.然而,欧拉却告诉他,莱布尼茨在半个世纪前就已经得到了这个结果.这个“不幸”的消息非但没有让拉格朗日泄气,反而激发了他继续钻研数学的信心,后来他推出了著名的拉格朗日中值定理(见第四章).面对挫折时,我们更应向拉格朗日学习,坚定信念,把挫折化作前进的动力.

· 课外演练 ·

1. 求下列函数的二阶导数(或二阶偏导数).

(1) $y=(2x+1)^4$;　　(2) $y=\ln(3x-1)$;

(3) $y=x^2e^x$;　　(4) $y=x\sqrt{1+x}$;

(5) $z=x^3+x^2y^3-2y^2$;　　(6) $z=e^y\cos x$.

2. 做直线运动的物体的运动方程如下,求物体在给定时刻的速度(单位:m/s)和加速度(单位:m/s^2).

(1) $s(t)=t^3-3t+3,t=2$;　　(2) $s(t)=t+\frac{1}{t},t=3$.

3. 求下列函数的 n 阶导数.

(1) $y=x\ln x$;　　(2) $y=e^{3x}$;

(3) $y=a_nx^n+a_{n-1}x^{n-1}+\cdots+a_1x+a_0(a_n\neq 0)$.

4. 设 $z=\ln(e^x+e^y)$，试证：

(1) $\frac{\partial z}{\partial x}+\frac{\partial z}{\partial y}=1$；　　(2) $\frac{\partial^2 z}{\partial x^2}\cdot\frac{\partial^2 z}{\partial y^2}-\left(\frac{\partial^2 z}{\partial x\partial y}\right)^2=0$.

5. 设 $z=2\cos^2 u, u=x-\frac{y}{2}$，证明：$\frac{\partial^2 z}{\partial x\partial y}+2\frac{\partial^2 z}{\partial y^2}=0$.

3.6　微分与全微分

• 案例导出 •

案例　一块边长为 x 的正方形金属薄片的面积受温度变化的影响，问当其边长从 x 变到 $x+\Delta x$ 时（图 3-13），此薄片的面积改变了多少？

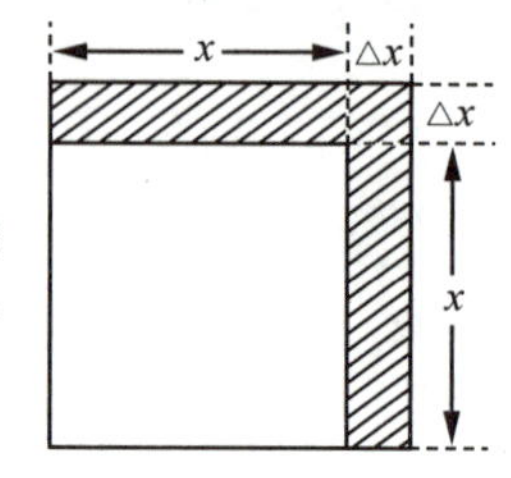

图 3-13

• 案例分析 •

设此薄片的面积为 S，则 S 是边长 x 的函数，即 $S=S(x)=x^2$. 当薄片边长从 x 变到 $x+\Delta x$ 时，函数 $S(x)$ 相应的增量为 ΔS，即

$$\Delta S=S(x+\Delta x)-S(x)=(x+\Delta x)^2-x^2=2x\Delta x+(\Delta x)^2.$$

从上式可以看出，ΔS 可分成两个部分：第一部分 $2x\Delta x$ 是 Δx 的线性函数（x 是与 Δx 无关的常量）且 $2x\Delta x=S'(x)\Delta x$；当 $\Delta x\to 0$ 时，第二部分 $(\Delta x)^2$ 比第一部分小得多. $2x\Delta x$ 是面积增量 ΔS 的主要部分，而 $(\Delta x)^2$ 是次要部分，当 $|\Delta x|$ 很小时，$(\Delta x)^2$ 比 $2x\Delta x$ 要小得多. 因此，当 $|\Delta x|$ 很小时，面积的增量 ΔS 可近似地用 $2x\Delta x$ 来代替，即 $\Delta S\approx 2x\Delta x$.

• 相关知识 •

微分

3.6.1　微分

（一）微分的定义

定义 1　若函数 $y=f(x)$ 在点 x 处可导，对于自变量的增量 Δx，称 $f'(x)\Delta x$ 为函数 $y=f(x)$ 在点 x 处的微分，记为 $\mathrm{d}y$ 或 $\mathrm{d}f(x)$，即 $\mathrm{d}y=f'(x)\Delta x$.

有了微分的定义，上面薄片面积的增量 ΔS 可以近似地表示为 $\Delta S\approx \mathrm{d}S=2x\Delta x$.

当函数 $f(x)=x$ 时，$\mathrm{d}f(x)=\mathrm{d}x=x'\Delta x$，即 $\mathrm{d}x=\Delta x$. 因此，当 $\Delta x\to 0$ 时，通常把自变量 x 的增量 Δx 记作 $\mathrm{d}x$，即 $\mathrm{d}x=\Delta x$. 于是，函数 $y=f(x)$ 的微分可以写为

$$\mathrm{d}y=f'(x)\mathrm{d}x,$$

两边同除以 $\mathrm{d}x$，得

$$\frac{\mathrm{d}y}{\mathrm{d}x}=f'(x).$$

由此可见，一元函数的导数可以看成函数的微分 $\mathrm{d}y$ 与自变量的微分 $\mathrm{d}x$ 之商. 因此，我

们常常也称导数为"微商". 但要注意的是,二元函数的偏导数的记号$\frac{\partial z}{\partial x}$是一个整体记号,不能看成商的形式,这一点在 3.3.1 节中我们已经指出过.

例 1 已知函数 $y=x^2+1$,求函数在 $x=1$,$\Delta x=0.1$ 时的微分 $\mathrm{d}y$.

解 $y'|_{x=1}=(x^2+1)'|_{x=1}=2x|_{x=1}=2$,

$$\mathrm{d}y\Big|_{\substack{x=1\\ \Delta x=0.1}}=y'|_{x=1}\cdot\Delta x=2\times0.1=0.2.$$

这里要说明的是,记号 $\mathrm{d}y|_{x=x_0}=f'(x_0)\mathrm{d}x$ 表示函数 $y=f(x)$在点 x_0处的微分. 只要将函数的微分 $f'(x)\mathrm{d}x$ 求出后,将 x_0代入 $f'(x)$即可,注意不要代入 $\mathrm{d}x$(想想这是为什么).

例 2 已知函数 $y=\ln(x^2-x)$,求 $\mathrm{d}y|_{x=2}$.

解 因为$[\ln(x^2-x)]'|_{x=2}=\frac{2x-1}{x^2-x}\Big|_{x=2}=\frac{3}{2}$,所以 $\mathrm{d}y|_{x=2}=\frac{3}{2}\mathrm{d}x$.

(二) 微分的几何意义

虽然一元函数的微分与导数有着密切关系,但是不能简单地认为导数就是微分或者微分就是导数,它们是有区别的:导数是函数在一点处的变化率,代表曲线上相应点处切线的斜率,而微分是函数在一点处由自变量的增量引起的函数值变化量的主要部分. 这一点可从微分的几何意义直观看出.

如图 3-14 为曲线 $y=f(x)$的图形,$M_0(x_0,y_0)$是曲线 $y=f(x)$上的一个点. 当自变量有增量 Δx 时,就得到曲线上另一个对应点 $M(x_0+\Delta x,y_0+\Delta y)$. 过点 M_0作曲线的切线 M_0T,设它的倾角为 α,则此切线的斜率 $\tan\alpha=f'(x_0)$.

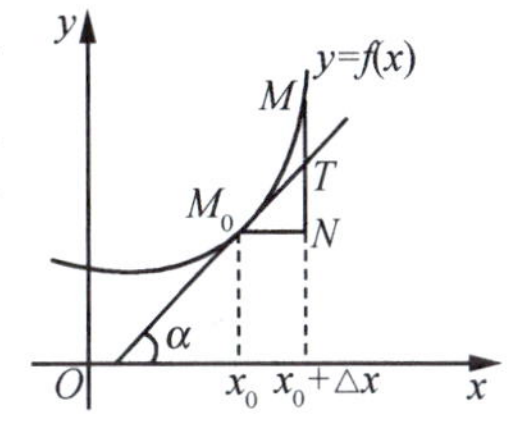

图 3-14

从图中可以看出,$M_0N=\Delta x$,$MN=\Delta y$,而 $NT=M_0N\cdot\tan\alpha=f'(x_0)\Delta x=\mathrm{d}y$.

由此可见,函数 $y=f(x)$在点 x_0处的微分 $\mathrm{d}y$ 在几何意义上表示曲线 $y=f(x)$在点 M_0处切线的纵坐标的改变量.

当$|\Delta x|$很小时,也就是说,在点 M_0的附近,可以用切线的纵坐标的增量 $\mathrm{d}y$ 来近似代替曲线纵坐标的改变量 Δy,即 $\Delta y\approx\mathrm{d}y$.

(三) 微分的运算法则

由于 $\mathrm{d}y=f'(x)\mathrm{d}x$,即函数 $y=f(x)$的微分等于它的导数与 $\mathrm{d}x$ 之积,所以根据导数的计算公式和导数运算法则就可以得到相应的微分公式和微分运算法则.

1. 微分基本公式

$\mathrm{d}C=0$(C 为常数);

$\mathrm{d}x^\alpha=\alpha x^{\alpha-1}\mathrm{d}x$($\alpha$ 为非零常数,$x>0$);

$\mathrm{d}a^x=a^x\ln a\mathrm{d}x(a>0,a\neq1)$,特别地,$\mathrm{d}\mathrm{e}^x=\mathrm{e}^x\mathrm{d}x$;

$\mathrm{d}\log_a x=\frac{1}{x\ln a}\mathrm{d}x(a>0,a\neq1)$,特别地,$\mathrm{d}\ln x=\frac{1}{x}\mathrm{d}x$;

$\mathrm{d}\sin x=\cos x\mathrm{d}x$;$\mathrm{d}\cos x=-\sin x\mathrm{d}x$;

$\mathrm{d}\tan x=\sec^2 x\mathrm{d}x$；$\mathrm{d}\cot x=-\csc^2 x\mathrm{d}x$；

$\mathrm{d}\csc x=-\csc x\cot x\mathrm{d}x$；$\mathrm{d}\arcsin x=\frac{1}{\sqrt{1-x^2}}\mathrm{d}x$；

$\mathrm{d}\arccos x=-\frac{1}{\sqrt{1-x^2}}\mathrm{d}x$；$\mathrm{d}\arctan x=\frac{1}{1+x^2}\mathrm{d}x$；

$\mathrm{d}\mathrm{arccot}x=-\frac{1}{1+x^2}\mathrm{d}x$.

2. 微分的四则运算法则

设 $u=u(x)$，$v=v(x)$可微，则 $u\pm v$，uv，$\frac{u}{v}(v\neq 0)$都可微，且

$$\mathrm{d}(u\pm v)=\mathrm{d}u\pm \mathrm{d}v;\mathrm{d}(uv)=v\mathrm{d}u+u\mathrm{d}v;\mathrm{d}\left(\frac{u}{v}\right)=\frac{v\mathrm{d}u-u\mathrm{d}v}{v^2}.$$

例 3 设 $y=\frac{x^2}{\ln x}$，求 $\mathrm{d}y$.

解 $\mathrm{d}y=\mathrm{d}\left(\frac{x^2}{\ln x}\right)=\frac{\ln x\mathrm{d}x^2-x^2\mathrm{d}\ln x}{\ln^2 x}=\frac{2x\ln x\mathrm{d}x-x\mathrm{d}x}{\ln^2 x}=\frac{2x\ln x-x}{\ln^2 x}\mathrm{d}x.$

例 4 设 $y=\arctan x+x\mathrm{e}^x$，求 $\mathrm{d}y$.

解
$$\begin{aligned}\mathrm{d}y&=\mathrm{d}(\arctan x+x\mathrm{e}^x)=\mathrm{d}(\arctan x)+\mathrm{d}(x\mathrm{e}^x)\\&=\frac{1}{1+x^2}\mathrm{d}x+\mathrm{e}^x\mathrm{d}x+x\mathrm{d}\mathrm{e}^x=\left(\frac{1}{1+x^2}+\mathrm{e}^x+x\mathrm{e}^x\right)\mathrm{d}x.\end{aligned}$$

3. 复合函数的微分法则

设函数 $y=f(u)$可微，根据微分的计算方法，若 u 是自变量，则函数 $y=f(u)$的微分为

$$\mathrm{d}y=f'(u)\mathrm{d}u.$$

若 u 不是自变量，而是 x 的可微函数 $u=\varphi(x)$，则复合函数 $y=f(\varphi(x))$（以 u 为中间变量）的导数为 $y'=f'(u)\varphi'(x)$，于是复合函数 $y=f(\varphi(x))$的微分为

$$\mathrm{d}y=f'(u)\varphi'(x)\mathrm{d}x.$$

注意到 $\mathrm{d}u=\varphi'(x)\mathrm{d}x$，于是

$$\mathrm{d}y=f'(u)\mathrm{d}u.$$

综上可知，由可微函数 $y=f(u)$及 $u=\varphi(x)$复合而成的复合函数 $y=f(\varphi(x))$的微分为 $\mathrm{d}y=f'(u)\varphi'(x)\mathrm{d}x$；另外，不论 u 是自变量还是中间变量，函数 y 的微分都有 $\mathrm{d}y=f'(u)\mathrm{d}u$ 的形式，这叫作一阶微分形式不变性. 利用一阶微分的形式不变性求复合函数的微分比较容易.

例 5 设 $y=\sin\sqrt{2x}$，求 $\mathrm{d}y$.

解 （方法一） 因为$(\sin\sqrt{2x})'=\cos\sqrt{2x}\frac{2}{2\sqrt{2x}}=\frac{1}{\sqrt{2x}}\cos\sqrt{2x}$，根据公式 $\mathrm{d}y=f'(x)\mathrm{d}x$，得 $\mathrm{d}y=(\sin\sqrt{2x})'\mathrm{d}x=\frac{1}{\sqrt{2x}}\cos\sqrt{2x}\mathrm{d}x$.

（方法二） 由一阶微分形式不变性，得

$$dy=\cos\sqrt{2x}\,d\sqrt{2x}=\cos\sqrt{2x}\frac{1}{2\sqrt{2x}}d(2x)=\frac{1}{\sqrt{2x}}\cos\sqrt{2x}\,dx.$$

例 6 求由方程 $x^2+2xy-y^2=4$ 确定的隐函数 $y=y(x)$ 的微分 dy.

解 (方法一) 对方程两边关于 x 求导,得 $2x+2(y+xy')-2yy'=0$,则 $y'=\frac{y+x}{y-x}$. 于是由公式 $dy=y'dx$,得 $dy=\frac{y+x}{y-x}dx$.

(方法二) 对方程两边求微分,得 $2xdx+2(ydx+xdy)-2ydy=0$,即 $dy=\frac{y+x}{y-x}dx$.

请读者体会例 5 及例 6 的两种方法,理解一阶微分形式不变性.

3.6.2 全微分

全微分

我们知道一元函数 $y=f(x)$ 的微分 $dy=f'(x)dx$,它可以用来近似代替函数增量 Δy,即 $\Delta y\approx dy$. 对于二元函数 $z=f(x,y)$,当两个自变量 x,y 分别有增量 Δx 和 Δy 时,计算函数在点 (x,y) 处的全增量 $\Delta z=f(x+\Delta x,y+\Delta y)-f(x,y)$ 也是比较复杂的,因此我们希望如同一元函数一样能用自变量增量 Δx,Δy 的线性函数来近似代替全增量 Δz. 这就是下面要引入的二元函数全微分的概念.

一般地,如果二元函数 $z=f(x,y)$ 在点 (x,y) 处的增量为 Δx 与 Δy,当 $\Delta x\to 0$ 与 $\Delta y\to 0$ 时,称 $A\Delta x+B\Delta y$(其中 A,B 与 Δx 及 Δy 无关)是函数 $z=f(x,y)$ 在点 (x,y) 处的全微分,记作 dz 或 $df(x,y)$,即

$$dz=A\Delta x+B\Delta y.$$

与一元函数类似,全微分 dz 是全增量 Δz 的近似值,即 $\Delta z\approx dz$.

对于二元函数 $z=f(x,y)$ 的全微分,我们有以下结论.

如果函数 $z=f(x,y)$ 在点 (x,y) 处具有连续的偏导数,令 $A=\frac{\partial z}{\partial x}$,$B=\frac{\partial z}{\partial y}$,则二元函数 $z=f(x,y)$ 在点 (x,y) 处的全微分可以表示为 $dz=\frac{\partial z}{\partial x}\cdot\Delta x+\frac{\partial z}{\partial y}\cdot\Delta y$.

类似于一元函数,记 $\Delta x=dx$,$\Delta y=dy$,从而有

$$dz=\frac{\partial z}{\partial x}dx+\frac{\partial z}{\partial y}dy.$$

二元函数全微分的定义及上述有关结论都可以推广到三元及三元以上的函数. 例如,三元函数 $u=f(x,y,z)$ 的全微分为

$$du=\frac{\partial u}{\partial x}dx+\frac{\partial u}{\partial y}dy+\frac{\partial u}{\partial z}dz.$$

例 7 求函数 $z=\ln\left(\frac{y}{x}+xy\right)$ 的全微分.

解 因为 $\frac{\partial z}{\partial x}=\frac{-\frac{y}{x^2}+y}{\frac{y}{x}+xy}=\frac{x^2-1}{x+x^3}$,$\frac{\partial z}{\partial y}=\frac{\frac{1}{x}+x}{\frac{y}{x}+xy}=\frac{1+x^2}{y+x^2y}=\frac{1}{y}$,

所以

$$dz=\frac{x^2-1}{x+x^3}dx+\frac{1}{y}dy.$$

例 8 计算函数 $z=e^{2x+y^2}$ 在点(1,2)处的全微分.

解 因为$\frac{\partial z}{\partial x}=2e^{2x+y^2}$,$\frac{\partial z}{\partial y}=2ye^{2x+y^2}$,则$\left.\frac{\partial z}{\partial x}\right|_{\substack{x=1\\y=2}}=2e^6$,$\left.\frac{\partial z}{\partial y}\right|_{\substack{x=1\\y=2}}=4e^6$,

所以 $\left.dz\right|_{\substack{x=1\\y=2}}=2e^6dx+4e^6dy$.

例 9 求函数 $u=(y+\ln x)^z$ 的全微分.

解 因为

$$\frac{\partial u}{\partial x}=z(y+\ln x)^{z-1}\frac{1}{x},\frac{\partial u}{\partial y}=z(y+\ln x)^{z-1},\frac{\partial u}{\partial z}=(y+\ln x)^z\ln(y+\ln x),$$

所以 $du=z(y+\ln x)^{z-1}\frac{1}{x}dx+z(y+\ln x)^{z-1}dy+(y+\ln x)^z\ln(y+\ln x)dz$.

· 知识应用 ·

(一) 微分在近似计算中的应用

我们已知在微分的概念与几何意义中,若函数 $y=f(x)$ 在点 x_0 处可微,且当$|\Delta x|$很小时,$\Delta y\approx dy$,即 $f(x_0+\Delta x)-f(x_0)\approx f'(x_0)\Delta x$,移项可得

$$f(x_0+\Delta x)\approx f(x_0)+f'(x_0)\Delta x.$$

若记 $x=x_0+\Delta x$,则 $\Delta x=x-x_0$,上式可改写为

$$f(x)\approx f(x_0)+f'(x_0)(x-x_0).$$

例 10 计算$\sqrt{2}$的近似值.

解 因为$\sqrt{2}=\sqrt{1.96+0.04}$,取函数 $f(x)=\sqrt{x}$,$x_0=1.96$,由于 $f'(x)=\frac{1}{2\sqrt{x}}$,所以

$$f'(1.96)=\frac{1}{2\sqrt{1.96}}=\frac{1}{2.8}.$$

由 $f(x)\approx f(x_0)+f'(x_0)(x-x_0)$,得

$$\begin{aligned}\sqrt{2}&=f(2)\approx f(1.96)+f'(1.96)(2-1.96)\\&=\sqrt{1.96}+\frac{1}{2.8}\times0.04\approx1.4143.\end{aligned}$$

利用微分作近似计算,关键在于找准函数 $f(x)$,选择恰当的 x_0 并使$|\Delta x|$足够小,可使误差尽量减小.

例 11 半径为 10 cm 的金属圆片加热后,半径增加了 0.05 cm,问面积增加了多少?

解 设圆的半径为 r,则金属圆片的面积为 $S=\pi r^2$,取 $r_0=10$,$\Delta r=0.05$,则 $S'=2\pi r$,$S'|_{r_0=10}=20\pi$. 于是有

$$\Delta S\approx dS=S'|_{r_0=10}\cdot\Delta r=20\pi\cdot0.05\approx3.1416\ \text{cm}^2.$$

（二）全微分在近似计算中的应用

与一元函数类似，对于二元函数 $z=f(x,y)$，当两个偏导数 $\frac{\partial z}{\partial x}$，$\frac{\partial z}{\partial y}$ 在点 (x_0,y_0) 处存在、连续且 $|\Delta x|$，$|\Delta y|$ 较小时，$z=f(x,y)$ 在 (x_0,y_0) 处的全增量 Δz 可近似地用全微分 $\mathrm{d}z$ 代替，即 $\Delta z\approx \mathrm{d}z$，从而得到

$$\Delta z=f(x_0+\Delta x,y_0+\Delta y)-f(x_0,y_0)\approx f'_x(x_0,y_0)\Delta x+f'_y(x_0,y_0)\Delta y$$

或

$$f(x_0+\Delta x,y_0+\Delta y)\approx f(x_0,y_0)+f'_x(x_0,y_0)\Delta x+f'_y(x_0,y_0)\Delta y.$$

例 12　要给一圆柱形钢件镀 0.02 cm 厚的铜，已知该圆柱体的底面半径为 5 cm，高为 10 cm，问大约需要多少体积的铜？

解　底面半径为 r、高为 h 的圆柱体的体积为 $V=\pi r^2 h$. 因此，所镀铜的体积为 ΔV，而

$$\Delta V\approx \mathrm{d}V=2\pi rh\mathrm{d}r+\pi r^2\mathrm{d}h,$$

又 $r=5$ cm，$h=10$ cm，$\Delta r=0.02$，$\Delta h=2\times 0.02=0.04$（这是因圆柱体上、下底都要镀铜），于是

$$\Delta V\approx \mathrm{d}V\approx 2\times 3.14\times 5\times 10\times 0.02+3.14\times 5^2\times 0.04=9.42(\mathrm{cm}^3).$$

因此，大约需要 9.42 cm^3 的铜.

• 思想启迪 •

◎ 对于一元函数，可导必可微，可微必可导. 通过 $\mathrm{d}y=f'(x)\mathrm{d}x$ 将导数与微分联系起来，导数其本质就是增量比值的极限，极限就是一种不变性，是一种坚守. 微分定义中所蕴含的这种坚守，恰恰就是真善美中真的体现，也就是现在我们所倡导的“不忘初心，牢记使命”.

◎ 微分的“美”：直与曲的对立统一——微分之像. 当自变量的改变量非常小时，可以用切线段近似代替曲线段，即以直代曲，这也正是微分的几何意义. 以直代曲、以常代变、以理想状态代替非理想状态，这是微积分的基本思想方法. 恩格斯在《反杜林论》中指出：直线与曲线并不是永远绝对对立的，而是在一定条件下可以相互转化. 微分的定义恰恰就验证了这句话，实现了直与曲的对立统一，这种对立统一的体现恰恰就是微分的“美”.

◎ 以直代曲，其本质就是在微分定义的基础上科学地扬弃了 $o(\Delta x)$. 马克思称微分学是扬弃了的“差”，这个定义来源于他自己提出的否定之否定的辩证过程. 同样，微分学是有一定的客观规律的，在日常生活和学习中也要秉承这种规律. 要懂得看待事物应尊重客观规律，学会辩证地看待事物，一分为二地看待问题；要懂得先有付出，才可能有回报，“舍”是为了以后更广大的“得”.

• 课外演练 •

1. 求下列函数的微分.

(1) $y=x\sin 2x$；　　(2) $y=\frac{x}{\sqrt{1+x^2}}$；

(3) $y=\sin^2[\ln(2x+1)]$；　　(4) $y=1+xe^y$.

2. 求下列函数的全微分.

(1) $z=xe^{x+2y}$;　　(2) $z=\frac{y}{x^2+y^2}$;

(3) $z=\sin(xy^2)$;　　(4) $u=\ln(2x-3y+e^z)$.

3. 边长为 a 的金属立方体受热膨胀，当边长增加 h 时，立方体的体积大约增加多少？

4. 扩音器插头为圆柱形，截面半径 r 为 0.15 cm，长度 l 为 4 cm，为提高它的导电性，要在它侧面镀上一层厚为 0.01 cm 的铜. 已知铜的密度为 8.9 g/cm^3，问每个插头大约需要多少克铜？

5. 已知长、宽分别为 $x=16$ cm 与 $y=8$ cm 的矩形，如果 x 边增加 0.01 cm，而 y 边减少 0.01 cm. 请问该矩形的对角线长度大约变化多少？

3.7* 微分运算实验

• 案例导出 •

案例 如图 3-15 所示，求长半轴与短半轴分别为 200 m 和 100 m 的椭圆形操场与边上一条直线小路的最短距离.

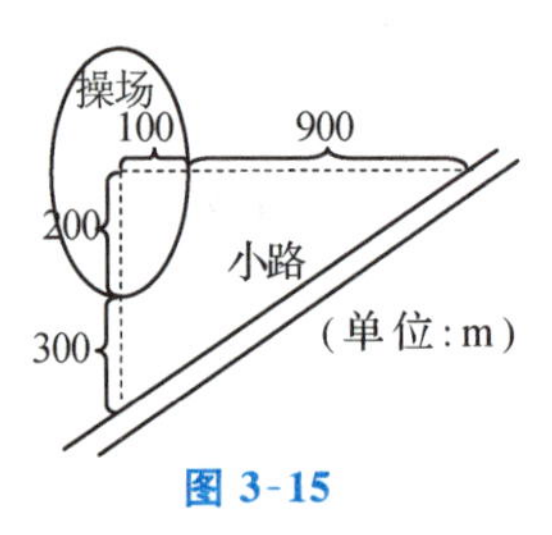

图 3-15

• 案例分析 •

建立如图 3-16 所示的直角坐标系，由图中数据(设 100 m 为一个单位)可设椭圆方程为 $x^2+\frac{y^2}{4}=1$，而直线方程为 $y=\frac{x}{2}-5$，此题可以转化为求椭圆上与直线平行的切线的切点与直线的距离问题.

• 相关知识 •

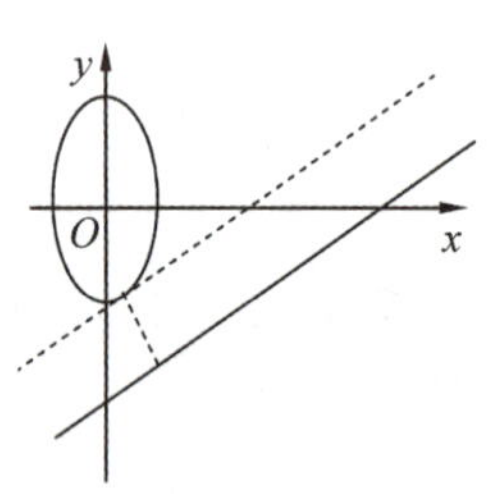

图 3-16

用数学软件 Mathematica 求导数及偏导数、全微分等内容的相关函数与命令为

(1) 导数(偏导数)D;

(2) 微分(全微分)Dt;

(3) 方程求根 Solve.

例 1 求 $y=\sin 2x$ 的导数、二阶导数.

解
```
In[1]:=D[Sin[2x],x]
Out[1]=2Cos[2x]
In[2]:=D[Sin[2x],{x,2}]
Out[2]=-4Sin[2x]
```

例 2　求 $z=x^2y^3-5x$ 的偏导数 $\frac{\partial z}{\partial x},\frac{\partial z}{\partial y}$.

解　In[1]:=D[x^2 * y^3-5x,x]

Out[1]=-5+2xy^3

In[2]:=D[x^2 * y^3-5x,y]

Out[2]=3x^{2}y^2

例 3　求 $u=e^{x-y}\ln(y-2z)$ 的全微分.

解　In[1]:=Dt[E^(x-y) * Log[y-2z]]

$$\text{Out[1]}=\frac{e^{x-y}(\text{Dt[y]}-2\text{Dt[z]})}{y-2z}+e^{x-y}(\text{Dt[x]}-\text{Dt[y]})\text{Log[y}-2z]$$

例 4　求由参数方程 $\begin{cases}x=t+\sin t,\\ y=1+\cos t\end{cases}$ 确定的函数 $y=f(x)$ 的导数 $\frac{dy}{dx}$.

解　In[1]:=dx=D[t+Sin[t],t];dy=D[1+Cos[t],t];dy/dx

$$\text{Out[1]}=\frac{\text{Sin[t]}}{1+\text{Cos[t]}}$$

例 5　求由方程 $x^2+y^2-e^{x+2y}=1$ 确定的函数 $y=f(x)$ 的导数 $\frac{dy}{dx}$.

解　In[1]:=Solve[D[x^2+y^2-E^(x+2y)==1,x,NonConstants

->{y}],D[y,x,NonConstants->{y}]]

$$\text{Out[1]}=\left\{\left\{\text{D[y,x,NonConstants}\to\{y\}]\to\frac{-e^{x+2y}+2x}{2(e^{x+2y}-y)}\right\}\right\}$$

其中,NonConstants->{y}表示 y 不是常数,而是自变量 x 的函数.

例 6　用 Mathematica 求解本节中的案例.

解　求椭圆方程 $x^2+\frac{y^2}{4}=1$ 的导数 $\frac{dy}{dx}$.

In[1]:=Solve[D[x^2+y^2/4==1,x,NonConstants

->{y}],D[y,x,NonConstants->{y}]]

$$\text{Out[1]}=\left\{\left\{\text{D[y,x,NonConstants}\to\{y\}]\to-\frac{4x}{y}\right\}\right\}$$

所以 $\frac{dy}{dx}=-\frac{4x}{y}$,与 $y=\frac{x}{2}-5$ 平行,则 $-\frac{4x}{y}=\frac{1}{2}$,结合椭圆方程,求出切点.

In[2]:=Solve[{-4x/y==1/2,x^2+y^2/4==1},{x,y}]

$$\text{Out[2]}=\left\{\left\{x\to-\frac{1}{\sqrt{17}},y\to\frac{8}{\sqrt{17}}\right\},\left\{x\to\frac{1}{\sqrt{17}},y\to-\frac{8}{\sqrt{17}}\right\}\right\}$$

由图可知,$\left(\frac{1}{\sqrt{17}},-\frac{8}{\sqrt{17}}\right)$是符合要求的切点,它到 $y=\frac{x}{2}-5$ 的距离为

In[3]:=Abs[1/17^(1/2)/2+8/17^(1/2)-5]/((1/2)^2+1)^(1/2)

$$\text{Out[3]}=\frac{2\left(5-\frac{\sqrt{17}}{2}\right)}{\sqrt{5}}$$

查看近似值并乘以 100,得到

In[4]:=N[%]*100

Out[4]=262.823

所以操场与小路的最短距离约为 262.82 m.

· 课堂演练 ·

1. 求下列函数的导数.

(1) $\begin{cases} x=t-\ln(1+t^2), \\ y=\arctan t; \end{cases}$　　(2) $\begin{cases} x=\dfrac{t}{1+t^2}, \\ y=\dfrac{t^2}{1+t^2}; \end{cases}$

(3) $xy^2+\tan(x^2-y^3)=1$.

2. 求 $y=e^x\sin 2x$ 的 10 阶导数.

3. 求 $y=\sqrt[5]{\dfrac{x-5}{\sqrt[5]{x^2+2}}}$的导数、二阶导数及微分.

4. 已知 $z=x\arctan y$,求$\dfrac{\partial z}{\partial x}$,$\dfrac{\partial z}{\partial y}$,$\dfrac{\partial^2 z}{\partial x\partial y}$.

5. 已知 $z=(x^2+y^2)e^{\frac{x}{y}}$,求$\dfrac{\partial z}{\partial x}$,$\dfrac{\partial z}{\partial y}$,$\dfrac{\partial^2 z}{\partial x\partial y}$.

6. 已知 $z=\ln(x+\sqrt{1+x^2+y^2})$,求 dz.

名家链接

伟大的科学家——牛顿

艾萨克·牛顿(1643—1727),物理学家、数学家、科学家和哲学家,同时是英国当时炼金术的热衷者.他在 1687 年发表的《自然哲学的数学原理》中提出的万有引力定律及牛顿运动定律是经典力学的基石.牛顿还和莱布尼茨各自独立地创立了微积分.

牛顿出生于英格兰林肯郡乡下的一个小村落.少年时的牛顿并不是神童,他成绩一般,但他喜欢读书,喜欢看一些介绍各种简单机械模型制作方法的读物,并从中受到启发,自己动手制作一些奇奇怪怪的小玩意,如风车、木钟、折叠式提灯等.

1661 年,18 岁的牛顿进入了剑桥大学的三一学院."知识在于积累,聪明来自学习".牛顿下决心靠自己的努力攀上数学的高峰.他从基础知识、基本公式学起,扎扎实实、步步推进.他学习了欧几里得的《几何原本》、笛卡儿的《几何学》、沃利斯的《无穷算术》、巴罗的《数学讲义》及韦达等许多数学家的著作.其中,对牛顿具有决定性影响的要数笛卡儿的《几何学》和沃利斯的《无穷算术》,它们将牛顿迅速引导到当时数学最前沿的学科解析几何与微积分.1664 年,牛顿被选为巴罗的助手.第二年,剑桥大学评议会通过并授予他牛顿大学学士学位.1665—1666 年是牛顿科学生涯中的黄金岁月,他在自然科学领域内思潮奔腾,才华迸发,思考前人从未思考过的问题,踏进了前人没有涉及的领域,创建了前所未有的惊人业绩.

1665 年年初,牛顿创立级数近似法,把任意幂的二项式化为一个级数的规则;同年 11 月,创立正流数法(微分);次年 1 月,用三棱镜研究颜色理论;5 月,开始研究反流数法(积分).这一年内,牛顿开始想到研究重力问题,并想把重力理论推广到月球的运动轨道上去.他还从开普勒定律中推导出:行星保持在它们的轨道上的力必定与它们到旋转中心的距离平方成反比.牛顿见苹果落地而悟出地球引力的传说,说的也是此时发生的轶事.

在牛顿的全部科学贡献中,数学成就占有突出的地位.他数学生涯中的第一项创造性成果就是发现了二项式定理.据牛顿本人回忆,他是在 1664 年和 1665 年间的冬天,在研读沃利斯博士的《无穷算术》时,试图修改他的求圆面积的级数时发现这一定理的.

微积分的创立是牛顿最卓越的数学成就.牛顿为解决运动问题,才创立这种和物理概念直接联系的数学理论,牛顿称之为"流数术".牛顿在前人研究的基础上,将自古希腊以来求解无限小问题的各种技巧统一为两类普通的算法——微分和积分,并确立了这两类运算的互逆关系,从而完成了微积分创立中最关键的一步,为近代科学发展提供了最有效的工具,开辟了数学上的一个新纪元.

1687 年,牛顿的《自然哲学的数学原理》出版.该书中,牛顿定义了万有引力定律,阐述了其后 200 年间都被视作真理的三大运动定律.

1727 年 3 月 31 日(格兰历),伟大的艾萨克·牛顿逝世.牛顿在临终前对自己的生活道路是这样总结的:我不知道在别人看来,我是什么样的人,但在我自己看来,我不过就像一个在海滨玩耍的小孩,为不时发现比寻常更为光滑的一块卵石或比寻常更为美丽的一片贝壳而沾沾自喜,而对于展现在我面前的浩瀚的真理的海洋,却全然没有发现.这当然是牛顿的谦逊,他尊重前人成果,正如他自己所说的那样"如果说我看得远,那是因为我站在巨人的肩上".

第四章 导数的应用

教学目标

了解罗尔定理、拉格朗日中值定理;掌握用洛必达法则计算未定型极限的方法;理解函数的极值概念;掌握用导数判断函数的单调性及函数图形的凹凸性的方法;会求函数的极值、曲线的拐点及水平、垂直渐近线,会描绘简单函数的图形;了解曲率和曲率半径的概念,会计算曲线的曲率和曲率半径;掌握多元函数极值的概念,会用拉格朗日乘数法解决条件极值问题.

内容简介

导数在工程技术、管理科学、经济生活等很多领域都有着广泛的应用.本章首先简单介绍了两个微分中值定理及其简单应用,接着介绍了通过导数进行极限计算的方法,然后讨论了函数的单调性、极值、最值、凹凸性、拐点、渐近线及曲线的曲率等问题,同时还介绍了多元函数的极值概念及通过拉格朗日乘数法解决条件极值等相关问题.

4.1 微分中值定理简介

·案例导出·

案例 如果函数 $f(x)$ 在区间 I 内的导数恒为零,请问函数 $f(x)$ 在该区间内是否恒为常数?

·案例分析·

在区间 I 内任取两点 x_1,x_2,不妨设 $x_1<x_2$,如果能说明 $f(x_1)=f(x_2)$,案例将得到肯定的回答.如何建立 $f(x_1)$ 与 $f(x_2)$ 之间的关系呢?我们可以通过微分中值定理来实现.

微分中值定理通常包含了罗尔定理、拉格朗日中值定理、柯西中值定理,是微分学中最重要的结论之一.下面我们将简单介绍罗尔定理、拉格朗日中值定理,并用拉格朗日中值定理给案例以肯定的回答.

·相关知识·

定理 1(罗尔定理) 设函数 $f(x)$ 在闭区间 $[a,b]$ 上连续,在开区间 (a,b) 内可导,且

$f(a)=f(b)$，则至少存在一点 $\xi\in(a,b)$，使得 $f'(\xi)=0$.

罗尔定理的几何意义是非常明显的：光滑连续曲线 $y=f(x)$，$x\in[a,b]$，其两端点的纵坐标相等，则曲线 $y=f(x)$ 在区间 (a,b) 内至少有一点 ξ，使曲线在 $(\xi,f(\xi))$ 处的切线平行于 x 轴，如图 4-1 所示.

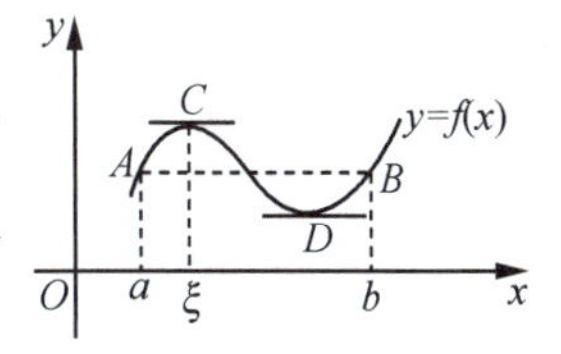

图 4-1

注意　罗尔定理并没有指明 ξ 的具体值，只说明了 ξ 的存在性，位于开区间 (a,b) 之中，ξ 可以不唯一.

罗尔定理中的条件 $f(a)=f(b)$ 不易被满足，如果去掉这个条件，可以得到应用范围更广的拉格朗日中值定理.

定理 2（拉格朗日中值定理）　设函数 $f(x)$ 在闭区间 $[a,b]$ 上连续，在开区间 (a,b) 内可导，则至少存在一点 $\xi\in(a,b)$，使得 $f'(\xi)=\dfrac{f(b)-f(a)}{b-a}$.

如图 4-2 所示，容易得到图中直线 AB 的斜率为 $\dfrac{f(b)-f(a)}{b-a}$，因此拉格朗日中值定理的几何意义为：如果函数 $y=f(x)$ 在闭区间 $[a,b]$ 上满足拉格朗日中值定理的条件，则在曲线 $y=f(x)$ 上至少存在一点，使曲线在该点处的切线平行于曲线段两个端点的连线.

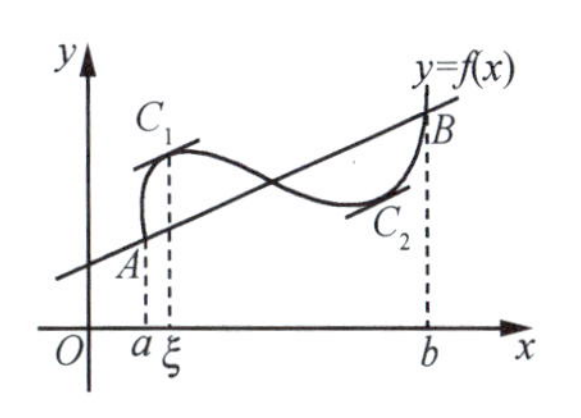

图 4-2

例 1　设 $f(x)=x^2$，$1\leqslant x\leqslant 2$，验证 $f(x)$ 满足拉格朗日中值定理，并求满足拉格朗日中值定理的 ξ 的值.

解　因为 $f(x)=x^2$，则 $f(x)$ 在一切实数范围内可导，故 $f(x)$ 在闭区间 $[1,2]$ 上满足拉格朗日中值定理的条件. 于是存在 $\xi\in(1,2)$，使得 $f'(\xi)=\dfrac{f(2)-f(1)}{2-1}=\dfrac{4-1}{1}=3$. 而 $f'(x)=2x$，则 $2\xi=3$，所以 $\xi=\dfrac{3}{2}$.

• 知识应用 •

作为拉格朗日中值定理的一个应用，我们由此可以得到案例的肯定回答并作为拉格朗日中值定理的一个推论.

推论 1　如果函数 $f(x)$ 在区间 I 内的导数恒为零，那么函数 $f(x)$ 在该区间内恒为常数.

证　在区间 I 内任取两点 x_1,x_2，不妨设 $x_1<x_2$，则 $f(x)$ 在闭区间 $[x_1,x_2]$ 上满足拉格朗日中值定理的条件，故至少存在一点 $\xi\in(x_1,x_2)$，使得 $f'(\xi)=\dfrac{f(x_2)-f(x_1)}{x_2-x_1}$.

又根据题意 $f'(\xi)=0$，则 $\dfrac{f(x_2)-f(x_1)}{x_2-x_1}=0$，因而 $f(x_2)=f(x_1)$，所以函数 $f(x)$ 在该区间内恒为常数.

推论 2　如果函数 $f(x)$ 和 $g(x)$ 在区间 I 上每一点的导数都相等，那么这两个函数在区间 I 上至多相差一个常数 C，即 $f(x)=g(x)+C$，$x\in I$.

证 令 $h(x)=f(x)-g(x), x\in I$，则 $h'(x)=f'(x)-g'(x)=0$，由推论1知，$h(x)=C$，即 $f(x)=g(x)+C, x\in I$.

例2 试证 $\frac{x}{1+x}<\ln(1+x)<x(x>0)$.

证 令 $f(t)=\ln t, t\in[1,1+x](x>0)$，则 $f(t)$ 在闭区间 $[1,1+x](x>0)$ 上满足拉格朗日中值定理的条件，因此至少存在一点 $\xi\in(1,1+x)$，使得 $f'(\xi)=\frac{f(1+x)-f(1)}{1+x-1}$，即 $\frac{1}{\xi}=\frac{\ln(1+x)}{x}$. 由于 $1<\xi<1+x$，则 $\frac{1}{1+x}<\frac{1}{\xi}<1$，于是 $\frac{1}{1+x}<\frac{\ln(1+x)}{x}<1$，因此 $\frac{x}{1+x}<\ln(1+x)<x(x>0)$.

· 思想启迪 ·

◎ 三大中值定理的关系可以描述如下：

罗尔发现：在往返跑时，一定有一点瞬时速度为0.

拉格朗日对罗尔说：你说的情况太特殊了，不用往返跑，某一点的瞬时速度一定等于平均速度.

柯西对拉格朗日说：你说的情况太特殊了，两个人跑同样的时间，平均速度相同，他们在某一点的速度一定相同. 我还可以更进一步，平均速度不同，也有一点，瞬时速度的比值等于平均速度的比值.

上面的描述通过不断放宽条件，进而得到越来越具有普遍意义的道理，体现了特殊性与普遍性的原理. 罗尔定理着眼在静止的一点（特殊的、静止的、绝对的、条件严格的）；拉格朗日定理着眼在变化的瞬间（运动的、相对的、稍微放宽条件的）；柯西定理着眼在更为一般的两个运动中（运动的、相对的、更宽条件和普遍意义的）.

这种通过放宽条件让结论越来越具有普遍性，进而使得理论得以进步的过程，令人联想到一句话："不争一时争一世，不争一世争千秋."这里不是说罗尔在争一时、拉格朗日在争一世、柯西在争千秋，而是说三大中值定理的关系让我们发现：当你看待问题的视角更发展、更宽泛时，会获得更多、更进步、更具有普遍意义的结果，而这些结果本质上却是一样的. 只静止在特殊一点上得出的结论是局限的. 我们要在三大中值定理中体现出的一时、一世、千秋万代这样的概念中，放下攀比、嫉妒的心态，不计较一时长短，让生命活出长度，活出质量，让自己更积极健康.

· 课外演练 ·

1. 下列函数在给定区间上满足罗尔定理的条件的是（　　）.

A. $f(x)=1-x^2, x\in[-1,1]$　　B. $f(x)=xe^{-x}, x\in[-1,1]$

C. $f(x)=\frac{1}{1-x^2}, x\in[-1,1]$　　D. $f(x)=|x|, x\in[-1,1]$

2. 下列函数在给定区间上不满足拉格朗日中值定理的条件的是(　　).

A. $f(x)=\dfrac{2x}{1+x^2},x\in[-1,1]$　　B. $f(x)=|x|,x\in[-1,2]$

C. $f(x)=4x^3-5x^2+x-2,x\in[0,1]$　　D. $f(x)=\ln(1+x^2),x\in[0,3]$

3. 函数 $f(x)=x-\dfrac{3}{2}x^{\frac{2}{3}}$ 在下列给定区间上不满足拉格朗日中值定理的条件的是(　　).

A. $[0,1]$　　B. $[-1,1]$　　C. $\left[0,\dfrac{27}{8}\right]$　　D. $[-1,0]$

4. 证明:当 $0<a\leqslant b$ 时,$\dfrac{b-a}{b}\leqslant\ln\dfrac{b}{a}\leqslant\dfrac{b-a}{a}$.

4.2 洛必达法则

洛必达法则

· 案例导出 ·

案例 计算极限 $\lim\limits_{x\to 0}\dfrac{x^3}{x-\sin x}$.

· 案例分析 ·

分析该极限的类型,属于"$\dfrac{0}{0}$"型,但我们发现用第二章学过的计算极限的方法无法解该问题.我们需要寻找新的求解极限的方法.

· 相关知识 ·

由第二章学到的知识,我们知道"$\dfrac{0}{0}$"型及"$\dfrac{\infty}{\infty}$"型的极限可能存在,也可能不存在.通常我们把这类极限叫作未定型.

对于未定型的极限,即使极限存在,也不能用极限的商的运算法则求得.对于"$\dfrac{0}{0}$"型及"$\dfrac{\infty}{\infty}$"型这类未定型的极限的计算方法,我们来介绍一种简便又重要的方法　　洛必达法则.

定理(洛必达法则)　设函数 $f(x),g(x)$ 满足下列条件:

(1) $\lim f(x)=0,\lim g(x)=0$ [或 $\lim f(x)=\infty,\lim g(x)=\infty$];

(2) $f(x),g(x)$ 可导,且 $g'(x)\neq 0$;

(3) $\lim\dfrac{f'(x)}{g'(x)}$ 存在或为 ∞.

则 $\lim\dfrac{f(x)}{g(x)}=\lim\dfrac{f'(x)}{g'(x)}$.

该定理说明对于"$\dfrac{0}{0}$"型(或"$\dfrac{\infty}{\infty}$"型)的未定型极限,在符合定理的条件下,可以通过对分子及分母分别求导数,然后再求极限的方法来确定.这种方法称为洛必达法则.

例 1 计算极限$\lim\limits_{x\to 1}\dfrac{x^5-1}{2x^5-x-1}$.

解 该极限为"$\dfrac{0}{0}$"型,因此

$$\lim_{x\to 1}\frac{x^5-1}{2x^5-x-1}=\lim_{x\to 1}\frac{(x^5-1)'}{(2x^5-x-1)'}=\lim_{x\to 1}\frac{5x^4}{10x^4-1}=\frac{5}{9}.$$

例 2 计算极限$\lim\limits_{x\to+\infty}\dfrac{\frac{1}{x}}{\frac{\pi}{2}-\arctan x}$.

解 该极限为"$\dfrac{0}{0}$"型,因此

$$\lim_{x\to+\infty}\frac{\frac{1}{x}}{\frac{\pi}{2}-\arctan x}=\lim_{x\to+\infty}\frac{\left(\frac{1}{x}\right)'}{\left(\frac{\pi}{2}-\arctan x\right)'}=\lim_{x\to+\infty}\frac{-\frac{1}{x^2}}{-\frac{1}{1+x^2}}=\lim_{x\to+\infty}\frac{1+x^2}{x^2}=1.$$

例 3 计算极限$\lim\limits_{x\to\frac{\pi}{2}}\dfrac{\tan x-1}{\sec x+2}$.

解 该极限属于"$\dfrac{\infty}{\infty}$"型,因此

$$\lim_{x\to\frac{\pi}{2}}\frac{\tan x-1}{\sec x+2}=\lim_{x\to\frac{\pi}{2}}\frac{\sec^2 x}{\sec x\cdot\tan x}=\lim_{x\to\frac{\pi}{2}}\frac{1}{\sin x}=1.$$

例 4 计算极限$\lim\limits_{x\to 0}\dfrac{e^x-e^{-x}}{\sin x}$.

解 该极限为"$\dfrac{0}{0}$"型,因此

$$\lim_{x\to 0}\frac{e^x-e^{-x}}{\sin x}=\lim_{x\to 0}\frac{e^x-e^{-x}}{x}=\lim_{x\to 0}\frac{(e^x-e^{-x})'}{x'}=\lim_{x\to 0}\frac{e^x+e^{-x}}{1}=2.$$

例 5 计算极限$\lim\limits_{x\to 0}\dfrac{x^3}{x-\sin x}$.

解 该极限属于"$\dfrac{0}{0}$"型,因此

$$\lim_{x\to 0}\frac{x^3}{x-\sin x}=\lim_{x\to 0}\frac{(x^3)'}{(x-\sin x)'}=\lim_{x\to 0}\frac{3x^2}{1-\cos x}=\lim_{x\to 0}\frac{3x^2}{\frac{1}{2}x^2}=6.$$

例 6 计算极限$\lim\limits_{x\to 0}\dfrac{\tan x-x}{x-\sin x}$.

解 $\lim\limits_{x\to 0}\dfrac{\tan x-x}{x-\sin x}=\lim\limits_{x\to 0}\dfrac{\sec^2 x-1}{1-\cos x}=\lim\limits_{x\to 0}\dfrac{\tan^2 x}{1-\cos x}=\lim\limits_{x\to 0}\dfrac{x^2}{\frac{1}{2}x^2}=2.$

例 7 计算极限$\lim\limits_{x\to\frac{\pi}{2}}\dfrac{\tan 3x}{\tan x}$.

解　$\lim\limits_{x\to\frac{\pi}{2}}\frac{\tan 3x}{\tan x}=\lim\limits_{x\to\frac{\pi}{2}}\frac{3\sec^2 3x}{\sec^2 x}=3\lim\limits_{x\to\frac{\pi}{2}}\frac{\cos^2 x}{\cos^2 3x}$

$$=\lim_{x\to\frac{\pi}{2}}\frac{-2\cos x\cdot\sin x}{-2\cos 3x\cdot\sin 3x}=\lim_{x\to\frac{\pi}{2}}\frac{\sin 2x}{\sin 6x}=\lim_{x\to\frac{\pi}{2}}\frac{2\cos 2x}{6\cos 6x}=\frac{1}{3}.$$

注意　(1) 使用洛必达法则前必须检验极限类型，只有"$\frac{0}{0}$"型或"$\frac{\infty}{\infty}$"型的极限才可以使用洛必达法则，否则就会得到错误的结果.

(2) 在极限计算过程中，无穷小量等价代换和洛必达法则应结合使用，能用等价代换则先用等价代换，这样可以简化计算过程(如例 4、例 5 及例 6).

(3) 如果在计算过程中，$\lim\frac{f'(x)}{g'(x)}$仍然是"$\frac{0}{0}$"型或"$\frac{\infty}{\infty}$"型，且 $f'(x)$，$g'(x)$仍然满足洛必达法则中的条件，则可以继续用洛必达法则进行计算(如例 7).

(4) 如果用洛必达法则计算到某一步回到原题时，应选用其他方法处理(如下面的例 8)；另外，当 $\lim\frac{f'(x)}{g'(x)}$不存在(不包括∞的情形)，不能断定 $\lim\frac{f(x)}{g(x)}$也不存在，此时也应选用其他方法处理(如下面的例 9).

例 8　计算极限 $\lim\limits_{x\to+\infty}\frac{x}{\sqrt{1+x^2}}$.

分析　该极限属于"$\frac{\infty}{\infty}$"型，用洛必达法则有

$$\lim_{x\to+\infty}\frac{x}{\sqrt{1+x^2}}=\lim_{x\to+\infty}\frac{x'}{(\sqrt{1+x^2})'}=\lim_{x\to+\infty}\frac{1}{\frac{x}{\sqrt{1+x^2}}}=\lim_{x\to+\infty}\frac{\sqrt{1+x^2}}{x}$$

$$=\lim_{x\to+\infty}\frac{(\sqrt{1+x^2})'}{x'}=\lim_{x\to+\infty}\frac{x}{\sqrt{1+x^2}}.$$

利用两次洛必达法则后，又回到了原来的问题，故洛必达法则失效，应选用其他方法.

解　$\lim\limits_{x\to+\infty}\frac{x}{\sqrt{1+x^2}}=\lim\limits_{x\to+\infty}\frac{1}{\sqrt{1+\frac{1}{x^2}}}=1.$

例 9　计算极限$\lim\limits_{x\to\infty}\frac{x+\sin x}{x}$.

解　$\lim\limits_{x\to\infty}\frac{x+\sin x}{x}=\lim\limits_{x\to\infty}\left(1+\frac{1}{x}\cdot\sin x\right)=1+0=1.$

如果用洛必达法则计算该极限，有

$$\lim_{x\to\infty}\frac{x+\sin x}{x}=\lim_{x\to\infty}\frac{(x+\sin x)'}{x'}=\lim_{x\to\infty}\frac{1+\cos x}{1},$$

极限不存在. 从而，所给极限不能用洛必达法则求出.

• 知识应用 •

除了“$\frac{0}{0}$”型和“$\frac{\infty}{\infty}$”型外，还有一些未定型，如 $0\cdot\infty$、$\infty-\infty$、0^0、1^∞、∞^0 等未定型，它们虽然不能直接使用洛必达法则，但是可进行适当的转换，变成“$\frac{0}{0}$”型或“$\frac{\infty}{\infty}$”型的未定型，从而间接地使用洛必达法则来计算.

例 10　计算 $\lim\limits_{x\to0^+}x\ln x$.

解　这是“$0\cdot\infty$”型的极限，可以将其中一个函数除到分母上，变为“$\frac{0}{0}$”型或“$\frac{\infty}{\infty}$”型的未定型，再用洛必达法则来计算.

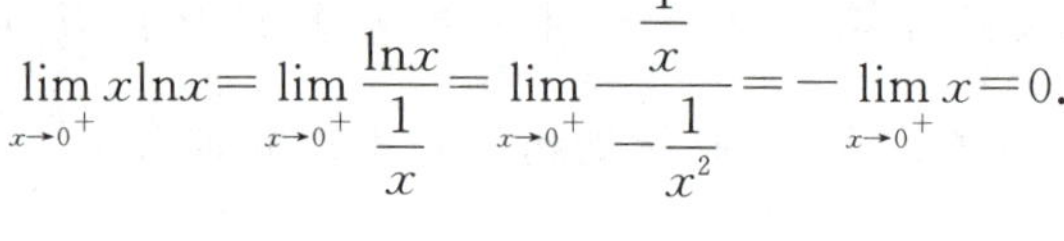

$$\lim_{x\to0^+}x\ln x=\lim_{x\to0^+}\frac{\ln x}{\frac{1}{x}}=\lim_{x\to0^+}\frac{\frac{1}{x}}{-\frac{1}{x^2}}=-\lim_{x\to0^+}x=0.$$

洛必达法则求其他未定型极限

例 11　计算 $\lim\limits_{x\to\frac{\pi}{2}}\left(x-\frac{\pi}{2}\right)\tan x$.

解　$\lim\limits_{x\to\frac{\pi}{2}}\left(x-\frac{\pi}{2}\right)\tan x=\lim\limits_{x\to\frac{\pi}{2}}\frac{x-\frac{\pi}{2}}{\cot x}=\lim\limits_{x\to\frac{\pi}{2}}\frac{1}{-\csc^2 x}=-\lim\limits_{x\to\frac{\pi}{2}}\sin^2 x=-1.$

例 12　求 $\lim\limits_{x\to\frac{\pi}{2}}(\sec x-\tan x)$.

解　这是“$\infty-\infty$”型的极限，可以通分后变为“$\frac{0}{0}$”型，再用洛必达法则.

$$\lim_{x\to\frac{\pi}{2}}(\sec x-\tan x)=\lim_{x\to\frac{\pi}{2}}\frac{1-\sin x}{\cos x}=\lim_{x\to\frac{\pi}{2}}\frac{-\cos x}{-\sin x}=0.$$

对于 0^0、1^∞、∞^0 等未定型，由于函数形式都是变量的变量次方，可通过取对数的方法转变.

例 13　计算 $\lim\limits_{x\to0^+}x^x$.

解　这是“0^0”型的极限.

$$\lim_{x\to0^+}x^x=\lim_{x\to0^+}e^{\ln x^x}=\lim_{x\to0^+}e^{x\ln x}=e^{\lim\limits_{x\to0^+}x\ln x}=e^0=1.$$

例 14　计算 $\lim\limits_{x\to1}x^{\frac{1}{x-1}}$.

解　这是“1^∞”型的极限，可以用第二个重要极限计算，这里我们仍用取对数的方法处理.

$$\lim_{x\to1}x^{\frac{1}{x-1}}=\lim_{x\to1}e^{\frac{1}{x-1}\ln x}=e^{\lim\limits_{x\to1}\frac{\ln x}{x-1}}=e^{\lim\limits_{x\to1}\frac{\frac{1}{x}}{1}}=e.$$

例 15 计算 $\lim\limits_{x\to0^+}\left(1+\dfrac{1}{x}\right)^x$.

解 这是"∞^0"型的极限.

由于 $\lim\limits_{x\to0^+}x\ln\left(1+\dfrac{1}{x}\right)=\lim\limits_{x\to0^+}\dfrac{\ln\left(1+\dfrac{1}{x}\right)}{\dfrac{1}{x}}=\lim\limits_{x\to0^+}\dfrac{\dfrac{x}{1+x}\cdot\left(-\dfrac{1}{x^2}\right)}{\left(-\dfrac{1}{x^2}\right)}=0$,因此

$$\lim_{x\to0^+}\left(1+\frac{1}{x}\right)^x=\lim_{x\to0^+}e^{x\ln\left(1+\frac{1}{x}\right)}=e^{\lim\limits_{x\to0^+}x\ln\left(1+\frac{1}{x}\right)}=e^0=1.$$

• 思想启迪 •

◎ 洛必达法则是在一定条件下,通过对分子、分母分别求导再求极限来确定原分式极限的方法. 有句谚语"遇事不决洛必达",说明它非常好用. 但是,你知道吗? 洛必达法则其实不是洛必达发现的.

洛必达是法国中世纪的王公贵族,他喜欢并且酷爱数学,后拜伯努利为师学习数学. 由于当时伯努利境遇困顿,生活困难,而学生洛必达又是王公贵族,洛必达表示愿意用财物换取伯努利的学术论文,伯努利也欣然接受. 此篇论文即为影响数学界的洛必达法则.

洛必达也确实是个有天分的数学爱好者,只是比伯努利等人稍逊一筹. 洛必达花费了大量的时间和精力整理自己研究出来的成果,编著出世界上第一本微积分教科书,并广为传播. 他在此书前言中向莱布尼茨和伯努利郑重致谢,特别是伯努利. 洛必达是一个值得尊敬的学者和传播者,他为这项事业贡献了自己的一生.

• 课外演练 •

1. 下列极限不能用洛必达法则求的是(　　).

A. $\lim\limits_{x\to1}\dfrac{x-1}{x^2-x}$　　B. $\lim\limits_{x\to\infty}\dfrac{x-\sin x}{x+\sin x}$　　C. $\lim\limits_{x\to0}\dfrac{\sin x}{x}$　　D. $\lim\limits_{x\to+\infty}\dfrac{x}{e^x}$

2. 计算下列极限.

(1) $\lim\limits_{x\to1}\dfrac{x-1}{x^n-1}$;　　(2) $\lim\limits_{x\to+\infty}\dfrac{(\ln x)^2}{x}$;

(3) $\lim\limits_{x\to+\infty}\dfrac{e^x+x}{x^2}$;　　(4) $\lim\limits_{x\to\frac{\pi}{2}}\dfrac{\ln\sin x}{(\pi-2x)^2}$;

(5) $\lim\limits_{x\to0}\left(\dfrac{e^x}{x}-\dfrac{1}{e^x-1}\right)$;　　(6) $\lim\limits_{x\to0}\dfrac{x-\sin x}{\sin x-x\cos x}$;

(7) $\lim\limits_{x\to0}\dfrac{x-\arcsin x}{x-\sin x}$;　　(8) $\lim\limits_{x\to0}\left(\dfrac{\ln(1+x)}{x^2}-\dfrac{1}{x}\right)$;

(9) $\lim\limits_{x\to0}(1+\sin x)^{\frac{1}{x}}$;　　(10) $\lim\limits_{x\to0}(e^x+x)^{\frac{1}{x}}$.

4.3 函数的单调性

• 案例导出 •

案例 经过抽样调查发现某地区沙眼的患病率与年龄有关. 如图 4-3 所示，给出了患病率 y 与年龄 t 之间的函数关系图，请分析该地区沙眼的患病率关于年龄的变化趋势.

• 案例分析 •

由图 4-3 可以看出，当年龄 t 落在 0～20 岁时，沙眼患病率随着年龄的增加而增加；而当年龄 t 落在 20～80 岁时，沙眼患病率随着年龄的增加而降低. 观察这两个区间段对应的曲线段，我们还可以发现：当 $t\in(0,20)$时，对应曲线段上每一点处的切线的倾斜角都是锐角，也就是说 $t\in(0,20)$时，$y'>0$；而当 $t\in(20,80)$时，对应曲线段上每一点处的切线的倾斜角都是钝角，也就是说$t\in(20,80)$时，$y'<0$.

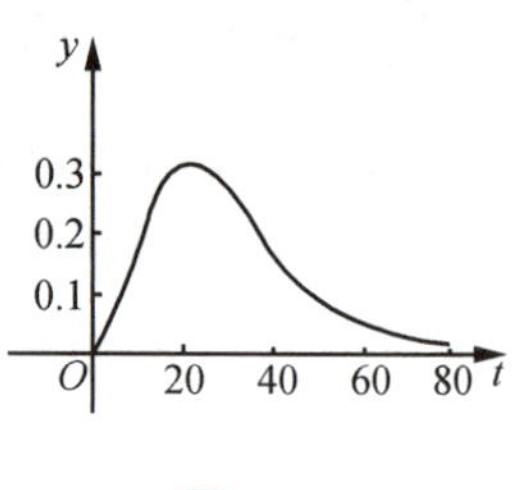

图 4-3

以上分析揭示了函数的单调性与函数导数的正负有密切的关系.

• 相关知识 •

定理(函数单调性的充分条件) 设函数 $y=f(x)$在$[a,b]$上连续，在(a,b)内可导.

(1) 如果在(a,b)内 $f'(x)>0$，那么函数 $y=f(x)$在$[a,b]$上单调增加；

(2) 如果在(a,b)内 $f'(x)<0$，那么函数 $y=f(x)$在$[a,b]$上单调减少.

注意 (1) 上述定理适用于各种区间(包括无穷区间)；

(2) 若函数在区间内的导数在有限个点处为零，其他的点仍然满足定理的条件，则定理的结论仍然成立.

从该定理可知，要找出函数 $f(x)$的单调区间，主要是看一阶导数的符号. 不难知道，如果将使得 $f'(x)=0$ 的点及使 $f'(x)$不存在的点找到，用这些点将 $f(x)$的定义域划分为若干区间，则 $f'(x)$在这些区间内或者大于零或者小于零，两者必居其一，从而找到函数的单调区间.

例 1 讨论函数 $y=3x^2-x^3$ 的单调性.

解 函数的定义域为$(-\infty,+\infty)$，$y'=6x-3x^2=3x(2-x)$，令 $y'=0$ 得 $x_1=0$，$x_2=2$，用 0,2 将定义域分成三个区间，列表如下(表 4-1)：

表 4-1

x	$(-\infty,0)$	$(0,2)$	$(2,+\infty)$
y'	$-$	$+$	$-$
y	↘	↗	↘

所以，函数 $f(x)=3x^2-x^3$ 的单调增区间为$(0,2)$，单调减区间为$(-\infty,0)$及$(2,+\infty)$.

例 2　求函数 $y=\frac{2}{3}x-\sqrt[3]{x^2}$ 的单调区间.

解　函数的定义域为 $(-\infty,+\infty)$，$y'=\frac{2}{3}-\frac{2}{3\sqrt[3]{x}}=\frac{2}{3}\cdot\frac{\sqrt[3]{x}-1}{\sqrt[3]{x}}$.

当 $x=0$ 时，$y'(0)$ 不存在；当 $x=1$ 时，$y'(1)=0$. 用 0，1 将定义域分成三个区间，列表如下（表 4-2）：

表 4-2

x	$(-\infty,0)$	$(0,1)$	$(1,+\infty)$
y'	+	−	+
y	↗	↘	↗

所以，函数 $y=\frac{2}{3}x-\sqrt[3]{x^2}$ 的单调增区间为 $(-\infty,0)$ 及 $(1,+\infty)$，单调减区间为 $(0,1)$.

· 知识应用 ·

例 3　设医生建立的某患者在心脏收缩的一个周期内血压 P 的数学模型为 $P=\frac{5t^2-12}{1+t^2}$，t 表示血液从心脏流出的时间. 请问在心脏收缩的一个周期内，该患者的血压是单调增加的还是单调减少的？

解　因为 $P'=\left(\frac{5t^2-12}{1+t^2}\right)'=\frac{10t(1+t^2)-(5t^2-12)\cdot 2t}{(1+t^2)^2}=\frac{34t}{(1+t^2)^2}$，且 $t>0$，

所以 $P'=\frac{34t}{(1+t^2)^2}>0$，因此在心脏收缩的一个周期内，该患者的血压是单调增加的.

· 思想启迪 ·

例 4　近年来，我国的犯罪率逐年下降，人民幸福指数逐年上升，这也恰恰体现了函数图像单调递减与单调递增的性质. 我们如今的幸福生活来之不易，更应该珍惜；同时也要好好学习，为祖国建设贡献自己的力量.

· 课外演练 ·

1. 讨论下列函数的单调性.

(1) $y=2x^2-\ln x$；　　(2) $y=\frac{x^2}{1+x}$；

(3) $y=x^3-\frac{1}{x}$；　　(4) $y=x-e^x$；

(5) $y=2x^3-9x^2+12x-3$.

2. 某国人口总数 P（以 10 亿为单位）在 2013—2015 年间可以近似地用方程 $P=1.15\times(1.014)^t$ 来计算，其中 t 是以 2013 年为起点的年数，请根据这一方程说明中国人口数在这段

时间内是增长的还是减少的.

4.4 一元函数的极值与最值

一元函数的极值

·案例导出·

案例1 我们注意到平时常喝的可乐、雪碧、王老吉等饮料都是放在圆柱形的易拉罐内的.不妨去测量一下易拉罐的底面半径与高之比,会发现半径与高之比大约为1∶2.为什么这些公司设计易拉罐时会选择这个比例呢?

案例2 某电视台报道:明天凌晨,"三大流星雨"之一的狮子座流星雨将达到极大值,最大流量预计为每小时20颗,天文爱好者可在午夜时分来到空旷处,欣赏这场"空中礼花".

·案例分析·

通常企业总是考虑用最低的成本获取最大的利润,设计易拉罐时,必须考虑在容积一定的情况下,所用材料最少,即表面积最小.在工农业生产、工程技术及科学实验中,常常会遇到这样一类问题:在一定条件下,怎样使"产品最多""用料最省""成本最低""效率最高"等问题,这类问题在数学上有时可归结为求某一函数(通常称为目标函数)的最值问题.

在案例2中提到了极大值,那么什么是极值呢,极值与最值又有什么关系?下面我们来介绍通过导数的方法寻找极值与最值的方法.

·相关知识·

4.4.1 一元函数的极值

定义1 设函数$f(x)$在点x_0的某邻域内有定义,如果对该邻域内任何异于x_0的x,都有

(1) $f(x)<f(x_0)$,则称$f(x_0)$为$f(x)$的一个极大值,称x_0为$f(x)$的极大值点;

(2) $f(x)>f(x_0)$,则称$f(x_0)$为$f(x)$的一个极小值,称x_0为$f(x)$的极小值点.

函数的极大值与极小值统称为函数的**极值**,极大值点与极小值点统称为**极值点**.

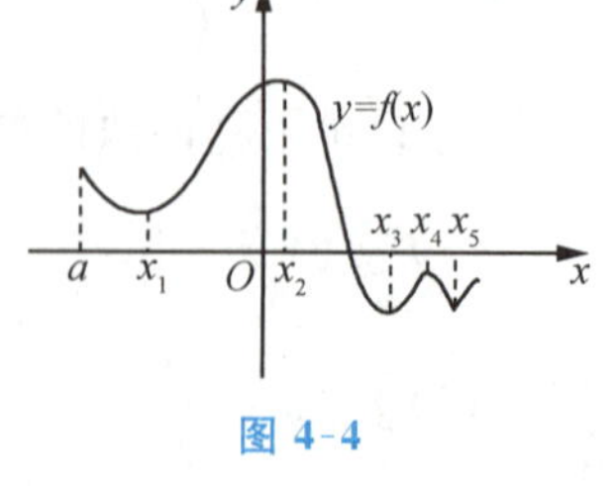

图 4-4

如图4-4所示,可导函数$f(x)$在点x_2,x_4处有极大值,在点x_1,x_3,x_5处有极小值.从图中可以看出,函数的极值是函数在局部范围的最值,是一个局部概念.在一个指定区间内,函数可以有多个极大值或多个极小值,且允许极小值大于极大值[如图中$f(x_1)>f(x_4)$].

观察图4-4可以看出:该光滑曲线段上极值点对应的点处切线均平行于x轴,即在这些可导的极值点处的导数都等于零.

一般地，我们称使得 $f'(x)=0$ 的点为函数 $f(x)$ 的**驻点**. 于是我们可以得到以下结论.

定理 1（极值的必要条件） 设函数 $f(x)$ 在点 x_0 处可导，且在 x_0 处取得极值，那么 $f'(x_0)=0$.

该定理说明：函数 $f(x)$ 的可导极值点必定是它的驻点. 但反之未必.

例如，函数 $y=x^3$，虽然 $x=0$ 是它的驻点，但从函数 $y=x^3$ 的图形容易判断 $x=0$ 并不是极值点（图 4-5）.

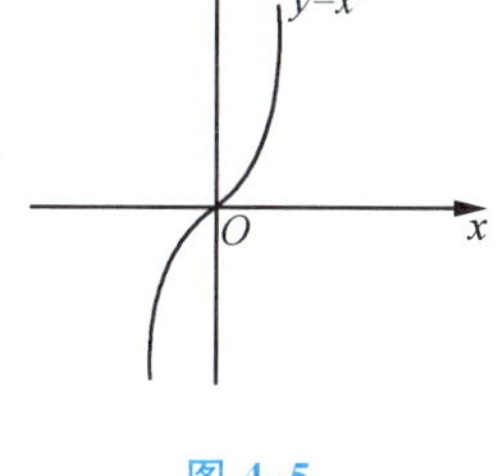

图 4-5

从该定理我们还可得出：如果 x_0 不是函数的驻点，那么它一定不是函数的可导的极值点. 另外，我们还发现不可导的点也可能成为极值点. 例如，$y=|x|$ 在 $x=0$ 处不可导，但从 $y=|x|$ 的图形容易看出，$x=0$ 是 $|x|$ 的极小值点（图4-6）.

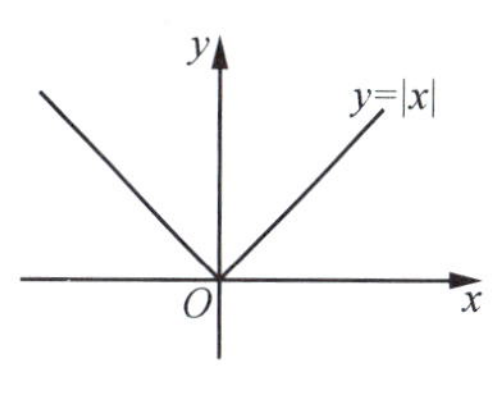

图 4-6

因此，驻点及导数不存在的点才有可能成为函数的极值点. 当我们求出了函数的驻点或导数不存在的点，还需要判定它们是否是极值点，是极大值点还是极小值点. 结合函数单调性的判断方法，我们有以下判别方法.

定理 2（判定极值的第一充分条件） 设函数 $y=f(x)$ 在点 x_0 的去心邻域内可导（在点 x_0 处要求连续）.

（1）当 $x<x_0$ 时 $f'(x)>0$，当 $x>x_0$ 时 $f'(x)<0$，则 x_0 为 $f(x)$ 的极大值点；

（2）当 $x<x_0$ 时 $f'(x)<0$，当 $x>x_0$ 时 $f'(x)>0$，则 x_0 为 $f(x)$ 的极小值点；

（3）当 $f'(x)$ 在 x_0 的两侧保持相同的符号时，则 x_0 不是 $f(x)$ 的极值点.

综上所述，我们可以得到用极值的第一充分条件求解函数 $y=f(x)$ 极值的一般步骤为

（1）求出函数 $f(x)$ 的定义域；

（2）求出函数 $f(x)$ 的驻点及导数不存在的点；

（3）用上述点划分定义域；

（4）利用第一充分条件讨论（可以借助于表格），得出结论.

例 1 求 $y=(x-1)^2(x-2)^2$ 的极值点与极值.

解 函数的定义域为 $(-\infty,+\infty)$，又 $y'=2(x-1)(x-2)(2x-3)$，令 $y'=0$，可得 $x_1=1$，$x_2=\frac{3}{2}$，$x_3=2$ 为驻点，这些点将定义域分为 $(-\infty,1)$，$\left(1,\frac{3}{2}\right)$，$\left(\frac{3}{2},2\right)$ 及 $(2,+\infty)$，列表（表 4-3）讨论如下：

表 4-3

x	$(-\infty,1)$	1	$\left(1,\frac{3}{2}\right)$	$\frac{3}{2}$	$\left(\frac{3}{2},2\right)$	2	$(2,+\infty)$
y'	$-$	0	$+$	0	$-$	0	$+$
y	↘	极小值 0	↗	极大值 $\frac{1}{8}$	↘	极小值 0	↗

所以，$x_1=1$ 为极小值点，对应极小值为 0；$x_2=\frac{3}{2}$ 为极大值点，对应极大值为 $\frac{1}{8}$；$x_3=2$

为极小值点,对应极小值为 0.

例 2 求函数 $f(x)=(x-4)\sqrt[3]{(x+1)^2}$ 的极值点与极值.

解 易见函数 $f(x)$ 的定义域为 $(-\infty,+\infty)$,又 $f'(x)=\dfrac{5(x-1)}{3\sqrt[3]{x+1}}$,令 $f'(x)=0$,求得驻点 $x=1$,而 $x=-1$ 为 $f(x)$ 的不可导点,用 $x=1$ 和 $x=-1$ 将定义域分为 $(-\infty,-1)$,$(-1,1)$,$(1,+\infty)$,列表(表 4-4)讨论如下:

表 4-4

x	$(-\infty,-1)$	-1	$(-1,1)$	1	$(1,+\infty)$
$f'(x)$	$+$	不可导	$-$	0	$+$
$f(x)$	↗	极大值 0	↘	极小值 $-3\sqrt[3]{4}$	↗

所以,$x_1=1$ 为极小值点,对应极小值为 $-3\sqrt[3]{4}$;$x_2=-1$ 为极大值点,对应极大值为 0.

如果函数 $f(x)$ 在驻点处存在不为零的二阶导数,那么函数 $f(x)$ 在此驻点处极值的判断还可用下面的一个判别定理.

定理 3(判定极值的第二充分条件) 设函数 $y=f(x)$ 在点 x_0 处存在二阶导数,且 $f'(x_0)=0$,$f''(x_0)\neq 0$,则

(1) 当 $f''(x_0)<0$ 时,x_0 为 $f(x)$ 的极大值点;

(2) 当 $f''(x_0)>0$ 时,x_0 为 $f(x)$ 的极小值点.

注意 当 $f'(x_0)=0$,$f''(x_0)=0$ 时,$f(x)$ 在 x_0 处可能取极值,也可能取不到极值,不能用该定理判断;另外,该定理也无法判断导数不存在的点是否为极值点.

例 3 求函数 $f(x)=(x^2-1)^3+1$ 的极值.

解 函数 $f(x)$ 的定义域为 $(-\infty,+\infty)$,又 $f'(x)=6x(x^2-1)^2$,令 $f'(x)=0$,求得驻点为 $x_1=-1$,$x_2=0$,$x_3=1$.

又 $f''(x)=6(x^2-1)(5x^2-1)$,则 $f''(0)=6>0$,故 $f(0)=0$ 是函数的极小值. 而 $f''(-1)=f''(1)=0$,定理 3 失效,但由定理 2 知,由于在 $x=-1$ 的左、右邻域内 $f'(x)<0$,故 $f(x)$ 在 $x=-1$ 处没有极值. 同理,$f(x)$ 在 $x=1$ 处也没有极值.

4.4.2 一元函数的最值

一元函数的最值

我们知道,若 $f(x)$ 在 $[a,b]$ 上连续,则 $f(x)$ 在 $[a,b]$ 上必存在最大值与最小值. $f(x)$ 在 (a,b) 内的最值与极值是不相同的,前者是一个整体概念,后者是一个局部性概念. 但二者之间也有联系,在开区间 (a,b) 内,$f(x)$ 所有极值中最大者应为 $f(x)$ 在开区间 (a,b) 内的最大值,所有极值中最小者应为 $f(x)$ 在开区间 (a,b) 内的最小值.

因此,求闭区间 $[a,b]$ 上连续函数 $f(x)$ 的最值的步骤为

(1) 求出 $f(x)$ 在开区间 (a,b) 内的所有驻点及导数不存在的点,并求出相应的函数值;

(2) 将所求得点的函数值与 $f(x)$ 在两端点的函数值 $f(a)$,$f(b)$ 相比较,最大者即为最大值,最小者即为最小值.

例 4　求 $f(x)=\dfrac{\sqrt[3]{(x-1)^2}}{x+3}$ 在闭区间[0,2]上的最大值与最小值，并指出最大值点和最小值点.

解　$f(x)$为$[0,2]$上的连续函数，$f'(x)=\dfrac{9-x}{3(x-1)^{\frac{1}{3}}(x+3)^2}$.

令 $f'(x)=0$，得驻点为 $x=9$，而 $x=9$ 不在其定义域内，故舍去；导数不存在的点为 $x=1$（$x=-3$ 也不在其定义域内，舍去）. 于是，相应的函数值为 $f(1)=0$，而 $f(x)$在两端点的函数值 $f(0)=\dfrac{1}{3}$，$f(2)=\dfrac{1}{5}$. 比较后可知 $f(x)=\dfrac{\sqrt[3]{(x-1)^2}}{x+3}$ 在闭区间$[0,2]$上的最大值为 $f(0)=\dfrac{1}{3}$，最小值为 $f(1)=0$，最大值点 $x=0$，最小值点 $x=1$.

·知识应用·

在实际问题中，若函数 $f(x)$在区间(a,b)内只有一个驻点 x_0，而从实际问题本身又可以确定函数在(a,b)内一定有最大值或最小值，那么 $f(x_0)$就是所要求的最大值或最小值.

例 5　解决案例 1 所提出的问题：设计一个容积为 V 的圆柱形密封容器，其底面半径 r 与高 h 之比为多少时，容器耗材最少？

解　设容器表面积为 S，则 $S=2\pi rh+2\pi r^2$，又 $V=\pi r^2h$，则 $h=\dfrac{V}{\pi r^2}$，代入 S 得

$$S=\frac{2V}{r}+2\pi r^2,$$

于是，$S'=-\dfrac{2V}{r^2}+4\pi r$. 令 $S'=0$，求得唯一驻点 $r=\left(\dfrac{V}{2\pi}\right)^{\frac{1}{3}}$. 因为此问题的最小值一定存在，故此驻点即为最小值点，此时，$h=\dfrac{V}{\pi r^2}=\left(\dfrac{4V}{\pi}\right)^{\frac{1}{3}}$，则$\dfrac{r}{h}=\dfrac{1}{2}$.

所以，底面半径 r 与高 h 之比为 1∶2 时，所用材料最少.

例 6　铁路线上 AB 段的距离为 100 km. 工厂 C 距 A 处 20 km，AC 垂直于 AB（图 4-7）. 为了运输需要，要在 AB 线上选定一点 D 向工厂修筑一条公路. 已知铁路上每千米货运的运费与公路上每千米货运的运费之比为 3∶5，为了使货物从供应站 B 运到工厂 C 的运费最省，问 D 点应选在何处？

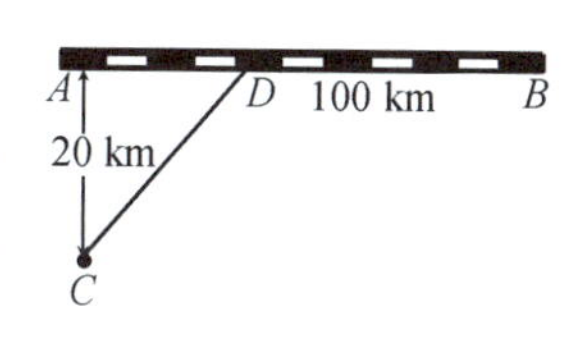

图 4-7

解　设 $AD=x$ (km)，那么

$$DB=100-x, CD=\sqrt{20^2+x^2}=\sqrt{400+x^2}.$$

由于铁路上每千米货运的运费与公路上每千米货运的运费之比为 3∶5，因此不妨设铁路上每千米的运费为 $3k$，公路上每千米的运费为 $5k$（k 为某个正数，它与本题的解无关，所以不必定出）. 设从 B 点到 C 点需要的总运费为 y，则 $y=5k\cdot CD+3k\cdot DB$，即

$$y=5k\sqrt{400+x^2}+3k(100-x)\quad(0\leqslant x\leqslant 100).$$

因为 $y'=k\left(\frac{5x}{\sqrt{400+x^2}}-3\right)$，则令 $y'=0$，解得唯一的驻点 $x=15$. 而由问题的实际意义可知最小值一定存在，所以 $y|_{x=15}=380k$ 为最小值. 因此，当 $AD=x=15$ km 时，总运费最省.

例 7　某面包房每月对面包的需求由 $p(x)=\frac{60000-x}{20000}$ 确定，其中 x 是需求量，p 是价格. 又设生产 x 单位面包的成本为 $C(x)=5000+0.56x\ (0\leqslant x\leqslant 50000)$，试问当产量为多少时，面包房才能获得最大利润？

解　总利润 $L=R-C$，其中 R 为总收益，当销售 x 单位的面包时，总收益 $R(x)=x\cdot p(x)$，即总收益函数 $R(x)=\frac{60000x-x^2}{20000}$，所以总利润为

$$L(x)=R(x)-C(x)=\frac{60000x-x^2}{20000}-5000-0.56x$$

$$=2.44x-\frac{x^2}{20000}-5000(0\leqslant x\leqslant 50000).$$

因为 $L'(x)=2.44-\frac{x}{10000}$，令 $L'(x)=0$，解得唯一驻点 $x=24400$. 由实际问题可知，最大值一定存在，因此当 $x=24400$（单位）时，即产量为 24400 单位时，面包房可获得最大利润.

例 8　一房地产公司有 50 套公寓要出租，当租金定为每月 720 元时，公寓会全部租出去；当租金每月增加 40 元时，就有一套公寓租不出去，而租出去的房子每月需花费 80 元的整修维护费. 试问当房租定为多少时，可获得最大收入？

解　设租金为 x 元/月，则租出的公寓有 $50-\frac{x-720}{40}$ 套，又设月总收入为 $R(x)$，则

$$R(x)=(x-80)\left(50-\frac{x-720}{40}\right)=(x-80)\left(68-\frac{x}{40}\right),$$

从而得

$$R'(x)=\left(68-\frac{x}{40}\right)+(x-80)\left(-\frac{1}{40}\right)=70-\frac{x}{20}.$$

令 $R'(x)=0$，得唯一驻点 $x=1400$. 又因为房租收入必存在最大值，所以当月租金定为每月 1400 元时，可获得最大收入，最大月总收入为 43560 元.

· 思想启迪 ·

◎ 函数曲线上的极大值就好比人生的阶段高峰，人不可能永远处于高峰，有上升期，自然也有低谷期. 当一个人在某一个阶段处于低谷时，只要不停止脚步，都是向上走的. 其实很多时候困难没有我们想象得那么可怕，只要调整好心态，坚持努力不放弃，一定能在山重水复的迷茫中，找到柳暗花明的胜景.

◎ 函数的极值是一个局部概念，最值是整体概念. 极大值不一定是最大值，极小值未必

比极大值小.一座大山会有很多山峰和山谷,所以函数的极值不唯一.这个山谷有可能比其中一座山峰的最高点还高,所以极小值不一定小于极大值.虽然我们站的位置是附近的最高点,但它不一定是这座山的最高峰,所以极大值不一定是最大值.

在实际工作生活中,大到一个国家,小到一个单位、一个部门、一个人的一生,本质上都是在追求极大值或者最大值.通过学习极值和最值,我们明白:在学习和生活中,当取得一点点成绩的时候,千万不要骄傲自满,因为天外有天,人外有人,踏踏实实做事,老老实实做人,才有可能攀上极大值,登上最高峰.

·课外演练·

1. 求下列函数的极值.

(1) $y=2x^3-6x^2-18x-7$;

(2) $y=1-(x-2)^{\frac{2}{3}}$;

(3) $y=x-\sin x$;

(4) $y=\frac{x}{\ln x}$.

2. 求下列函数的最值.

(1) $y=1-x-\frac{4}{(x+2)^2}, x\in[-1,2]$;

(2) $y=x+\sqrt{1-x}, x\in[-5,1]$.

3. 设 $y=ax^3-6ax^2+b$ 在$[-1,2]$上的最大值为 3,最小值为-29,$a>0$,求 a,b.

4. 某地区防空洞的截面拟建成矩形加半圆,如图所示,截面的面积为 5 m^2.问底宽 x 为多少米时才能使截面的周长最小,从而使建造时所用的材料最省?

5. 从一块半径为 R 的圆铁片上挖去一个扇形做成一个漏斗(如图).问留下的扇形的中心角 φ 取多大时,做成的漏斗的容积最大?

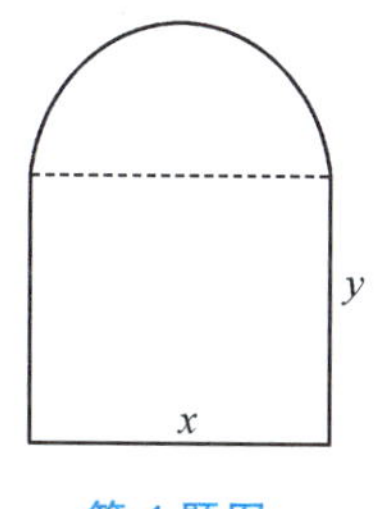

第 4 题图

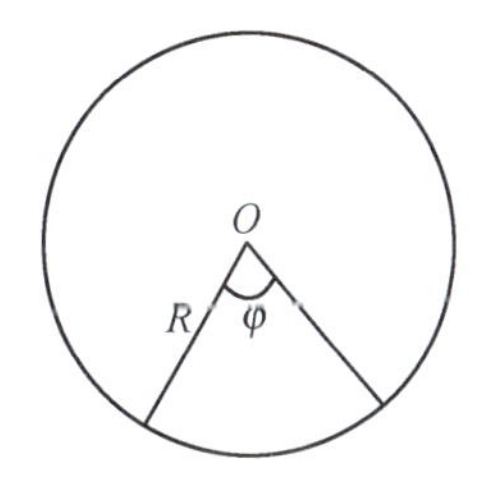

第 5 题图

6. 设某产品的需求函数为 $Q=125-\frac{1}{5}P$,成本函数为 $C=50+20Q$.若国家征收销售额税率为 r 时,试求取得最大利润时的产量 Q,并求 $r=20\%$时的产量 Q^*.

7. 已知某轮船的耗油费用与其速度的平方成正比,轮船每小时行 10 海里的耗油费为 25 元,其余的费用为每小时 400 元,求轮船最经济的航行速度.

8. 某厂出售一批新酿的名酒,如果当年($t=0$)就出售,售后的总收入为 R_0元;如果窖藏起来,

t 年后再出售，则总收入为 $R(t)=R_0 e^{\frac{2}{5}\sqrt{t}-0.06t}$ 元. 问这批酒窖藏多少年后再出售可使总收入最大?

4.5 多元函数的极值

• 案例导出 •

案例 1 要制造一个容积为 V 的无盖长方体盒子，问长、宽、高各为多少时，才能使用料最省?

案例 2 某化妆品公司计划通过报纸和电视台做化妆品的促销广告. 根据统计资料，销售收入 R 与报纸广告费用 x(百万元)和电视广告费用 y(百万元)之间的关系为已知二元函数 $R=f(x,y)$，若可供使用的广告费用是 A 百万元，请制定相应的最佳广告策略.

• 案例分析 •

这两个案例显然是关于二元函数的最值问题. 和一元函数相类似，二元函数的最值问题与二元函数的极值也有密切关系. 因此，我们可以先讨论二元函数的极值，再讨论二元函数的最值.

• 相关知识 •

二元函数的极值

4.5.1 二元函数的极值

定义 设函数 $z=f(x,y)$ 在点 (x_0,y_0) 的某邻域内有定义，对于该邻域内异于 (x_0,y_0) 的点 (x,y)，若满足不等式 $f(x,y)<f(x_0,y_0)$，则称函数在 (x_0,y_0) 处取极大值；若满足不等式 $f(x,y)>f(x_0,y_0)$，则称函数在 (x_0,y_0) 处取极小值. 极大值、极小值统称为极值，使函数取得极值的点称为极值点.

上述定义与一元函数的极值定义基本相同，区别仅在于一元函数中点 x_0 的邻域是一个区间，而二元函数中点 (x_0,y_0) 的邻域是平面上的一块区域.

例如，函数 $z=x^2+y^2$ 在 $(0,0)$ 处有极小值(图 4-8)；函数 $z=\sqrt{1-x^2-y^2}$ 在 $(0,0)$ 处有极大值(图 4-9).

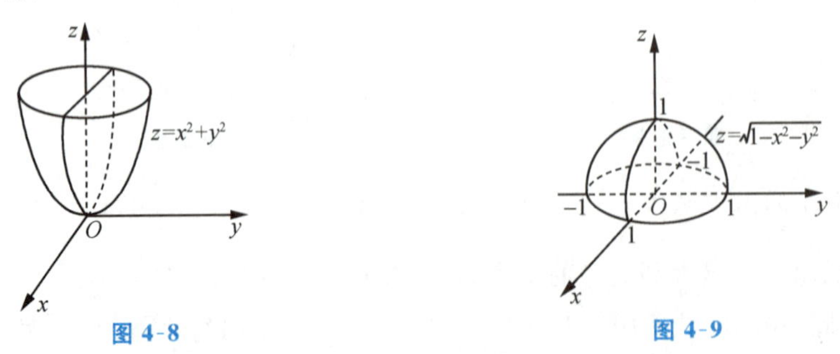

图 4-8　　图 4-9

对于一元函数我们有极值的必要条件，二元函数也有类似的结论.

定理 1(二元函数极值的必要条件)　设函数 $f(x,y)$ 在点 (x_0,y_0) 处的偏导数存在，且在

点(x_0,y_0)取得极值，则它在该点处的偏导数必然为零，即

$$f'_x(x_0,y_0)=0,f'_y(x_0,y_0)=0.$$

与一元函数类似，我们把满足方程组$\begin{cases}f'_x(x,y)=0,\\f'_y(x,y)=0\end{cases}$的点$(x,y)$称为二元函数$f(x,y)$的驻点. 从定理可知，具有偏导数的函数的极值点必定是驻点，但函数的驻点不一定是极值点.

怎样判定一个驻点是否是极值点呢？下面的定理回答了这个问题.

定理 2（二元函数极值的充分条件）　设函数$z=f(x,y)$在点(x_0,y_0)的某邻域内有二阶连续偏导数，且(x_0,y_0)为函数的驻点，即

$$f'_x(x_0,y_0)=0,f'_y(x_0,y_0)=0.$$

令$f''_{xx}(x_0,y_0)=A,f''_{xy}(x_0,y_0)=B,f''_{yy}(x_0,y_0)=C$，则$f(x,y)$在点$(x_0,y_0)$处是否取得极值的条件如下：

(1) 当$B^2-AC<0$时，函数具有极值，当$A<0$时有极大值，当$A>0$时有极小值；

(2) 当$B^2-AC>0$时，函数没有极值；

(3) 当$B^2-AC=0$时，函数可能有极值，也可能没有极值，还需另作讨论.

利用定理1和定理2，对于具有二阶连续偏导数的二元函数$f(x,y)$，我们可按下列步骤求函数的极值：

(1) 求出$f(x,y)$的一阶、二阶偏导数；

(2) 解方程组$\begin{cases}f'_x(x,y)=0,\\f'_y(x,y)=0,\end{cases}$求出全部驻点；

(3) 对于每个驻点，求出二阶偏导数的值A,B,C；

(4) 定出B^2-AC的符号，据此判定极值.

例 1　求函数$f(x,y)=x^3+y^3-3xy$的极值.

解　因为$f'_x(x,y)=3x^2-3y,f'_y(x,y)=3y^2-3x$，则

$$f''_{xx}(x,y)=6x,f''_{xy}(x,y)=-3,f''_{yy}(x,y)=6y.$$

由方程组$\begin{cases}f'_x=3x^2-3y=0,\\f'_y=3y^2-3x=0,\end{cases}$解得驻点为$(0,0),(1,1)$.

对于点$(0,0)$，因为$A=0,B=-3,C=0$，则有$B^2-AC=(-3)^2-0=9>0$，故$f(x,y)$在点$(0,0)$处没有极值.

对于点$(1,1)$，因为$A=6,B=-3,C=6$，则有$B^2-AC=(-3)^2-6^2=-27<0$，且$A=6>0$，所以$f(x,y)$在点$(1,1)$处取得极小值，且极小值为$f(1,1)=-1$.

与一元函数相类似，我们可以利用函数的极值来求函数的最值. 在实际问题中，如果根据问题的实际意义可以断定$f(x,y)$的最大值或最小值一定能在其定义域D内取到，而$f(x,y)$在区域D内只有唯一一个驻点，则该驻点处的函数值即为最大值或最小值.

例 2 完成案例 1 的问题. 如图 4-10 所示，要制造一个容积为 $32\ \text{cm}^3$ 的无盖长方体盒子，问长、宽、高各为多少时，才能使用料最省？

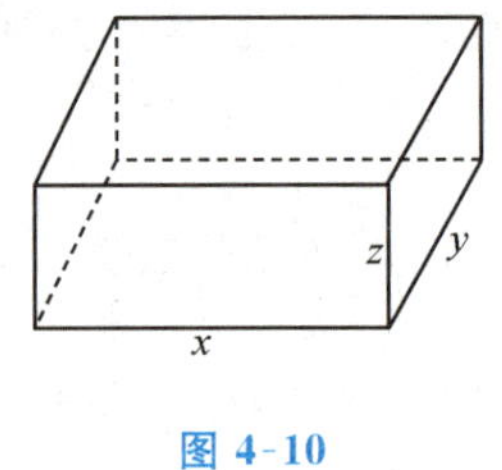

图 4-10

解 设长方体盒子的长、宽分别为 x cm 和 y cm，则高 $z=\dfrac{32}{xy}$ cm.

根据题意，此盒子所用材料的面积为 $S=xy+2y\cdot\dfrac{32}{xy}+2x\cdot\dfrac{32}{xy}=xy+\dfrac{64}{x}+\dfrac{64}{y}$.

则 $\begin{cases} S'_x=y-\dfrac{64}{x^2}=0, \\ S'_y=x-\dfrac{64}{y^2}=0, \end{cases}$ 解方程组得到唯一驻点为 $(4,4)$.

由实际问题可知，其面积 S 的最小值存在，所以该驻点就是最小值点，即当 $x=4,y=4$ 时，面积 S 取得最小值，此时 $z=\dfrac{32}{xy}=2$. 因此，当盒子的长为 4 cm，宽为 4 cm，高为 2 cm 时，所用材料最省.

4.5.2 条件极值

条件极值

在上面讨论的极值问题中，对于函数 $f(x,y)$ 除了限制自变量 x,y 在其定义域内变化之外，再无其他任何限制，称之为无条件极值. 但是在实际问题中，我们也常常会遇到对自变量还有一些约束条件的极值问题.

如例 2 其实可以看成求表面积(目标函数)$S=xy+2(xz+yz)$ 当边长(自变量)满足方程 $xyz=32$(称为约束条件)的极值问题.

这种自变量需要满足一定约束条件(附加条件)的极值问题，称为条件极值问题.

在例 2 中，当从约束条件 $xyz=32$ 中解出 $z=\dfrac{32}{xy}$ 并代入函数后，S 的条件极值问题就转化为无条件极值问题了. 不过在很多情况下，将条件极值转化为无条件极值并非易事.

我们来介绍一种直接求条件极值的方法，称之为**拉格朗日乘数法**.

设条件极值问题的目标函数为 $f(x,y)$，约束条件为 $\varphi(x,y)=0$，拉格朗日乘数法的具体步骤如下：

首先，构造一个辅助函数 $F(x,y,\lambda)=f(x,y)+\lambda\varphi(x,y)$，称为**拉格朗日函数**，其中 λ 称为**拉格朗日乘数**.

其次，解方程组

$$\begin{cases} F'_x=f'_x(x,y)+\lambda\varphi'_x(x,y)=0, \\ F'_y=f'_y(x,y)+\lambda\varphi'_y(x,y)=0, \\ F'_\lambda=\varphi(x,y)=0, \end{cases}$$

可得 $F(x,y,\lambda)$ 的驻点 (x_0,y_0,λ_0)，则 (x_0,y_0) 就是 $z=f(x,y)$ 在约束条件 $\varphi(x,y)=0$ 下的可能的极值点，至于 (x_0,y_0) 是否确为 $z=f(x,y)$ 的极值点，在实际问题中往往可由其实际意

义加以判定.

· 知识应用 ·

例 3 完成案例 2 的问题.某化妆品公司计划通过报纸和电视台做化妆品的促销广告.根据统计资料,销售收入 R 与报纸广告费用 x(百万元)和电视广告费用 y(百万元)之间的关系为 $R=15+14x+32y-8xy-2x^2-10y^2$.若可供使用的广告费用是 2(百万元),求相应的最佳广告策略.

解 由于纯销售收入=销售收入-广告费用,故目标函数为

$$\begin{aligned}f(x,y)&=15+14x+32y-8xy-2x^2-10y^2-(x+y)\\&=15+13x+31y-8xy-2x^2-10y^2(0\leqslant x\leqslant 2,0\leqslant y\leqslant 2),\end{aligned}$$

约束条件为 $x+y=2$,构造拉格朗日函数:

$$F(x,y,\lambda)=15+13x+31y-8xy-2x^2-10y^2+\lambda(x+y-2).$$

求一阶偏导数,建立方程组得 $\begin{cases}F'_x=13-8y-4x+\lambda=0,\\F'_y=31-8x-20y+\lambda=0,\\x+y-2=0,\end{cases}$ 解之得 $x=0.75,y=1.25$.

根据问题的实际意义知,纯销售收入的最大值是存在的,且只有唯一一个驻点,此时将费用 75 万投入报纸广告,125 万元投入电视广告,可使公司的纯销售收入最大.

拉格朗日乘数法还可推广到含两个以上自变量及约束条件多于一个的情形.例如,目标函数为 $f(x,y,z)$,约束条件为 $\varphi(x,y,z)=0$ 和 $\psi(x,y,z)=0$,则可构造拉格朗日函数

$$F(x,y,z,\lambda_1,\lambda_2)=f(x,y,z)+\lambda_1\varphi(x,y,z)+\lambda_2\psi(x,y,z).$$

此时方程组为 $\begin{cases}F'_x=f'_x(x,y,z)+\lambda_1\varphi'_x(x,y,z)+\lambda_2\psi'_x(x,y,z)=0,\\F'_y=f'_y(x,y,z)+\lambda_1\varphi'_y(x,y,z)+\lambda_2\psi'_y(x,y,z)=0,\\F'_z=f'_z(x,y,z)+\lambda_1\varphi'_z(x,y,z)+\lambda_2\psi'_z(x,y,z)=0,\\F'_{\lambda_1}=\varphi(x,y,z)=0,\\F'_{\lambda_2}=\psi(x,y,z)=0,\end{cases}$

解之,可得 $f(x,y,z)$ 的驻点 (x_0,y_0,z_0).

例 4 要制造一个无盖的长方体水槽,已知它的底部造价为每平方米 18 元,侧面造价均为每平方米 6 元,设计的总造价为 216 元,问如何选取它的尺寸,才能使水槽容量最大?

解 设长方体水槽的长、宽、高分别为 x m,y m,z m,则其容积为 $V=xyz(x>0,y>0,z>0)$,另外,自变量还满足 $18xy+12xz+12yz=216$.

令 $F(x,y,z,\lambda)=xyz+\lambda(18xy+12xz+12yz-216)$,

解方程组 $\begin{cases}F'_x=yz+\lambda(18y+12z)=0,\\F'_y=xz+\lambda(18x+12z)=0,\\F'_z=xy+\lambda(12x+12y)=0,\\F'_\lambda=18xy+12xz+12yz-216=0,\end{cases}$ 得 $\begin{cases}x=2,\\y=2,\\z=3,\end{cases}$

由当造价一定时水槽的最大容量一定存在，而(2,2,3)是唯一驻点，即为最大值点. 所以，当水槽长 2 m、宽 2 m、高 3 m 时其容量最大.

· 思想启迪 ·

◎ 北宋文学家苏轼的诗句“横看成岭侧成峰，远近高低各不同；不识庐山真面目，只缘身在此山中”，描绘的是庐山随着观察者角度不同，呈现出不同的样貌. 高等数学中多元函数的极值，就像连绵起伏的庐山山岭，极大值在山顶取得，极小值则出现在山谷. 人生就像连绵不断的山脉，起起落落是常态，高高低低是寻常. 跌入低谷不气馁，甘于平淡不放任，伫立高峰不张扬，这才叫宽阔胸襟. 要学会用运动的观点看待问题，低谷与顶峰只是我们人生路上的一个转折点. 要认识事物的真相与全貌，必须超越狭小的范围，摆脱主观成见.

· 课外演练 ·

1. 求下列二元函数的极值.

(1) $z=x^2+xy+y^2-2x-y$；

(2) $z=x^3y^2(6-x-y)(x>0,y>0)$.

2. 若函数 $z=2x^2+ax+xy^2+2y$ 在点 $M(1,-1)$ 处取到极值，试确定常数 a.

3. 在曲面 $z=\sqrt{x^2+y^2}$ 上找一点 M，使其与点 $(1,\sqrt{2},3\sqrt{3})$ 的距离最短，并求此最短距离.

4. 将数 33 分成 3 个正数 x,y,z 之和，问 x,y,z 各等于多少时，函数 $f(x,y,z)=x^2+2y^2+3z^2$ 取最小值？

5. 设某工厂生产甲产品的数量 S(t)与所用两种原料 A,B 的数量 x,y(t)间有关系式 $S(x,y)=0.005x^2y$. 现准备向银行贷款 150 万元购买原料，已知原料 A,B 每吨单价分别为 1 万元和 2 万元，问怎样购进两种原料，才能使生产的数量最多？

6. 某厂家生产的一种商品同时在两个市场销售，售价分别为 p_1 和 p_2，销售量分别为 q_1 和 q_2，需求函数分别为 $q_1=24-0.2p_1$ 和 $q_2=10-0.05p_2$，总成本函数为 $C=35+40(q_1+q_2)$. 试问：厂家如何确定两个市场的售价，才能使其获得的利润最大？最大利润为多少？

4.6 曲线的凹凸性与拐点

曲线的凹凸性

· 案例导出 ·

案例 1 某国 8 月份宏观经济数据公布，市场关注的 CPI(居民消费价格指数)同比上升 6.2%，专家预测 CPI 将在今年四季度出现拐点.

案例 2 某市 2019 年 7 月上旬的日均发电量增速为 3%，基本延续了 6 月份以来的发电量回升态势，6 月份是全年电量增速曲线的“拐点”.

· 案例分析 ·

日常生活中各行各业通过一系列统计数据和图形来确定拐点出现，到底什么是拐点？拐点有何现实意义？如何判断拐点？

拐点在高等数学中是函数图形上的一个有特殊意义的点，我们可以用函数的二阶导数判定曲线的弯曲方向来找出曲线上的拐点.

· 相关知识 ·

4.6.1 曲线的凹凸性

要正确作出函数的图形，不仅需要知道它的上升和下降趋势，还要研究曲线的弯曲方向. 例如，图 4-11 中有两条曲线弧，虽然它们都是上升的，但图形却有明显的不同.

如图 4-12 所示，曲线段 ACB 总位于其上每一点处切线的下方，而曲线段 ADB 总位于其上每一点处切线的上方. 据此，我们给出刻画曲线弯曲方向即凹凸性的描述定义.

图 4-11　　　　图 4-12

定义 1　若在某区间 I 内，可导函数 $y=f(x)$ 对应的曲线段位于它每一点的切线的上方，则称此曲线段在区间 I 内是凹的，区间 I 称为函数 $f(x)$ 的凹区间；若可导函数 $y=f(x)$ 对应的曲线在区间 I 内位于它每一点的切线的下方，则称此曲线段在区间 I 内是凸的，区间 I 称为函数 $f(x)$ 的凸区间.

从图 4-12 我们还发现：曲线段 ACB 是凸的曲线弧，其每一点处切线的斜率随着 x 的增大而减小，即 $f'(x)$ 是单调递减的，若 $f'(x)$ 仍可导，则有 $f''(x)<0$；而曲线段 ADB 是凹的曲线弧，其每一点处切线的斜率随着 x 的增大而增大，即 $f'(x)$ 是单调递增的，若 $f'(x)$ 仍可导，则有 $f''(x)>0$. 因此，曲线的凹凸性与函数二阶导数的符号有关. 我们给出以下结论.

定理 1　设函数 $f(x)$ 在区间 (a,b) 内具有二阶导数 $f''(x)$.

(1) 如果在 (a,b) 内恒有 $f''(x)>0$，则 $f(x)$ 在区间 (a,b) 内是凹的；

(2) 如果在 (a,b) 内恒有 $f''(x)<0$，则 $f(x)$ 在区间 (a,b) 内是凸的.

例 1　求曲线 $y=2x^3+3x^2-12x+14$ 的凹凸性.

解　函数 $y=2x^3+3x^2-12x+14$ 的定义域为 $(-\infty,+\infty)$，又 $y'=6x^2+6x-12$，则

$$y''=12x+6=12\left(x+\frac{1}{2}\right).$$

令 $y''=0$，得 $x=-\frac{1}{2}$.

于是，当 $x<-\dfrac{1}{2}$ 时，$y''<0$；当 $x>-\dfrac{1}{2}$ 时，$y''>0$.

因此，函数 y 在区间 $\left(-\infty,-\dfrac{1}{2}\right)$ 上是凸的，在区间 $\left(-\dfrac{1}{2},+\infty\right)$ 上是凹的.

4.6.2　曲线的拐点

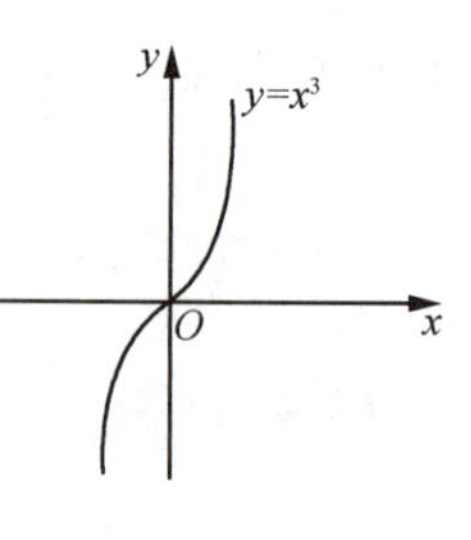

图 4-13

定义 2　曲线 $y=f(x)$ 上凹与凸的分界点 (x_0,y_0) 称为曲线的拐点.

例如，曲线 $y=x^3$，由于 $y''=6x$，则 $x>0$ 时，$y''>0$，而 $x<0$ 时，$y''<0$. 因此，$(0,0)$ 是曲线 $y=x^3$ 的凹凸分界点，它就是曲线 $y=x^3$ 的拐点(图 4-13).

由于拐点是曲线凹凸的分界点，因此拐点左、右两侧附近 $f''(x)$ 必定异号. 所以，曲线拐点对应横坐标处要么二阶导数等于零，要么二阶导数不存在. 从而我们可以给出求拐点的一般步骤：

曲线的拐点

(1) 求出函数 $f(x)$ 的定义域；

(2) 求出使函数 $f(x)$ 的二阶导数等于零的点及二阶导数不存在的点；

(3) 用上述点划分定义域；

(4) 分别考查相应区间上二阶导数的符号(可以列表)，得出结论.

例 2　求曲线 $y=3x^4-4x^3+1$ 的凹凸区间及拐点.

解　函数 $y=3x^4-4x^3+1$ 的定义域为 $(-\infty,+\infty)$，又 $y'=12x^3-12x^2$，则

$$y''=36x^2-24x=36x\left(x-\frac{2}{3}\right).$$

令 $y''=0$，得 $x_1=0$，$x_2=\dfrac{2}{3}$.

$x_1=0$ 及 $x_2=\dfrac{2}{3}$ 把函数的定义域 $(-\infty,+\infty)$ 分成：$(-\infty,0)$，$\left[0,\dfrac{2}{3}\right]$ 和 $\left[\dfrac{2}{3},+\infty\right)$.

在 $(-\infty,0)$ 内，$y''>0$，因此在区间 $(-\infty,0]$ 上曲线是凹的. 在 $\left(0,\dfrac{2}{3}\right)$ 内，$y''<0$，因此在区间 $\left[0,\dfrac{2}{3}\right]$ 上曲线是凸的. 在 $\left(\dfrac{2}{3},+\infty\right)$ 内，$y''>0$，因此在区间 $\left[\dfrac{2}{3},+\infty\right)$ 上曲线是凹的.

当 $x=0$ 时，$y=1$，点 $(0,1)$ 是曲线的一个拐点；又 $x=\dfrac{2}{3}$ 时，$y=\dfrac{11}{27}$，点 $\left(\dfrac{2}{3},\dfrac{11}{27}\right)$ 也是曲线的拐点.

例 3　判别曲线 $y=(x-1)\cdot\sqrt[3]{x^5}$ 的凹凸性，并求其拐点.

解　函数的定义域为 $(-\infty,+\infty)$，因为 $y'=x^{\frac{5}{3}}+(x-1)\cdot\dfrac{5}{3}\cdot x^{\frac{2}{3}}=\dfrac{8}{3}x^{\frac{5}{3}}-\dfrac{5}{3}\cdot x^{\frac{2}{3}}$，则

$$y''=\frac{40}{9}x^{\frac{2}{3}}-\frac{10}{9}x^{-\frac{1}{3}}=\frac{10}{9}\cdot\frac{4x-1}{\sqrt[3]{x}}.$$

从上式知，$x_1=\dfrac{1}{4}$ 为二阶导数等于零的点，$x_2=0$ 为二阶导数不存在的连续点. 列表(表

4-5)讨论如下(其中符号$\smile$表示凹,符号$\frown$表示凸):

表 4-5

x	$(-\infty,0)$	0	$\left(0,\frac{1}{4}\right)$	$\frac{1}{4}$	$\left(\frac{1}{4},+\infty\right)$
y''	+	不存在	−	0	+
y	$\smile$	拐点	$\frown$	拐点	$\smile$

所以,曲线的凹区间为$(-\infty,0)$和$\left(\frac{1}{4},+\infty\right)$,凸区间为$\left(0,\frac{1}{4}\right)$,拐点为$(0,0)$和$\left(\frac{1}{4},-\frac{3}{64}\sqrt[3]{4}\right)$.

曲线的渐近线

4.6.3 曲线的渐近线

我们知道,双曲线$\frac{x^2}{a^2}-\frac{y^2}{b^2}=1$有两条渐近线.那么,什么是渐近线呢?其他类型的曲线是否有渐近线呢?我们先给出渐近线的一般定义.

定义 3 如果曲线c上的一点沿着曲线无限远离原点时,该点与某一固定直线l的距离趋于零,则称此定直线l为曲线c的渐近线(图 4-14).

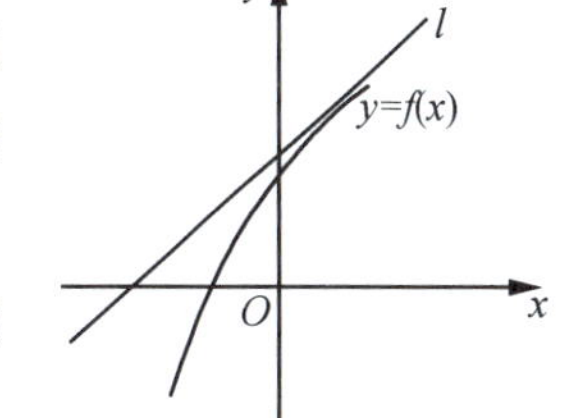

图 4-14

当然,并不是任何曲线都有渐近线.我们这里仅讨论水平渐近线与垂直渐近线,斜渐近线的讨论请参考相关书籍.

1. 水平渐近线

设曲线$y=f(x)$的定义域为无穷区间,如果$\lim\limits_{x\to\infty}f(x)=A$(或$\lim\limits_{x\to-\infty}f(x)=A$或$\lim\limits_{x\to+\infty}f(x)=A$),则直线$y=A$就是曲线$y=f(x)$的一条水平渐近线.

例 4 求曲线$y=\arctan x$的水平渐近线.

解 因为$\lim\limits_{x\to+\infty}\arctan x=\frac{\pi}{2}$,$\lim\limits_{x\to-\infty}\arctan x=-\frac{\pi}{2}$,所以直线$y=\frac{\pi}{2}$和$y=-\frac{\pi}{2}$是曲线$y=\arctan x$的两条水平渐近线.

2. 垂直渐近线

如果曲线$y=f(x)$满足$\lim\limits_{x\to x_0}f(x)=\infty$(或$\lim\limits_{x\to x_0^+}f(x)=\infty$或$\lim\limits_{x\to x_0^-}f(x)=\infty$),则直线$x=x_0$就是曲线$y=f(x)$的一条垂直渐近线.

例 5 求曲线$y=\frac{1}{x^2-1}$的垂直渐近线.

解 因为$\lim\limits_{x\to1}\frac{1}{x^2-1}=\infty$,$\lim\limits_{x\to-1}\frac{1}{x^2-1}=\infty$,所以$x=1$,$x=-1$是曲线$y=\frac{1}{x^2-1}$的垂直渐近线.

例 6 求曲线$y=\frac{x}{x^2-3x+2}$的水平渐近线和垂直渐近线.

解 因为$\lim\limits_{x\to\infty}\dfrac{x}{x^2-3x+2}=\lim\limits_{x\to\infty}\dfrac{1}{x-3+\dfrac{2}{x}}=0$，所以 $y=0$ 为曲线 $y=\dfrac{x}{x^2-3x+2}$的水平渐近线.

又因为$\lim\limits_{x\to1}\dfrac{x}{x^2-3x+2}=\lim\limits_{x\to1}\dfrac{x}{(x-1)(x-2)}=\infty$，

$\lim\limits_{x\to2}\dfrac{x}{x^2-3x+2}=\lim\limits_{x\to2}\dfrac{x}{(x-1)(x-2)}=\infty$，

所以 $x=1$，$x=2$ 为曲线 $y=\dfrac{x}{x^2-3x+2}$的垂直渐近线.

· 知识应用 ·

例 7 在案例 1 中，专家预测 CPI 将在今年四季度出现拐点. 如果这种判断成立，说明 CPI 的增速会比前面月份有所放缓，而且增速会越来越慢，国家的宏观调控起到了积极的作用. 对于案例 2，如果 6 月份作为全年电量增速曲线“拐点”的意义初步成立，那就说明以后月份发电量的增速会超过 6 月份的增速，增速为 3%，并且增速会越来越快，全国的工商业总量呈现欣欣向荣的景象.

在工程实践中经常用函数的图形表示函数，通过函数图形可以比较直观地看到函数的变化规律. 前面对一元函数的单调性、极值、曲线的凹凸性、曲线渐近线的讨论可以帮助我们比较正确地了解函数的性态，为我们描绘出函数的图形奠定了基础.

利用函数特征描绘函数图形，作出函数图形的一般步骤为

(1) 确定函数 $y=f(x)$的定义域；

(2) 判定函数 $y=f(x)$的奇偶性、周期性及曲线与坐标轴的交点等一些基本性态；

(3) 确定函数的单调区间、极值点、极值、凹凸区间、拐点；

(4) 考察函数对应曲线的水平渐近线与垂直渐近线；

(5) 根据以上讨论出来的函数的性质，描绘出函数的图形.

当然，为了把函数图形描绘得准确些，可适当补充一些曲线上的点.

例 8 描绘函数 $f(x)=\dfrac{1-2x}{x^2}+1(x>0)$的图形.

解 函数 $f(x)=\dfrac{1-2x}{x^2}+1$ 的定义域为$(0,+\infty)$，是连续的非奇非偶函数，非周期函数.

因为 $f'(x)=\dfrac{2(x-1)}{x^3}$，令 $f'(x)=0$，求得驻点 $x_1=1$，而 $f''(x)=\dfrac{2(3-2x)}{x^4}$，令 $f''(x)=0$，求得 $x_2=\dfrac{3}{2}$. 以 1，$\dfrac{3}{2}$为分点，将定义域分段，列表(表 4-6)讨论如下：

表 4-6

x	$(0,1)$	1	$\left(1,\frac{3}{2}\right)$	$\frac{3}{2}$	$\left(\frac{3}{2},+\infty\right)$
$f'(x)$	$-$	0	$+$	$+$	$+$
$f''(x)$	$+$	$+$	$+$	0	$-$
$f(x)$	$\smile$	极小值 0	$\nearrow\frown$	拐点 $\frac{1}{9}$	$\nearrow\smile$

因为$\lim\limits_{x\to\infty}\left(\dfrac{1-2x}{x^2}+1\right)=1$，所以 $y=1$ 是水平渐近线. 而 $\lim\limits_{x\to 0^+}\left(\dfrac{1-2x}{x^2}+1\right)=+\infty$，所以$x=0$是垂直渐近线.

根据以上讨论，画出函数图形(图 4-15).

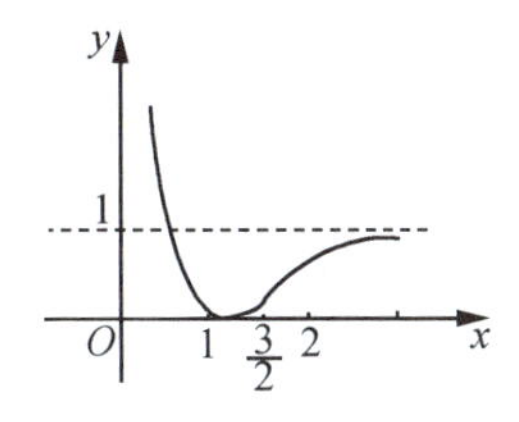

图 4-15

• 思想启迪 •

◎ 世界一级方程式赛车的赛道犹如数学中一条美妙的曲线. 方程式赛车最精彩的部分就是弯道处的超车. 弯道处曲线的弯曲方向，就是曲线的凹和凸，弯道处即为凹和凸的分界点，即拐点. 我们可以把赛道曲线比作人生，人的一生中会有许多个转折点，就好像曲线中的拐点，把握住每一个转折点，努力把转折点活成人生的亮点，才能真正实现弯道超车，实现美好人生.

• 课外演练 •

1. 求下列函数的凹凸区间及拐点.

(1) $y=x^3-5x^2+3x+5$；　　(2) $y=x^2+\dfrac{1}{x}$；

(3) $y=\dfrac{1}{1+x^2}$；　　(4) $y=\ln(x^2+1)$.

2. 问 a,b 为何值时，点$(1,3)$为曲线 $y=ax^3+bx^2$ 的拐点？

3. 求下列曲线的渐近线.

(1) $y=\dfrac{x^2}{x^2-4}$；　　(2) $y=\dfrac{e^x}{x-1}$；

(3) $y=\dfrac{x}{x^2+1}$；　　(4) $y=e^{\frac{1}{x}}$.

4. 描绘下列函数的图形.

(1) $y=\dfrac{x}{1+x^2}$；　　(2)$y=xe^{-x}$.

4.7* 曲 率

• 案例导出 •

案例 生活中我们经常可以看见公路的弯道处有减速慢行的警示标志，有些地方会标出弯道处的最高时速，车速过快极有可能滑出弯道路面.

• 案例分析 •

在公路的弯道处，要准确地给出安全速度的数值，需要工程师定量地对公路进行一系列数据研究，其中公路弯道的弯曲程度是个非常重要的数据.

如何定量研究曲线的弯曲程度呢？我们先来简单地分析一下.

如图 4-16(a)所示，有一动点从点 P 移动到点 Q，小弧段 PQ 的弧长为 Δs，对应该动点的切线从点 P 移动到点 Q，其间转过的角度我们记为 $\Delta\alpha$，此角称为转角. 我们可以清楚地看出在 Δs 定长的前提下，曲线的弯曲程度越大，转角也越大. 从图 4-16(b)中我们可以发现当转角 $\Delta\alpha$ 为定值时，曲线的弯曲程度越大，两切点所对应的弧长越短. 事实上，曲线的弯曲程度与转角成正比，与弧长成反比.

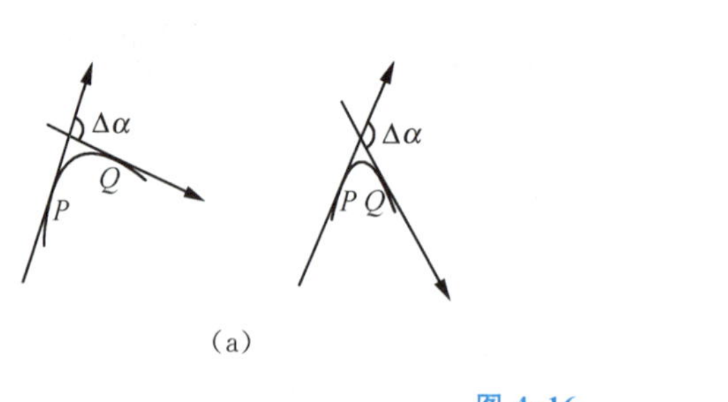

图 4-16

• 相关知识 •

(一) 曲率的概念和公式

定义 称 $K=\lim\limits_{\Delta s\to 0}\left|\dfrac{\Delta\alpha}{\Delta s}\right|$ 为曲线在点 P 处的曲率.

曲率是曲线弯曲程度的定量描述，曲率大，曲线的弯曲程度大；曲率小，曲线的弯曲程度小. 可以得到曲率的计算公式为

$$K=\lim_{\Delta s\to 0}\left|\frac{\Delta\alpha}{\Delta s}\right|=\left|\frac{\mathrm{d}\alpha}{\mathrm{d}s}\right|=\left|\frac{y''}{(1+y'^2)^{\frac{3}{2}}}\right|.$$

例 1 求椭圆 $4x^2+y^2=4$ 在点 $(0,2)$ 处的曲率.

解 由隐函数求导法，得 $8x+2yy'=0$，即 $y'=-\dfrac{4x}{y}$，则 $y'(0,2)=0$.

又 $y''=-\dfrac{4y-4xy'}{y^2}=-\dfrac{16}{y^3}$，则 $y''(0,2)=-2$，于是曲率

$$K=\left|\frac{y''}{(1+y'^2)^{\frac{3}{2}}}\right|=\left|\frac{-2}{(1+0^2)^{\frac{3}{2}}}\right|=2.$$

例 2 试证方程为 $x^2+y^2=R^2$ 的圆的曲率为 $\dfrac{1}{R}$.

证 由隐函数求导法，得 $y'=-\dfrac{x}{y}$，$y''=-\dfrac{R^2}{y^3}$，代入曲率计算公式得

$$K=\left|\frac{y''}{(1+y'^2)^{\frac{3}{2}}}\right|=\left|\frac{-\dfrac{R^2}{y^3}}{\left[1+\left(-\dfrac{x}{y}\right)^2\right]^{\frac{3}{2}}}\right|=\left|\frac{-\dfrac{R^2}{y^3}}{\left(\dfrac{y^2+x^2}{y^2}\right)^{\frac{3}{2}}}\right|=\frac{1}{R}.$$

例 3 求曲线 $y=\ln(1-x^2)$ 上曲率最大的点处的曲率.

解 因为 $y=\ln(1-x^2)$ 的定义域为 $(-1,1)$，又 $y'=\dfrac{-2x}{1-x^2}$，$y''=-\dfrac{2(1+x^2)}{(1-x^2)^2}$，所以曲率为

$$K=\left|\frac{y''}{(1+y'^2)^{\frac{3}{2}}}\right|=\frac{2(1-x^2)}{(1+x^2)^2},x\in(-1,1).$$

又 $K'=\dfrac{-2x(1+x^2)^2-2(1+x^2)2x(1-x^2)}{(1+x^2)^4}=\dfrac{4x(x^2-3)}{(1+x^2)^3}$，则在定义域内，$K$ 只有唯一驻点 $x=0$. 又当 $x\in(-1,0)$ 时，$K'>0$，而当 $x\in(0,1)$ 时，$K'<0$. 故 $x=0$ 为曲率的最大值点，所以曲线 $y=\ln(1-x^2)$ 在点 $(0,0)$ 处曲率最大，最大曲率为 $K_{\max}=K|_{x=0}=2$.

(二) 曲率圆与曲率半径

设曲线 $y=f(x)$ 在点 $P(x,y)$ 处的曲率为 $K(K\neq0)$. 如图 4-17 所示，在点 P 处的曲线的法线上，且在曲线凹的一侧取一点 D，使 $DP=\dfrac{1}{K}=\rho$. 称以 D 为圆心、ρ 为半径的圆为曲线在点 P 处的曲率圆，曲率圆的半径 ρ 称为曲线在点 P 处的曲率半径，圆心 D 称为曲线在点 P 处的曲率中心.

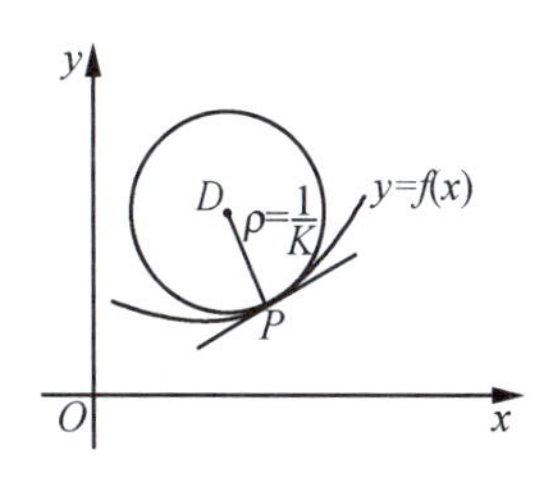

图 4-17

例 4 求抛物线 $y=x^2-4x+3$ 在其顶点处的曲率及曲率半径.

解 因为 $y'=2x-4$，$y''=2$，由于抛物线顶点处有水平切线，所以有 $y'=0$，故

$$K=\left|\frac{y''}{(1+y'^2)^{\frac{3}{2}}}\right|=\left|\frac{2}{(1+0^2)^{\frac{3}{2}}}\right|=2,\rho=\frac{1}{K}=\frac{1}{2}.$$

事实上，抛物线顶点处的曲率最大.

· 知识应用 ·

例 5 一架飞机沿抛物线路线 $y=\dfrac{x^2}{4000}$ 做俯冲飞行，在原点 O 处的速度为 400 m/s，飞行员的体重为 70 kg，求当飞机俯冲到原点时，飞行员对座位的压力.

解　在原点 O 处飞行员受到重力 G 和座位对飞行员的反力 f，它们的合力 $f-G$ 为飞行员俯冲到 O 点时所需的向心力 F，即 $F=f-G$. 物体做匀速圆周运动的向心力 $F=\frac{mv^2}{R}$（R 为 O 点的曲率半径）.

因为 $y'|_{x=0}=\left.\frac{x}{2000}\right|_{x=0}=0$，$y''|_{x=0}=\left.\frac{1}{2000}\right|_{x=0}=\frac{1}{2000}$，所以原点 O 处的曲率半径为 $R=\frac{1}{K}=\left|\frac{(1+y'^2)^{\frac{3}{2}}}{y''}\right|=2000(\mathrm{m})$，而 $F=\frac{mv^2}{R}=\frac{70\times(400)^2}{2000}=5600(\mathrm{N})$，则 $f=G+F=70\times9.8+5600=6286(\mathrm{N})$.

因为座位对飞行员的反力与飞行员对座位的压力互为反作用力，大小相等，方向相反，所以飞行员对座位的压力为 6286 N.

例 6　汽车连同载重共 5 t，在抛物线拱桥上行驶，速度为 21.6 km/h，桥的跨度为 10 m，拱的矢高为 0.25 m（图 4-18），求汽车越过桥顶时对桥的压力.

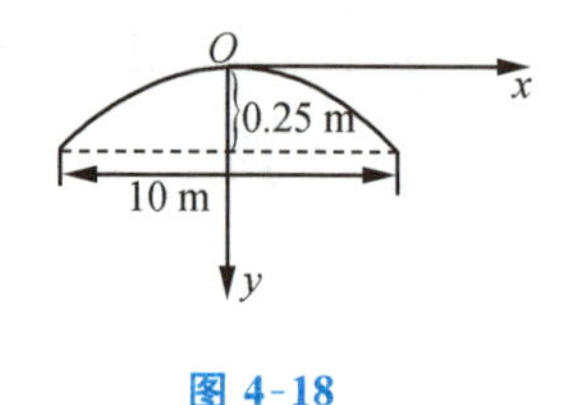

图 4-18

解　取桥顶为原点，竖直向下为 y 轴正方向，则抛物线的方程为 $y=ax^2(a>0)$，桥端点坐标 $(5,0.25)$ 在抛物线上，所以 $a=\frac{0.25}{5^2}=0.01$，则 $y=0.01x^2$，且 $y'(0)=0$，$y''(0)=0.02$，于是顶点处的曲率半径为 $\rho=\frac{1}{K}=\left|\frac{(1+y'^2)^{\frac{3}{2}}}{y''}\right|=50$，向心力 $F=\frac{mv^2}{\rho}=\frac{5\times10^3}{50}\left(\frac{21.6\times10^3}{3600}\right)^2=3600$ N，所以汽车越过桥顶时对桥的压力为 $5\times10^3\times9.8-3600=45400$ N.

• 思想启迪 •

◎ 在工程技术领域，常常需要研究曲线的弯曲程度. 例如，建筑结构中的钢梁、传输管道、砂轮打磨、高铁弯道等，它们在荷载作用下会产生弯曲变形，因此在设计时对它们的弯曲程度必须有一定的限制. 曲率实现了用数量来描述曲线的弯曲程度. 高架的弧度、火车经过弯道不会出轨等问题都和曲率息息相关. 众所周知，中国水平在国际上独领风骚，成绩举世瞩目. 位于贵州省的“中国天眼”，直径 500 多米，远超此前美国引以为傲的阿雷西博望远镜. 同时，中国基建还体现了一定的人文情怀，建设中工作人员齐心协力和承担义务的案例屡见不鲜，几乎所有人员密集的地区建造的公路都是高架桥，这样就避免了大规模的人员迁徙，保护了当地的人文环境和居民生活.

• 课外演练 •

1. 求下列曲线在指定点处的曲率.

(1) $y=\frac{1}{x}$在点$(1,1)$处；

(2) $y=\sin x$ 在点$\left(\frac{\pi}{2},1\right)$处；

(3) $y=x^2-4x+3$ 在点(2,−1)处.

2. 求曲线 $y=\sqrt{2}x^{\frac{3}{2}}$ 在点(2,4)处的曲率半径.

3. 曲线弧 $y=\sin x(0<x<\pi)$上哪一点处的曲率半径最小？求出该点处的曲率半径.

4. 已知一公路弯道处最高限速是 72 km/h，此弯道处能提供的最大向心力 F 为汽车自身质量 m 的 20 倍，求此弯道处的最小曲率半径.

4.8* 导数应用实验

• 案例导出 •

案例 某下穿式立交桥的下穿通道路面为抛物线型，跨度 100 m，深 20 m，解释为何通道底部的路面最容易被汽车压坏. 有一辆重 10 t 的汽车以 72 km/h 的速度通过此下穿通道，问汽车通过通道底部时对地面的压力为多少？

• 案例分析 •

建立如图 4-19 所示的坐标系，车辆以速度 v 过抛物线路面时，会产生离心加速度$\frac{v^2}{R}$，其中 R 是路面抛物线的曲率半径. 所以路面所受的压力为 $P=mg+\frac{mv^2}{R}$.

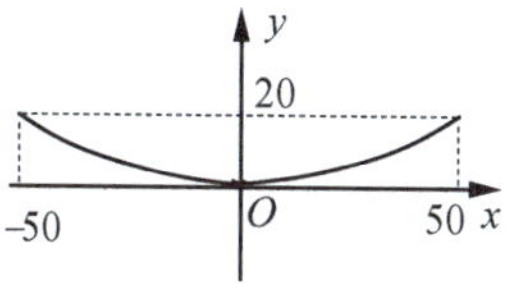

图 4-19

• 相关知识 •

用数学软件 Mathematica 求导数应用中的运算等内容的相关函数与命令为

(1) 求最大值 FindMaximum;

(2) 求最小值 FindMinimum;

(3) 方程求近似根 NSolve.

例 1 求函数 $y=x^5-11x^3+6x^2+28x-24$ 的极值的近似值.

解 多项式函数先求驻点.

```
In[1]:=f[x_]:=x^5-11x^3+6x^2+28x-24
In[2]:=NSolve[D[f[x],x]==0,x]
Out[2]={{x→-2.58667},{x→-0.787644},{x→1.37432},{x→2}}
```

根据范围画图.

```
In[3]:=Plot[f[x],{x,-3,3}]
Out[3]=-Graphics-
```

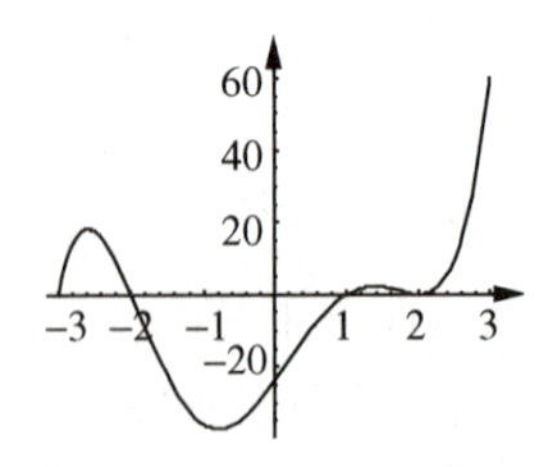


```
In[4]:=FindMaximum[f[x],{x,-3,-2}]
Out[4]={18.2926,{x→-2.58667}}
In[5]:=FindMinimum[f[x],{x,-2,1}]
Out[5]={-37.2598,{x→-0.787644}}
In[6]:=FindMaximum[f[x],{x,1,1.5}]
Out[6]={2.16294,{x→1.37432}}
In[7]:=FindMinimum[f[x],{x,1.5,3}]
Out[7]={3.55271×10^-15,{x→2}}
```

例 2 如图 4-20 所示,楼房的后面是一个很大的花园.在花园中紧靠着楼房有一个玻璃温室,温室伸入花园宽 2 m,高 3 m,清洁工要打扫处于温室正上方楼房墙面上的某广告牌,因为温室是不能承受梯子压力的,他得用梯子越过温室,一头放在花园中,一头靠在楼房的墙上,所以梯子太短是不行的.现清洁工只有一架 7 m 长的梯子,能否架到墙面?能架到墙面的梯子的最短长度为多少?

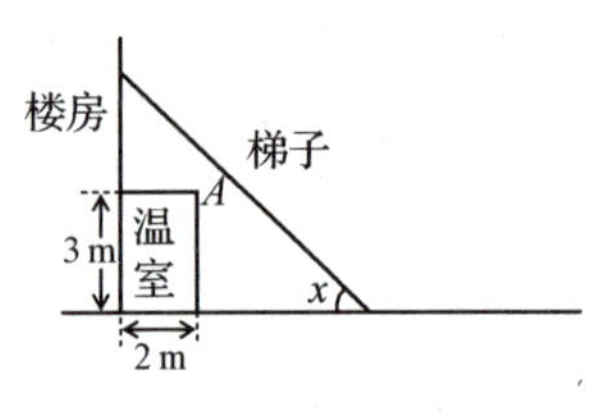

图 4-20

解 假设温室宽为 a,高为 b,梯子与地面的夹角为 x,当梯子与温室右顶点 A 恰好接触时,梯子的长度可以取到最小,此时梯子长度 $L(x)=\dfrac{a}{\cos x}+\dfrac{b}{\sin x}$,问题转化为求函数 $L(x)=\dfrac{a}{\cos x}+\dfrac{b}{\sin x}$在区间 $\left(0,\dfrac{\pi}{2}\right)$内的最小值.可用手算得唯一驻点 $x=\arctan\sqrt[3]{\dfrac{b}{a}}$,从而得梯子的最小长度(手算较复杂).

```
In[1]:= a=2;b=3;L[x_]:=a/Cos[x]+b/Sin[x]
```

观察图形.

```
In[2]:= Plot[L[x],{x,0,Pi/2}]
Out[2]=-Graphics-
```

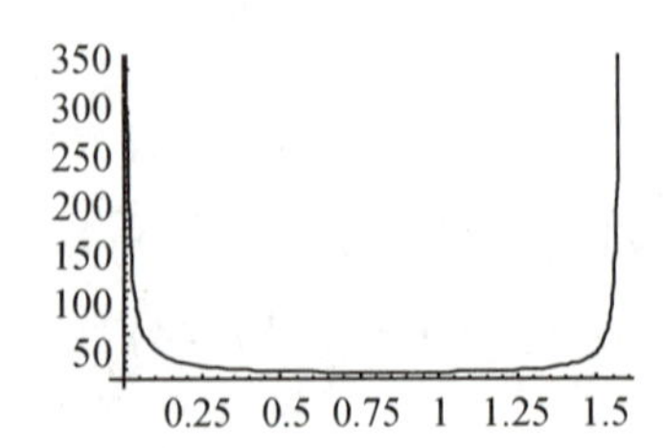

缩小观察范围.

```
In[3]:= Plot[L[x],{x,0.5,1}]
Out[3]=-Graphics-
```

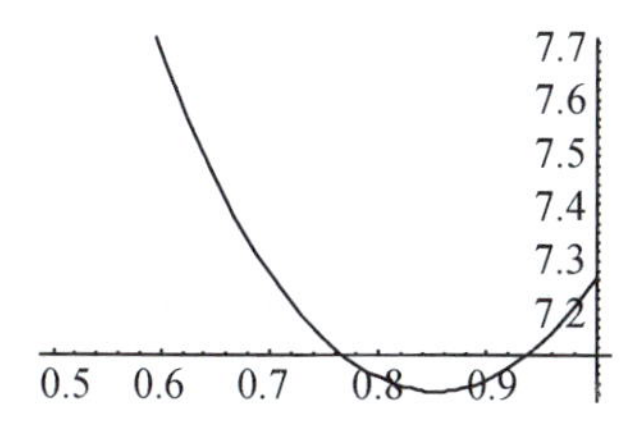

可见最小值点在 0.8 与 0.9 之间,也可以直接求方程的根.

In[4]:= NSolve[D[L[x],x]==0,x]

Out[4]= {{x→-0.917782-0.64319i},{x→-0.917782-0.64319i},
{x→-0.917782+0.64319i},{x→-0.917782+0.64319i},{x→0.852771}}

可知方程有唯一的实根 0.851771,代入方程.

In[5]:= L[0.852771]

Out[5]= 7.02348

得到 L 的最小值为 7.02348,即能架到墙面的梯子的最短长度为 7.02348 m,所以 7 m 长的梯子不能架到墙面.

例 3 完成案例.

解 抛物线方程为 $y=\frac{x^2}{125}$.

In[1]:= f[x_]:=x^2/125

求出曲率半径.

In[2]:= R=Abs[(1+D[f[x],x]^2)^(3/2)/D[f[x],{x,2}]]

Out[2]= $\frac{125}{2}\text{Abs}\left[1+\frac{4x^2}{15625}\right]^{\frac{3}{2}}$

可见,当 $x=0$(通道底部)时 R 最小,此时压力 P 最大,所以通道底部的路面最容易被汽车压坏.

取 $g=9.8$,$v=72$ km/h=20 m/s,定义压力 P 的方程.

In[3]:= m=10000;g=9.8;v=20;r=R/.x->0;P[x_]:=m*g+m*v^2/r

求出 $x=0$ 时的压力 P.

In[4]:= P[0]

Out[4]= 162000

In[5]:= %/g

Out[5]= 16530.6

汽车通过通道底部时对路面的压力为 162000 N,相当于水平路面上 16.53 t 的汽车对路面的压力.

• 课堂演练 •

1. 求代数方程 $x^3-2x^2+5x-3=0$ 的所有根.

2. 求函数 $y=(x-1)\sqrt[3]{x^2}$ 及函数 $y=\arctan x-\frac{1}{2}\ln(1+x^2)$ 的近似极值.

3. 对梯子长度问题的进一步思考.

(1) 取 $a=1.8$ m,在只用 6.5 m 长的梯子的情况下,温室最多能修建多高?

(2) 一条 1 m 宽的通道与另一条 2 m 宽的通道相交成直角,一个梯子需要水平绕过拐角,试问梯子的最大长度是多少?

名家链接

数学史上最多产的数学家——欧拉

莱昂哈德·欧拉(1707—1783),瑞士数学家、物理学家.欧拉是18世纪数学界最杰出的人物之一,是数学史上最多产的数学家,他平均每年写出800多页的论文,还写了大量有关力学、分析学、几何学、变分法的教材,《无穷小分析引论》《微分学原理》《积分学原理》等都成为数学界的经典著作.欧拉对数学的研究如此广泛,因此在许多数学的分支中,可以经常见到以他的名字命名的重要常数、公式和定理.

欧拉出生于牧师家庭,自幼受父亲的影响,从小就特别喜欢数学,1720年,13岁的欧拉靠自己的努力考入了巴塞尔大学,得到当时最有名的数学家约翰·伯努利的精心指导.这在当时是个奇迹,曾轰动了数学界.小欧拉是这所大学,也是整个瑞士大学校园里年龄最小的学生.1723年,欧拉便取得了硕士学位.

1727年,欧拉应圣彼得堡科学院的邀请到俄国.1731年成为物理教授.他以旺盛的精力投入研究,在俄国的14年中,他在分析学、数论和力学方面做了大量出色的工作.1741年受普鲁士腓特烈大帝的邀请到柏林科学院工作,长达25年之久.在柏林期间,他的研究更加广泛,涉及行星运动、刚体运动、热力学、弹道学、人口学,这些工作和他的数学研究相互推动.欧拉这个时期在微分方程、曲面微分几何及其他数学领域的研究都是具有开创性意义的.

欧拉渊博的知识、无穷无尽的创作精力和空前丰富的著作,都令人惊叹不已.他是科学史上最多产的一位杰出数学家.他从19岁开始发表论文,直到76岁,半个多世纪写下了浩如烟海的书籍和论文.据统计,他那不倦的一生,共写下了约886本(篇)书籍和论文.圣彼得堡科学院为了整理他的著作,足足忙碌了47年.

18世纪,一批数学家拓展了微积分,并拓广其应用,产生一系列新的分支,这些分支与微积分一起形成了"分析"领域,欧拉就生活在这个分析的时代.如果说在此之前数学是代数、几何二雄并立,欧拉和18世纪其他一批数学家的工作则使得数学形成了代数、几何、分析三足鼎立的局面.欧拉在其中的贡献是基础性的,被尊称为"分析的化身".

在1765年至1771年,据说欧拉因双眼直接观察太阳,导致双眼先后失明.1771年圣彼得堡的大火灾殃及欧拉住宅，失明的64岁的欧拉被围困在大火中，虽然他被别人从火海中救了出来，但他的书房和大量研究成果全部化为灰烬．沉重的打击，没有使欧拉倒下，欧拉完全失明以后，仍然以惊人的毅力与黑暗搏斗，凭着记忆和心算进行研究直至逝世，长达17年之久．

第三篇 积分学

第五章 定积分与重积分

教学目标

理解不定积分、定积分、重积分的概念；掌握微积分基本公式；掌握积分的直接积分法、换元积分法、分部积分法等基本积分方法；掌握二重积分在直角坐标系及极坐标系下的计算方法.

内容简介

“无限分割，无限求和”的积分思想在古代已经萌芽，但直到17世纪，牛顿和莱布尼茨才确立了微分与积分是两种互逆的运算，建立了微积分学. 微分学和积分学可以说是微积分研究的两个重要内容，微分学的知识前面已经作了相关介绍，本章主要介绍定积分和二重积分的相关概念、性质和运算，但作为求解定积分的重要桥梁，我们先引入了微分的逆运算——不定积分.

5.1 不定积分的概念

不定积分的概念

· 案例导出 ·

案例 已知某一做直线运动的物体的运动方程为 $s(t)$，其运动速度 $v(t)=2t$，求物体的运动方程 $s(t)$.

· 案例分析 ·

我们知道，变速直线运动的物体的瞬时速度 $v(t)=s'(t)$，因此该案例即为已知 $s'(t)=2t$，求 $s(t)$. 由于 $(t^2+C)'=2t$，则可取 $s(t)=t^2+C$.

数学中有许多互逆运算，如加法与减法、乘法与除法、指数运算与对数运算等. 前面我们已经学习了如何计算一个函数的导数,这里正好相反,求哪个函数的导数是已知导函数.

· 相关知识 ·

(一) 原函数

定义 1 设 $f(x)$是定义在某区间 I 上的已知函数,若存在函数 $F(x)$,使得 $F'(x)=f(x)$或 $\mathrm{d}F(x)=f(x)\mathrm{d}x$,则称 $F(x)$是 $f(x)$在区间 I 上的一个原函数.

例如,由于$(x^2)'=2x$,故 x^2是 $2x$ 的一个原函数,而 $x^2+1,x^2+2,\cdots,x^2+C$ 等的导数都是 $2x$,则 $x^2+1,x^2+2,\cdots,x^2+C$ 等都是 $2x$ 的原函数.

又如,$\sin x$ 是 $\cos x$ 的一个原函数,且 $\sin x+1,\sin x+2,\cdots,\sin x+C$ 等的导数都是 $\cos x$,所以 $\sin x+1,\sin x+2,\cdots,\sin x+C$ 等都是 $\cos x$ 的原函数.

因此,一个函数如果有原函数,则原函数是不唯一的,而是有无穷多个.

一般地,连续函数一定有原函数. 另外,如果 $F(x)$是 $f(x)$的一个原函数,函数 $G(x)$是 $f(x)$的任意一个原函数,则 $G'(x)=f(x)=F'(x)$,$[G(x)-F(x)]'=G'(x)-F'(x)=0$,从而 $G(x)-F(x)=C$,即 $G(x)=F(x)+C$(C 为常数). 于是可以得到以下结论.

如果函数 $f(x)$在区间 I 上存在原函数 $F(x)$,则 $f(x)$在区间 I 上有无穷多个原函数,而且 $F(x)+C$ 表示 $f(x)$所有原函数的全体,其中 C 为任意常数.

(二) 不定积分的定义

定义 2 如果 $F(x)$ 是 $f(x)$ 在区间 I 上的一个原函数,那么 $f(x)$ 的所有原函数的全体 $F(x)+C$(C 是任意常数) 称为 $f(x)$ 在区间 I 上的不定积分,记为$\int f(x)\mathrm{d}x$,即

$$\int f(x)\mathrm{d}x = F(x)+C,$$

其中,"$\int$" 为不定积分号,$f(x)$ 称为被积函数,$f(x)\mathrm{d}x$ 称为被积表达式,x 称为积分变量,C 称为积分常数.

定义中的不定积分号"$\int$"类似于一个计算符号,不定积分$\int f(x)\mathrm{d}x$ 实际上是求被积函数 $f(x)$ 的所有原函数的全体,也即只要求出 $f(x)$ 的一个原函数再加上积分常数 C 即可.

例 1 由不定积分的定义,计算下列不定积分.

(1) $\int 2x\mathrm{d}x$; (2) $\int \sin x\mathrm{d}x$; (3) $\int \mathrm{e}^x\mathrm{d}x$.

解 (1) 由于$(x^2)'=2x$,则 x^2 是 $2x$ 的一个原函数,因此$\int 2x\mathrm{d}x = x^2+C$;

(2) 由于$(-\cos x)'=\sin x$,则$-\cos x$ 是 $\sin x$ 的一个原函数,因此$\int \sin x\mathrm{d}x = -\cos x+C$;

(3) 由于$(\mathrm{e}^x)'=\mathrm{e}^x$,则$\int \mathrm{e}^x\mathrm{d}x = \mathrm{e}^x+C$.

例 2 求不定积分$\int \frac{1}{x}\mathrm{d}x$.

解 因为 $x>0$ 时，$(\ln x)'=\dfrac{1}{x}$；又 $x<0$ 时，$[\ln(-x)]'=\dfrac{1}{(-x)}\cdot(-1)=\dfrac{1}{x}$.

所以
$$\int\frac{1}{x}\mathrm{d}x=\ln|x|+C.$$

为了叙述简便，以后在不致混淆的情况下，不定积分简称积分，求不定积分的方法和运算简称为积分法和积分运算.

由不定积分及原函数的定义知，积分与求导互为逆运算，它们有以下关系：

(1) $[\int f(x)\mathrm{d}x]'=f(x)$ 或 $\mathrm{d}[\int f(x)\mathrm{d}x]=f(x)\mathrm{d}x$；

(2) $\int f'(x)\mathrm{d}x=f(x)+C$ 或 $\int \mathrm{d}f(x)=f(x)+C$.

例 3 写出下列各式的结果.

(1) $[\int \mathrm{e}^x\cos(\ln x)\mathrm{d}x]'$； (2) $\int(\mathrm{e}^{-x^2})'\mathrm{d}x$； (3) $\mathrm{d}[\int(\arctan x)^3\mathrm{d}x]$.

解 由导数与不定积分的关系式，容易得到以下结果.

(1) $[\int \mathrm{e}^x\cos(\ln x)\mathrm{d}x]'=\mathrm{e}^x\cos(\ln x)$；

(2) $\int(\mathrm{e}^{-x^2})'\mathrm{d}x=\mathrm{e}^{-x^2}+C$；

(3) $\mathrm{d}[\int(\arctan x)^3\mathrm{d}x]=(\arctan x)^3\mathrm{d}x$.

(三) 不定积分的几何意义

在直角坐标系中，函数 $f(x)$ 的一个原函数 $F(x)$ 的图形是一条曲线 $y=F(x)$，我们称之为函数 $f(x)$ 的积分曲线. 这条曲线上任意点 $(x,F(x))$ 的斜率恰为函数值 $f(x)$. $f(x)$ 的不定积分 $F(x)+C$ 则是一个曲线簇，它可由 $F(x)$ 的图形沿着 y 轴上下平行滑动 C 个单位得到，我们称之为函数 $f(x)$ 的积分曲线簇. 平行于 y 轴的直线与 $f(x)$ 的积分曲线簇中每条曲线的交点处的切线的斜率相等，换句话说，积分曲线簇中每条曲线在同一横坐标 x 对应的点处的切线是平行的(图 5-1).

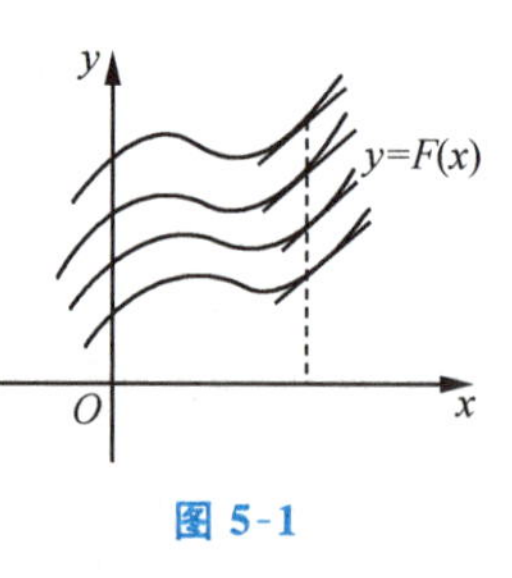

图 5-1

• 知识应用 •

例 4 设曲线上任一点处切线的斜率为该点横坐标的 4 倍，该曲线经过点(1,0)，求该曲线的方程.

解 设曲线方程为 $y=y(x)$. 由题意得 $\dfrac{\mathrm{d}y}{\mathrm{d}x}=4x$，于是 $y=\int 4x\mathrm{d}x=2x^2+C$. 又曲线经过点(1,0)，则将 $x=1,y=0$ 代入上式，得 $C=-2$. 所以，所求曲线方程为 $y=2x^2-2$.

• 思想启迪 •

◎ 1684 年，德国著名哲学家、数学家莱布尼茨发表了第一篇微分论文，定义了微分概念，采用了微分符号 $\mathrm{d}x$、$\mathrm{d}y$. 1686 年，他又发表了积分论文，讨论了微分与积分，使用了积分符号$\int$. 莱布尼茨是历史上最伟大的符号学者之一，他所创设的微积分符号，远远优于牛顿的符号，这对微积分的发展有极大的影响. 我们在学习中，要努力学习专业知识，不断提升专业能力，要勇于创新、敢于挑战，不断突破自我，实现自我价值.

◎ 以不定积分$\int f(x)\mathrm{d}x$是指被积函数 $f(x)$ 原函数的全体. “落其实者思其树，饮其流者怀其源”，根据原函数的定义，实际上求导运算与求不定积分的运算是互逆运算，是原因与结果之间的关系.

◎ 原函数的全体 $F(x)+C$ 可以视为两个部分：“结构性的”$F(x)$＋“非结构性的”常数 C. 我们会发现，只要原函数结构性部分不变，那么无论常数 C 为多少，在求导的规则作用后都会是相同的被积函数. 被积函数可以视为一个结果，而求导是获得这个结果的一个法则，因此只要原函数“结构性”部分不变，不论常数 C 是多大，求导结果一定是一样的. 当你在某一方面非常努力，但还是未能达到预期结果时，可以想想是不是“原函数”出了问题.

• 课外演练 •

1. 验证下列函数是同一个函数的原函数.

(1) $y=\ln x$，$y=\ln(2x)$，$y=\ln(3x)+C$；

(2) $y=(\mathrm{e}^x+\mathrm{e}^{-x})^2$，$y=(\mathrm{e}^x-\mathrm{e}^{-x})^2$；

(3) $y=\frac{1}{2}\sin^2 x$，$y=-\frac{1}{4}\cos 2x$，$y=-\frac{1}{2}\cos^2 x$.

2. 写出下列各式的结果.

(1) $\int \mathrm{d}(3\cos 2x)$；　　(2) $\mathrm{d}\left(\int \sec x\mathrm{d}x\right)$；

(3) $\int(\sqrt{x^2-4})'\mathrm{d}x$；　　(4) $\left[\int \mathrm{e}^x(\cos x-\sin x)\mathrm{d}x\right]'$.

3. 一曲线通过点$(\mathrm{e}^2,2)$，且该曲线上任一点处的切线的斜率等于该点对应横坐标的倒数，求此曲线的方程.

4. 一物体以加速度 $a=18t^2$ 做直线运动. 已知 $t=0$ 时，路程 $s(0)=-3$，速度 $v(0)=5$，求：

(1) 物体在时刻 t 的瞬时速度 $v(t)$；　(2) 物体的位移函数 $s(t)$.

5.2 不定积分的计算

• 案例导出 •

案例 计算不定积分$\int e^{\sqrt{x}}\,dx$.

• 案例分析 •

由不定积分的定义,只要求出被积函数 $e^{\sqrt{x}}$ 的一个原函数即可,但 $e^{\sqrt{x}}$ 的原函数并不能直接求出,我们有必要讨论不定积分的各种计算方法.

• 相关知识 •

基本积分公式

5.2.1 基本积分公式与直接积分法

(一) 基本积分公式

微分和积分是互逆关系,我们可以由基本初等函数的求导公式推得以下基本积分公式.

(1) $\int 0dx = C$; (2) $\int x^\alpha\,dx = \dfrac{1}{\alpha+1}x^{\alpha+1}+C(\alpha\neq -1)$;

(3) $\int \dfrac{1}{x}\,dx = \ln|x|+C$; (4) $\int a^x\,dx = \dfrac{a^x}{\ln a}+C(a>0,a\neq 1)$;

(5) $\int e^x dx = e^x + C$; (6) $\int \sin x dx = -\cos x + C$;

(7) $\int \cos x dx = \sin x + C$; (8) $\int \dfrac{1}{\cos^2 x}\,dx = \int \sec^2 x dx = \tan x + C$;

(9) $\int \dfrac{1}{\sin^2 x}dx = \int \csc^2 x dx = -\cot x + C$;

(10) $\int \sec x \cdot \tan x\,dx = \sec x + C$;

(11) $\int \csc x \cdot \cot x\,dx = -\csc x + C$;

(12) $\int \dfrac{1}{1+x^2}\,dx = \arctan x + C$;

(13) $\int \dfrac{1}{\sqrt{1-x^2}}dx = \arcsin x + C$.

这些公式是计算不定积分的基础,请读者熟记.

例 1 求下列不定积分.

(1) $\int \dfrac{1}{x^2}\,dx$; (2) $\int \dfrac{1}{\sqrt{x}}\,dx$; (3) $\int \dfrac{e^x}{3^x}\,dx$.

解 (1) $\int \frac{1}{x^2}\,dx=\int x^{-2}\,dx=\frac{1}{-2+1}x^{-2+1}+C=-\frac{1}{x}+C$；

(2) $\int \frac{1}{\sqrt{x}}\,dx=\int x^{-\frac{1}{2}}\,dx=\frac{1}{-\frac{1}{2}+1}x^{-\frac{1}{2}+1}+C=2\sqrt{x}+C$；

(3) $\int \frac{e^x}{3^x}\,dx=\int\left(\frac{e}{3}\right)^x dx=\frac{1}{\ln\frac{e}{3}}\left(\frac{e}{3}\right)^x+C=\frac{e^x}{3^x(1-\ln 3)}+C.$

（二）不定积分的性质

基本积分公式中的被积函数都是基本初等函数，为求出初等函数的不定积分，下面给出不定积分的性质，也可以说是积分的运算规律.

性质 1 两个函数和(差）的不定积分等于这两个函数的不定积分的和(差)，即

$$\int[f(x)\pm g(x)]\,dx=\int f(x)dx\pm\int g(x)dx.$$

性质 2 被积函数中不为零的常数因子可以提到积分号外面，即

$$\int kf(x)dx=k\int f(x)dx.$$

性质 1 可以推广到有限个函数的和或差.

不定积分的运算性质显然要比导数的运算性质简单得多，它只有加减运算性质，因此在计算不定积分时，一般要把握“拆”的原则，即拆成和与差的形式再处理，在以后的不定积分计算中都会有所体现，正因为如此，不定积分的计算要比求导运算复杂.

（三）不定积分的直接积分法

在计算不定积分时，直接按照基本积分公式和积分性质求出结果，或者先经过简单变形，再辅以积分性质，然后按基本积分公式求出结果，这种积分方法称为直接积分法.

例 2 求下列不定积分.

(1) $\int(3^x-2\cos x+\sqrt{x\sqrt{x}})dx$； (2) $\int(x^2-5)\sqrt{x}dx$； (3) $\int\frac{(x-1)^2}{x^3}\,dx.$

解 (1) $\int(3^x-2\cos x+\sqrt{x\sqrt{x}})dx$

$$=\int 3^x dx-2\int\cos x dx+\int x^{\frac{1}{2}+\frac{1}{4}}\,dx=\frac{1}{\ln 3}3^x-2\sin x+\int x^{\frac{3}{4}}\,dx$$

$$-\frac{1}{\ln 3}3^x-2\sin x+\frac{1}{\frac{3}{4}+1}x^{\frac{3}{4}+1}+C=\frac{1}{\ln 3}3^x-2\sin x+\frac{4}{7}x^{\frac{7}{4}}+C;$$

(2) $\int(x^2-5)\sqrt{x}dx=\int(x^{2+\frac{1}{2}}-5x^{\frac{1}{2}})dx=\int x^{\frac{5}{2}}\,dx-5\int x^{\frac{1}{2}}dx$

$$=\frac{2}{7}x^{\frac{7}{2}}-\frac{10}{3}x^{\frac{3}{2}}+C;$$

(3) $\int\frac{(x-1)^2}{x^3}\,dx=\int\frac{x^2-2x+1}{x^3}\,dx=\int\left(\frac{1}{x}-\frac{2}{x^2}+\frac{1}{x^3}\right)dx$

$$=\int\frac{1}{x}dx-2\int\frac{1}{x^2}dx+\int x^{-3}dx=\ln|x|+\frac{2}{x}-\frac{1}{2x^2}+C.$$

如果被积函数不是积分基本公式中的直接形式,我们可以将被积函数作恒等变形,将其变为基本积分公式中的和与差的形式,再求积分.

例3 求下列不定积分.

(1) $\int \frac{x^4}{1+x^2}\,dx$;　　(2) $\int \frac{1}{x^2(1+x^2)}\,dx$.

解 (1) $\int \frac{x^4}{1+x^2}\,dx = \int \frac{x^4-1+1}{1+x^2}\,dx = \int \left(x^2-1+\frac{1}{1+x^2}\right)dx$

$$= \frac{1}{3}x^3 - x + \arctan x + C;$$

(2) $\int \frac{1}{x^2(1+x^2)}\,dx = \int \frac{1+x^2-x^2}{x^2(1+x^2)}\,dx = \int \left(\frac{1}{x^2}-\frac{1}{1+x^2}\right)dx$

$$= -\frac{1}{x} - \arctan x + C.$$

我们还可以利用三角函数的恒等变换将被积函数变形为基本积分公式中的和与差的形式,再求积分.

例4 求下列不定积分.

(1) $\int \sec x(\sec x+\tan x)\,dx$;　　(2) $\int \tan^2 x\,dx$;

(3) $\int \sin^2\frac{x}{2}\,dx$;　　(4) $\int \frac{\cos 2x}{\cos x-\sin x}\,dx$.

解 (1) $\int \sec x(\sec x+\tan x)\,dx = \int (\sec^2 x+\sec x\tan x)\,dx$

$$= \tan x + \sec x + C;$$

(2) $\int \tan^2 x\,dx = \int (\sec^2 x-1)\,dx = \tan x - x + C$;

(3) $\int \sin^2\frac{x}{2}\,dx = \int \frac{1-\cos x}{2}\,dx = \frac{1}{2}\int (1-\cos x)\,dx = \frac{1}{2}x - \frac{1}{2}\sin x + C$;

(4) $\int \frac{\cos 2x}{\cos x-\sin x}\,dx = \int \frac{\cos^2 x-\sin^2 x}{\cos x-\sin x}\,dx = \int \frac{(\cos x-\sin x)(\cos x+\sin x)}{\cos x-\sin x}\,dx$

$$= \int (\cos x+\sin x)\,dx = \sin x - \cos x + C.$$

一般地,当遇到正弦或余弦的偶数次方时,可以用余弦倍角(或半角)公式降次处理;对于正切或余切的偶数次方,则可与公式 $\sec^2 x = 1+\tan^2 x$ 及 $\csc^2 x = 1+\cot^2 x$ 联系起来.

5.2.2 换元积分法

第一换元积分法

(一) 第一换元积分法(凑微分法)

先来看不定积分$\int (x+1)^2\,dx$. 显然,我们可以用直接积分法求解如下:

$$\int (x+1)^2\,dx = \int (x^2+2x+1)\,dx = \frac{1}{3}x^3 + x^2 + x + C.$$

但是,如果将被积函数的指数升高为 5 次或更高次,那么直接积分法很难奏效.

现在,我们换一种方法来求不定积分$\int(x+1)^2\,dx$. 令 $u=x+1$,则

$$\int(x+1)^2\,dx=\int(x+1)^2\,d(x+1)\xlongequal{\text{令 } u=x+1}\int u^2\,du$$

$$=\frac{1}{3}u^3+C\xlongequal{\text{回代}}\frac{1}{3}(x+1)^3+C.$$

从以上两种方法可见,对于不定积分,方法不同得出的结果形式上未必相同(事实上,不同的结果间相差一个常数). 另外,第二种方法更具有普遍性,这种方法的特点是引入新的积分变量 $u=\varphi(x)$,从而把原积分化为关于新的积分变量 u 的简单积分,此时的积分不再受被积函数指数大小的影响,只要套用基本积分公式就可求解.

以上做法可归结为下面的定理.

定理 设$\int f(u)\mathrm{d}u=F(u)+C$,$u=\varphi(x)$ 可导,则

$$\int f(\varphi(x))\varphi'(x)\mathrm{d}x=\int f(\varphi(x))\mathrm{d}\varphi(x)=F(\varphi(x))+C.$$

这种积分方法的基本思想是,被积表达式若能写成 $f(\varphi(x))\varphi'(x)\mathrm{d}x=f(\varphi(x))\mathrm{d}\varphi(x)$ 的形式,则作变量代换 $u=\varphi(x)$,将原积分变为$\int f(u)\mathrm{d}u$,再用直接积分法处理,这种换元方法通常称为第一换元法.

例 5 求下列不定积分.

(1) $\int\cos 3x\mathrm{d}x$; (2) $\int\frac{1}{3x+2}\mathrm{d}x$.

解 (1) 因为 $\mathrm{d}x=\frac{1}{3}\mathrm{d}(3x)$,设 $u=3x$,所以

$$\int\cos 3x\mathrm{d}x=\frac{1}{3}\int\cos 3x\mathrm{d}(3x)=\frac{1}{3}\int\cos u\mathrm{d}u=\frac{1}{3}\sin u+C\xlongequal{\text{回代}}\frac{1}{3}\sin 3x+C;$$

(2) 因为 $\mathrm{d}x=\frac{1}{3}\mathrm{d}(3x+2)$,设 $u=3x+2$,所以

$$\int\frac{1}{3x+2}\mathrm{d}x=\frac{1}{3}\int\frac{1}{3x+2}\mathrm{d}(3x+2)=\frac{1}{3}\int\frac{1}{u}\mathrm{d}u$$

$$=\frac{1}{3}\ln|u|+C\xlongequal{\text{回代}}\frac{1}{3}\ln|3x+2|+C.$$

例 6 求下列不定积分.

(1) $\int\frac{\ln x}{x}\mathrm{d}x$; (2) $\int x\mathrm{e}^{x^2}\mathrm{d}x$; (3) $\int\frac{\cos x}{1+\sin^2 x}\mathrm{d}x$.

解 (1) 因为$\frac{1}{x}\mathrm{d}x=\mathrm{d}(\ln x)$,设 $u=\ln x$,所以

$$\int\frac{\ln x}{x}\mathrm{d}x=\int\ln x\cdot\frac{1}{x}\mathrm{d}x=\int\ln x\mathrm{d}\ln x=\int u\mathrm{d}u=\frac{1}{2}u^2+C\xlongequal{\text{回代}}\frac{1}{2}(\ln x)^2+C;$$

(2) 因为 $x\mathrm{d}x=\frac{1}{2}\mathrm{d}x^2$,设 $u=x^2$,所以

$$\int x\mathrm{e}^{x^2}\mathrm{d}x=\int \mathrm{e}^{x^2}x\mathrm{d}x=\frac{1}{2}\int \mathrm{e}^{x^2}\mathrm{d}x^2=\frac{1}{2}\int \mathrm{e}^u\mathrm{d}u=\frac{1}{2}\mathrm{e}^u+C\xlongequal{\text{回代}}\frac{1}{2}\mathrm{e}^{x^2}+C;$$

(3) 因为 $\cos x\mathrm{d}x=\mathrm{d}\sin x$，设 $u=\sin x$，所以

$$\begin{aligned}\int \frac{\cos x}{1+\sin^2 x}\mathrm{d}x&=\int \frac{1}{1+\sin^2 x}\cdot\cos x\mathrm{d}x=\int \frac{1}{1+\sin^2 x}\mathrm{d}\sin x\\&=\int \frac{1}{1+u^2}\mathrm{d}u=\arctan u+C\xlongequal{\text{回代}}\arctan(\sin x)+C.\end{aligned}$$

使用第一换元积分法，主要在于如何把被积表达式凑成 $f(\varphi(x))\mathrm{d}\varphi(x)$ 的形式. 从以上例子可以看出，或者对微分 $\mathrm{d}x$ 直接变形(如例5)，或者将被积函数的一部分凑到"d"的后面，写成 $\mathrm{d}\varphi(x)$ 的形式(如例6)，同时被积函数变为 $f(\varphi(x))$ 的形式. 这样被积表达式就凑成了 $f(\varphi(x))\mathrm{d}\varphi(x)$ 的形式，此时将 $\varphi(x)$ 视为新的积分变量 u，不定积分变为 $\int f(u)\mathrm{d}u$ 且比较容易求出，从而解出原来的不定积分.

该方法的关键是"凑"出新的微分形式 $\mathrm{d}\varphi(x)$，才能找到新的积分变量 $u=\varphi(x)$. 因此，第一换元法又被形象地称为**凑微分法**. 凑微分法是积分计算中一个十分重要的方法，记住以下一些凑微分的表达式，对凑微分法的使用和掌握是十分有益的.

$\mathrm{d}x=\frac{1}{a}\mathrm{d}(ax)=\frac{1}{a}\mathrm{d}(ax\pm b)(a\neq 0)$；$x\mathrm{d}x=\frac{1}{2}\mathrm{d}x^2$；$\mathrm{e}^x\mathrm{d}x=\mathrm{d}\mathrm{e}^x$；$\frac{1}{x}\mathrm{d}x=\mathrm{d}\ln x$；

$\frac{1}{x^2}\mathrm{d}x=-\mathrm{d}\left(\frac{1}{x}\right)$；$\frac{1}{\sqrt{x}}\mathrm{d}x=2\mathrm{d}\sqrt{x}$；$\sin x\mathrm{d}x=-\mathrm{d}\cos x$；$\cos x\mathrm{d}x=\mathrm{d}\sin x$；

$\sec^2 x\mathrm{d}x=\mathrm{d}\tan x$；$\csc^2 x\mathrm{d}x=-\mathrm{d}\cot x$；$\sec x\tan x\mathrm{d}x=\mathrm{d}\sec x$；

$\csc x\cot x\mathrm{d}x=-\mathrm{d}\csc x$；$\frac{1}{1+x^2}\mathrm{d}x=\mathrm{d}\arctan x$；$\frac{1}{\sqrt{1-x^2}}\mathrm{d}x=\mathrm{d}\arcsin x$.

由于常数的微分为零，因此上述凑微分的式子可以根据被积表达式的形式，在微分内加上或减去一个常数，如 $\mathrm{d}x=\frac{1}{a}\mathrm{d}(ax)=\frac{1}{a}\mathrm{d}(ax\pm b)$，其余类似. 另外，可以看出，上述凑微分表达式实际上是一些基本初等函数的微分公式，因此大家在解题时，不可拘泥于这些式子，要根据被积表达式灵活变通，灵活应用. 如知道了 $x\mathrm{d}x=\frac{1}{2}\mathrm{d}x^2$，遇到 $x^2\mathrm{d}x$ 应该想到 $x^2\mathrm{d}x$ 可凑为 $\frac{1}{3}\mathrm{d}x^3$，其他类推.

在凑微分法应用比较熟练后，可以省掉变量的代换过程，直接进行凑微分，从而简化计算步骤.

例 7 求下列不定积分.

(1) $\int \frac{\sin\frac{1}{x}}{x^2}\mathrm{d}x$；　　(2) $\int \frac{\mathrm{e}^x}{1+\mathrm{e}^{2x}}\mathrm{d}x$；　　(3) $\int \tan x\mathrm{d}x$.

解 (1) $\int \frac{\sin\frac{1}{x}}{x^2}\mathrm{d}x=\int \sin\frac{1}{x}\cdot\frac{1}{x^2}\mathrm{d}x=-\int \sin\frac{1}{x}\mathrm{d}\left(\frac{1}{x}\right)=\cos\frac{1}{x}+C$；

(2) $\int \frac{e^x}{1+e^{2x}}dx = \int \frac{1}{1+(e^x)^2}de^x = \arctan e^x + C$;

(3) $\int \tan x dx = \int \frac{\sin x}{\cos x}dx = -\int \frac{1}{\cos x}d\cos x = -\ln|\cos x| + C$.

这里$\int \tan x dx = -\ln|\cos x| + C$可作为公式使用,类似可得到$\int \cot x dx = \ln|\sin x| + C$.

例 8 求下列不定积分.

(1) $\int \frac{dx}{\sqrt{x}(1+x)}$; (2) $\int \frac{1}{x(1+2\ln x)}dx$; (3) $\int \frac{x^2}{\sqrt{1+x^3}}dx$.

解 (1) $\int \frac{dx}{\sqrt{x}(1+x)} = 2\int \frac{1}{1+x}d\sqrt{x} = 2\int \frac{1}{1+(\sqrt{x})^2}d\sqrt{x} = 2\arctan\sqrt{x} + C$;

(2)
$$\int \frac{1}{x(1+2\ln x)}dx = \int \frac{1}{1+2\ln x}d\ln x = \frac{1}{2}\int \frac{1}{1+2\ln x}d(2\ln x)$$
$$= \frac{1}{2}\int \frac{1}{1+2\ln x}d(1+2\ln x) = \frac{1}{2}\ln|1+2\ln x| + C;$$

(3)
$$\int \frac{x^2}{\sqrt{1+x^3}}dx = \frac{1}{3}\int \frac{1}{\sqrt{1+x^3}}dx^3 = \frac{1}{3}\int \frac{1}{\sqrt{1+x^3}}d(1+x^3)$$
$$= \frac{2}{3}\sqrt{1+x^3} + C.$$

例 9 求下列不定积分.

(1) $\int \frac{1}{4+x^2}dx$; (2) $\int \frac{1}{x^2-9}dx$.

解 (1)
$$\int \frac{1}{4+x^2}dx = \frac{1}{4}\int \frac{1}{1+\left(\frac{x}{2}\right)^2}dx = \frac{2}{4}\int \frac{1}{1+\left(\frac{x}{2}\right)^2}d\left(\frac{x}{2}\right)$$
$$= \frac{1}{2}\arctan\frac{x}{2} + C;$$

(2)
$$\int \frac{1}{x^2-9}dx = \int \frac{1}{(x+3)(x-3)}dx = \frac{1}{6}\int\left(\frac{1}{x-3} - \frac{1}{x+3}\right)dx$$
$$= \frac{1}{6}\left(\int \frac{1}{x-3}dx - \int \frac{1}{x+3}dx\right)$$
$$= \frac{1}{6}\int \frac{1}{x-3}d(x-3) - \frac{1}{6}\int \frac{1}{x+3}d(x+3)$$
$$= \frac{1}{6}(\ln|x-3| - \ln|x+3|) + C = \frac{1}{6}\ln\left|\frac{x-3}{x+3}\right| + C.$$

例 10 求下列不定积分.

(1) $\int \frac{1}{1+x+x^2}dx$; (2) $\int \frac{dx}{\sqrt{6x-9x^2}}$.

解 (1)
$$\int \frac{1}{1+x+x^2}dx = \int \frac{1}{\frac{3}{4}+x^2+x+\frac{1}{4}}dx = \int \frac{1}{\frac{3}{4}+\left(x+\frac{1}{2}\right)^2}dx$$

$$= \frac{4}{3}\int \frac{1}{1+\left(\frac{2x+1}{\sqrt{3}}\right)^2}dx = \frac{4}{3}\times\frac{\sqrt{3}}{2}\int \frac{1}{1+\left(\frac{2x+1}{\sqrt{3}}\right)^2}d\left(\frac{2x+1}{\sqrt{3}}\right)$$

$$= \frac{2}{\sqrt{3}}\arctan\frac{2x+1}{\sqrt{3}}+C;$$

(2) $\int \frac{dx}{\sqrt{6x-9x^2}} = \int \frac{dx}{\sqrt{1-(9x^2-6x+1)}} = \int \frac{dx}{\sqrt{1-(3x-1)^2}}$

$$= \frac{1}{3}\int \frac{d(3x-1)}{\sqrt{1-(3x-1)^2}} = \frac{1}{3}\arcsin(3x-1)+C.$$

前面几个例题告诉我们，当被积函数是分式，分母为二次三项式时，若能因式分解先因式分解，若不能因式分解则先配方再处理，若分母的二次三项式有开方运算则配方处理.

例 11 求下列不定积分.

(1) $\int \cos^2 x dx$；　　　　(2) $\int \sin^3 x\cos^2 x dx$.

解 (1) $\int \cos^2 x dx = \int \frac{1+\cos 2x}{2}dx = \frac{1}{2}x + \frac{1}{4}\int \cos 2x d(2x)$

$$= \frac{1}{2}x + \frac{1}{4}\sin 2x + C;$$

(2) $\int \sin^3 x\cos^2 x dx = \int \sin^2 x\cos^2 x \cdot \sin x dx = -\int (1-\cos^2 x)\cos^2 x d\cos x$

$$= -\int (\cos^2 x - \cos^4 x)d\cos x = -\frac{1}{3}\cos^3 x + \frac{1}{5}\cos^5 x + C.$$

前面我们提到过，当遇到正弦或余弦的偶数次方，可以用余弦倍角(或半角)公式降次处理；对于正切或余切的偶数次方，则可与公式 $\sec^2 x = 1+\tan^2 x$ 及 $\csc^2 x = 1+\cot^2 x$ 联系起来. 例 11 及后面的例 12 正是体现了这一点. 而当碰到它们的奇数次方时，往往拆出一个一次方，再凑微分处理.

例 12 求下列不定积分.

(1) $\int \tan^4 x dx$；　　　　(2) $\int \tan^3 x\sec^5 x dx$.

解 (1) $\int \tan^4 x dx = \int (\sec^2 x - 1)^2 dx = \int (\sec^4 x - 2\sec^2 x + 1)dx$

$$= \int \sec^2 x \cdot \sec^2 x dx - 2\tan x + x$$

$$= \int (1+\tan^2 x)d\tan x - 2\tan x + x$$

$$= \tan x + \frac{1}{3}\tan^3 x - 2\tan x + x + C$$

$$= \frac{1}{3}\tan^3 x - \tan x + x + C;$$

(2) $\int \tan^3 x\sec^5 x dx = \int \tan^2 x\sec^4 x \cdot \sec x\tan x dx = \int \tan^2 x\sec^4 x d\sec x$

$$=\int(\sec^2 x-1)\sec^4 x\mathrm{d}\sec x=\frac{1}{7}\sec^7 x-\frac{1}{5}\sec^5 x+C.$$

有时,被积函数的分子正好是分母的导数,这时可将分子整体凑到“d”后,如例 13.

例 13 求下列不定积分.

(1) $\int\frac{4x^3+9x^2}{x^4+3x^3+5}\mathrm{d}x$; (2) $\int\sec x\mathrm{d}x$.

解 (1) $\int\frac{4x^3+9x^2}{x^4+3x^3+5}\mathrm{d}x=\int\frac{(x^4+3x^3)'}{x^4+3x^3+5}\mathrm{d}x$

$$=\int\frac{1}{x^4+3x^3+5}\mathrm{d}(x^4+3x^3+5)$$

$$=\ln|x^4+3x^3+5|+C;$$

(2) $\int\sec x\mathrm{d}x=\int\frac{\sec x(\sec x+\tan x)}{\sec x+\tan x}\mathrm{d}x=\int\frac{(\sec x+\tan x)'}{\sec x+\tan x}\mathrm{d}x$

$$=\int\frac{1}{\sec x+\tan x}\mathrm{d}(\sec x+\tan x)=\ln|\sec x+\tan x|+C.$$

表达式 $\int\sec x\mathrm{d}x=\ln|\sec x+\tan x|+C$ 可作为公式使用. 类似地,表达式 $\int\csc x\mathrm{d}x=\ln|\csc x-\cot x|+C$ 也可作为公式使用.

不定积分的第一换元法(凑微分法)关键在于凑微分,它是一种比较灵活却不易掌握的方法. 上面举了大量的例子,请读者细细体会.

(二) 第二换元积分法

第二换元积分法

第一换元法是将被积表达式“凑”成 $f(\varphi(x))\mathrm{d}\varphi(x)$ 的形式,从而找到新的积分变量 $u=\varphi(x)$,但是对于有些被积函数需要作另一种方式的换元,即令 $x=\varphi(t)$,这样 $\mathrm{d}x=\varphi'(t)\mathrm{d}t$,被积表达式 $f(x)\mathrm{d}x$ 改写为变量 t 的形式 $f(\varphi(t))\varphi'(t)\mathrm{d}t$,此时 t 为新的积分变量且容易积出结果. 这种代换方法称为第二换元法. 对于第二换元法,这里介绍**简单根式换元**和**三角换元**两种情形.

一般地,我们将形如 $\sqrt[n]{ax+b}(n\geqslant 2)$ 的根式称为简单根式. 当被积函数含有简单根式时,可作代换 $t=\sqrt[n]{ax+b}$,即 $x=\frac{t^n-b}{a}(a\neq 0)$,从而去掉根式,再用直接积分法或凑微分法处理积分即可. 这种代换方法通常称为简单根式换元或根式换元.

例 14 求 $\int\frac{\sqrt{x+1}}{x}\mathrm{d}x$.

解 设 $t=\sqrt{1+x}$,则 $x=t^2-1$,且 $\mathrm{d}x=2t\mathrm{d}t$,于是

$$\int\frac{\sqrt{x+1}}{x}\mathrm{d}x=\int\frac{t}{t^2-1}\cdot 2t\mathrm{d}t=\int\frac{2t^2-2+2}{t^2-1}\mathrm{d}t=\int\left(2+\frac{2}{t^2-1}\right)\mathrm{d}t$$

$$=2t+\int\left(\frac{1}{t-1}-\frac{1}{t+1}\right)\mathrm{d}t=2t+\ln\left|\frac{t-1}{t+1}\right|+C$$

$$\xlongequal{t=\sqrt{1+x}\text{ 回代}}2\sqrt{1+x}+\ln\left|\frac{\sqrt{x+1}-1}{\sqrt{x+1}+1}\right|+C.$$

例 15 求$\int \frac{\mathrm{d}x}{\sqrt{x}+\sqrt[3]{x}}$.

解 被积函数有两个简单根式，为引入一个变量能同时换掉两个根式，我们令 $t=\sqrt[6]{x}$，则 $x=t^6$，且 $\mathrm{d}x=6t^5\mathrm{d}t$，于是

$$\begin{aligned}\int \frac{\mathrm{d}x}{\sqrt{x}+\sqrt[3]{x}} &= \int \frac{6t^5\mathrm{d}t}{t^3+t^2}=6\int \frac{t^3\mathrm{d}t}{t+1}=6\int \frac{t^3+1-1}{t+1}\mathrm{d}t=6\int\left(t^2-t+1-\frac{1}{t+1}\right)\mathrm{d}t \\ &= 2t^3-3t^2+6t-6\ln|t+1|+C \\ &\xlongequal{t=\sqrt[6]{x}\text{回代}} 2\sqrt{x}-3\sqrt[3]{x}+6\sqrt[6]{x}-6\ln(\sqrt[6]{x}+1)+C.\end{aligned}$$

引入简单根式换元实际上是将被积函数中的根式化为有理式，但有时候直接用根式换元并不奏效，形如 $\sqrt{a^2-x^2}$，$\sqrt{a^2+x^2}$，$\sqrt{x^2-a^2}$ 的二次根式，如果直接用根式换元并不起作用. 此时，我们可借助于三角函数，分别用 $x=a\sin t$，$x=a\tan t$，$x=a\sec t$ 将这些表达式的二次根式去掉. 这种代换我们通常称为三角换元. 由于计算不定积分实际上只要求出被积函数的一个原函数再加上积分常数 C 即可，因而在三角换元中，我们总将三角函数的角度 t 设定为锐角，也就是说在开方运算时不必加绝对值号.

例 16 求$\int\sqrt{a^2-x^2}\,\mathrm{d}x\ (a>0)$.

解 设 $x=a\sin t$，则 $\mathrm{d}x=a\cos t\mathrm{d}t$，于是

$$\begin{aligned}\int\sqrt{a^2-x^2}\,\mathrm{d}x &= \int a\cos t\cdot a\cos t\mathrm{d}t=a^2\int\cos^2 t\mathrm{d}t \\ &= a^2\int\frac{1+\cos 2t}{2}\mathrm{d}t=\frac{1}{2}a^2t+\frac{1}{4}a^2\sin 2t+C \\ &= \frac{1}{2}a^2t+\frac{1}{2}a^2\sin t\cos t+C.\end{aligned}$$

为能方便进行变量回代，可根据 $x=a\sin t$ 作一辅助直角三角形，利用边角关系实现回代，如图 5-2 所示(这种回代方法，我们通常称为画直角三角形回代法).

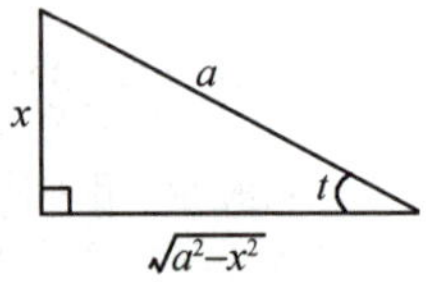

图 5-2

由图 5-2 可得，$\sin t=\frac{x}{a}$，$\cos t=\frac{\sqrt{a^2-x^2}}{a}$，于是

$$\int\sqrt{a^2-x^2}\,\mathrm{d}x=\frac{a^2}{2}\arcsin\frac{x}{a}+\frac{x\sqrt{a^2-x^2}}{2}+C.$$

需要指出的是，两种代换的本质是用换元的思想将被积函数中比较难处理的项代换掉，我们不能拘泥于两种代换使用时对被积函数形式的规定，如积分$\int\sqrt{1+\mathrm{e}^x}\,\mathrm{d}x$，被积函数 $\sqrt{1+\mathrm{e}^x}$ 比较难处理，我们可用 $t=\sqrt{1+\mathrm{e}^x}$ 来处理(虽然形式不属于 $\sqrt[n]{ax+b}\,(n\geqslant 2)$，读者不妨试一试)；另外，在具体解题时要具体分析，如$\int\sqrt{2x+1}\,\mathrm{d}x$，$\int x\sqrt{x^2+a^2}\,\mathrm{d}x$ 等就不必用第二换元法，用凑微分法更简便.

5.2.3　分部积分法

分部积分法

前面的换元积分法是根据复合函数的微分法则推导得来. 当被积函数是两个不同类型的函数的乘积时，如$\int xe^x\mathrm{d}x$，$\int x\cos x\mathrm{d}x$ 等，往往用下面的分部积分法解决.

分部积分法是与两个函数乘积相对应的，也是一种基本积分方法.

设 $u=u(x)$，$v=v(x)$ 均有连续的导数，则 $\mathrm{d}(uv)=u\mathrm{d}v+v\mathrm{d}u$，于是

$$u\mathrm{d}v=\mathrm{d}(uv)-v\mathrm{d}u,$$

两边积分得

$$\int u\mathrm{d}v=uv-\int v\mathrm{d}u.$$

我们称这个公式为分部积分公式.

公式将求$\int u\mathrm{d}v$ 的积分问题转化为求$\int v\mathrm{d}u$ 的积分，当前者不易计算而后者积分比较容易求时，分部积分公式起到化难为易的作用.

例 17　求$\int x\cos x\mathrm{d}x$.

解　$\int x\cos x\mathrm{d}x=\int x\mathrm{d}(\sin x)$，对照分部积分公式，这里 $u=x$，$v=\sin x$，则

$$\int x\cos x\mathrm{d}x=\int x\mathrm{d}(\sin x)=x\sin x-\int \sin x\mathrm{d}x=x\sin x+\cos x+C.$$

注意　本题如这样变化：$\int x\cos x\mathrm{d}x=\frac{1}{2}\int \cos x\mathrm{d}x^2$，即 $u=\cos x$，$v=x^2$，则由分部积分公式得

$$\int x\cos x\mathrm{d}x=\frac{1}{2}\int \cos x\mathrm{d}x^2=\frac{1}{2}\left(x^2\cos x-\int x^2\mathrm{d}\cos x\right)=\frac{1}{2}\left(x^2\cos x+\int x^2\sin x\mathrm{d}x\right).$$

积分$\int x^2\sin x\mathrm{d}x$ 反而比原来的积分更难求了. 因此，在使用分部积分法时，确定 u 和 v 非常关键. 一般地，v 要容易求得（用凑微分法），并且$\int v\mathrm{d}u$ 要比$\int u\mathrm{d}v$ 容易积分.

为更便捷准确地选取恰当的 u 和 v，我们指出：

当被积函数为幂函数与三角函数（或指数函数）的乘积时，选取幂函数作为 u，将三角函数（或指数函数）凑到"d"的后面选作 v.

例 18　求$\int x^2e^x\mathrm{d}x$.

解　$\int x^2e^x\mathrm{d}x=\int x^2\mathrm{d}e^x$，此时取 $u=x^2$，$v=e^x$（当熟悉分部积分法后，u，v 的选取不必具体写出），于是

$$\begin{aligned}\int x^2e^x\mathrm{d}x&=\int x^2\mathrm{d}e^x=x^2e^x-\int e^x\mathrm{d}x^2=x^2e^x-2\int xe^x\mathrm{d}x\\&=x^2e^x-2\left(xe^x-\int e^x\mathrm{d}x\right)=x^2e^x-2xe^x+2e^x+C\end{aligned}$$

$$=(x^2-2x+2)e^x+C.$$

该例表明,有时要多次使用分部积分法才能求出结果.一般地,幂函数最高次有几次,就要作几次分部积分.

当被积函数为幂函数与对数函数(或反三角函数)的乘积时,选取对数函数(或反三角函数)作为 u,将幂函数凑到"d"的后面选作 v.

例 19 求$\int x\ln x\mathrm{d}x$.

解
$$\int x\ln x\mathrm{d}x=\frac{1}{2}\int\ln x\mathrm{d}x^2=\frac{1}{2}\left(x^2\ln x-\int x^2\mathrm{d}\ln x\right)$$
$$=\frac{1}{2}\left(x^2\ln x-\int x\mathrm{d}x\right)=\frac{1}{2}\left(x^2\ln x-\frac{1}{2}x^2\right)+C$$
$$=\frac{1}{2}x^2\ln x-\frac{1}{4}x^2+C.$$

例 20 求$\int x\arctan x\mathrm{d}x$.

解
$$\int x\arctan x\mathrm{d}x=\frac{1}{2}\int\arctan x\mathrm{d}x^2=\frac{1}{2}\left(x^2\arctan x-\int x^2\mathrm{d}\arctan x\right)$$
$$=\frac{1}{2}\left(x^2\arctan x-\int\frac{x^2}{1+x^2}\mathrm{d}x\right)$$
$$=\frac{1}{2}x^2\arctan x-\frac{1}{2}\int\left(1-\frac{1}{1+x^2}\right)\mathrm{d}x$$
$$=\frac{1}{2}x^2\arctan x-\frac{1}{2}x+\frac{1}{2}\arctan x+C.$$

例 21 求$\int\ln x\mathrm{d}x$.

解
$$\int\ln x\mathrm{d}x=x\ln x-\int x\mathrm{d}\ln x=x\ln x-\int\mathrm{d}x=x\ln x-x+C.$$

此例告诉我们,当碰到被积函数只有一个对数函数(或反三角函数)时,直接将对数函数(或反三角函数)取为 u,积分变量 x 取为 v,再用分部积分法.

当被积函数为三角函数与指数函数的乘积时,可任选其中一种函数作为 u.

例 22 求$\int e^x\cos x\mathrm{d}x$.

解 由于
$$\int e^x\cos x\mathrm{d}x=\int\cos x\mathrm{d}e^x=e^x\cos x-\int e^x\mathrm{d}\cos x$$
$$=e^x\cos x+\int e^x\sin x\mathrm{d}x=e^x\cos x+\int\sin x\mathrm{d}e^x$$
$$=e^x\cos x+e^x\sin x-\int e^x\mathrm{d}\sin x$$
$$=e^x\cos x+e^x\sin x-\int e^x\cos x\mathrm{d}x,$$

将再次出现的$\int e^x\cos x\mathrm{d}x$ 移至等式左端,合并后除以 2 得

$$\int e^x \cos x dx = \frac{1}{2}e^x(\cos x + \sin x) + C.$$

在该例中，我们选取了三角函数作为 u，读者可以试着选取指数函数作为 u、求出该积分. 一般地，这种形式的被积函数，要经过两次分部积分，而且两次分部积分选取的 u 要保持一致，就是说第一次分部积分选取了三角函数（指数函数）作为 u，第二次也必须选三角函数（指数函数）作为 u. 经过两次分部积分后，会出现“循环现象”，再通过移项求出积分.

需要说明的是，上面提出的三种情形只是告诉读者，遇到这三种情形时的处理方法，当出现其他情形时，要根据被积函数的特点灵活处理，有时甚至需要同时使用换元积分法和分部积分法.

例 23　求 $\int \sec^3 x dx$.

解

$$\begin{aligned}\int \sec^3 x dx &= \int \sec x d\tan x = \sec x \tan x - \int \tan x d\sec x \\ &= \sec x \tan x - \int \sec x \tan^2 x dx \\ &= \sec x \tan x - \int \sec x(\sec^2 x - 1) dx \\ &= \sec x \tan x - \int \sec^3 x dx + \int \sec x dx \\ &= \sec x \tan x + \ln|\sec x + \tan x| - \int \sec^3 x dx,\end{aligned}$$

移项得 $\int \sec^3 x dx = \frac{1}{2}(\sec x \tan x + \ln|\sec x + \tan x|) + C$.

• 知识应用 •

例 24　求下列不定积分.

(1) $\int e^{\sqrt{x}} dx$;　　(2) $\int \cos(\ln x) dx$.

解　(1) 这是本节案例提出的问题.

设 $t = \sqrt{x}$，则 $x = t^2$，$dx = 2t dt$，于是

$$\begin{aligned}\int e^{\sqrt{x}} dx &= 2\int t e^t dt = 2\int t de^t = 2\left(te^t - \int e^t dt\right) \\ &= 2(te^t - e^t) + C \xlongequal{\text{回代}} 2(\sqrt{x} - 1)e^{\sqrt{x}} + C.\end{aligned}$$

(2) 设 $t = \ln x$，则 $x = e^t$，$dx = e^t dt$，于是 $\int \cos(\ln x) dx = \int e^t \cos t dt$，由例 23 得

$$\begin{aligned}\int \cos(\ln x) dx &= \int e^t \cos t dt = \frac{1}{2}e^t(\cos t + \sin t) + C \\ &\xlongequal{\text{回代}} \frac{1}{2}x[\cos(\ln x) + \sin(\ln x)] + C.\end{aligned}$$

以上我们介绍了计算不定积分的各种方法，可以看出计算不定积分的思路比较开阔，方

法灵活，各种解法都有自己的特点，请读者在学习中不断积累经验.

最后我们还要指出，有些不定积分，如$\int e^{-x^2}dx$，$\int \frac{\sin x}{x}dx$，$\int \sqrt{1-k^2\sin^2\theta}d\theta(0<k<1)$等，虽然这些不定积分都存在，但是不能用初等函数表示这些被积函数的原函数，我们称这种情况为“积不出”.

·思想启迪·

◎ 不定积分的计算，方法灵活多样，有直接法、凑微分法、换元积分法、分部积分法等. 不同的方法可以得到形式不一样，但实际都正确的结果(相差一个常数). 计算不定积分时，要遵循不定积分的原则，懂得归纳总结方法，灵活处理不同类型的函数. 正所谓“穷则变，变则通，通则久”. 学习中遇到困难时，要耐心思考，灵活应对，探寻可行的解决方法. 生活中也是如此，一时难以跨越困难时，可以适时地按下暂停键，积极尝试可能的解决途径，往往会发现问题的解决并没有想象中的那么困难.

·课外演练·

1. 计算下列不定积分.

(1) $\int (3^x+e^{x+1})dx$；　(2) $\int (3+x)^2dx$；

(3) $\int (\sqrt{x}+1)(1+x)dx$；　(4) $\int \frac{x^2+\sqrt{x}-1}{x\sqrt{x}}dx$；

(5) $\int \left(\frac{x-1}{x}\right)^2dx$；　(6) $\int \frac{2+x^2}{x^2(1+x^2)}dx$；

(7) $\int \frac{3x^4+3x^2+1}{1+x^2}dx$；　(8) $\int \left(\frac{5}{1+x^2}-\frac{2}{\sqrt{1-x^2}}\right)dx$；

(9) $\int (3\sec^2x+\csc^2x)dx$；　(10) $\int \cos^2\frac{x}{2}dx$；

(11) $\int \cot^2 x dx$；　(12) $\int \csc x(\csc x-\cot x)dx$.

2. 计算下列不定积分.

(1) $\int (3+x)^5dx$；　(2) $\int \sqrt{3-2x}\,dx$；

(3) $\int \frac{dx}{1-2x}$；　(4) $\int xe^{-\frac{x^2}{2}}dx$；

(5) $\int \frac{x}{1+x^2}dx$；　(6) $\int \frac{x^2}{2+x^3}dx$；

(7) $\int \frac{e^x}{1+e^x}dx$；　(8) $\int \frac{\sin\sqrt{x}}{\sqrt{x}}dx$；

(9) $\int \frac{e^{\frac{1}{x}}}{x^2}dx$；　(10) $\int \frac{\sqrt{\ln x}}{x}dx$；

(11) $\int \frac{dx}{x(1+\ln x)}$；

(12) $\int \frac{\sin x}{2+\cos x} dx$；

(13) $\int \frac{\tan x}{\cos^2 x} dx$；

(14) $\int \frac{2\cot x+3}{\sin^2 x} dx$；

(15) $\int \cos^2(3x) dx$；

(16) $\int \cos^3 x dx$；

(17) $\int \sin^3 x \cos^2 x dx$；

(18) $\int \tan^3 x dx$；

(19) $\int \frac{dx}{x^2-9}$；

(20) $\int \frac{dx}{x^2-3x+2}$；

(21) $\int \frac{dx}{1+4x^2}$；

(22) $\int \frac{dx}{9x^2+6x+2}$；

(23) $\int \frac{dx}{\sqrt{1-9x^2}}$；

(24) $\int \frac{2x-1}{\sqrt{1-x^2}} dx$.

3. 计算下列不定积分.

(1) $\int x\sqrt{1+x} dx$；

(2) $\int \frac{dx}{1+\sqrt[3]{2x+1}}$；

(3) $\int \frac{dx}{\sqrt{x}+\sqrt[3]{x^2}}$；

(4) $\int \frac{\sqrt{x^2-1}}{x} dx$.

4. 计算下列不定积分.

(1) $\int x\sin x dx$；

(2) $\int x e^{-x} dx$；

(3) $\int x^2 \ln x dx$；

(4) $\int \arctan x dx$；

(5) $\int \ln(1+2x) dx$；

(6) $\int x\cos^2 \frac{x}{2} dx$；

(7) $\int e^{2x}\cos x dx$；

(8) $\int e^{\sqrt[3]{x}} dx$；

(9) $\int (\ln x)^2 dx$.

5. 已知 $f(x)$ 的一个原函数为$\frac{e^x}{x}$，求$\int xf'(x) dx$.

5.3 定积分的概念

定积分的概念

• 案例导出 •

案例(面积问题) 我们称由连续曲线 $y=f(x)(f(x)\geqslant 0)$、直线 $x=a,x=b$ 及 x 轴所围成的平面图形为曲边梯形(图 5-3),称区间$[a,b]$为曲边梯形的底边. 如何求出如图 5-3 所示的曲边梯形的面积?

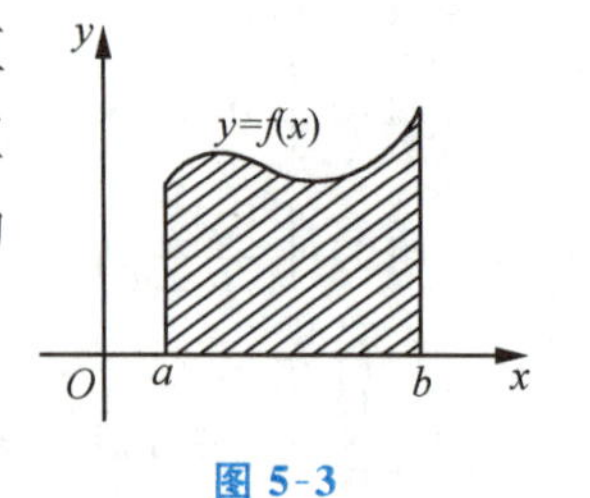

图 5-3

• 案例分析 •

记曲边梯形的面积为 S,由于曲边梯形有一条曲边 $y=f(x)$,因此不能简单地利用梯形或矩形的面积公式来计算 S. 我们不妨先来求 S 的近似值. 在区间$[a,b]$内任取一点 ξ,以 $f(\xi)$ 为高,区间$[a,b]$为宽,作一矩形(图 5-4). 若用矩形的面积 $f(\xi)(b-a)$ 作为 S 的近似值,显然误差可能会比较大. 分析误差产生的原因,我们是以固定"高"$f(\xi)$ 来代替了实际"高"$f(x)$,而实际"高"$f(x)$ 会随 x 的改变而改变. 简单地说,我们以直线 $y=f(\xi)$ 来代替了曲线 $y=f(x)$. 如何减少误差呢?由于曲线 $y=f(x)$ 是连续的,即 $\lim\limits_{\Delta x\to 0}\Delta y=0$,也就是说,自变量的改变量趋于 0 时,函数值的改变量不会很大,此时曲线近似于直线. 因此,当曲边梯形的底边长比较小时,用矩形的面积来代替曲边梯形的面积,近似值与精确值之间的误差会比较小.

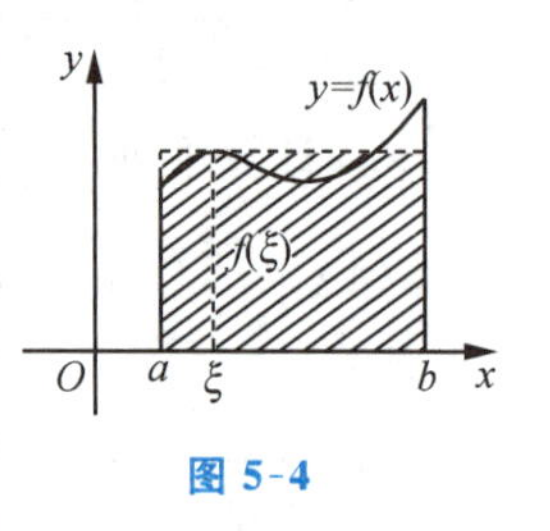

图 5-4

根据上面的分析,我们可以先将原曲边梯形分成若干个小的曲边梯形(称之为分割);再将每个小的曲边梯形的面积用一个小矩形的面积来代替(称之为近似替换);然后将这些小的曲边梯形的面积近似值求和,所得值即为原曲边梯形面积的近似值(称之为求和);最后,由函数的连续性,当所有小的曲边梯形的底边长趋于 0 时,原曲边梯形面积的近似值的极限即为所求曲边梯形的面积的精确值(称之为求极限).

我们用比较准确的数学语言将上面的分析表达如下.

(1) 分割 如图 5-5 所示,任取分点 $a=x_0<x_1<\cdots<x_{i-1}<x_i<\cdots<x_{n-1}<x_n=b$,将区间$[a,b]$分成 n 个小区间:$[x_0,x_1]\cup[x_1,x_2]\cup\cdots\cup[x_{i-1},x_i]\cup\cdots\cup[x_{n-1},x_n]=[a,b]$. 第 i 个小区间$[x_{i-1},x_i]$的长度记为 Δx_i,则 $\Delta x_i=x_i-x_{i-1}$.

过每一个分点作 x 轴的垂线,将原曲边梯形分成 n 个小的曲边梯形. 我们将第 i 个曲边梯形的面积记为 ΔS_i.

(2) 近似替换 在每个小区间$[x_{i-1},x_i]$上任取一点 ξ_i,以 $f(\xi_i)$ 为高,相应区间的长度 Δx_i 为宽,作一小矩形,用小矩形的面积近似代替小曲边梯形的面积,即

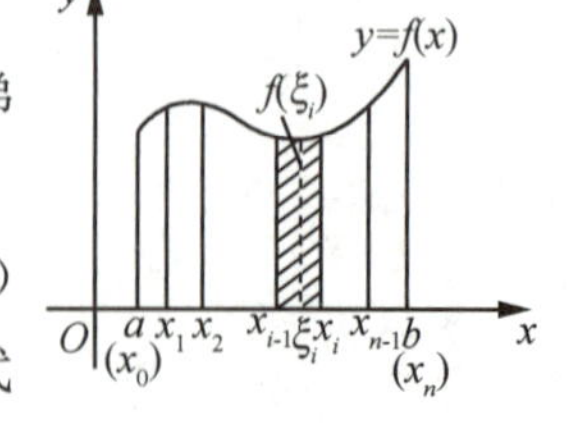

图 5-5

$$\Delta S_i\approx f(\xi_i)\Delta x_i(i=1,2,\cdots,n).$$

(3) 求和　将 n 个小的曲边梯形的面积近似值相加,得到原曲边梯形的面积的近似值,即

$$S = \sum_{i=1}^{n} \Delta S_i \approx \sum_{i=1}^{n} f(\xi_i)\Delta x_i.$$

(4) 求极限　为保证每个小区间的长度都无限缩小,将 n 个小区间中最长的区间长度记为 λ,即 $\lambda = \max\limits_{1\leqslant i\leqslant n}\{\Delta x_i\}$,令 λ 趋于 0,此时和式 $\sum\limits_{i=1}^{n} f(\xi_i)\Delta x_i$ 的极限即为原曲边梯形的面积 S 的精确值,即 $S = \lim\limits_{\lambda\to 0}\sum\limits_{i=1}^{n} f(\xi_i)\Delta x_i$.

在科学技术和实际生活中有许多问题都可归结为形如 $\lim\limits_{\lambda\to 0}\sum\limits_{i=1}^{n} f(\xi_i)\Delta x_i$ 的特定和式的极限形式.为此,我们给这种极限一个特殊的名称 —— 定积分.

· 相关知识 ·

(一) 定积分的定义

定义　设函数 $y = f(x)$ 在区间 $[a,b]$ 上有定义,任取一组分点 $a = x_0 < x_1 < \cdots < x_{i-1} < x_i < \cdots < x_{n-1} < x_n = b$,将区间 $[a,b]$ 分成 n 个小区间,即 $[a,b] = \bigcup\limits_{i=1}^{n}[x_{i-1},x_i]$.记 $\Delta x_i = x_i - x_{i-1}(i = 1,2,\cdots,n)$,$\lambda = \max\limits_{1\leqslant i\leqslant n}\{\Delta x_i\}$.在每个小区间 $[x_{i-1},x_i]$ 上任取一点 $\xi_i(i = 1,2,\cdots,n)$,作和式 $\sum\limits_{i=1}^{n} f(\xi_i)\Delta x_i$,如果不论对区间 $[a,b]$ 采取何种分割方法及 ξ_i 如何选取,当 $\lambda\to 0$ 时,该和式的极限存在,则称此极限值为函数 $f(x)$ 在区间 $[a,b]$ 上的定积分,记为 $\int_a^b f(x)\mathrm{d}x$,即 $\int_a^b f(x)\mathrm{d}x = \lim\limits_{\lambda\to 0}\sum\limits_{i=1}^{n} f(\xi_i)\Delta x_i$.其中 $f(x)$ 称为被积函数,$f(x)\mathrm{d}x$ 称为被积表达式,x 称为积分变量,a 与 b 分别称为积分下限和积分上限,$[a,b]$ 称为积分区间.

如果定积分 $\int_a^b f(x)\mathrm{d}x$ 存在,则称 $f(x)$ 在 $[a,b]$ 上可积.连续函数是可积的.

由定积分的定义,面积问题可以表述如下:由曲线 $y = f(x)(f(x)\geqslant 0)$、直线 $x = a$,$x = b$ 和 x 轴围成的曲边梯形的面积 $S = \int_a^b f(x)\mathrm{d}x$.

关于定积分的定义,我们还需注意以下事实:

(1) 定积分与不定积分虽然形式上相似,但从定义角度而言,两者是完全不同的,不定积分是函数(函数簇),而定积分是一个确定的实数.

(2) 从定积分的定义可以看出,定积分的大小由积分区间及被积函数共同决定,与积分变量用什么字母表示无关,即 $\int_a^b f(x)\mathrm{d}x = \int_a^b f(t)\mathrm{d}t = \int_a^b f(u)\mathrm{d}u$.

(3) 由定积分的定义知 $\int_a^b f(x)\mathrm{d}x = -\int_b^a f(x)\mathrm{d}x$,特别地,当 $a = b$ 时,有 $\int_a^a f(x)\mathrm{d}x = 0$.

(二) 定积分的几何意义

由面积问题及定积分的定义,定积分的几何意义比较明显.

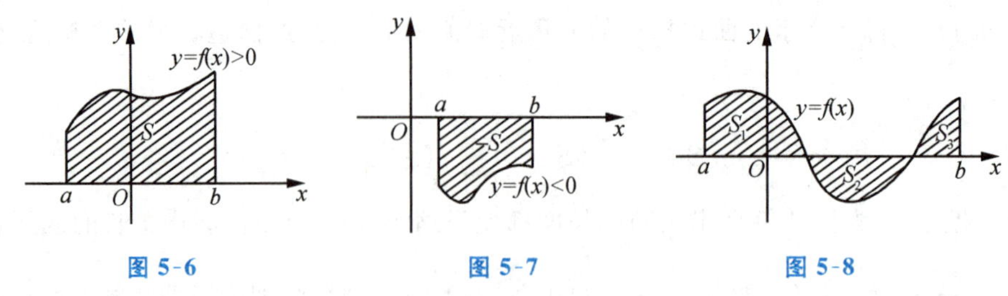

图 5-6　　图 5-7　　图 5-8

如果 $f(x)$ 在 $[a,b]$ 上连续且 $f(x)\geqslant 0$，则 $\int_a^b f(x)\mathrm{d}x$ 表示由曲线 $y=f(x)$、直线 $x=a$，$x=b$ 和 x 轴围成的曲边梯形的面积 S，即 $\int_a^b f(x)\mathrm{d}x=S$（图 5-6）.

如果 $f(x)$ 在 $[a,b]$ 上连续且 $f(x)<0$，由曲线 $y=f(x)$、直线 $x=a$，$x=b$ 和 x 轴围成的曲边梯形位于 x 轴的下方，$\int_a^b f(x)\mathrm{d}x$ 表示曲边梯形面积的相反数 $-S$，即 $\int_a^b f(x)\mathrm{d}x=-S$（图 5-7）.

如果 $f(x)$ 在 $[a,b]$ 上连续且 $f(x)$ 有正有负，则 $\int_a^b f(x)\mathrm{d}x$ 表示由曲线 $y=f(x)$、直线 $x=a$，$x=b$ 和 x 轴围成的平面图形在 x 轴上、下部分的曲边梯形面积的代数和，即 $\int_a^b f(x)\mathrm{d}x=S_1-S_2+S_3$（图 5-8）.

总之，在几何上定积分 $\int_a^b f(x)\mathrm{d}x$ 代表的是曲边梯形面积的代数和，这就是定积分的几何意义.

根据定积分的几何意义，有些定积分不经计算便可直接得出结果. 例如，

$\int_a^b \mathrm{d}x=\int_a^b 1\mathrm{d}x=$ 高为 1、底为 $b-a$ 的矩形面积 $=b-a$（图 5-9）；

$\int_0^R \sqrt{R^2-x^2}\mathrm{d}x=$ 半径为 R 的四分之一圆的面积 $=\frac{1}{4}\pi R^2$（图 5-10）；

$\int_0^{2\pi}\sin x\mathrm{d}x=0$，这是因为正负面积的代数和为 0（图 5-11）.

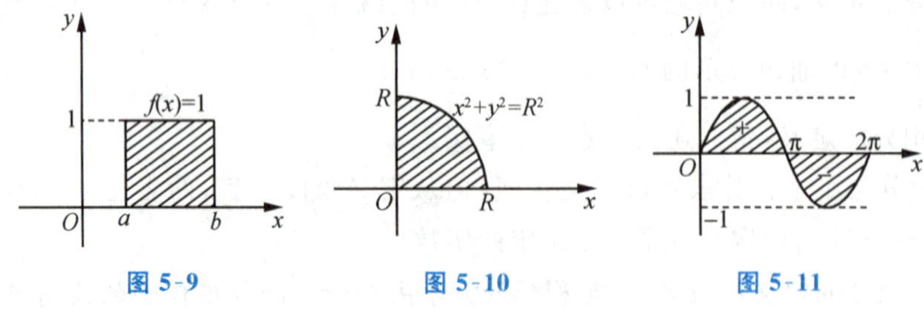

图 5-9　　图 5-10　　图 5-11

由定积分的几何意义，我们还可得到一个比较有意义的结论.

设函数 $f(x)$ 在对称区间 $[-a,a]$ 上连续，则有

(1) 若 $f(x)$ 为奇函数，则 $\int_{-a}^a f(x)\mathrm{d}x=0$；

(2) 若 $f(x)$ 为偶函数，则 $\int_{-a}^a f(x)\mathrm{d}x=2\int_0^a f(x)\mathrm{d}x$.

由于奇函数关于原点对称，偶函数关于 y 轴对称，结合定积分的几何意义，不难理解该结论(图 5-12).

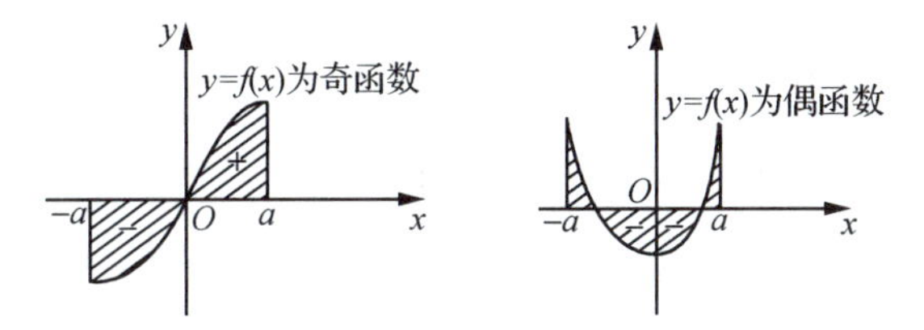

图 5-12

该结论可以用来简化奇偶函数在关于原点对称的区间上的定积分. 例如，

$$\int_{-\frac{\pi}{2}}^{\frac{\pi}{2}} \sin^5 x\mathrm{d}x = 0, \int_{-1}^{1} x^2\mathrm{d}x = 2\int_{0}^{1} x^2\mathrm{d}x.$$

需要注意的是，若 $f(x)$ 在区间 $[-a,a]$ 上不连续，则不能直接使用该结论.

(三) 定积分的性质

为了理论与计算的需要，下面我们来介绍定积分的一些基本性质.

性质 1(线性性质)　$\int_a^b [f(x) \pm g(x)]\mathrm{d}x = \int_a^b f(x)\mathrm{d}x \pm \int_a^b g(x)\mathrm{d}x$,

$$\int_a^b kf(x)\mathrm{d}x = k\int_a^b f(x)\mathrm{d}x(k\text{ 为常数}).$$

性质 2(区间可加性)　若将区间 $[a,b]$ 分为 $[a,c]$ 和 $[c,b]$ 两部分，则

$$\int_a^b f(x)\mathrm{d}x = \int_a^c f(x)\mathrm{d}x + \int_c^b f(x)\mathrm{d}x.$$

该性质经常用于被积函数是分段函数的定积分的计算. 另外，无论 a,b,c 的大小，该性质都是成立的(读者可自行验证).

性质 3(不等式性质)　如果在区间 $[a,b]$ 上有 $f(x) \leqslant g(x)$，则 $\int_a^b f(x)\mathrm{d}x \leqslant \int_a^b g(x)\mathrm{d}x$.

由于 $-|f(x)| \leqslant f(x) \leqslant |f(x)|$，根据该性质有

$$-\int_a^b |f(x)|\mathrm{d}x \leqslant \int_a^b f(x)\mathrm{d}x \leqslant \int_a^b |f(x)|\mathrm{d}x.$$

因此有下面的推论.

推论
$$\left|\int_a^b f(x)\mathrm{d}x\right| \leqslant \int_a^b |f(x)|\mathrm{d}x.$$

由性质 3 及闭区间上连续函数的最值定理，可以得到以下性质.

性质 4(估值定理)　设 $f(x)$ 在区间 $[a,b]$ 上连续，m 和 M 分别为 $f(x)$ 在区间 $[a,b]$ 上的最小值和最大值，则 $m(b-a) \leqslant \int_a^b f(x)\mathrm{d}x \leqslant M(b-a)$.

性质 5(积分中值定理)　如果函数 $f(x)$ 在区间 $[a,b]$ 上连续，则至少存在一点 $\xi \in (a,b)$，使得 $\int_a^b f(x)\mathrm{d}x = f(\xi)(b-a)$.

该性质可用估值定理和介值定理予以证明，有兴趣的读者不妨试一试. 积分中值定理有着明显的几何意义：由连续曲线 $y = f(x)$、直线 $x = a, x = b$ 和 x 轴围成的曲边梯形的面积

等于底为区间$[a,b]$、高为$f(\xi)$的矩形的面积(图5-13).

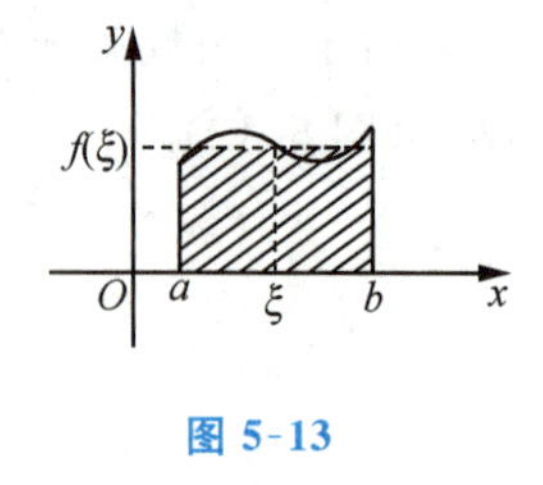

图 5-13

例1 用估值定理来估计定积分$\int_0^1 e^{-x^2}dx$的大小.

解 设$f(x)=e^{-x^2}, x\in[0,1]$. 先求$f(x)$在区间$[0,1]$上的最值. 由于$x\in[0,1]$时,$f'(x)=-2xe^{-x^2}\leqslant 0$,则$x\in[0,1]$时,$f(x)$是递减函数,从而$f(x)$的最大值为$f(0)=e^0=1$,最小值为$f(1)=e^{-1}=\frac{1}{e}$,所以由估值定理得$\frac{1}{e}\leqslant\int_0^1 e^{-x^2}dx\leqslant 1$.

· 知识应用 ·

例2(路程问题) 设物体做变速直线运动,速度$v=v(t)$是时间间隔$[T_0,T_1]$上的连续函数,$v(t)\geqslant 0$,计算物体在这段时间内经过的路程s.

解 如果是匀速直线运动,则距离问题可以用公式"距离等于速度乘以时间"简单求得. 因此,该问题的关键是运动速度是随着时间的变化而变化的. 由于速度是关于时间连续的,则当$\Delta t\to 0$时,$\Delta v\to 0$,也就是说当时间间隔比较短时,速度的改变量比较小. 因而在较短的时间间隔内,我们可以将物体的运动近似地认为是匀速运动. 像面积问题一样,我们也可用分割、近似替换、求和、求极限的思想方法来求得物体移动的距离.

(1) 分割 任取分点$T_0=t_0<t_1<\cdots<t_{i-1}<t_i<\cdots<t_{n-1}<t_n=T_1$,将区间$[T_0,T_1]$分成$n$个小的时间间隔:$[t_0,t_1]\cup[t_1,t_2]\cup\cdots\cup[t_{i-1},t_i]\cup\cdots\cup[t_{n-1},t_n]=[T_0,T_1]$. 第$i$个小的时间间隔$[t_{i-1},t_i]$的长度记为$\Delta t_i$,则$\Delta t_i=t_i-t_{i-1}$. 我们将第$i$个小的时间间隔$[t_{i-1},t_i]$内物体移动的距离记为$\Delta s_i$.

(2) 近似替换 在每个小的时间间隔$[t_{i-1},t_i]$内任取一时刻ξ_i,以$v(\xi_i)$作为该时间间隔内物体运动的速度,则该时间间隔内物体移动的距离$\Delta s_i\approx v(\xi_i)\Delta t_i\ (i=1,2,\cdots,n)$.

(3) 求和 将n个小的时间间隔内物体移动的距离近似值作和,得到物体在时间间隔$[T_1,T_2]$内移动距离的近似值,即$s=\sum_{i=1}^{n}\Delta s_i\approx\sum_{i=1}^{n}v(\xi_i)\Delta t_i$.

(4) 求极限 为保证每个小的时间间隔都无限缩小,将n个小的时间间隔中间隔最长的时间间隔长度记为λ,即$\lambda=\max_{1\leqslant i\leqslant n}\{\Delta t_i\}$,令$\lambda$趋于0,此时和式$\sum_{i=1}^{n}v(\xi_i)\Delta t_i$的极限即为物体移动距离的精确值,即$s=\lim_{\lambda\to 0}\sum_{i=1}^{n}v(\xi_i)\Delta t_i$.

于是,由定积分的定义,以速度$v(t)(\geqslant 0)$做变速直线运动的物体,从时刻T_0到时刻T_1经过的路程为$s=\int_{T_0}^{T_1}v(t)dt$.

· 思想启迪 ·

◎ 定积分概念“分割、近似代替、求和、取极限”四个步骤是“化整为零，积零为整”的重要思想方法，蕴含了丰富的人生哲理.

分割：把整体的问题分成局部的问题——精准思维.

要牢记“天下大事必作于细”“慎易以避难，敬细以远大”的道理，无论学习工作、为人处世都要一丝不苟、严谨细致、精益求精，于细微之处见精神，在细节之间显水平.”

近似代替：在局部上“以直代曲”，求出局部的近似值——创新思维.

纵观人类发展的历史，创新始终是一个国家、一个民族发展的重要力量，也始终是推动人类社会进步的重要力量.“唯创新者进，唯创新者强，唯创新者胜”.

求和：得到整体的一个近似值——积少成多.

千里之行始于足下；完成壮举一定要从点点滴滴的小事做起；养小德才能成大德；勿以善小而不为，勿以恶小而为之.

取极限：得到整体量的精确值——量变到质变.

习近平新时代中国特色社会主义思想的辩证思维之一，就是坚持“转化论”，量变引起质变.“小洞不补，大洞吃苦”“针尖大的窟窿能透过斗大的风”，这些形象的语言生动地反映出“小事小节是一面镜子，能够反映人品，反映作风.小事小节中有党性，有原则，有人格”.这些论述体现了“万事严中取、一处弛则百处懈”的深刻道理.

· 课外演练 ·

1. 利用定积分的几何意义，判断下列定积分的值的正负(不必计算).

(1) $\int_0^{\pi}\sin x\mathrm{d}x$；　(2) $\int_{-\frac{\pi}{2}}^{0}\sin x\cos x\mathrm{d}x$；　(3) $\int_{-1}^{2}x^2\mathrm{d}x$.

2. 利用定积分的几何意义说明下列定积分的值为多少.

(1) $\int_1^3(2x+1)\mathrm{d}x$；　(2) $\int_0^2\sqrt{4-x^2}\mathrm{d}x$；

(3) $\int_0^{2\pi}\cos x\mathrm{d}x$；　(4) $\int_{-1}^{1}|x|\mathrm{d}x$.

3. 用定积分表示以下量.

(1) 由曲线 $y=\sqrt{x}$ 与直线 $y=x$ 所围成的平面图形的面积；

(2) 一物体受与位移同方向的力 F 的作用而做直线运动，力 F 是位移 s 的函数，设 $F=s^2+1$，用定积分表示物体由 $s=2$ 运动到 $s=6$ 时，变力 F 对物体所做的功；

(3) 物体做直线运动，其速度为 $v=4+t^2$，用定积分表示从 $t=0$ 到 $t=3$ 这段时间内，物体所走的路程 s.

5.4 定积分的计算

· 案例导出 ·

案例 设物体做变速直线运动，物体经过的路程为时间 t 的函数 $s(t)$，求物体从时刻 T_0 到时刻 T_1 经过的路程.

· 案例分析 ·

这是一个相当容易的问题，物体从时刻 T_0 到时刻 T_1 经过的路程 $s=s(T_1)-s(T_0)$. 如果设物体以速度 $v(t)(\geqslant 0)$ 做变速直线运动，由前一节知识，物体从时刻 T_0 到时刻 T_1 经过的路程 $s=\int_{T_0}^{T_1}v(t)\mathrm{d}t$，于是 $\int_{T_0}^{T_1}v(t)\mathrm{d}t=s=s(T_1)-s(T_0)$.

我们知道变速直线运动物体的运动速度 $v(t)=s'(t)$（见第三章），$s(t)$ 是 $v(t)$ 的一个原函数. 因此，等式 $\int_{T_0}^{T_1}v(t)\mathrm{d}t=s=s(T_1)-s(T_0)$ 表明定积分等于被积函数的一个原函数在积分区间上的改变量. 事实上，这一结论具有普遍意义，这就是我们将介绍的计算定积分的一个有效方法：牛顿-莱布尼茨公式，通过它使不定积分和定积分在计算方面联系起来.

· 相关知识 ·

牛顿-莱布尼茨公式

5.4.1 牛顿-莱布尼茨公式

（一）变上限积分

我们知道，定积分 $\int_a^b f(t)\mathrm{d}t$ 是一个确定的实数，若在区间 $[a,b]$ 内任取一点 x，则 $\int_a^x f(t)\mathrm{d}t$ 也是一个实数，且该实数与 x 有关，也就是说每个不同的 x 都有一个实数 $\int_a^x f(t)\mathrm{d}t$ 与之对应，这样就确定了一个关于 x 的函数，称之为变上限积分函数，简称**变上限积分**，记为 $\Phi(x)$，即

$$\Phi(x)=\int_a^x f(t)\mathrm{d}t\ (x\in[a,b]).$$

变上限积分是上限 x 的函数，随着 x 的改变而改变，与积分变量 t 无关. 当上限 x 固定时，$\Phi(x)$ 又是一个定积分，具有定积分的所有性质，定积分的积分变量是 t，x 是与 t 无关的常量.

下面我们给出一个比较重要的定理.

定理 1 若函数 $f(x)$ 在区间 $[a,b]$ 上连续，则变上限积分 $\Phi(x)=\int_a^x f(t)\mathrm{d}t$ 在 $[a,b]$ 上可导，且 $\Phi'(x)=\left(\int_a^x f(t)\mathrm{d}t\right)'=f(x)$.

由 $\Phi'(x)=f(x)$ 知，$\Phi(x)$ 是 $f(x)$ 的一个原函数. 因此，该定理也称作原函数存在定理，即连续函数的原函数一定存在.

原函数存在定理也指出：连续函数的变上限积分函数的导数就是被积函数.

例 1　计算 $\Phi(x)=\int_0^x \cos^2 t\mathrm{d}t$ 在 $x=0$ 和 $x=\frac{\pi}{2}$ 处的导数.

解　因为 $\Phi'(x)=\left(\int_0^x \cos^2 t\mathrm{d}t\right)'=\cos^2 x$，

所以 $\Phi'(0)=\cos^2 0=1$，$\Phi'\left(\frac{\pi}{2}\right)=\cos^2\frac{\pi}{2}=0$.

例 2　求下列导数.

(1) $\frac{\mathrm{d}}{\mathrm{d}x}\int_x^0 \ln(1+t^2)\mathrm{d}t$；　(2) $\frac{\mathrm{d}}{\mathrm{d}x}\int_0^{x^2} \cos t\mathrm{d}t$；　(3) $\frac{\mathrm{d}}{\mathrm{d}x}\int_{x^2}^{\sqrt{x}} \cos t^2\mathrm{d}t$.

解　(1) 由于下限是变量，可以将上下限交换后再求导.

$$\frac{\mathrm{d}}{\mathrm{d}x}\int_x^0 \ln(1+t^2)\mathrm{d}t=-\frac{\mathrm{d}}{\mathrm{d}x}\int_0^x \ln(1+t^2)\mathrm{d}t=-\ln(1+x^2)；$$

(2) 上限是 x 的函数，即 $\int_0^{x^2} \cos t\mathrm{d}t=\Phi(x^2)$，它是关于 x 的复合函数，因此

$$\frac{\mathrm{d}}{\mathrm{d}x}\int_0^{x^2} \cos t\mathrm{d}t=\cos x^2\cdot(x^2)'=2x\cos x^2；$$

(3)
$$\begin{aligned}\frac{\mathrm{d}}{\mathrm{d}x}\int_{x^2}^{\sqrt{x}} \cos t^2\mathrm{d}t&=\frac{\mathrm{d}}{\mathrm{d}x}\left(\int_{x^2}^0 \cos t^2\mathrm{d}t+\int_0^{\sqrt{x}} \cos t^2\mathrm{d}t\right)\\&=\frac{\mathrm{d}}{\mathrm{d}x}\left(\int_0^{\sqrt{x}} \cos t^2\mathrm{d}t\right)-\frac{\mathrm{d}}{\mathrm{d}x}\left(\int_0^{x^2} \cos t^2\mathrm{d}t\right)\\&=\cos x\cdot(\sqrt{x})'-\cos x^4\cdot(x^2)'=\frac{1}{2\sqrt{x}}\cos x-2x\cos x^4.\end{aligned}$$

例 3　求极限 $\lim\limits_{x\to 0}\frac{\int_0^x \mathrm{e}^{-t^2}\mathrm{d}t}{2x}$.

解　因为 $\lim\limits_{x\to 0}\int_0^x \mathrm{e}^{-t^2}\mathrm{d}t=\int_0^0 \mathrm{e}^{-t^2}\mathrm{d}t=0$，$\lim\limits_{x\to 0}2x=0$，所以本题属于“$\frac{0}{0}$”型，可用洛必达法则求极限.

$$\lim_{x\to 0}\frac{\int_0^x \mathrm{e}^{-t^2}\mathrm{d}t}{2x}=\lim_{x\to 0}\frac{\left(\int_0^x \mathrm{e}^{-t^2}\mathrm{d}t\right)'}{2}=\lim_{x\to 0}\frac{\mathrm{e}^{-x^2}}{2}=\frac{1}{2}\mathrm{e}^0=\frac{1}{2}.$$

（二）牛顿-莱布尼茨公式

由微积分基本定理，比较容易得到以下定理.

定理 2　设函数 $f(x)$ 在闭区间 $[a,b]$ 上连续，$F(x)$ 为 $f(x)$ 的任一原函数，则有

$$\int_a^b f(x)\mathrm{d}x=F(b)-F(a).$$

证　由微积分基本定理知，$\Phi(x)=\int_a^x f(t)\mathrm{d}t$ 也是 $f(x)$ 的一个原函数. 又 $F(x)$ 为 $f(x)$

的任一原函数，则

$$\Phi(x)-F(x)=C(x\in[a,b],C\text{ 为常数}),$$

即

$$\int_a^x f(t)\mathrm{d}t=F(x)+C,x\in[a,b].$$

在上式中，取 $x=a$，则 $C=-F(a)$，于是

$$\int_a^x f(t)\mathrm{d}t=F(x)-F(a),$$

再取 $x=b$，则 $\int_a^b f(x)\mathrm{d}x=F(b)-F(a)$，得证.

我们把 $\int_a^b f(x)\mathrm{d}x=F(b)-F(a)$ 称为牛顿-莱布尼茨公式，简称 N-L 公式. 该公式告诉我们，只要找到被积函数的一个原函数，将积分上下限分别代入相减就可得到定积分的结果. 由不定积分的定义，不定积分的计算也是找到被积函数的一个原函数，只是再加上积分常数而已. 因此，定积分的计算方法与不定积分的计算基本相同.

为计算方便，N-L 公式常采用以下格式：

$$\int_a^b f(x)\mathrm{d}x=F(x)\Big|_a^b=F(b)-F(a).$$

例 4 求下列定积分.

(1) $\int_0^1 x^2\mathrm{d}x$； (2) $\int_{-1}^1 \frac{\mathrm{e}^x}{1+\mathrm{e}^x}\mathrm{d}x$； (3) $\int_{-\frac{\pi}{2}}^{\frac{\pi}{2}}(x^3+3)\cos x\mathrm{d}x$.

解 (1) $\int_0^1 x^2\mathrm{d}x=\frac{1}{3}x^3\Big|_0^1=\frac{1}{3}(1-0)=\frac{1}{3}$；

(2) $\int_{-1}^1 \frac{\mathrm{e}^x}{1+\mathrm{e}^x}\mathrm{d}x=\int_{-1}^1 \frac{1}{1+\mathrm{e}^x}\mathrm{d}(1+\mathrm{e}^x)=\ln(1+\mathrm{e}^x)\Big|_{-1}^1$

$$=\ln(1+\mathrm{e})-\ln(1+\mathrm{e}^{-1})=1;$$

(3) 被积函数 $(x^3+3)\cos x=x^3\cos x+3\cos x$，其中第一项为奇函数，第二项为偶函数，而积分区间为 $\left[-\frac{\pi}{2},\frac{\pi}{2}\right]$，所以

$$\int_{-\frac{\pi}{2}}^{\frac{\pi}{2}}(x^3+3)\cos x\mathrm{d}x=\int_{-\frac{\pi}{2}}^{\frac{\pi}{2}}x^3\cos x\mathrm{d}x+\int_{-\frac{\pi}{2}}^{\frac{\pi}{2}}3\cos x\mathrm{d}x=6\int_0^{\frac{\pi}{2}}\cos x\mathrm{d}x$$

$$=6\sin x\Big|_0^{\frac{\pi}{2}}=6.$$

例 5 求下列定积分.

(1) $\int_1^4 |x-2|\mathrm{d}x$； (2) $\int_0^{\pi}\sqrt{\sin x-\sin^3 x}\mathrm{d}x$.

解 (1) 由于 $|x-2|=\begin{cases}2-x,x<2,\\x-2,x\geqslant 2,\end{cases}$ 于是

$$\int_1^4|x-2|\mathrm{d}x=\int_1^2|x-2|\mathrm{d}x+\int_2^4|x-2|\mathrm{d}x=\int_1^2(2-x)\mathrm{d}x+\int_2^4(x-2)\mathrm{d}x$$

$$=\left(2x-\frac{1}{2}x^2\right)\Big|_1^2+\frac{1}{2}(x-2)^2\Big|_2^4$$

$$= \left[(4-2)-\left(2-\frac{1}{2}\right)\right]+\frac{1}{2}(4-0)=\frac{5}{2};$$

(2) $\int_0^{\pi} \sqrt{\sin x-\sin^3 x}\,dx=\int_0^{\pi} \sqrt{\sin x(1-\sin^2 x)}\,dx=\int_0^{\pi} \sqrt{\sin x\cdot\cos^2 x}\,dx$

$$=\int_0^{\pi} \sqrt{\sin x}\cdot|\cos x|\,dx$$

$$=\int_0^{\frac{\pi}{2}} \sqrt{\sin x}\cdot\cos x\,dx-\int_{\frac{\pi}{2}}^{\pi} \sqrt{\sin x}\cdot\cos x\,dx$$

$$=\int_0^{\frac{\pi}{2}} \sqrt{\sin x}\,d\sin x-\int_{\frac{\pi}{2}}^{\pi} \sqrt{\sin x}\,d\sin x$$

$$=\frac{2}{3}\sin^{\frac{3}{2}}x\Big|_0^{\frac{\pi}{2}}-\frac{2}{3}\sin^{\frac{3}{2}}x\Big|_{\frac{\pi}{2}}^{\pi}$$

$$=\frac{2}{3}(1-0)-\frac{2}{3}(0-1)=\frac{4}{3}.$$

当被积函数为分段函数时，一般先分析分段函数的分段点，若分段点落在积分区间内，则将分段点插入积分区间再展开，而被积函数开二次根号时，一般总是先加绝对值，这与计算不定积分有所不同.

5.4.2 定积分的换元积分法与分部积分法

定积分的换元和分部积分法

前面，我们介绍的定积分的积分方法与不定积分的直接积分法及凑微分法相对应，下面介绍的定积分的换元积分法及分部积分法与不定积分的第二换元法及分部积分法对应.

（一）定积分的换元积分法

定理 3 设函数 $f(x)$ 在闭区间 $[a,b]$ 上连续，而 $x=\varphi(t)$ 满足以下条件：

(1) $\varphi(\alpha)=a,\varphi(\beta)=b$，且当 t 在闭区间 $[\alpha,\beta]$（或 $[\beta,\alpha]$）上变化时，$x=\varphi(t)$ 的值在 $[a,b]$ 上变化；

(2) $x=\varphi(t)$ 在闭区间 $[\alpha,\beta]$（或 $[\beta,\alpha]$）上单调且具有连续导数.

那么

$$\int_a^b f(x)\,dx \xlongequal{x=\varphi(t)} \int_\alpha^\beta f[\varphi(t)]\varphi'(t)\,dt.$$

应当指出：定积分换元时，千万不能忘记换积分限，且不必顾及新积分上下限的大小，原上限换为新上限，原下限换为新下限.

例 6 求下列定积分.

(1) $\int_0^4 \frac{x}{\sqrt{2x+1}}\,dx$；　　(2) $\int_0^1 x^2\sqrt{1-x^2}\,dx$.

解 (1) 设 $t=\sqrt{2x+1}$，即 $x=\frac{1}{2}(t^2-1)$，则 $dx=t\,dt$，且当 $x=0$ 时，$t=1$；当 $x=4$ 时，$t=3$. 于是

$$\int_0^4 \frac{x}{\sqrt{2x+1}}dx = \int_1^3 \frac{\frac{1}{2}(t^2-1)}{t} t\,dt = \frac{1}{2}\int_1^3 (t^2-1)dt = \frac{1}{2}\left(\frac{1}{3}t^3 - t\right)\Big|_1^3$$

$$= \frac{1}{2}\left[(9-3) - \left(\frac{1}{3}-1\right)\right] = \frac{10}{3};$$

(2) 设 $x = \sin t$，则 $\int_0^1 x^2\sqrt{1-x^2}dx = \int_0^{\frac{\pi}{2}} \sin^2 t\cos t\cos t\,dt = \frac{1}{4}\int_0^{\frac{\pi}{2}} \sin^2 2t\,dt$

$$= \frac{1}{4}\int_0^{\frac{\pi}{2}} \frac{1-\cos 4t}{2}dt = \frac{1}{8}\left(t - \frac{1}{4}\sin 4t\right)\Big|_0^{\frac{\pi}{2}}$$

$$= \frac{\pi}{16}.$$

在用定积分的换元积分法求原函数的过程中，同步变动积分限，省却了变量回代的步骤，达到了简化计算的目的. 另外，还可利用定积分的换元积分法来推证一些有用的结论.

例 7 试证 $\int_0^{\frac{\pi}{2}} f(\sin x)dx = \int_0^{\frac{\pi}{2}} f(\cos x)dx$.

证 比较等式两边被积函数及积分区间，令 $x = \frac{\pi}{2} - t$，则

$$\int_0^{\frac{\pi}{2}} f(\sin x)dx = \int_{\frac{\pi}{2}}^0 f\left(\sin\left(\frac{\pi}{2}-t\right)\right)d\left(\frac{\pi}{2}-t\right) = -\int_{\frac{\pi}{2}}^0 f(\cos t)dt$$

$$= \int_0^{\frac{\pi}{2}} f(\cos t)dt = \int_0^{\frac{\pi}{2}} f(\cos x)dx.$$

特别地，有 $\int_0^{\frac{\pi}{2}} \sin^n x\,dx = \int_0^{\frac{\pi}{2}} \cos^n x\,dx$.

进一步，利用接下来介绍的定积分分部积分法，可以得到以下有用的公式(有兴趣的读者不妨推导一下)：

当 n 是偶数时，$\int_0^{\frac{\pi}{2}} \sin^n x\,dx = \int_0^{\frac{\pi}{2}} \cos^n x\,dx = \frac{n-1}{n} \cdot \frac{n-3}{n-2} \cdot \cdots \cdot \frac{3}{4} \cdot \frac{1}{2} \cdot \frac{\pi}{2}$；

当 n 是奇数时，$\int_0^{\frac{\pi}{2}} \sin^n x\,dx = \int_0^{\frac{\pi}{2}} \cos^n x\,dx = \frac{n-1}{n} \cdot \frac{n-3}{n-2} \cdot \cdots \cdot \frac{4}{5} \cdot \frac{2}{3} \cdot 1$.

例如，$\int_0^{\frac{\pi}{2}} \cos^7 x\,dx = \frac{6}{7} \cdot \frac{4}{5} \cdot \frac{2}{3} = \frac{16}{35}$；$\int_0^{\frac{\pi}{2}} \sin^6 x\,dx = \frac{5}{6} \cdot \frac{3}{4} \cdot \frac{1}{2} \cdot \frac{\pi}{2} = \frac{5}{32}\pi$.

例 8 设 $f(x)$ 在闭区间 $[-a,a]$ 上连续，试证 $\int_{-a}^a f(x)dx = \int_0^a [f(x)+f(-x)]dx$.

证 因为 $\int_{-a}^a f(x)dx = \int_{-a}^0 f(x)dx + \int_0^a f(x)dx$，故只要证 $\int_{-a}^0 f(x)dx = \int_0^a f(-x)dx$ 即可.

对于积分 $\int_{-a}^0 f(x)dx$，令 $x = -t$，则

$$\int_{-a}^0 f(x)dx = -\int_a^0 f(-t)dt = \int_0^a f(-t)dt = \int_0^a f(-x)dx,$$

于是
$$\int_{-a}^a f(x)dx = \int_0^a [f(x)+f(-x)]dx.$$

由该例容易得到以下结论：

设函数 $f(x)$ 在对称区间$[-a,a]$上连续,则有

(1) 若 $f(x)$ 为奇函数,则$\int_{-a}^{a} f(x)\mathrm{d}x = 0$;

(2) 若 $f(x)$ 为偶函数,则$\int_{-a}^{a} f(x)\mathrm{d}x = 2\int_{0}^{a} f(x)\mathrm{d}x$.

该结论正是我们在前面讨论定积分几何意义时得到的结论.

(二) 定积分的分部积分法

将不定积分的分部积分公式带上积分限,即可得定积分的分部积分公式.

定理 4 设 $u(x)$,$v(x)$ 在闭区间$[a,b]$上有连续导数,则

$$\int_a^b u\mathrm{d}v = (uv)\big|_a^b - \int_a^b v\mathrm{d}u.$$

定积分的分部积分法与不定积分的分部积分法基本一样,关键还是要找准 u 和 v.

例 9 求下列定积分.

(1) $\int_0^1 x\mathrm{e}^x\mathrm{d}x$; (2) $\int_0^{\pi} \mathrm{e}^x\sin x\mathrm{d}x$; (3) $\int_{\frac{1}{\mathrm{e}}}^{\mathrm{e}} |\ln x|\mathrm{d}x$.

解 (1) $\int_0^1 x\mathrm{e}^x\mathrm{d}x = \int_0^1 x\mathrm{d}\mathrm{e}^x = (x\mathrm{e}^x)\big|_0^1 - \int_0^1 \mathrm{e}^x\mathrm{d}x$

$= \mathrm{e} - \mathrm{e}^x\big|_0^1 = \mathrm{e} - (\mathrm{e}-1) = 1$;

(2) $\int_0^{\pi} \mathrm{e}^x\sin x\mathrm{d}x = \int_0^{\pi} \sin x\mathrm{d}\mathrm{e}^x = (\mathrm{e}^x\sin x)\big|_0^{\pi} - \int_0^{\pi} \mathrm{e}^x\mathrm{d}\sin x$

$= 0 - \int_0^{\pi} \mathrm{e}^x\cos x\mathrm{d}x = -\int_0^{\pi} \cos x\mathrm{d}\mathrm{e}^x$

$= -\left[(\mathrm{e}^x\cos x)\big|_0^{\pi} - \int_0^{\pi} \mathrm{e}^x\mathrm{d}\cos x\right] = \mathrm{e}^{\pi} + 1 - \int_0^{\pi} \mathrm{e}^x\sin x\mathrm{d}x$,

移项得$\int_0^{\pi} \mathrm{e}^x\sin x\mathrm{d}x = \frac{1}{2}(\mathrm{e}^{\pi}+1)$;

(3) $\int_{\frac{1}{\mathrm{e}}}^{\mathrm{e}} |\ln x|\mathrm{d}x = -\int_{\frac{1}{\mathrm{e}}}^{1} \ln x\mathrm{d}x + \int_1^{\mathrm{e}} \ln x\mathrm{d}x$

$= -\left[(x\ln x)\Big|_{\frac{1}{\mathrm{e}}}^{1} - \int_{\frac{1}{\mathrm{e}}}^{1} x\mathrm{d}\ln x\right] + (x\ln x)\big|_1^{\mathrm{e}} - \int_1^{\mathrm{e}} x\mathrm{d}\ln x$

$= -\left[\frac{1}{\mathrm{e}} - \left(1-\frac{1}{\mathrm{e}}\right)\right] + \mathrm{e} - (\mathrm{e}-1) = 2 - \frac{2}{\mathrm{e}}$.

· 知识应用 ·

例 10 经济学家研究一口新井的原油生产速度 $R(t) = 1 - t\cos(\pi t)$(t 的单位:年),求开始 2 年内生产的石油总量.

解 设开始 2 年内生产的石油总量为 W,由于新井的原油生产速度为 $R(t)$,因此

$$W = \int_0^2 R(t)\mathrm{d}t = \int_0^2 (1 - t\cos\pi t)\mathrm{d}t = \int_0^2 \mathrm{d}t - \frac{1}{\pi}\int_0^2 t\mathrm{d}(\sin\pi t)$$

$$= 2 - \frac{1}{\pi}\left(t\sin\pi t\big|_0^2 - \int_0^2 \sin\pi t\mathrm{d}t\right)$$

$$= 2 - \frac{1}{\pi}\left(\frac{1}{\pi}\cos\pi t \Big|_0^2\right) = 2.$$

例 11 若某工厂第 t 年废气的排放量为 $C(t) = \dfrac{\ln(t+1)}{(t+1)^2}$，求该厂在 $t=0$ 到 $t=2$ 年间排出废气的总量.

解 该厂在 $t=0$ 到 $t=2$ 年间排出废气的总量为

$$\begin{aligned} W &= \int_0^2 C(t)\mathrm{d}t = \int_0^2 \frac{\ln(1+t)}{(1+t)^2}\mathrm{d}t = -\int_0^2 \ln(1+t)\mathrm{d}\left(\frac{1}{1+t}\right) \\ &= -\left[\frac{\ln(1+t)}{1+t}\Big|_0^2 - \int_0^2 \frac{1}{1+t}\mathrm{d}\ln(1+t)\right] \\ &= -\frac{\ln 3}{3} + \int_0^2 \frac{1}{(1+t)^2}\mathrm{d}t = -\frac{\ln 3}{3} - \frac{1}{1+t}\Big|_0^2 \\ &= -\frac{\ln 3}{3} - \frac{1}{3} + 1 = \frac{2-\ln 3}{3}. \end{aligned}$$

• 思想启迪 •

◎ 定积分与不定积分本是两个本质完全不同的概念，但有了微积分基本公式，使得定积分与不定积分之间产生了联系. 世界上万事万物都是相互联系着的，这是事物普遍联系的原理.

◎ 利用换元与分部积分法计算定积分时，需要按照一定的原则进行变换，利用凑微分等方法实现由难到易的转化，如果一开始就出现错误，那么计算过程就会越来越复杂，最终也不能求出正确结果. 这就告诉我们：在人生道路上，一定要遵守社会规则，发现错误及时改正，重新出发；平时说话、做事情也要讲究方式方法，培养自己“化繁为简”的能力；在工作中，要养成良好的做事习惯，严谨、求实的工作作风，不断培养持之以恒、坚持不懈的品质.

• 课外演练 •

1. 求下列函数的导数.

(1) $y = \int_0^x \sqrt{1+t^2}\mathrm{d}t$；　　(2) $y = \int_x^1 \mathrm{e}^{-t^2}\mathrm{d}t$；

(3) $y = \int_1^{x^2} \frac{\sin t}{t}\mathrm{d}t$；　　(4) $y = \int_{x^2}^{x^3} \frac{\mathrm{d}t}{\sqrt{t^2-1}}$.

2. 求极限 $\lim\limits_{x\to 1}\dfrac{\int_1^x \sin\pi t\mathrm{d}t}{1+\cos\pi x}$.

3. 计算下列定积分.

(1) $\int_0^1 (3x^2 - x + 1)\mathrm{d}x$；　　(2) $\int_4^9 \sqrt{x}(1+\sqrt{x})\mathrm{d}x$；

(3) $\int_0^1 x\mathrm{e}^{x^2}\mathrm{d}x$；　　(4) $\int_0^{\frac{\pi}{2}} \sin x\cos x\mathrm{d}x$；

(5) $\int_0^2 \frac{\mathrm{d}x}{4+x^2}$；

(6) $\int_0^{\frac{1}{2}} \frac{\mathrm{d}x}{1-x^2}$；

(7) $\int_0^1 \frac{\mathrm{d}x}{\sqrt{4-x^2}}$；

(8) $\int_0^{\frac{\pi}{4}} \tan^2 x\mathrm{d}x$；

(9) $\int_0^2 |1-x|\mathrm{d}x$；

(10) $\int_{\frac{1}{e}}^{e} \frac{|\ln x|}{x}\mathrm{d}x$；

(11) $\int_0^{2\pi} \sqrt{1+\cos 2x}\mathrm{d}x$；

(12) $\int_{-\frac{\pi}{2}}^{\frac{\pi}{2}} \sqrt{\cos^3 x-\cos^5 x}\mathrm{d}x$.

4. 用换元积分法或分部积分法计算下列定积分.

(1) $\int_1^2 \frac{\sqrt{x-1}}{x}\mathrm{d}x$；

(2) $\int_0^8 \frac{\mathrm{d}x}{1+\sqrt[3]{x}}$；

(3) $\int_0^{\ln 2} \sqrt{e^x-1}\mathrm{d}x$；

(4) $\int_0^1 xe^{2x}\mathrm{d}x$；

(5) $\int_0^{\pi} x\cos 2x\mathrm{d}x$；

(6) $\int_0^1 x\ln(1+x)\mathrm{d}x$；

(7) $\int_0^1 \ln(1+x)\mathrm{d}x$；

(8) $\int_0^{\pi} e^{-x}\cos x\mathrm{d}x$.

5. 利用函数的奇偶性求下列定积分.

(1) $\int_{-1}^1 \frac{x^2\sin^3 x}{x^4+1}\mathrm{d}x$；

(2) $\int_{-1}^1 \frac{\sin x^3+(\arctan x)^2}{1+x^2}\mathrm{d}x$.

6. 一辆汽车正以 10 m/s 的速度匀速直线行驶，突然发现一障碍物，于是以 $-1\ \mathrm{m/s^2}$ 的加速度匀减速停下，求汽车的刹车路程.

7. 某种商品一年中的销售速度为 $v(t)=100-100\cos(2\pi t)$，其中 t 表示销售月数，$0\leqslant t\leqslant 12$，求此商品前 3 个月的销售总量.

8. 环保局近日受托对一起放射性碘物质泄漏事件进行调查，检测结果显示，出事当日，大气辐射水平是可接受的最大限度的四倍，于是环保局下令当地居民立即撤离该地区. 已知碘物质放射源的辐射水平是按 $R(t)=R_0e^{-0.004t}$ 衰减的，其中 R 是 t 时刻的辐射水平(单位：mR/h)，R_0 是初始($t=0$) 辐射水平，t 按小时计算.

(1) 该地区降低到可接受的辐射水平需要多长时间？

(2) 假设可接受的辐射水平的最大限度为 0.6 mR/h，那么降低到可接受辐射水平时，已经泄漏出去的放射物的总量是多少？

9. 在传染病流行期间人们被传染的速度可以表示为 $r=1000te^{-0.5t}$，其中 r 的单位：人 / 天，t 为传染病开始流行的天数，问前 4 天共多少人被传染？

5.5　无穷区间上的广义积分

无穷区间上的广义积分

·案例导出·

案例　求由曲线 $y=\frac{1}{x^2}$、直线 $x=1, x=b(b>1)$ 及 x 轴所围成的曲边梯形的面积 $S(b)$(图 5-14).

图 5-14

·案例分析·

根据定积分的几何意义,$S(b)=\int_1^b \frac{1}{x^2}\mathrm{d}x=\left(-\frac{1}{x}\right)\Big|_1^b=1-\frac{1}{b}$.

显然,$S(b)$ 是 b 的函数,曲边梯形的面积随着 b 值的改变而改变. 当 b 趋向于正无穷大时,曲边梯形变成了一种"开口的曲边梯形"(图 5-14),此时 $S(b)$ 的极限应为此"开口的曲边梯形"的面积 S,即 $S=\lim\limits_{b\to+\infty}\int_1^b \frac{1}{x^2}\mathrm{d}x=\lim\limits_{b\to+\infty}\left(1-\frac{1}{b}\right)=1$.

所谓"开口的曲边梯形"的面积问题实际上是一种积分区间为无穷区间的广义积分,一般我们先找有限区间上的定积分,再用求极限的方法将有限区间变为无穷区间.

·相关知识·

定义　设函数 $f(x)$ 在 $[a,+\infty)$ 上连续,取 $b>a$,若极限 $\lim\limits_{b\to+\infty}\int_a^b f(x)\mathrm{d}x$ 存在,则称此极限值为 $f(x)$ 在 $[a,+\infty)$ 上的广义积分,记为

$$\int_a^{+\infty} f(x)\mathrm{d}x=\lim_{b\to+\infty}\int_a^b f(x)\mathrm{d}x.$$

此时,我们也称广义积分 $\int_a^{+\infty} f(x)\mathrm{d}x$ 收敛;若极限不存在,则称广义积分 $\int_a^{+\infty} f(x)\mathrm{d}x$ 发散.

由该定义知,案例所述"开口的曲边梯形"的面积可用广义积分表示为 $S=\int_1^{+\infty}\frac{1}{x^2}\mathrm{d}x=1$.

类似地,我们可以定义 $f(x)$ 在无穷区间 $(-\infty,b]$ 及 $(-\infty,+\infty)$ 上的广义积分:

$$\int_{-\infty}^b f(x)\mathrm{d}x=\lim_{a\to-\infty}\int_a^b f(x)\mathrm{d}x;$$

$$\int_{-\infty}^{+\infty} f(x)\mathrm{d}x=\int_{-\infty}^c f(x)\mathrm{d}x+\int_c^{+\infty} f(x)\mathrm{d}x\left[c\in(-\infty,+\infty),\text{通常 } c \text{ 取 } 0\right].$$

对于广义积分 $\int_{-\infty}^{+\infty} f(x)\mathrm{d}x$,当右端两个广义积分都收敛时才收敛,否则发散.

以上三种广义积分统称为无穷区间上的广义积分.

例 1　求 $\int_0^{+\infty} \mathrm{e}^{-x}\mathrm{d}x$.

解　$\int_0^{+\infty} e^{-x}dx = \lim\limits_{b\to+\infty}\int_0^b e^{-x}dx = \lim\limits_{b\to+\infty}(-e^{-x}|_0^b) = \lim\limits_{b\to+\infty}(-e^{-b}+1) = 1.$

从该例的计算过程看，极限过程实际上在计算定积分后才涉及，为书写简便，可将 ∞ 当作一个“数”，将无穷区间的广义积分当作正常定积分计算.

例 2　计算 $\int_{-\infty}^0 \frac{1}{1+x^2}dx$.

解　$\int_{-\infty}^0 \frac{1}{1+x^2}dx = \arctan x|_{-\infty}^0 = 0 - \lim\limits_{x\to-\infty}\arctan x = 0-\left(-\frac{\pi}{2}\right) = \frac{\pi}{2}$.

例 3　讨论 $\int_2^{+\infty}\frac{dx}{x\ln x}$ 的敛散性.

解　因为 $\int_2^{+\infty}\frac{dx}{x\ln x} = \int_2^{+\infty}\frac{d(\ln x)}{\ln x} = \ln(\ln x)|_2^{+\infty} = \lim\limits_{x\to+\infty}\ln(\ln x) - \ln(\ln 2) = +\infty$，所以 $\int_2^{+\infty}\frac{dx}{x\ln x}$ 发散.

例 4　讨论 $\int_a^{+\infty}\frac{1}{x^p}dx$ 的敛散性($a>0$).

解　(1) 当 $p>1$ 时，

$$\int_a^{+\infty}\frac{1}{x^p}dx = \frac{1}{1-p}x^{1-p}|_a^{+\infty} = \frac{1}{1-p}\left(\lim_{x\to+\infty}\frac{1}{x^{p-1}} - \frac{1}{a^{p-1}}\right) = \frac{1}{(p-1)a^{p-1}}(\text{收敛})；$$

(2) 当 $p=1$ 时，

$$\int_a^{+\infty}\frac{1}{x^p}dx = \int_a^{+\infty}\frac{1}{x}dx = \ln x|_a^{+\infty} = \lim_{x\to+\infty}\ln x - \ln a = +\infty(\text{发散})；$$

(3) 当 $p<1$ 时，

$$\int_a^{+\infty}\frac{1}{x^p}dx = \frac{1}{1-p}x^{1-p}|_a^{+\infty} = \frac{1}{1-p}(\lim_{x\to+\infty}x^{1-p} - a^{1-p}) = +\infty(\text{发散}).$$

综上所述，$\int_a^{+\infty}\frac{1}{x^p}dx = \begin{cases}\frac{1}{(p-1)a^{p-1}}, & p>1,\\ +\infty, & p\leqslant 1.\end{cases}$

• 知识应用 •

例 5　在传染病流行期间，人们被传染患病的速度可以近似地表示为 $r(t)=1000te^{-\frac{1}{2}t}$，$r$ 的单位为人 / 天，t 为传染病开始流行的天数，问共会有多少人患病？

解　由题意，患病人数为

$$\begin{aligned}M &= \int_0^{+\infty} r(t)dt = \int_0^{+\infty}1000te^{-\frac{1}{2}t}dt = -2000\int_0^{+\infty}tde^{-\frac{t}{2}}\\ &= -2000\left[(te^{-\frac{t}{2}})|_0^{+\infty} - \int_0^{+\infty}e^{-\frac{t}{2}}dt\right]\\ &= -2000(\lim_{t\to+\infty}te^{-\frac{t}{2}} + 2e^{-\frac{t}{2}}|_0^{+\infty})\\ &= -2000\left(\lim_{t\to+\infty}\frac{t}{e^{\frac{t}{2}}} + 2\lim_{t\to+\infty}\frac{1}{e^{\frac{t}{2}}} - 2\right)\end{aligned}$$

$$=-2000\left(\lim_{t\to+\infty}\frac{2}{e^{\frac{t}{2}}}+0-2\right)=4000.$$

• 思想启迪 •

◎ 当物体(航天器)飞行达到一定速度时,就可以摆脱地球引力的束缚,飞离地球进入环绕太阳运行的轨道,不再绕地球运行. 这个脱离地球引力的最小速度就是第二宇宙速度. 各种行星或卫星探测器的起始飞行速度都大于第二宇宙速度.

第二宇宙速度:$\int_R^{+\infty} G\frac{mM}{r^2}\mathrm{d}r=11.2\mathrm{km/s}$.

我国研制的探测器“天问一号”,负责执行中国第一次火星探测任务.“天问一号”于2020年在文昌航天发射场发射升空,成功进入预定轨道. 中国航天事业虽然起步比美、俄晚,但中国航天人吃苦耐劳,勇于奋进,对航天事业的执着追求,使得我国航天事业取得了辉煌的成就,跻身于世界航天大国之列. 作为中华儿女,在深怀爱国之情的同时,更要全身心地投入工作和学习中去,为我国的现代化建设贡献自己的一份力量.

◎ 积分学研究的是积累问题. 无穷区间的广义积分,将积分区间从有限推广到无穷,也是一种积累的过程. 成语“积微成著”的意思是微不足道的事物,经过长期积累,就会变得显著,体现了对立和统一、量变到质变的逻辑思维. 在成长过程中,要以有限积蓄无限,以量变积蓄质变,以“十年磨一剑”的坚忍不拔的精神和“不积跬步,无以至千里”的决心,在一点一滴的积累中提高自身综合素质,锤炼奋斗精神,实现人生价值.

• 课外演练 •

1. 以下广义积分是否收敛?若收敛,求出它的值.

(1) $\int_1^{+\infty}\frac{\mathrm{d}x}{x^3}$;　　(2) $\int_{\frac{1}{e}}^{+\infty}\frac{\ln x}{x}\mathrm{d}x$;

(3) $\int_{-\infty}^{0}\frac{x}{1+x^2}\mathrm{d}x$;　　(4) $\int_{-\infty}^{+\infty}\frac{\mathrm{d}x}{x^2+2x+2}$;

(5) $\int_{-\infty}^{+\infty}x\mathrm{e}^{-x^2}\mathrm{d}x$.

2. 在电力需求的高峰期,消耗电能的速度 r 可以近似地表示为 $r=t\mathrm{e}^{-t}$,t 的单位:h. 求当 $t\to+\infty$ 时的总电能 E.

5.6 二重积分的概念与性质

二重积分的概念与性质

• 案例导出 •

案例 设三维空间中有一几何体,它的底是 xOy 平面上的有界闭区域 D,它的侧面是以 D 的边界曲线为准线而母线平行于 z 轴形成的柱面,它的顶是由连续二元函数 $z=f(x,$

$y)[f(x,y)\geqslant 0,(x,y)\in D]$ 所表示的曲面. 我们称这种立体为曲顶柱体(图 5-15). 特别地,当 $z=f(x,y)=C(C>0,C$ 为常数)时,顶为一平面,称其为平顶柱体. 求该曲顶柱体的体积.

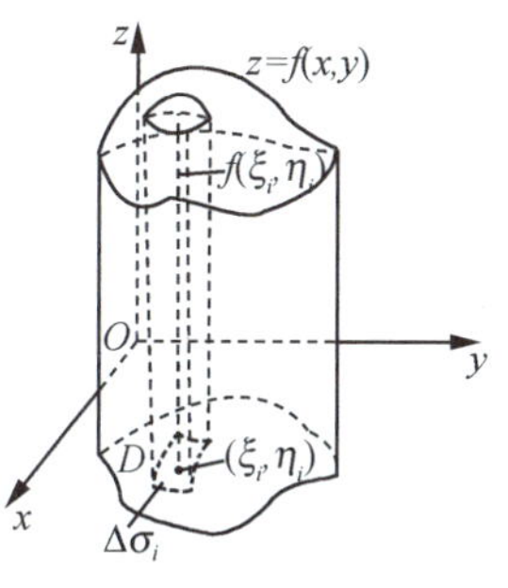

图 5-15

• 案例分析 •

平顶柱体的体积比较容易计算,只要用底面积乘高即可. 对于一般的曲顶柱体,由于立体的顶面是个曲面,立体体积不易求出. 我们也像求曲边梯形的面积那样,采用分割、近似替换、求和、求极限的思想方法去处理,也就是将大的曲顶柱体分割成小的曲顶柱体,用小的平顶柱体的体积近似代替小的曲顶柱体的体积,最后通过求极限找到曲顶柱体的体积 V. 具体过程如下:

(1) 分割　如图 5-15 所示,用网格线将底面区域 D 分成 n 个小的有界闭区域 $\Delta\sigma_1$, $\Delta\sigma_2,\cdots,\Delta\sigma_i,\cdots,\Delta\sigma_n$,其中 $\Delta\sigma_i$ 代表第 i 个小区域,同时也代表该小区域的面积.

以每个小区域的边界曲线为准线,平行于 z 轴的直线为母线作柱面,可将大的曲顶柱体分成 n 个小的曲顶柱体. 我们将第 i 个曲顶柱体的体积记为 ΔV_i.

(2) 近似替换　在每个小区域 $\Delta\sigma_i$ 内任取一点 (ξ_i,η_i),以 $f(\xi_i,\eta_i)$ 为高,相应的小区域 $\Delta\sigma_i$ 为底的平顶柱体的体积 $f(\xi_i,\eta_i)\Delta\sigma_i$ 近似代替小曲顶柱体的体积 ΔV_i,即

$$\Delta V_i\approx f(\xi_i,\eta_i)\Delta\sigma_i(i=1,2,\cdots,n).$$

(3) 求和　将 n 个小的曲顶柱体的体积近似值作和,得到原曲顶柱体体积的近似值,即

$$V=\sum_{i=1}^{n}\Delta V_i\approx\sum_{i=1}^{n}f(\xi_i,\eta_i)\Delta\sigma_i.$$

(4) 求极限　将 n 个小区域的最大直径(区域中任意两点之间距离的最大者称为该区域的直径)记为 λ,即 $\lambda=\max\limits_{1\leqslant i\leqslant n}\{\Delta\sigma_i$ 的直径$\}$,令 λ 趋向于 0,此时和式 $\sum\limits_{i=1}^{n}f(\xi_i,\eta_i)\Delta\sigma_i$ 的极限即为原曲顶柱体体积的精确值,即 $V=\lim\limits_{\lambda\to 0}\sum\limits_{i=1}^{n}f(\xi_i,\eta_i)\Delta\sigma_i$.

与一元函数的定积分类似,它是一种定义在区域上的多元函数的特定和式的极限形式. 这就产生了二重积分的概念.

• 相关知识 •

(一) 二重积分的定义

定义　设二元函数 $z=f(x,y)$ 在有界闭区域 D 上有定义,将区域 D 任意分成 n 个小的闭区域:$\Delta\sigma_1,\Delta\sigma_2,\cdots,\Delta\sigma_i,\cdots,\Delta\sigma_n$,其中 $\Delta\sigma_i$ 代表第 i 个小区域,同时也代表该小区域的面积. 在每个小区域 $\Delta\sigma_i$ 内任取一点 $(\xi_i,\eta_i)(i=1,2,\cdots,n)$,作和式 $\sum\limits_{i=1}^{n}f(\xi_i,\eta_i)\Delta\sigma_i$,如果当 n 个小闭区域的直径中的最大值 $\lambda\to 0$ 时,该和式的极限存在,则称此极限值为函数 $f(x,y)$ 在闭区域 D 上的二重积分,记为 $\iint\limits_{D}f(x,y)\mathrm{d}\sigma$,即

$$\iint_D f(x,y)\mathrm{d}\sigma=\lim_{\lambda\to 0}\sum_{i=1}^{n}f(\xi_i,\eta_i)\Delta\sigma_i,$$

其中 $f(x,y)$ 称为被积函数，$f(x,y)\mathrm{d}\sigma$ 称为被积表达式，$\mathrm{d}\sigma$ 称为面积元素，x,y 称为积分变量，D 称为积分区域.

由二重积分的定义及前面曲顶柱体体积的求解过程知，二重积分的几何意义比较明显：

在区域 D 上，当 $f(x,y)\geqslant 0$ 时，二重积分 $\iint\limits_D f(x,y)\mathrm{d}\sigma$ 等于相应曲顶柱体的体积；当 $f(x,y)<0$ 时，$\iint\limits_D f(x,y)\mathrm{d}\sigma$ 表示相应曲顶柱体体积的相反数；而当 $f(x,y)$ 在 D 上的值有正有负时，$\iint\limits_D f(x,y)\mathrm{d}\sigma$ 表示曲顶柱体体积的代数和.

关于二重积分的定义，我们还需说明以下事实：在直角坐标系下，若用与坐标轴平行的直线来划分积分区域(图 5-16)，则定义中的 $\Delta\sigma_i=\Delta x\cdot\Delta y$，于是 $\mathrm{d}\sigma=\mathrm{d}x\mathrm{d}y$. 因此，在直角坐标系中，二重积分可以写成 $\iint\limits_D f(x,y)\mathrm{d}x\mathrm{d}y$.

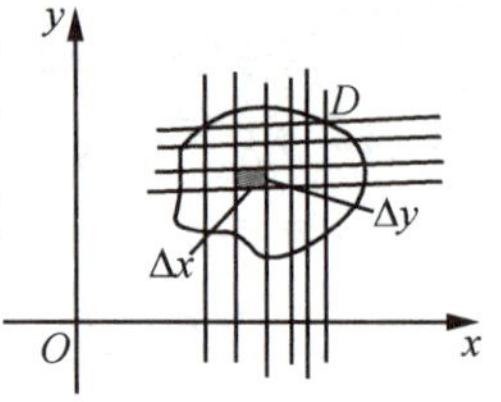

图 5-16

（二）二重积分的性质

二重积分与定积分的定义很相似，因此二重积分也具有与定积分相似的性质. 下面我们给出二重积分的一些常用性质.

性质 1(常数积分性质)　如果在区域 D 上 $f(x,y)=1$，则 $\iint\limits_D 1\mathrm{d}\sigma=\iint\limits_D \mathrm{d}\sigma=S_D$. 其中，$S_D$ 为区域 D 的面积.

该性质给出了用二重积分计算平面图形面积的一种方法.

性质 2(线性性质)　$\iint\limits_D[f(x,y)\pm g(x,y)]\mathrm{d}\sigma=\iint\limits_D f(x,y)\mathrm{d}\sigma\pm\iint\limits_D g(x,y)\mathrm{d}\sigma$;

$$\iint_D kf(x,y)\mathrm{d}\sigma=k\iint_D f(x,y)\mathrm{d}\sigma\,(k\text{ 为常数}).$$

性质 3(区域可加性)　若区域 D 分割为 D_1 与 D_2 两部分，则有

$$\iint_D f(x,y)\mathrm{d}\sigma=\iint_{D_1} f(x,y)\mathrm{d}\sigma+\iint_{D_2} f(x,y)\mathrm{d}\sigma.$$

除了上述几个性质以外，二重积分与定积分类似，也有不等式性质、估值定理和积分中值定理等性质，这里不再赘述.

· 知识应用 ·

例　利用二重积分的几何意义直接给出 $\iint\limits_D\sqrt{1-x^2-y^2}\,\mathrm{d}\sigma$ 的值，其中 D：$x^2+y^2\leqslant 1$.

解　由于 $z=\sqrt{1-x^2-y^2}$ 表示以原点为球心、半径为 1 的上半球面，加上底面 D：

$x^2+y^2\leqslant 1$ 成为半个球体(图 5-17). 由二重积分的几何意义知 $\iint\limits_D \sqrt{1-x^2-y^2}\mathrm{d}\sigma$ 表示该立体的体积,因此

$$\iint\limits_D \sqrt{1-x^2-y^2}\mathrm{d}\sigma=\frac{1}{2}\cdot\frac{4}{3}\pi\cdot 1^3=\frac{2}{3}\pi.$$

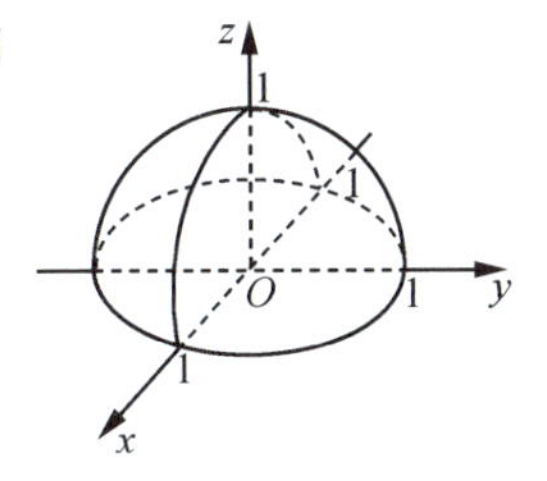

图 5-17

· 思想启迪 ·

◎ 曹冲称象的典故:曹冲生五六岁,智意所及,有若成人之智. 时孙权曾致巨象,太祖欲知其斤重,访之群下,咸莫能出其理. 冲曰:置象大船之上,而刻其水痕所至,称物以载之,则校可知矣. 曹冲称象的故事体现了累加求和、从部分到整体的思想. 二重积分的概念,以计算曲顶柱体体积为例,也体现了部分与整体的思想,蕴含着化整为零、以直代曲的数学思想. 将这种思想延伸到学生的日常生活中,对个人成长具有重要的指导意义.

我国古代儒家思想中的"外圆内方"的处世哲学,也是"曲直"思维的最好诠释."方做人,圆处事",指的就是锤炼光明正大、明辨是非的高尚品格,运用机智圆通、灵活老练的精妙技巧,有效地解决生活实践中遇到的人际关系问题、工作环境问题、社会竞争问题.

· 课外演练 ·

1. 写出 $\iint\limits_D \mathrm{d}\sigma$ 的值,其中 $D=\{(x,y)\mid 1\leqslant x^2+y^2\leqslant 4\}$.

2. 设闭区域 D 关于 y 轴对称[若 $(x,y)\in D$,则 $(-x,y)\in D$],二元函数 $f(x,y)$ 在 D 上连续,如果对于 D 上的任意点满足:

(1) $f(x,y)=-f(-x,y)$,求 $\iint\limits_D f(x,y)\mathrm{d}\sigma$;

(2) $f(x,y)=f(-x,y)$,建立 $\iint\limits_{D_1} f(x,y)\mathrm{d}\sigma$ 与 $\iint\limits_D f(x,y)\mathrm{d}\sigma$ 之间的关系式,其中 D_1 为区域 D 被 y 轴分割所得的一半区域.

5.7　二重积分的计算

· 案例导出 ·

案例　我们知道,二元函数 $z=x^2+y^2$ 表示空间中的旋转抛物面,求该旋转抛物面与平面 $z=1$ 所围立体的体积.

· 案例分析 ·

画出由旋转抛物面 $z=x^2+y^2$ 与平面 $z=1$ 所围立体(图 5-18),由二重积分的定义知,该

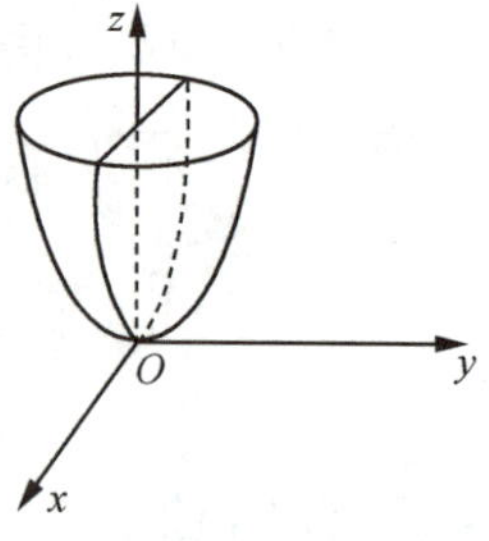

图 5-18

立体的体积 $V=\iint\limits_{D}[1-(x^2+y^2)]\mathrm{d}x\mathrm{d}y$，其中$D$：$x^2+y^2\leqslant 1$.

若按照二重积分的定义来计算显然比较麻烦.我们来讨论二重积分$\iint\limits_{D}f(x,y)\mathrm{d}\sigma$的计算方法.

• 相关知识 •

5.7.1 在直角坐标系下计算二重积分

直角坐标系下计算二重积分

在直角坐标系下，二重积分可记为$\iint\limits_{D}f(x,y)\mathrm{d}x\mathrm{d}y$. 下面我们按照积分区域$D$的不同形状来给出二重积分$\iint\limits_{D}f(x,y)\mathrm{d}x\mathrm{d}y$在直角坐标系下的计算方法.

（一）积分区域D由不等式组$\begin{cases}a\leqslant x\leqslant b,\\ y_1(x)\leqslant y\leqslant y_2(x)\end{cases}$确定

此时，穿过区域D内部且平行于y轴的任一直线与D的边界不多于两个交点(图 5-19). 设$f(x,y)\geqslant 0$，则二重积分$\iint\limits_{D}f(x,y)\mathrm{d}x\mathrm{d}y$表示以$D$为底，$z=f(x,y)$为顶的曲顶柱体的体积[图 5-20(a)].

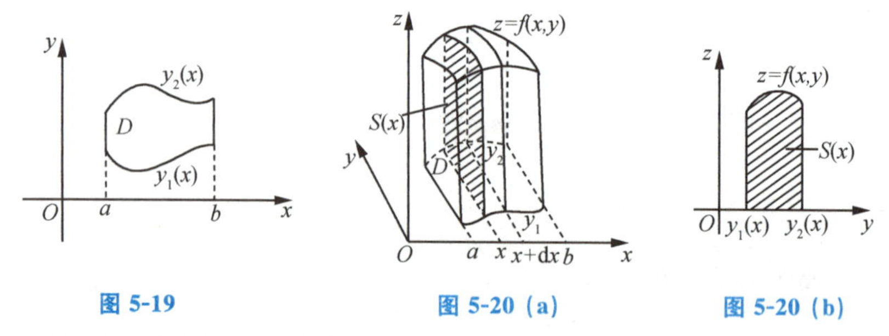

图 5-19　　图 5-20 (a)　　图 5-20 (b)

首先，在区间$[a,b]$上任取一个微小区间$[x,x+\mathrm{d}x]$，过x作x轴的垂直平面，此平面与曲顶柱体相交所得截面[图 5-20(a) 中的阴影部分]是一个以$[y_1(x),y_2(x)]$为底，以曲线$z=f(x,y)$为曲边(这里x保持不变，y是变量)的曲边梯形[图 5-20(b)]. 将此截面面积记为$S(x)$，由定积分的几何意义知$S(x)=\int_{y_1(x)}^{y_2(x)}f(x,y)\mathrm{d}y$. 注意该式积分过程中，$x$是常量，$y$是积分变量.

将截面在$[a,b]$上无限累加，得到曲顶柱体的体积$V=\int_a^b S(x)\mathrm{d}x$，将$S(x)=\int_{y_1(x)}^{y_2(x)}f(x,y)\mathrm{d}y$代入得

$$V=\int_a^b\left(\int_{y_1(x)}^{y_2(x)}f(x,y)\mathrm{d}y\right)\mathrm{d}x.$$

于是可以得到二重积分的计算公式：

$$\iint\limits_{D} f(x,y)\mathrm{d}x\mathrm{d}y = \int_a^b \left(\int_{y_1(x)}^{y_2(x)} f(x,y)\mathrm{d}y\right)\mathrm{d}x.$$

我们将$\int_a^b \left(\int_{y_1(x)}^{y_2(x)} f(x,y)\mathrm{d}y\right)\mathrm{d}x$ 称为先对 y 再对 x 的二次积分，也称为先对 y 再对 x 的累次积分. 也就是说，先将 x 视为常数，$f(x,y)$ 是以 y 为变量的一元函数，先计算定积分$\int_{y_1(x)}^{y_2(x)} f(x,y)\mathrm{d}y$，然后将算得的结果对 x 计算区间$[a,b]$上的定积分.

为书写方便，我们将$\int_a^b \left(\int_{y_1(x)}^{y_2(x)} f(x,y)\mathrm{d}y\right)\mathrm{d}x$ 写成$\int_a^b \mathrm{d}x\int_{y_1(x)}^{y_2(x)} f(x,y)\mathrm{d}y$，即

$$\iint\limits_{D} f(x,y)\mathrm{d}x\mathrm{d}y = \int_a^b \mathrm{d}x\int_{y_1(x)}^{y_2(x)} f(x,y)\mathrm{d}y.$$

在上述讨论中，我们假定 $f(x,y)\geqslant 0$，实际上该计算公式并不受此条件限制.

（二）积分区域 D 由不等式组$\begin{cases} c\leqslant y\leqslant d, \\ x_1(y)\leqslant x\leqslant x_2(y) \end{cases}$确定

此时，穿过区域 D 内部且平行于 x 轴的任一直线与 D 的边界不多于两个交点(图 5-21).

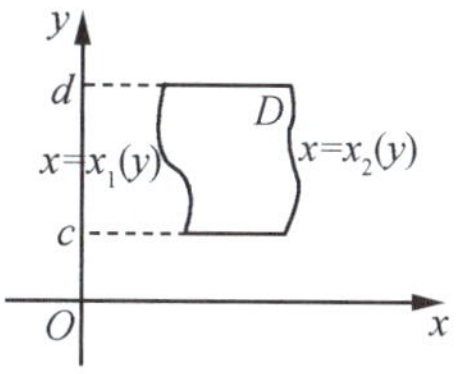

图 5-21

类似地，我们可以得到

$$\iint\limits_{D} f(x,y)\mathrm{d}x\mathrm{d}y = \int_c^d \left(\int_{x_1(y)}^{x_2(y)} f(x,y)\mathrm{d}x\right)\mathrm{d}y.$$

我们称$\int_c^d \left(\int_{x_1(y)}^{x_2(y)} f(x,y)\mathrm{d}x\right)\mathrm{d}y$ 为先对 x 再对 y 的二次积分，也称为先对 x 再对 y 的累次积分. 也就是说，先将 y 视为常数，$f(x,y)$ 是以 x 为变量的一元函数，先计算定积分$\int_{x_1(y)}^{x_2(y)} f(x,y)\mathrm{d}x$，然后将算得的结果对 y 计算区间$[c,d]$上的定积分.

与前面一样，我们将$\int_c^d \left(\int_{x_1(y)}^{x_2(y)} f(x,y)\mathrm{d}x\right)\mathrm{d}y$ 写成$\int_c^d \mathrm{d}y\int_{x_1(y)}^{x_2(y)} f(x,y)\mathrm{d}x$，即

$$\iint\limits_{D} f(x,y)\mathrm{d}x\mathrm{d}y = \int_c^d \mathrm{d}y\int_{x_1(y)}^{x_2(y)} f(x,y)\mathrm{d}x.$$

使用前述两种累次积分计算重积分，要求积分区域 D 分别满足：穿过区域 D 内部且平行于 y 轴(或 x 轴)的任一直线与 D 的边界不多于两个交点. 如果 D 不满足这个条件，则需把 D 分割成几块(图 5-22)，然后分块计算.

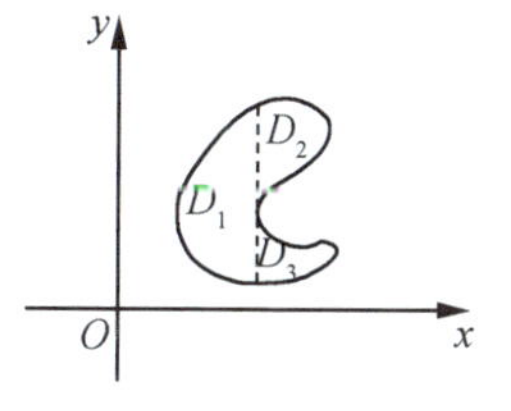

图 5-22

例 1 将二重积分$\iint\limits_{D} f(x,y)\mathrm{d}x\mathrm{d}y$ 转化为两种不同次序的累次积分，其中 D 由 $x=a, x=b, y=c, y=d(a<b, c<d)$ 围成.

解 先画出积分区域 D(图 5-23)，它是一个矩形区域且 D 可用不等式组表示为

$$\begin{cases} a\leqslant x\leqslant b, \\ c\leqslant y\leqslant d, \end{cases}$$

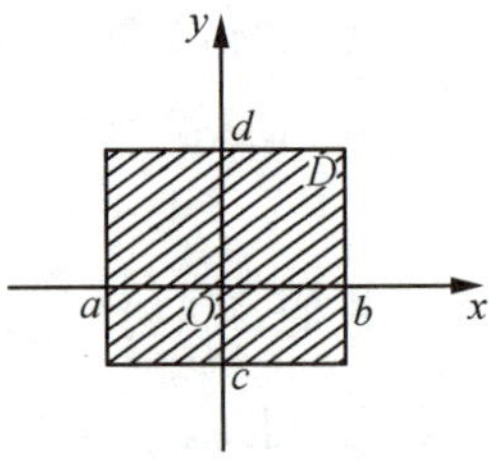

于是 $\iint\limits_D f(x,y)\mathrm{d}x\mathrm{d}y=\int_a^b \mathrm{d}x\int_c^d f(x,y)\mathrm{d}y$（先积 y 再积 x）

$=\int_c^d \mathrm{d}y\int_a^b f(x,y)\mathrm{d}x$（先积 x 再积 y）.

从该例可知，矩形区域是比较简单的积分区域，此时两种积分次序可以任意交换.

图 5-23

例 2　将二重积分 $\iint\limits_D f(x,y)\mathrm{d}x\mathrm{d}y$ 转化为两种不同次序的累次积分，其中 D 由 $y=x$，$y=2-x$ 及 x 轴围成.

解　先画出积分区域 D（图 5-24）.

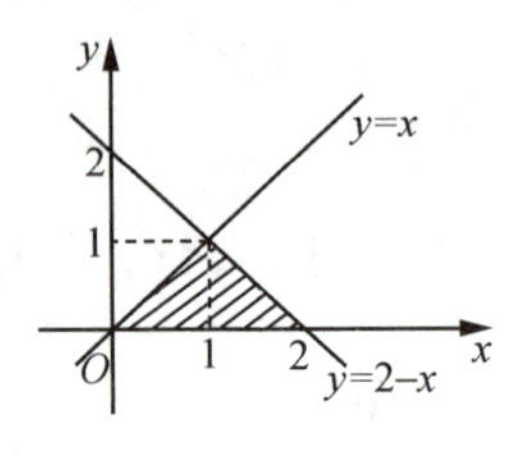

图 5-24

（先积 y 再积 x）将积分区域投影到 x 轴，得 $0\leqslant x\leqslant 2$. 若在区间 $[0,2]$ 内任意固定一个 x，过 x 作 y 轴的平行线. 当 x 在 $[0,2]$ 的不同位置时，这种平行线与区域 D 的边界有两种相交情况，或与直线 $y=x$ 相交，或与直线 $y=2-x$ 相交. 根据两种相交情况，我们将区间 $[0,2]$ 分为两个区间 $[0,1]$ 和 $[1,2]$，对应地将区域 D 分成两个区域 D_1 和 D_2（图 5-24），即 $D=D_1\cup D_2$. 对于区域 D_1，有 $0\leqslant x\leqslant 1$，当 x 固定时，y 的范围从 0 变到 x，因此区域 D_1 可用不等式组 $\begin{cases}0\leqslant x\leqslant 1,\\0\leqslant y\leqslant x\end{cases}$ 表示；类似地，区域 D_2 可用不等式组表示为 $\begin{cases}1\leqslant x\leqslant 2,\\0\leqslant y\leqslant 2-x.\end{cases}$ 于是

$$\begin{aligned}\iint\limits_D f(x,y)\mathrm{d}x\mathrm{d}y&=\iint\limits_{D_1} f(x,y)\mathrm{d}x\mathrm{d}y+\iint\limits_{D_2} f(x,y)\mathrm{d}x\mathrm{d}y\\&=\int_0^1\mathrm{d}x\int_0^x f(x,y)\mathrm{d}y+\int_1^2\mathrm{d}x\int_0^{2-x} f(x,y)\mathrm{d}y,\end{aligned}$$

即 $$\iint\limits_D f(x,y)\mathrm{d}x\mathrm{d}y=\int_0^1\mathrm{d}x\int_0^x f(x,y)\mathrm{d}y+\int_1^2\mathrm{d}x\int_0^{2-x} f(x,y)\mathrm{d}y.$$

（先积 x 再积 y）将积分区域投影到 y 轴，得 $0\leqslant y\leqslant 1$. 若在区间 $[0,1]$ 内任意固定一个 y，过 y 作 x 轴的平行线（图 5-25），x 的范围从 y 变到 $2-y$，因此区域 D 可用不等式组 $\begin{cases}0\leqslant y\leqslant 1,\\y\leqslant x\leqslant 2-y\end{cases}$ 表示，于是

$$\iint\limits_D f(x,y)\mathrm{d}x\mathrm{d}y=\int_0^1\mathrm{d}y\int_y^{2-y} f(x,y)\mathrm{d}x.$$

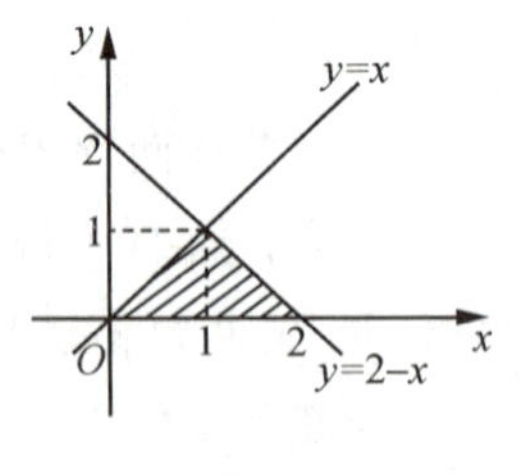

图 5-25

该例详细说明了将二重积分转化为不同次序的累次积分的方法，请读者细细体会. 以后遇到同类问题，可以写得更加简洁（见后续例题）.

改变积分次序，就是将给定一种累次积分次序改写成另一种积分次序的积分，这是经常遇到的一种问题. 我们可以先根据已知积分次序写出对应二重积分区域 D 的不等式组表示形式，根据此不等式组画出积分区域，然后由区域 D 的图形，按照另一种积分次序要求，写出 D 相应的另一种形式的不等式组，从而得到另一种次序的累次积分.

例 3 画出以下累次积分对应的二重积分区域 D，并交换积分次序.

(1) $\int_0^4 \mathrm{d}y \int_{-\sqrt{4-y}}^{-\frac{1}{2}(y-4)} f(x,y)\mathrm{d}x$； (2) $\int_0^1 \mathrm{d}x \int_0^x f(x,y)\mathrm{d}y + \int_1^{\sqrt{2}} \mathrm{d}x \int_0^{\sqrt{2-x^2}} f(x,y)\mathrm{d}y$.

解 (1) 该累次积分对应的积分区域为 $D:\begin{cases} 0 \leqslant y \leqslant 4, \\ -\sqrt{4-y} \leqslant x \leqslant -\dfrac{1}{2}(y-4), \end{cases}$ 画出积分区域 D 的图形(图 5-26)，按照先积 y 再积 x 考虑，重新将区域 D 表示为

$$\begin{cases} -2 \leqslant x \leqslant 0, \\ 0 \leqslant y \leqslant 4-x^2 \end{cases} \text{和} \begin{cases} 0 \leqslant x \leqslant 2, \\ 0 \leqslant y \leqslant 4-2x, \end{cases}$$

所以

$$\int_0^4 \mathrm{d}y \int_{-\sqrt{4-y}}^{-\frac{1}{2}(y-4)} f(x,y)\mathrm{d}x = \int_{-2}^0 \mathrm{d}x \int_0^{4-x^2} f(x,y)\mathrm{d}y + \int_0^2 \mathrm{d}x \int_0^{4-2x} f(x,y)\mathrm{d}y;$$

(2) 该累次积分对应的积分区域为 $D_1 \cup D_2:\begin{cases} 0 \leqslant x \leqslant 1, \\ 0 \leqslant y \leqslant x \end{cases}$ 和 $\begin{cases} 1 \leqslant x \leqslant \sqrt{2}, \\ 0 \leqslant y \leqslant \sqrt{2-x^2}, \end{cases}$ 即 $D = D_1 \cup D_2$，画出积分区域 D 的图形(图 5-27)，按照先积 x 再积 y 考虑，重新将区域 D 表示为

$$\begin{cases} 0 \leqslant y \leqslant 1, \\ y \leqslant x \leqslant \sqrt{2-y^2}, \end{cases}$$

所以 $$\int_0^1 \mathrm{d}x \int_0^x f(x,y)\mathrm{d}y + \int_1^{\sqrt{2}} \mathrm{d}x \int_0^{\sqrt{2-x^2}} f(x,y)\mathrm{d}y = \int_0^1 \mathrm{d}y \int_y^{\sqrt{2-y^2}} f(x,y)\mathrm{d}x.$$

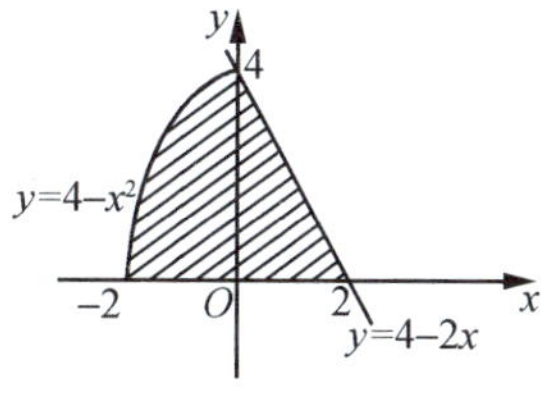

图 5-26

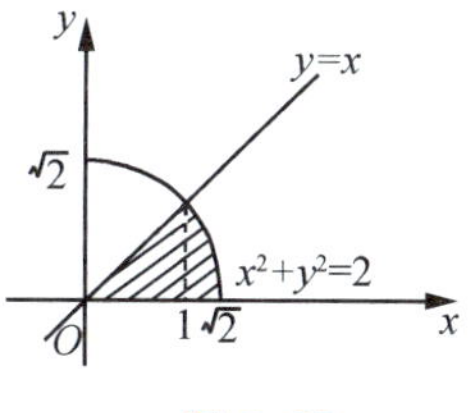

图 5-27

在直角坐标系下计算二重积分，先画出积分区域 D，然后将二重积分转化成某种次序的累次积分(这是关键步骤，前面的两个例题说明了如何转化)，接着只要根据累次积分次序进行两次定积分就可将二重积分计算出来. 要注意的是，先对某个变量积分时，另一变量要视为常量.

例 4 计算 $\iint\limits_D (xy-1)\mathrm{d}x\mathrm{d}y$，其中 D 由直线 $y=1, x=2, y=x$ 围成.

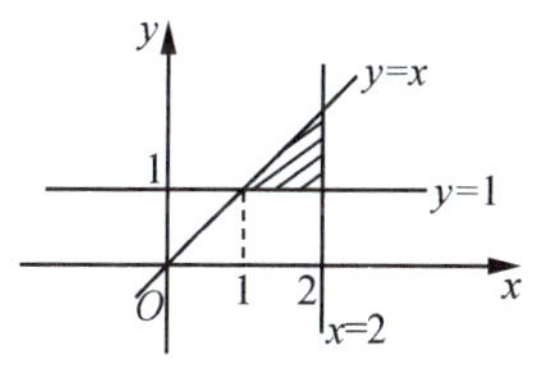

图 5-28

解 先画出积分区域 D(图 5-28).

(方法一)(先积 y 再积 x) 写出积分区域 D 对应的不等式组表示式 $\begin{cases} 1 \leqslant x \leqslant 2, \\ 1 \leqslant y \leqslant x, \end{cases}$ 则

$$\iint\limits_D (xy-1)\mathrm{d}x\mathrm{d}y=\int_1^2\mathrm{d}x\int_1^x(xy-1)\mathrm{d}y=\int_1^2\left(x\cdot\frac{1}{2}y^2-y\right)\Big|_1^x\mathrm{d}x$$

$$=\int_1^2\left(\frac{1}{2}x^3-x-\frac{1}{2}x+1\right)\mathrm{d}x=\left(\frac{1}{8}x^4-\frac{3}{4}x^2+x\right)\Big|_1^2=\frac{5}{8};$$

(方法二)(先积 x 再积 y)　写出积分区域 D 对应的不等式组表示式 $\begin{cases}1\leqslant y\leqslant 2,\\ y\leqslant x\leqslant 2,\end{cases}$ 则

$$\iint\limits_D (xy-1)\mathrm{d}x\mathrm{d}y=\int_1^2\mathrm{d}y\int_y^2(xy-1)\mathrm{d}x=\int_1^2\left(y\cdot\frac{1}{2}x^2-x\right)\Big|_y^2\mathrm{d}y$$

$$=\int_1^2\left(2y-2-\frac{1}{2}y^3+y\right)\mathrm{d}y=\left(\frac{3}{2}y^2-\frac{1}{8}y^4-2y\right)\Big|_1^2=\frac{5}{8}.$$

例 5　计算 $\iint\limits_D xy\,\mathrm{d}x\mathrm{d}y$，其中 D 由曲线 $y^2=x$ 和直线 $y=x-2$ 围成.

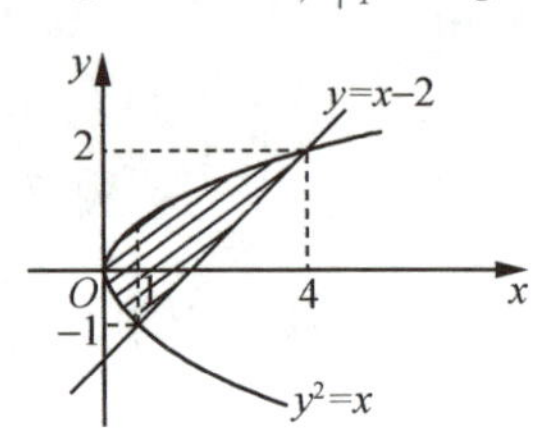

图 5-29

解　求出抛物线 $y^2=x$ 与直线 $y=x-2$ 的交点坐标 $(1,-1)$，$(4,2)$. 画出积分区域 D 的图形(图 5-29).

写出积分区域 D 对应的不等式组表示式 $\begin{cases}-1\leqslant y\leqslant 2,\\ y^2\leqslant x\leqslant y+2,\end{cases}$ 则

$$\iint\limits_D xy\,\mathrm{d}x\mathrm{d}y=\int_{-1}^2\mathrm{d}y\int_{y^2}^{y+2}xy\,\mathrm{d}x=\int_{-1}^2 y\cdot\frac{1}{2}x^2\Big|_{y^2}^{y+2}\mathrm{d}y$$

$$=\frac{1}{2}\int_{-1}^2 y(y^2+4y+4-y^4)\mathrm{d}y$$

$$=\frac{1}{2}\left(\frac{1}{4}y^4+\frac{4}{3}y^3+2y^2-\frac{1}{6}y^6\right)\Big|_{-1}^2=\frac{45}{8}.$$

该例采用了先积 x 再积 y 的积分次序，若采用先积 y 再积 x 的积分次序，则有 $\iint\limits_D xy\,\mathrm{d}x\mathrm{d}y=\int_0^1\mathrm{d}x\int_{-\sqrt{x}}^{\sqrt{x}}xy\,\mathrm{d}y+\int_1^4\mathrm{d}x\int_{x-2}^{\sqrt{x}}xy\,\mathrm{d}y$(读者可以试一试)，显然这种次序比较烦琐.

根据积分区域的特点，选择合适的积分次序，将使计算过程变得简捷方便. 另外，对于某些问题，由于被积函数的特点，某种次序的积分可能积不出来，此时若改变积分次序，则可以比较容易积出.

例 6　计算 $\iint\limits_D \mathrm{e}^{-y^2}\mathrm{d}x\mathrm{d}y$，其中 D 由直线 $y=x$，$y=1$ 及 y 轴围成.

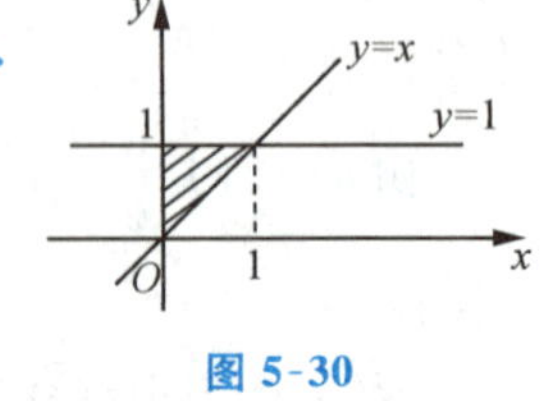

图 5-30

解　画出积分区域 D 的图形(图 5-30).

写出积分区域 D 对应的不等式组表示式 $\begin{cases}0\leqslant y\leqslant 1,\\ 0\leqslant x\leqslant y,\end{cases}$ 则

$$\iint\limits_D \mathrm{e}^{-y^2}\mathrm{d}x\mathrm{d}y=\int_0^1\mathrm{d}y\int_0^y\mathrm{e}^{-y^2}\mathrm{d}x=\int_0^1 y\mathrm{e}^{-y^2}\mathrm{d}y=-\frac{1}{2}\mathrm{e}^{-y^2}\Big|_0^1=\frac{1}{2}(1-\mathrm{e}^{-1}).$$

本例若先积 y 再积 x，则 $\iint\limits_D \mathrm{e}^{-y^2}\mathrm{d}x\mathrm{d}y=\int_0^1\mathrm{d}x\int_x^1\mathrm{e}^{-y^2}\mathrm{d}y$，由于函数 e^{-y^2} 不存在有限形式的原

函数，因此无法再计算下去了.

例 7　计算 $I=\int_0^1 \mathrm{d}y\int_y^1 x^2\cos(xy)\mathrm{d}x$.

分析　若按题目的顺序先积 x 再积 y，则对于积分 $\int_y^1 x^2\cos(xy)\mathrm{d}x$ 需要通过两次分部积分才可积出来，而且过程比较烦琐. 因此，我们准备改变积分次序再进行积分.

解　该累次积分对应的积分区域为 $D:\begin{cases}0\leqslant y\leqslant 1,\\ y\leqslant x\leqslant 1,\end{cases}$ 画出积分区域 D 的图形(图 5-31)，按照先积 y 再积 x 考虑，重新将区域 D 表示为 $\begin{cases}0\leqslant x\leqslant 1,\\ 0\leqslant y\leqslant x,\end{cases}$ 于是

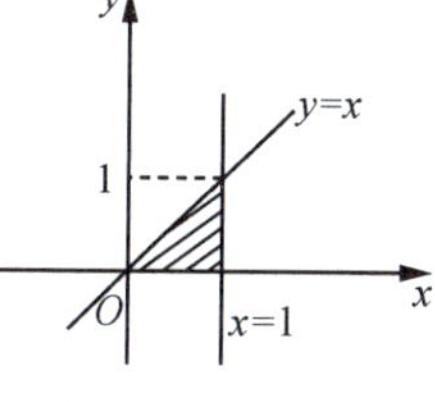

图 5-31

$$
\begin{aligned}
I&=\int_0^1 \mathrm{d}y\int_y^1 x^2\cos(xy)\mathrm{d}x\\
&=\int_0^1 \mathrm{d}x\int_0^x x^2\cos(xy)\mathrm{d}y\ \text{（此时 } x^2 \text{ 是常量，计算变得简便了）}\\
&=\int_0^1\left[x^2\int_0^x\cos(xy)\mathrm{d}y\right]\mathrm{d}x=\int_0^1\left[x\int_0^x\cos(xy)\mathrm{d}(xy)\right]\mathrm{d}x\\
&=\int_0^1\left[x\sin(xy)\big|_0^x\right]\mathrm{d}x=\int_0^1 x\sin x^2\mathrm{d}x=-\frac{1}{2}(\cos x^2)\big|_0^1=\frac{1-\cos 1}{2}.
\end{aligned}
$$

5.7.2　在极坐标系下计算二重积分

当积分区域 D 是圆形区域、扇形区域、环形区域或它们的一部分时，利用直角坐标系计算这类区域上的二重积分往往比较困难，但在极坐标系下计算则比较方便. 下面介绍如何在极坐标系下计算二重积分 $\iint\limits_D f(x,y)\mathrm{d}\sigma$.

在极坐标系下计算二重积分 $\iint\limits_D f(x,y)\mathrm{d}\sigma$，我们分成两大步.

第一步，找到二重积分 $\iint\limits_D f(x,y)\mathrm{d}\sigma$ 在极坐标系下的表示形式.

对于被积函数 $f(x,y)$，由直角坐标系与极坐标系的坐标转换关系，将 $x=r\cos\theta$，$y=r\sin\theta$ 代入，则 $f(x,y)=f(r\cos\theta,r\sin\theta)$.

在极坐标系下，分割积分区域 D. 选取一簇以极点为圆心，半径取一系列常数 r 的同心圆，另外选取一簇由极点发出的射线 θ（θ 取一系列常数），这两组曲线将积分区域 D 分成许多小区域(图 5-32). 这些区域绝大多数是扇形区域，而且当 D 被分割得很密时，小扇形区域的面积 $\Delta\sigma$ 近似等于以 $r\Delta\theta$ 及 Δr 为边长的小矩形的面积. 于是在极坐标系下，面积元素 $\mathrm{d}\sigma$ 可以表示为 $\mathrm{d}\sigma=(r\mathrm{d}\theta)\mathrm{d}r=r\mathrm{d}r\mathrm{d}\theta$.

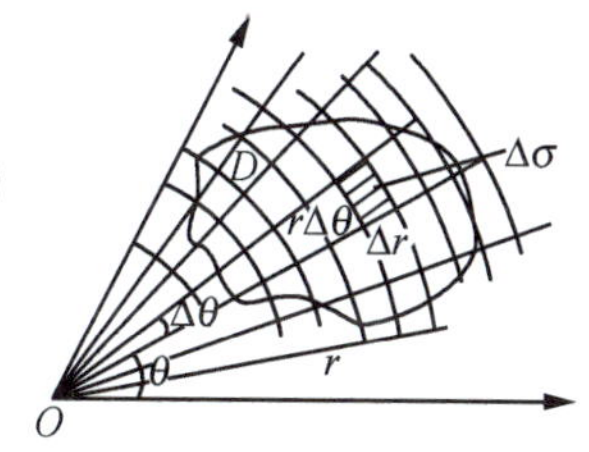

图 5-32

因此,在极坐标系下二重积分$\iint\limits_D f(x,y)\mathrm{d}\sigma$可表示为$\iint\limits_D f(r\cos\theta,r\sin\theta)r\mathrm{d}r\mathrm{d}\theta$,即

$$\iint\limits_D f(x,y)\mathrm{d}\sigma=\iint\limits_D f(r\cos\theta,r\sin\theta)r\mathrm{d}r\mathrm{d}\theta.$$

第二步,考虑如何将极坐标系下的二重积分$\iint\limits_D f(r\cos\theta,r\sin\theta)r\mathrm{d}r\mathrm{d}\theta$转变为二次积分,从而计算出二重积分.

由于积分区域D的边界曲线一般用$r=r(\theta)$表示,因此我们通常将二重积分$\iint\limits_D f(r\cos\theta,r\sin\theta)r\mathrm{d}r\mathrm{d}\theta$转变为"先积$r$再积$\theta$"的累次积分.

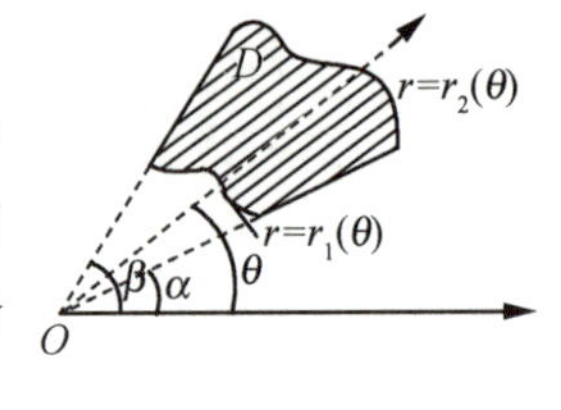

图 5-33

设区域D是由两条射线$\theta=\alpha,\theta=\beta$及两条曲线$r=r_1(\theta),r=r_2(\theta)$围成的.如图5-33所示,穿过$D$的内部由极点出发的射线与$D$的边界的交点不超过两个(如果$D$不满足这个条件,则只要把$D$分割成满足该条件的几块小区域的并).此时,$D$可以表示为$\begin{cases}r_1(\theta)\leqslant r\leqslant r_2(\theta),\\ \alpha\leqslant\theta\leqslant\beta,\end{cases}$于是

$$\iint\limits_D f(x,y)\mathrm{d}\sigma=\iint\limits_D f(r\cos\theta,r\sin\theta)r\mathrm{d}r\mathrm{d}\theta=\int_\alpha^\beta\mathrm{d}\theta\int_{r_1(\theta)}^{r_2(\theta)}f(r\cos\theta,r\sin\theta)r\mathrm{d}r\mathrm{d}\theta.$$

对于上述区域,极点O在区域D外面.若极点O在区域D的边界上(图5-34),则

$$\iint\limits_D f(x,y)\mathrm{d}\sigma=\iint\limits_D f(r\cos\theta,r\sin\theta)r\mathrm{d}r\mathrm{d}\theta=\int_\alpha^\beta\mathrm{d}\theta\int_0^{r(\theta)}f(r\cos\theta,r\sin\theta)r\mathrm{d}r\mathrm{d}\theta.$$

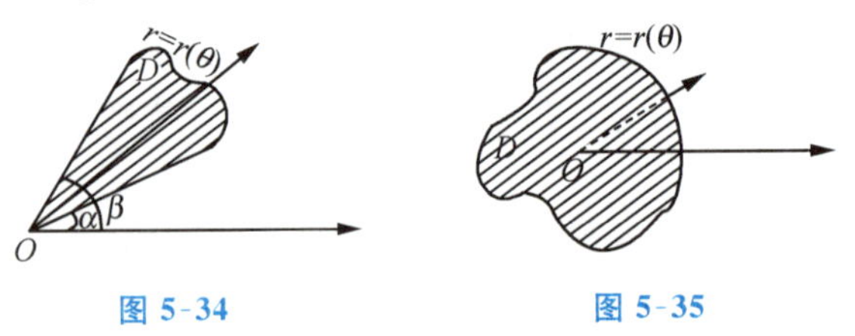

图 5-34　　图 5-35

如果极点O在积分区域D的内部(图5-35),则积分区域D可以表示为$\begin{cases}0\leqslant r\leqslant r(\theta),\\ 0\leqslant\theta\leqslant 2\pi,\end{cases}$对应的二次积分可以表示为

$$\iint\limits_D f(x,y)\mathrm{d}\sigma=\iint\limits_D f(r\cos\theta,r\sin\theta)r\mathrm{d}r\mathrm{d}\theta=\int_0^{2\pi}\mathrm{d}\theta\int_0^{r(\theta)}f(r\cos\theta,r\sin\theta)r\mathrm{d}r\mathrm{d}\theta.$$

例 8　画出积分区域D,将二重积分$I=\iint\limits_D f(x,y)\mathrm{d}\sigma$化为极坐标系下的累次积分.

(1) D由曲线$y=\sqrt{4-x^2}$和直线$y=\pm x$围成;(2) D由曲线$x^2+y^2=4y$围成.

解　(1) 如图5-36所示,画出积分区域D的图形.在极坐标系下,积分区域D可表示为$\begin{cases}0\leqslant r\leqslant 2,\\ \dfrac{\pi}{4}\leqslant\theta\leqslant\dfrac{3\pi}{4},\end{cases}$因此,$I=\iint\limits_D f(x,y)\mathrm{d}\sigma=\int_{\frac{\pi}{4}}^{\frac{3\pi}{4}}\mathrm{d}\theta\int_0^2 f(r\cos\theta,r\sin\theta)r\mathrm{d}r$;

(2) 如图5-37所示,画出积分区域D的图形.在极坐标系下,区域D的边界曲线$x^2+y^2=$

$4y$ 可表示为 $r=4\sin\theta$，于是区域 D 可表示为$\begin{cases}0\leqslant r\leqslant 4\sin\theta,\\0\leqslant\theta\leqslant\pi,\end{cases}$因此，

$$I=\iint_D f(x,y)\mathrm{d}\sigma=\int_0^{\pi}\mathrm{d}\theta\int_0^{4\sin\theta}f(r\cos\theta,r\sin\theta)r\mathrm{d}r.$$

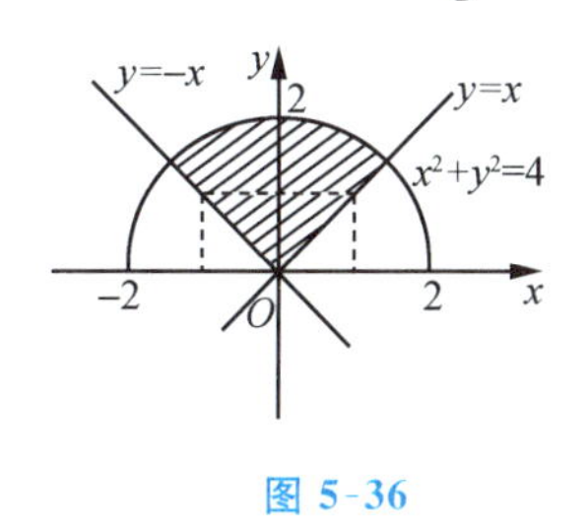

图 5-36

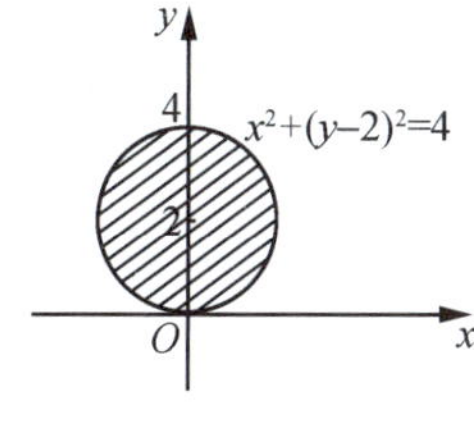

图 5-37

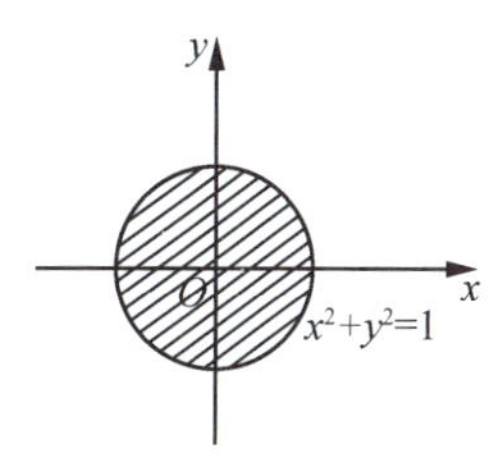

图 5-38

例 9　计算二重积分$\iint_D\cos(x^2+y^2)\mathrm{d}\sigma$，其中 D 由曲线 $x^2+y^2\leqslant 1$ 围成.

解　先画出积分区域 D(图 5-38)，D 的边界曲线为一个圆，在极坐标系下，D 可以表示为$\begin{cases}0\leqslant r\leqslant 1,\\0\leqslant\theta\leqslant 2\pi,\end{cases}$则

$$\begin{aligned}\iint_D\cos(x^2+y^2)\mathrm{d}\sigma&=\int_0^{2\pi}\mathrm{d}\theta\int_0^1 r\cos r^2\mathrm{d}r\\&=\frac{1}{2}\int_0^{2\pi}\mathrm{d}\theta\int_0^1\cos r^2\mathrm{d}r^2=\frac{1}{2}\int_0^{2\pi}\sin r^2\Big|_0^1\mathrm{d}\theta\\&=\frac{1}{2}\sin 1\int_0^{2\pi}\mathrm{d}\theta=\pi\sin 1.\end{aligned}$$

例 10　计算二重积分$\iint_D\arctan\frac{y}{x}\mathrm{d}\sigma$，其中 D 由区域 $1\leqslant x^2+y^2\leqslant 4$ 与 $0\leqslant y\leqslant x$ 围成.

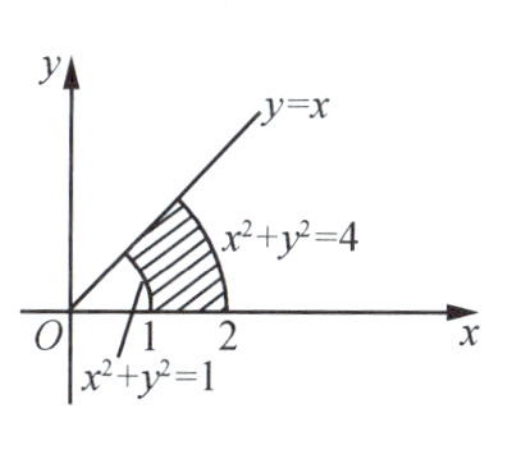

图 5-39

解　先画出积分区域 D(图 5-39)，在极坐标系下，D 可以表示为$\begin{cases}1\leqslant r\leqslant 2,\\0\leqslant\theta\leqslant\frac{\pi}{4},\end{cases}$则

$$\begin{aligned}\iint_D\arctan\frac{y}{x}\mathrm{d}\sigma&=\int_0^{\frac{\pi}{4}}\mathrm{d}\theta\int_1^2\arctan\frac{r\sin\theta}{r\cos\theta}\cdot r\mathrm{d}r\\&=\int_0^{\frac{\pi}{4}}\mathrm{d}\theta\int_1^2\theta\cdot r\mathrm{d}r=\frac{1}{2}\int_0^{\frac{\pi}{4}}\theta r^2\Big|_1^2\mathrm{d}\theta=\frac{3}{2}\int_0^{\frac{\pi}{4}}\theta\mathrm{d}\theta\\&=\frac{3}{4}\theta^2\Big|_0^{\frac{\pi}{4}}=\frac{3}{64}\pi^2.\end{aligned}$$

例 11　计算二重积分$\iint_D\sqrt{16-x^2-y^2}\mathrm{d}\sigma$，其中 D 由曲线 $y=\sqrt{4x-x^2}$ 与 x 轴围成.

解　先画出积分区域 D(图 5-40)，在极坐标系下，曲线 $y=\sqrt{4x-x^2}$ 可表示为 $r=$

$4\cos\theta$，于是 D 可以表示为$\begin{cases}0\leqslant r\leqslant 4\cos\theta,\\ 0\leqslant\theta\leqslant\dfrac{\pi}{2},\end{cases}$ 则

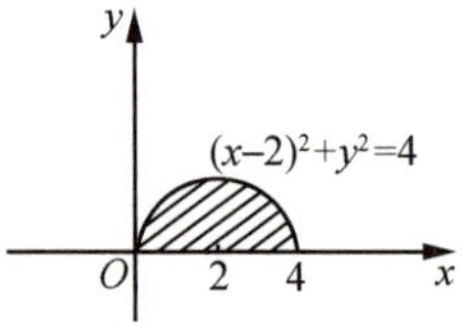

$$\iint_D\sqrt{16-x^2-y^2}\,\mathrm{d}\sigma=\int_0^{\frac{\pi}{2}}\mathrm{d}\theta\int_0^{4\cos\theta}r\sqrt{16-r^2}\,\mathrm{d}r$$

$$=-\frac{1}{2}\int_0^{\frac{\pi}{2}}\mathrm{d}\theta\int_0^{4\cos\theta}\sqrt{16-r^2}\,\mathrm{d}(16-r^2)$$

$$=-\frac{1}{2}\int_0^{\frac{\pi}{2}}\frac{2}{3}(16-r^2)^{\frac{3}{2}}\Big|_0^{4\cos\theta}\mathrm{d}\theta=-\frac{64}{3}\int_0^{\frac{\pi}{2}}(\sin^3\theta-1)\mathrm{d}\theta$$

$$=\frac{64}{3}\left(\int_0^{\frac{\pi}{2}}\mathrm{d}\theta-\int_0^{\frac{\pi}{2}}\sin^3\theta\mathrm{d}\theta\right)=\frac{64}{3}\left(\frac{\pi}{2}-\frac{2}{3}\right)$$

$$=\frac{32\pi}{3}-\frac{128}{9}.$$

$(x-2)^2+y^2=4$

图 5-40

• 知识应用 •

例 12 利用二重积分计算无穷区间上的广义积分 $I=\int_0^{+\infty}\mathrm{e}^{-x^2}\mathrm{d}x$.

分析 由于$\int\mathrm{e}^{-x^2}\mathrm{d}x$"积不出"，该广义积分用定积分的方法是无法求出的，但用二重积分却可以容易解决.

解 因为 $I=\int_0^{+\infty}\mathrm{e}^{-x^2}\mathrm{d}x$，则

$$I^2=\int_0^{+\infty}\mathrm{e}^{-x^2}\mathrm{d}x\cdot\int_0^{+\infty}\mathrm{e}^{-x^2}\mathrm{d}x=\int_0^{+\infty}\mathrm{e}^{-x^2}\mathrm{d}x\cdot\int_0^{+\infty}\mathrm{e}^{-y^2}\mathrm{d}y=\iint_D\mathrm{e}^{-(x^2+y^2)}\mathrm{d}x\mathrm{d}y.$$

可以看出，积分区域 D 为 xOy 坐标平面的第一象限，这是一个广义二重积分. 在极坐标系下，积分区域 D 可表示为$\begin{cases}0\leqslant r\leqslant+\infty,\\ 0\leqslant\theta\leqslant\dfrac{\pi}{2},\end{cases}$ 则

$$I^2=\int_0^{\frac{\pi}{2}}\mathrm{d}\theta\int_0^{+\infty}\mathrm{e}^{-r^2}r\mathrm{d}r$$

$$=\frac{\pi}{2}\int_0^{+\infty}\mathrm{e}^{-r^2}r\mathrm{d}r=\frac{\pi}{4}\int_0^{+\infty}\mathrm{e}^{-r^2}\mathrm{d}r^2$$

$$=-\frac{\pi}{4}\mathrm{e}^{-r^2}\Big|_0^{+\infty}=\frac{\pi}{4}(1-0)=\frac{\pi}{4}.$$

所以 $$I=\int_0^{+\infty}\mathrm{e}^{-x^2}\mathrm{d}x=\frac{\sqrt{\pi}}{2}.$$

例 13 计算案例中关于旋转抛物面与平面 $z=1$ 所围立体的体积.

解 该立体的体积 $V=\iint_D[1-(x^2+y^2)]\mathrm{d}x\mathrm{d}y$，其中 $D:x^2+y^2\leqslant 1$，D 的边界曲线为一个圆，在极坐标系下，D 可以表示为$\begin{cases}0\leqslant r\leqslant 1,\\ 0\leqslant\theta\leqslant 2\pi,\end{cases}$ 则

$$V=\iint_D[1-(x^2+y^2)]\mathrm{d}x\mathrm{d}y=\iint_D(1-r^2)r\mathrm{d}r=\int_0^{2\pi}\mathrm{d}\theta\int_0^1(1-r^2)r\mathrm{d}r$$
$$=2\pi\left(\frac{r^2}{2}-\frac{r^4}{4}\right)\Big|_0^1=\frac{\pi}{2}.$$

因此,旋转抛物面与平面 $z=1$ 所围立体的体积为$\frac{\pi}{2}$.

· 思想启迪 ·

◎ 南北朝时期的数学家祖冲之是世界上第一位将圆周率精算到小数点后第 7 位的科学家。他提出的“祖率”对数学的研究有重大贡献,比欧洲要早 1000 多年,他是我们中华民族的骄傲.我国目前的“神威”计算机峰值运算速度达每秒 3840 亿次.有了“神威”助力,在新药的研制中,筛选几十万个分子的时间大大缩短.“神威”的问世也使得气象、石油勘探等领域的发展有了长足的进步.现在的科研条件是非常优越的,我们要利用好今天的有利条件和前人宝贵的精神财富,为祖国多做贡献.

· 课外演练 ·

1. 将二重积分 $I=\iint_D f(x,y)\mathrm{d}\sigma$ 化为两种不同次序的累次积分,其中积分区域 D 如下:

(1) 由直线 $y=x$ 及抛物线 $y^2=4x$ 所围成的区域;

(2) 由直线 $y=x,x=2$ 及曲线 $y=\frac{1}{x}(x>0)$ 围成的区域;

(3) 由直线 $x+y=1,x-y=1,x=0$ 围成的区域;

(4) 由抛物线 $y=x^2,y=4-x^2$ 围成的区域;

(5) 由 x 轴及圆 $x^2+y^2=1$ 所围成的上半圆域;

(6) 由 x 轴及圆 $x^2+y^2-2x=0$ 所围成的上半圆域与 $x+y\leqslant 2$ 所表示的区域的公共部分.

2. 画出以下累次积分对应的积分区域,再交换积分次序.

(1) $\int_1^{\mathrm{e}}\mathrm{d}x\int_0^{\ln x}f(x,y)\mathrm{d}y$; (2) $\int_0^1\mathrm{d}y\int_y^{\sqrt{y}}f(x,y)\mathrm{d}x$;

(3) $\int_0^2\mathrm{d}y\int_{2-\sqrt{4-y^2}}^{2+\sqrt{4-y^2}}f(x,y)\mathrm{d}x$; (4) $\int_{-1}^0\mathrm{d}x\int_{-x}^1 f(x,y)\mathrm{d}y+\int_0^1\mathrm{d}x\int_{x^2}^1 f(x,y)\mathrm{d}y$;

(5) $\int_0^1\mathrm{d}y\int_0^{2y}f(x,y)\mathrm{d}x+\int_1^3\mathrm{d}y\int_0^{3-y}f(x,y)\mathrm{d}x$;

(6) $\int_{-2}^0\mathrm{d}x\int_0^{\frac{2+x}{2}}f(x,y)\mathrm{d}y+\int_0^2\mathrm{d}x\int_0^{\frac{2-x}{2}}f(x,y)\mathrm{d}y$.

3. 计算以下二重积分.

(1) $\iint_D(x+y)\mathrm{d}x\mathrm{d}y$,其中 $D=\{(x,y)\mid 0\leqslant x\leqslant 1,-1\leqslant y\leqslant 1\}$;

(2) $\iint\limits_D xy\,\mathrm{d}x\mathrm{d}y$,其中 D 为由 $y=2x, y=x, x=2, x=4$ 所围成的区域;

(3) $\iint\limits_D x\sqrt{y}\,\mathrm{d}x\mathrm{d}y$,其中 D 为由曲线 $y=\sqrt{x}, y=x^2$ 所围成的区域;

(4) $\iint\limits_D x\mathrm{e}^{xy}\,\mathrm{d}x\mathrm{d}y$,其中 $D=\{(x,y)\mid 0\leqslant x\leqslant 1, -1\leqslant y\leqslant 0\}$;

(5) $\iint\limits_D x\cos(x+y)\,\mathrm{d}x\mathrm{d}y$,其中 D 为由 $y=x$,x 轴及 $x=\pi$ 所围成的区域;

(6) $\iint\limits_D \mathrm{e}^{-y^2}\,\mathrm{d}x\mathrm{d}y$,其中 D 为由 $y=x$,y 轴及 $y=1$ 所围成的区域.

4. 利用极坐标系计算以下二重积分.

(1) $\iint\limits_D \sqrt{1-x^2-y^2}\,\mathrm{d}x\mathrm{d}y$,其中 D 是圆心在原点的单位圆域;

(2) $\iint\limits_D \ln(1+x^2+y^2)\,\mathrm{d}x\mathrm{d}y$,其中 D 是圆心在原点的单位圆域;

(3) $\iint\limits_D \sin\sqrt{x^2+y^2}\,\mathrm{d}x\mathrm{d}y$,其中 D 是由同心圆 $x^2+y^2=\pi^2$,$x^2+y^2=4\pi^2$ 围成的圆环域;

(4) $\iint\limits_D x\,\mathrm{d}x\mathrm{d}y$,其中 D 是由圆 $x^2+y^2=2y$ 所围成的闭区域;

(5) $\iint\limits_D \sqrt{4-x^2-y^2}\,\mathrm{d}x\mathrm{d}y$,其中 D 是由圆 $x^2+y^2=2x$ 所围成的第一象限内的闭区域.

5. 求由圆锥面 $z=\sqrt{x^2+y^2}$、圆柱面 $x^2+y^2=1$ 及 xOy 平面所围成的立体的体积.

6. 求由抛物面 $x^2+y^2=1-z$ 与 xOy 平面所围成的立体的体积.

5.8* 积分运算实验

• 案例导出 •

案例 如图 5-41 所示,两个底面半径为 R,高为 $H(>2R)$ 的圆柱体形的容器垂直相交,问这个十字形的容器的体积为多少?

• 案例分析 •

所求十字形容器的体积就等于两个圆柱体积之和减去两个圆柱体的公共部分的体积,所以问题转化为求两个圆柱体的公共部分的体积的问题. 建立空间直角坐标系后,可以设垂直的圆柱面方程为 $x^2+y^2=R^2$,水平的圆柱面方程为 $y^2+z^2=R^2$,由于图形的对称性,只要求出 $\iint\limits_D \sqrt{R^2-x^2}\,\mathrm{d}x\mathrm{d}y$,然后乘以 8,就是所求公共部分的体积,其中 D 为

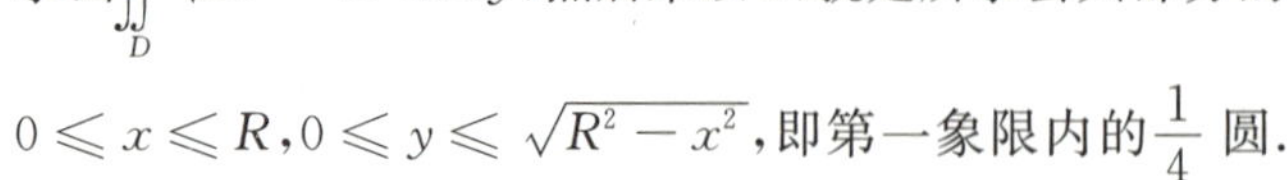

$0\leqslant x\leqslant R, 0\leqslant y\leqslant\sqrt{R^2-x^2}$,即第一象限内的 $\frac{1}{4}$ 圆.

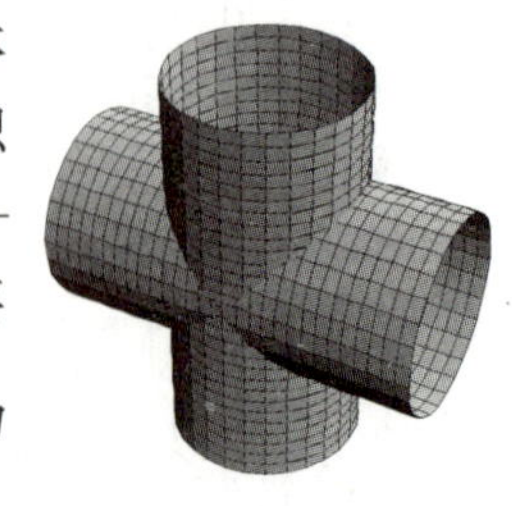

图 5-41

· 相关知识 ·

用数学软件 Mathematica 计算积分等内容的相关函数与命令为

(1) 不定积分、定积分、二重积分 Integrate;

(2) 定积分近似值 NIntegrate.

例 1 求不定积分 $\int \frac{(\ln x+1)^3}{x\ln x}\mathrm{d}x$.

解 In[1]: = Integrate[(Log[x] + 1)^3/(x * Log[x]), x]

Out[1] = $3\mathrm{Log}[x] + \frac{3\mathrm{Log}[x]^2}{2} + \frac{\mathrm{Log}[x]^3}{3} + \mathrm{Log}[\mathrm{Log}[x]]$

注意 在 Mathematica 软件中不定积分结果中的积分常数 C 被省略.

例 2 求定积分 $\int_0^1 \sqrt{\frac{1+x}{2-x}}x\,\mathrm{d}x$.

解 In[1]: = Integrate[((1 + x)/(2 - x))^(1/2) * x, {x, 0, 1}]

Out[1] = $\frac{1}{4}\left(-2\sqrt{2} + 15\mathrm{ArcSin}\left[\sqrt{\frac{2}{3}}\right] - 15\mathrm{ArcSin}\left[\frac{1}{\sqrt{3}}\right]\right)$

例 3 计算 $\int_0^{10} \mathrm{e}^{-x^2}\mathrm{d}x$ 的近似值.

解 In[1]: = N[Integrate[E^(- x^2), {x, 0, 10}]]

Out[1] = 0.886227

或者 In[2]: = NIntegrate[E^(- x^2), {x, 0, 10}]

Out[2] = 0.886227

例 4 求二重积分 $\iint\limits_D (xy^2+x^3y)\mathrm{d}\sigma$,其中 D 由 $y=x^2$ 和 $x=y^2$ 所围成.

解 先化为二次积分 $\int_0^1 \mathrm{d}x\int_{x^2}^{\sqrt{x}}(xy^2+x^3y)\mathrm{d}y$.

In[1]: = Integrate[x * y^2 + x^3 * y, {x, 0, 1}, {y, x^2, x^(1/2)}]

Out[1] = $\frac{51}{560}$

例 5 求二重积分 $\iint\limits_D \frac{\sin y}{y}\mathrm{d}\sigma$,其中 D 由 $y=x$ 和 $x=y^2$ 所围成.

解 先化为二次积分 $\int_0^1 \mathrm{d}y\int_y^{y^2}\frac{\sin y}{y}\mathrm{d}x$.

In[1]: = Integrate[Sin[y]/y, {y, 0, 1}, {x, y, y^2}]

Out[1] =- 1 + Sin[1]

如果化为另一个顺序的二次积分 $\int_0^1 \mathrm{d}x\int_{\sqrt{x}}^{x}\frac{\sin y}{y}\mathrm{d}y$,手算不能进行,但软件仍能计算.

In[2]: = Integrate[Sin[y]/y, {x, 0, 1}, {y, x^(1/2), x}]

Out[2] =- 1 + Sin[1]

例 6 完成案例.

解 先化为二次积分$\int_0^R \mathrm{d}x\int_0^{\sqrt{R^2-x^2}} \sqrt{R^2-x^2}\,\mathrm{d}y$.

```
In[1]: = Integrate[(R^2 - x^2)^(1/2),{x,0,R},{y,0,(R^2 - x^2)^(1/2)}]
```

$\text{Out}[1] = \frac{2R^3}{3}$

所以两个圆柱公共部分的体积为$\frac{2R^3}{3}\times 8=\frac{16R^3}{3}$,所求十字形容器的体积为$2\pi R^2 H-\frac{16R^3}{3}$.

• 课堂演练 •

1. 计算下列积分.

(1) $\int e^x(\sin x+\cos x)\mathrm{d}x$;　　(2) $\int \tan^4 x\mathrm{d}x$;

(3) $\int_0^1 (1-x^2)\sqrt{1-x^2}\mathrm{d}x$;　　(4) $\int_0^1 \frac{\arcsin x}{x}\mathrm{d}x$;

(5) $\int_0^{+\infty} \frac{\sin x}{x}\mathrm{d}x$.

2. 计算$\int_1^{10} \frac{\sin x}{x}\mathrm{d}x$ 的近似值.

3. $\iint\limits_D x\sin y\mathrm{d}x\mathrm{d}y$,其中 D:$1\leqslant x\leqslant 2, 0\leqslant y\leqslant \frac{\pi}{2}$.

4. $\iint\limits_D xy\cos(xy)\mathrm{d}x\mathrm{d}y$,其中 D:$|x|+|y|\leqslant 2$.

5. $\iint\limits_D xy\mathrm{d}x\mathrm{d}y$,$D$ 为由 $y^2=2x$,$y=x-4$ 所围成的区域.

名家链接

数学史上伟大的符号大师——莱布尼茨

莱布尼茨(1646—1716),德国哲学家、数学家,是历史上少见的通才,被誉为 17 世纪的亚里士多德.莱布尼茨是一名律师,经常往返于各大城镇,他许多的公式都是在颠簸的马车上完成的,他具有男爵的贵族身份.

莱布尼茨在数学史和哲学史上都占有重要地位.在数学上,他和牛顿先后独立创立了微积分,而且他所使用的微积分的数学符号被更广泛地使用.欧洲大陆的数学得以迅速发展,莱布尼茨的巧妙符号功不可没.除积分符号“$\int$”、微分符号“dy”外,他创设的符号还有商“a/b”、比“$a:b$”、相似“∽”、全等“≌”、并“∪”、“交“∩”，以及函数和行列式等符号.

1646年7月1日，莱布尼茨出生于德国东部莱比锡的一个书香之家，父亲是莱比锡大学的道德哲学教授，母亲出身于教授家庭，虔信路德新教.莱布尼茨从小就广泛接触古希腊罗马文化，阅读了许多著名学者的著作，由此获得了坚实的文化功底和明确的学术目标.

1661年，15岁的莱布尼茨进入莱比锡大学学习.1665年，莱布尼茨发表了他的第一篇数学论文《论组合的艺术》.这是一篇关于数理逻辑的文章，其基本思想是把理论的真理性论证归结于一种计算的结果.这篇论文虽不够成熟，但却闪耀着创新的智慧和数学的才华.后来的一系列工作使他成为数理逻辑的创始人.

1672年，莱布尼茨决定钻研高等数学，并研究了笛卡儿、费尔马、帕斯卡等人的著作，开始创造性的工作.他的兴趣越来越明显地表现在数学和自然科学方面，并创立了微积分.1679年，莱布尼茨还发明了二进制，并对其系统性深入研究，完善了二进制.

1682年，莱布尼茨与门克创办了近代科学史上很有影响的拉丁文科学杂志《学术纪事》（又称《教师学报》），他的数学、哲学文章大都刊登在该杂志上.“世界上没有两片完全相同的树叶”这一句名言，就出自他与苏菲的谈话.

1700年，他出任柏林科学院首任院长.1700年2月，他被选为法国科学院院士.1716年11月14日，莱布尼茨离开了人世，终年70岁.

莱布尼茨与牛顿谁先发明微积分的争论是数学界至今最大的公案.莱布尼茨于1684年发表第一篇微分论文，定义了微分概念，采用了微分符号“$\mathrm{d}x$、$\mathrm{d}y$”.1686年他又发表了积分论文，讨论了微分与积分，使用了积分符号“$\int$”.依据莱布尼茨的笔记本，1675年11月11日他便完成了一套完整的微分学理论.

牛顿在1687年出版的《自然哲学的数学原理》中写道，“十年前在我和最杰出的几何学家莱布尼茨的通信中，我表明我已经知道确定极大值和极小值的方法、作切线的方法及类似的方法，但我在交换的信件中隐瞒了该方法……这位最卓越的科学家在回信中写道，他也发现了一种同样的方法.他诉述了他的方法，它与我的方法几乎没有什么不同，除了他的措词和符号外”.因此，后来人们公认牛顿和莱布尼茨是各自独立地创立微积分的.

牛顿从物理学出发，运用几何方法研究微积分，其应用上更多地结合了运动学，造诣高于莱布尼茨.莱布尼茨则从几何问题出发，运用分析学方法引进微积分概念，得出运算法则，其数学的严密性与系统性是牛顿所不及的.

莱布尼茨在数学方面的成就是巨大的，他的研究及成果渗透到高等数学的许多领域.莱布尼兹也是数学史上最伟大的符号学者之一，堪称符号大师.他所创设的微积分符号远远优于牛顿的符号.不过莱布尼茨对牛顿的评价非常高，莱布尼茨说道：在从世界开始到牛顿生活的时代的全部数学中，牛顿的工作超过了一半.

莱布尼茨对中国的科学、文化和哲学思想也十分关注，他是最早研究中国文化和中国哲学的德国人.直到去世前几个月，莱布尼茨才写完一份关于中国人宗教思想的手稿《论中国人的自然神学》.在《中国近况》一书的绪论中，莱布尼茨写道，“全人类最伟大的文化和最发达的文明仿佛今天汇集在我们大陆的两端，即汇集在欧洲和位于地球另一端的东方欧洲——中国.在日常生活及以经验应对付自然的技能方面,我们是不分伯仲的.我们双方各自都具备通过相互交流使对方受益的技能.在思考的缜密和理性的思辨方面,显然我们要略胜一筹,但在时间哲学,即在生活与人类实际方面的伦理及治国学说方面,我们实在是相形见绌了."

莱布尼茨不仅显示出了他不带"欧洲中心论"色彩的虚心好学精神,而且为中西文化双向交流描绘了宏伟的蓝图,极力推动这种交流向纵深发展,使东西方人民相互学习,取长补短,共同繁荣进步.这种虚心好学,对中国文化平等相待,不含偏见的精神尤为难能可贵,值得后世永远敬仰、效仿.

第六章 积分的应用

教学目标

理解积分的微元法思想,用微元法来分析和解决问题;了解连续函数的平均值.

内容简介

积分的微元法是一种实用性很强的数学方法和变量分析方法,在工程实践和科学技术中有着广泛的应用.本章我们先介绍微元法的思想,然后运用微元法求解平面图形的面积、旋转体的体积、平面曲线的弧长、空间曲面的面积等,同时还将介绍连续函数的平均值计算方法.

6.1 平面图形的面积

平面图形的面积

· 案例导出 ·

案例 求由两条抛物线 $y^2=x$ 与 $y=x^2$ 所围成的平面图形的面积.

· 案例分析 ·

前面我们用定积分的方法解决了曲边梯形的面积及变速直线运动的路程的计算问题,综合这两个问题可以看出,只要所求量 F 具有下面两个特点,就能够使用定积分的方法进行计算:

(1) 所求量 F 与某个区间 $[a,b]$ 有关;

(2) 在该区间上,所求量 F 具有可加性,也就是说,当把区间 $[a,b]$ 分成许多小区间时,整体量 F 等于各部分分量 ΔF_i 之和,即 $F=\sum\limits_{i=1}^{n}\Delta F_i$.

在几何、物理、工程技术及经济学中,符合这两个特点的量 F 有很多,比如平面图形的面积、空间立体的体积、转动惯量及可变成本等.那么,怎样才能将所求量 F 化为定积分呢?我们先回顾一下应用定积分概念解决实际问题的四个步骤:

(1) 分割　将所求量 F 分为部分量之和,即 $F=\sum\limits_{i=1}^{n}\Delta F_i$;

(2) 近似替换　求出每个部分量的近似值,即 $\Delta F_i\approx f(\xi_i)\Delta x_i\,(i=1,2,\cdots,n)$;

(3) 求和　写出所求量 F 的近似值，即 $F=\sum_{i=1}^{n}\Delta F_i\approx\sum_{i=1}^{n}f(\xi_i)\Delta x_i$；

(4) 求极限　通过求极限求出所求量 F，$F=\lim_{\lambda\to 0}\sum_{i=1}^{n}f(\xi_i)\Delta x_i$，其中 $\lambda=\max_{1\leqslant i\leqslant n}\{\Delta x_i\}$.

由定积分的定义，所求量 F 就可以用定积分表示为 $F=\int_a^b f(x)\mathrm{d}x$.

观察这四个步骤，第二步最关键，因为最后的被积表达式是在这步被确定的[只要将近似式 $f(\xi_i)\Delta x_i$ 中变量记号改变一下就可得到 $f(x)\mathrm{d}x$]；第三和第四步可以合并：在区间 $[a,b]$ 上无限累加，即在 $[a,b]$ 上积分；至于第一步，它只是指明了所求量具有可加性，这是 F 能用定积分计算的前提.

根据上述分析，可以将四个步骤简化为两步来做，我们称之为**微元法**.

(1) 先在区间 $[a,b]$ 上任取一个微小区间 $[x,x+\mathrm{d}x]$，然后写出该小区间上的部分量 ΔF 的近似值，记为 $\mathrm{d}F$(称之为所求量 F 的微元)，即 $\mathrm{d}F=f(x)\mathrm{d}x$；

(2) 将微元 $\mathrm{d}F$ 在区间 $[a,b]$ 上积分(无限累加)，即得 $F=\int_a^b f(x)\mathrm{d}x$.

一般地，所求量 F 只要在所给定的区间上具有可加性，就可用微元法表示成定积分. 微元法比用定积分概念分析并解决问题要简洁清楚，这一点将在后续章节中得到体现. 使用微元法时，求微元是关键，这要分析问题的实际意义及数量关系，一般可以在小区间 $[x,x+\mathrm{d}x]$ 上，按以“常代变”“匀代不匀”“直代曲”的思路，写出微元 $\mathrm{d}F$.

对于案例所提出的问题，可以先作出这两条曲线所围成的图形(图 6-1). 容易求出这两条曲线的交点为 $(0,0)$，$(1,1)$.

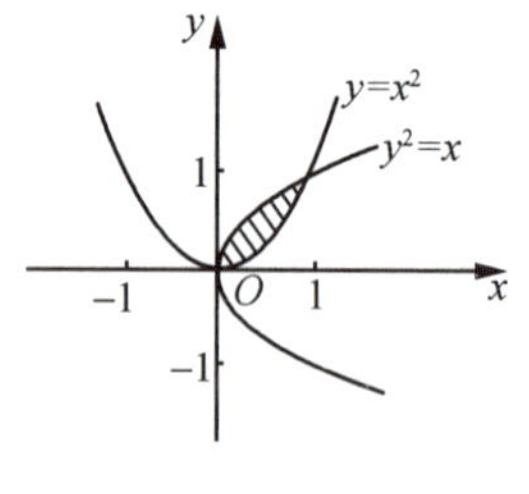

图 6-1

我们可以利用微元法求解该平面图形的面积. 取 x 为积分变量，它的变化区间为 $[0,1]$. 相应于 $[0,1]$ 上的任意小区间 $[x,x+\mathrm{d}x]$ 的窄条的面积近似于高为 $\sqrt{x}-x^2$、底为 $\mathrm{d}x$ 的窄矩形的面积，从而得到面积微元 $\mathrm{d}S=(\sqrt{x}-x^2)\mathrm{d}x$. 将微元 $\mathrm{d}S$ 在区间 $[0,1]$ 上无限累加，即得 $S=\int_0^1(\sqrt{x}-x^2)\mathrm{d}x$. 于是所求面积为

$$S=\int_0^1(\sqrt{x}-x^2)\mathrm{d}x=\left(\frac{2}{3}x^{\frac{3}{2}}-\frac{x^3}{3}\right)\Big|_0^1=\frac{1}{3}.$$

该案例通过微元法比较容易得到了所求平面图形的面积，我们可以将这种方法一般化.

· 相关知识 ·

求由两条连续曲线 $y=f(x)$，$y=g(x)$[其中 $f(x)\geqslant g(x)$] 及直线 $x=a$，$x=b$ 所围成的平面图形(图 6-2) 的面积 S.

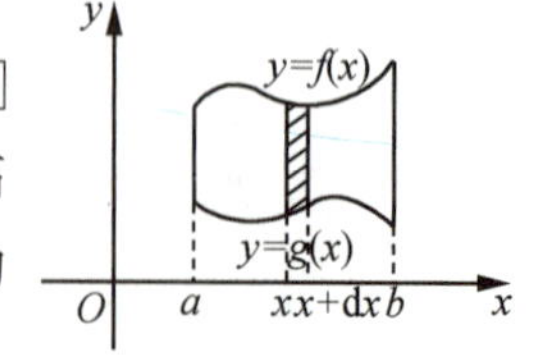

图 6-2

根据微元法，取 x 为积分变量，它的变化区间为 $[a,b]$. 在区间 $[a,b]$ 上任取一个微小区间 $[x,x+\mathrm{d}x]$，该子区间上的窄条的面积近似于高为 $f(x)-g(x)$、底为 $\mathrm{d}x$ 的小矩形的面积. 因此，我们得到了面积 S 的

面积微元 $dS=[f(x)-g(x)]dx$，于是所求图形的面积为

$$S=\int_a^b[f(x)-g(x)]dx.$$

如果在$[a,b]$上 $f(x)\geqslant g(x)$ 不成立，即 $f(x)<g(x)$，则面积 S 的面积微元为 $dS=[g(x)-f(x)]dx$，于是所求图形的面积为 $S=\int_a^b[g(x)-f(x)]dx$.

综上，我们可以得到一般的结论：由两条连续曲线 $y=f(x)$，$y=g(x)$ 和直线 $x=a$，$x=b$ 所围成的平面图形的面积 $S=\int_a^b|f(x)-g(x)|dx$.

类似地，若平面图形是由左、右两条连续曲线 $x=\varphi(y)$，$x=\psi(y)$ 和直线 $y=c$，$y=d$ 所围成(图 6-3)，则平面图形的面积为

$$S=\int_c^d|\varphi(y)-\psi(y)|dy.$$

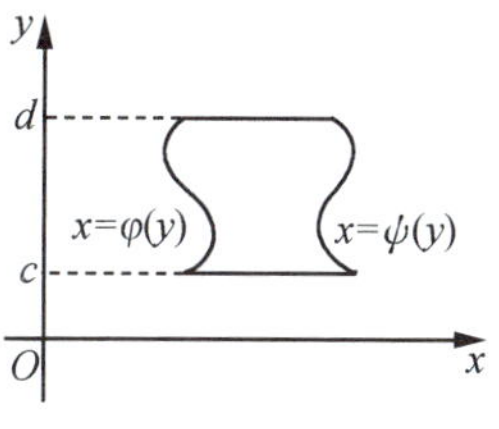

图 6-3

例 1 求由 $y=\sqrt{x}$ 与 $y=\dfrac{x}{2}$ 围成的平面图形的面积.

解 （方法一） 由$\begin{cases}y=\sqrt{x},\\ y=\dfrac{x}{2}\end{cases}$ 解得两交点为(0,0)，(4,2)(图 6-4)，找到面积微元 $dS=\left(\sqrt{x}-\dfrac{x}{2}\right)dx$，于是

$$S=\int_0^4\left(\sqrt{x}-\frac{x}{2}\right)dx=\left(\frac{2}{3}x^{\frac{3}{2}}-\frac{1}{4}x^2\right)\Big|_0^4=\frac{4}{3}.$$

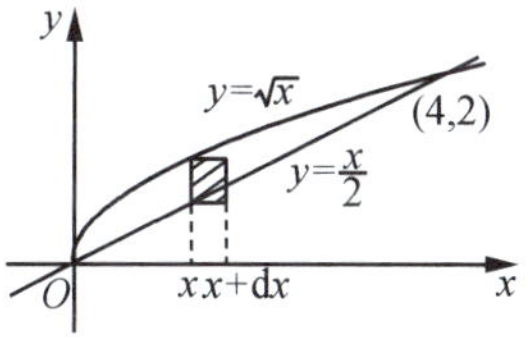

图 6-4

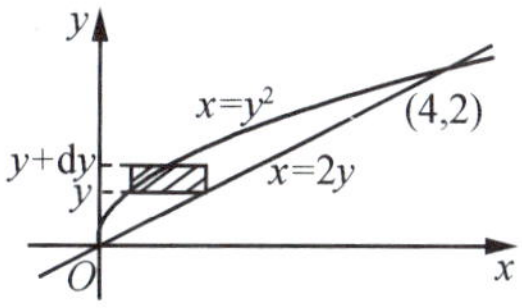

图 6-5

（方法二） 下面我们以 y 为积分变量来求该图形的面积(图 6-5)，面积微元为 $dS=(2y-y^2)dy$，于是

$$S=\int_0^2(2y-y^2)dy=\left(y^2-\frac{1}{3}y^3\right)\Big|_0^2=\frac{4}{3}.$$

事实上，利用定积分计算平面图形的面积，主要是确定积分区间和被积函数.

例 2 求由 $y=e^x$ 与 $y=e^{-x}$ 及 $x=1$ 所围成的平面图形的面积.

解 画出平面图形(图 6-6)，以 x 为积分变量，则

$$\begin{aligned}S&=\int_0^1(e^x-e^{-x})dx\\&=(e^x+e^{-x})\Big|_0^1\\&=e+e^{-1}-2.\end{aligned}$$

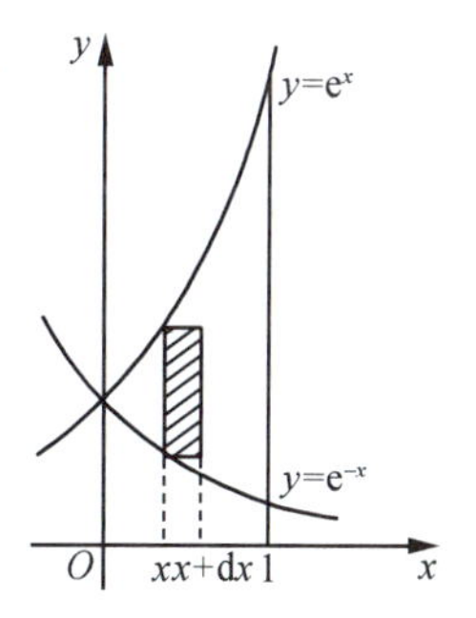

图 6-6

当然，该例也可以 y 为积分变量，此时面积 $S=\int_0^1(1+\ln y)\mathrm{d}y+\int_1^e(1-\ln y)\mathrm{d}y$（读者不妨试一下），显然，这种方法没有例题中的解法方便. 因此，要根据具体问题，做出相应选择.

例 3 求由 $y^2=2x$ 与 $y=x-4$ 所围成的平面图形的面积.

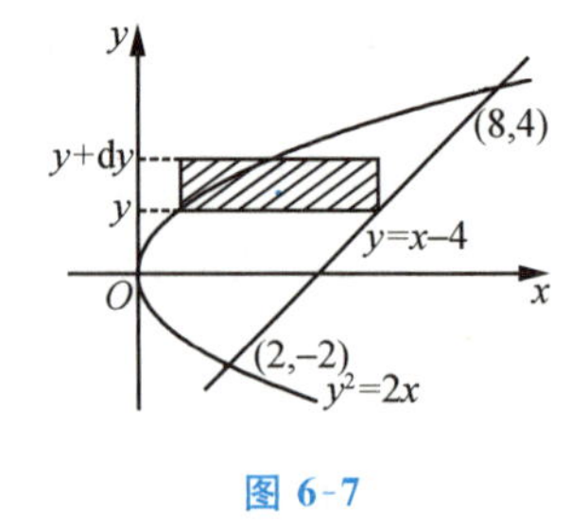

图 6-7

解 由 $\begin{cases}y^2=2x,\\y=x-4\end{cases}$ 解得两交点为 $(2,-2)$，$(8,4)$（图 6-7）.

$$S=\int_{-2}^{4}\left(y+4-\frac{1}{2}y^2\right)\mathrm{d}y$$
$$=\left(\frac{1}{2}y^2+4y-\frac{1}{6}y^3\right)\Big|_{-2}^{4}=18.$$

• 知识应用 •

例 4 某窗户设计为弓形（图 6-8），上方曲线为抛物线 $y=4-x^2$，下方为直线 $y=0$，求窗户的面积.

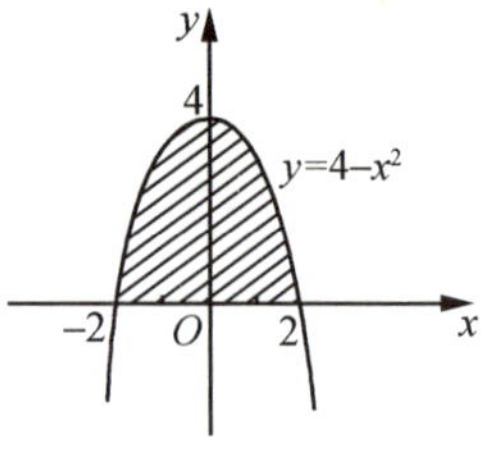

图 6-8

解 抛物线 $y=4-x^2$ 与 $y=0$ 的交点为 $(-2,0)$ 和 $(2,0)$.

$$S=\int_{-2}^{2}(4-x^2)\mathrm{d}x=\left(4x-\frac{1}{3}x^3\right)\Big|_{-2}^{2}=\frac{32}{3},$$

所以窗户的面积为 $\frac{32}{3}$.

例 5 某罐头的顶面设计为由曲线 $y=x^3-2x^2-x+2$ 与曲线 $y=x^2-1$ 在区间 $[-1,1]$ 上围成的平面图形（图 6-9），求出该顶面的面积.

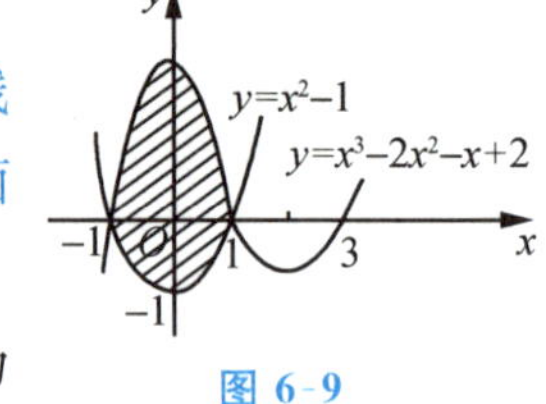

图 6-9

解 曲线 $y=x^3-2x^2-x+2$ 与曲线 $y=x^2-1$ 的交点为 $(-1,0)$ 和 $(1,0)$.

$$S=\int_{-1}^{1}(x^3-2x^2-x+2-x^2+1)\mathrm{d}x$$
$$=\left(\frac{x^4}{4}-x^3-\frac{x^2}{2}+3x\right)\Big|_{-1}^{1}=4,$$

所以该罐头顶面的面积为 4.

• 思想启迪 •

◎ 数学不是仅仅由抽象的公式、法则和定理建造起来的空中楼阁，它有着丰富的实际背景，源于实践中需要解决的实际问题. 定积分是一种特定形式的和式的极限. 许多实际问题都可归结为求这种特定形式的和式的极限. 元素法（微元法）中的细分思想早在公元前 4—5 世纪的原子论中和安蒂丰的穷竭法中就已有体现；公元 3 世纪，我国古代数学家刘徽的割圆术中也体现了这种细分逼近的思想. 在随后的十几个世纪中，人们不断地进行尝试，其中典型代表就包括开普勒所提出的葡萄酒桶的体积计算方法. 直到 17 世纪，牛顿和莱布尼茨创立了微积分学，在极限理论的基础上，不断细分求和的思想才获得了坚实的理论基础.

19 世纪，通过分割、近似替换、求和、求极限的过程，黎曼给出了曲边梯形面积的计算方法.

◎ 人生就是一道积分题，积分的多少、正负，全都是由“人生函数”在每一点的值炼成的. 人的一生由许许多多个每分每秒组成，然而每个每分每秒都是平平淡淡的，变化很小，许许多多个每分每秒的人生点滴积累起来就汇聚成丰富多彩的人生长河. 每分每秒以平常心做平常事，积跬步行千里，分分秒秒的平淡生活汇聚成不平淡的人生.

• 课外演练 •

1. 求由下列各曲线所围成的平面图形的面积.

(1) 曲线 $y=x$ 与 $y=\sqrt{x}$ 所围成的图形；

(2) 曲线 $y=e^x$、直线 $y=e$ 及 y 轴所围成的图形；

(3) 曲线 $y=3-x^2$ 与直线 $y=2x$ 所围成的图形；

(4) 曲线 $y=\frac{1}{2}x^2$ 与 $x^2+y^2=8$ 所围成的两块图形；

(5) 曲线 $y=\frac{1}{x}$ 与直线 $y=x$ 及 $x=2$ 所围成的图形；

(6) 曲线 $y=x^2, 4y=x^2$ 及直线 $y=1$ 所围成的图形.

2. 计算由抛物线 $y=-x^2+4x-3$ 及点 $(0,-3)$ 和 $(3,0)$ 处的切线所围成的图形的面积.

3. 计算由抛物线 $y^2=2px$ 及点 $\left(\frac{p}{2},p\right)$ 处的法线所围的图形的面积.

4. 计算由椭圆 $\frac{x^2}{a^2}+\frac{y^2}{b^2}=1$ 所围成的图形的面积.

平面曲线的弧长

 6.2 平面曲线的弧长

• 案例导出 •

案例 两根电线杆之间的电线，由于其本身的重量，下垂成曲线形，这样的曲线叫悬链线. 适当选取坐标系后，悬链线的方程为 $y=\frac{1}{2}(e^x+e^{-x})$，试计算悬链线上介于 $x=-1$ 与 $x=1$ 之间一段弧的长度(图 6-10).

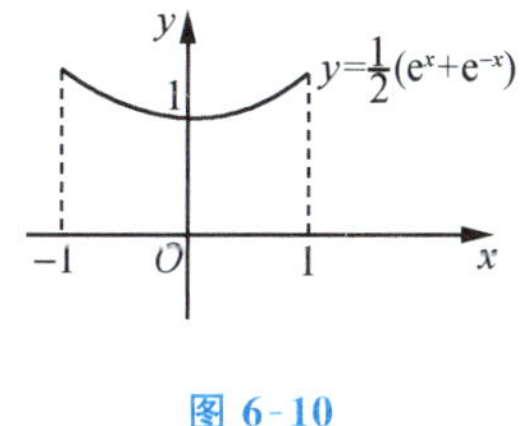

图 6-10

• 案例分析 •

该问题实际上是求平面上的一条光滑曲线段的长度. 显然，当给定的曲线段比较短时，曲线段近似于直线段，我们可以类似于求曲边梯形的面积那样，通过分割、求和、求极限的方法求出曲线段的长度，也就是说，所求曲线段的长度在所给定的区间上具有可加性，我们可用微元法将其表示成定积分，再求解.

• 相关知识 •

如图 6-11 所示，设平面曲线弧$\overset{\frown}{AB}$的方程为 $y=f(x)$，$x\in[a,b]$，其中 $f(x)$ 在$[a,b]$上有连续导数，$x=a$ 对应于弧上点 A，$x=b$ 对应于弧上点 B，求弧$\overset{\frown}{AB}$的长.

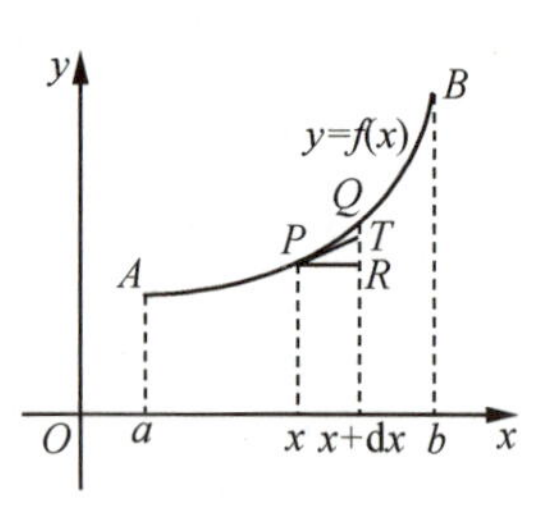

图 6-11

取 x 为积分变量，它的取值区间为$[a,b]$，在区间$[a,b]$的任一小区间$[x,x+\mathrm{d}x]$上，相对应的弧$\overset{\frown}{PQ}$的长可以用该曲线在点$(x,f(x))$处的切线上相应的一小线段 PT 的长度来近似替代（图 6-11），由于 $PR=\mathrm{d}x$，$TR=\mathrm{d}y$，故弧长微元

$$\mathrm{d}s=PT=\sqrt{(\mathrm{d}x)^2+(\mathrm{d}y)^2}=\sqrt{1+(y')^2}\,\mathrm{d}x,$$

所以曲线$\overset{\frown}{AB}$的弧长为

$$s=\int_a^b\sqrt{1+(y')^2}\,\mathrm{d}x.$$

若曲线由参数方程$\begin{cases}x=\varphi(t),\\y=\psi(t)\end{cases}$ $(\alpha\leqslant t\leqslant\beta)$ 给出，则弧长微元为

$$\mathrm{d}s=\sqrt{(\mathrm{d}x)^2+(\mathrm{d}y)^2}=\sqrt{[\varphi'(t)\mathrm{d}t]^2+[\psi'(t)\mathrm{d}t]^2}=\sqrt{[\varphi'(t)]^2+[\psi'(t)]^2}\,\mathrm{d}t,$$

所以所求弧长为

$$s=\int_\alpha^\beta\sqrt{[\varphi'(t)]^2+[\psi'(t)]^2}\,\mathrm{d}t.$$

例 1 计算曲线 $y=\dfrac{2}{3}x^{\frac{3}{2}}$ 上相应于 x 从 a 到 b 的一段弧的长度.

解 曲线以直角坐标方程给出，由于 $y'=x^{\frac{1}{2}}$，则

$$\mathrm{d}s=\sqrt{1+(y')^2}\,\mathrm{d}x=\sqrt{1+(x^{\frac{1}{2}})^2}\,\mathrm{d}x=\sqrt{1+x}\,\mathrm{d}x,$$

因此，所求弧长为

$$s=\int_a^b\sqrt{1+x}\,\mathrm{d}x=\left[\frac{2}{3}(1+x)^{\frac{3}{2}}\right]_a^b=\frac{2}{3}\left[(1+b)^{\frac{3}{2}}-(1+a)^{\frac{3}{2}}\right].$$

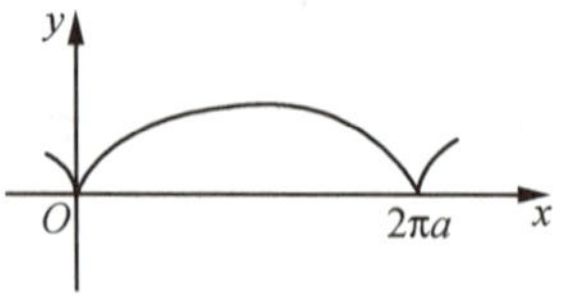

例 2 如图 6-12 所示，求摆线一拱$\begin{cases}x=a(t-\sin t),\\y=a(1-\cos t)\end{cases}$ $(a>0,\ t\in[0,2\pi])$ 的长 s.

图 6-12

解 曲线以参数方程给出，由于 $x'_t=a(1-\cos t)$，$y'_t=a\sin t$，则所求曲线长为

$$s=\int_0^{2\pi}\sqrt{(x'_t)^2+(y'_t)^2}\,\mathrm{d}t=a\int_0^{2\pi}\sqrt{2(1-\cos t)}\,\mathrm{d}t$$

$$=2a\int_0^{2\pi}\sin\frac{t}{2}\mathrm{d}t=-4a\cos\frac{t}{2}\Big|_0^{2\pi}=8a.$$

· 知识应用 ·

例 3 完成案例中的悬链线上介于 $x=-1$ 与 $x=1$ 之间一段弧的长度.

解 由于对称性,要计算的弧长为相应于 x 从 0 变到 1 的一段曲线弧长的两倍.

因为 $y'=\frac{1}{2}(e^x-e^{-x})$,所以所求弧长为

$$\begin{aligned}s&=2\int_0^1\sqrt{1+(y')^2}\,dx=2\int_0^1\sqrt{1+\frac{1}{4}(e^x-e^{-x})^2}\,dx\\&=2\int_0^1\frac{1}{2}(e^x+e^{-x})\,dx=\int_0^1(e^x+e^{-x})\,dx\\&=(e^x-e^{-x})\big|_0^1=e-e^{-1}.\end{aligned}$$

· 思想启迪 ·

◎ 在极坐标系下,方程 $r=a(1-\sin\theta)$ 表示的图形是一颗心的形状,是著名的"心形线".传说"心形线"还隐藏着一个浪漫的爱情故事.14 世纪 50 年代,欧洲大陆爆发黑死病,法国数学家笛卡儿流落到瑞典,邂逅了美丽的公主克里斯蒂娜,并相爱了.国王知道了这件事后,强行拆散了他们.后来,笛卡儿生病死去,在临死前给公主寄去了最后一封信,信中只有一行字:$r=a(1-\sin\theta)$.同样喜欢数学的公主最终解开了这行字的秘密,这就是美丽的"心形线".据说这封享誉世界的另类情书还保存在欧洲笛卡儿的纪念馆里.

· 课外演练 ·

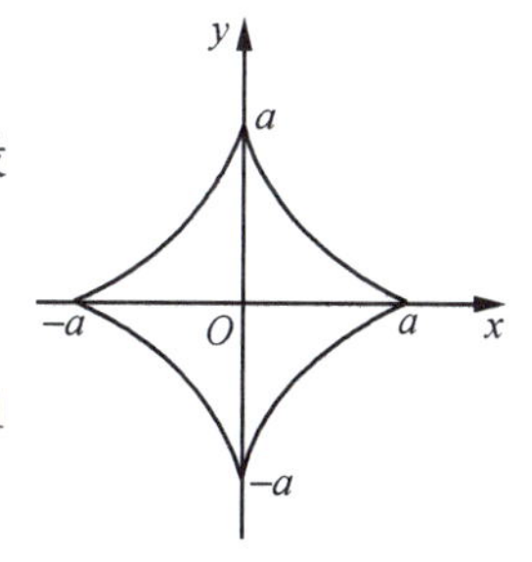

1. 计算连续曲线 $y=\int_{-\frac{\pi}{2}}^{x}\sqrt{\cos t}\,dt$ 相应于 $-\frac{\pi}{2}\leqslant x\leqslant\frac{\pi}{2}$ 的一段弧的长.

2. 已知一物体的运动规律为 $\begin{cases}x=e^t\cos\pi t,\\y=e^t\sin\pi t,\end{cases}$ 求它从 $t=0$ 到 $t=1$ 所移动的距离.

3. 计算星形线 $\begin{cases}x=a\cos^3 t,\\y=a\sin^3 t\end{cases}$ 的全长(如图).

旋转体的体积

6.3 旋转体的体积

· 案例导出 ·

案例 曲线段 $y=x^2(0\leqslant x\leqslant 1)$ 绕着 x 轴旋转所形成的立体形状像一个"喇叭"(图 6-13),求此"喇叭"的体积.

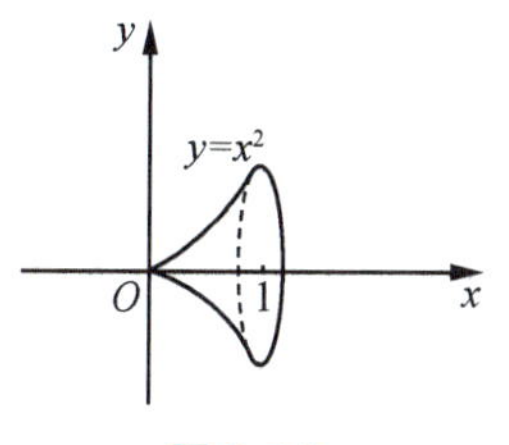

图 6-13

· 案例分析 ·

我们将一条平面曲线绕着同一平面内的一条直线旋转一周而成的立体称为旋转体，称直线为旋转轴. 该问题实际上是求一条平面曲线段绕 x 轴旋转而成的旋转体的体积. 显然，当给定的曲线段比较短时，曲线段近似于直线段，旋转体近似于圆柱体，因此可以通过分割、求和、求极限的方法求出旋转体的体积，也即所求旋转体体积在所给定的区间上具有可加性，我们可用微元法将其表示成定积分，再求解.

· 相关知识 ·

设曲线 $y=f(x)$ 在区间$[a,b]$上连续，求该曲线段绕着 x 轴旋转一周而成的旋转体的体积(图 6-14).

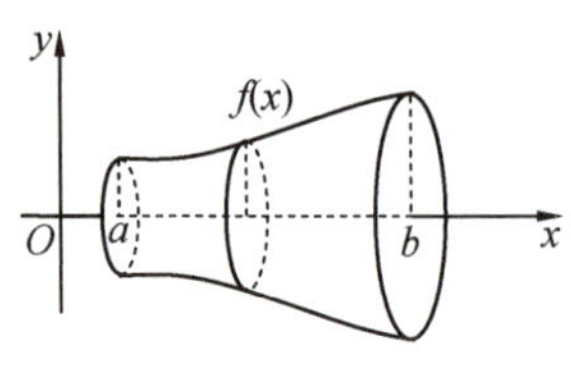

图 6-14

利用微元法，取坐标 x 为积分变量，它的变化区间为$[a,b]$. 在$[a,b]$内任取一微小区间$[x,x+\mathrm{d}x]$，过 x 作 x 轴的垂直平面，它与旋转体的截痕是一个圆形区域，该圆域的半径为$|f(x)|$，以该圆域为底面、高为 $\mathrm{d}x$ 的圆柱体体积即为旋转体体积微元 $\mathrm{d}V$. 于是体积微元为 $\mathrm{d}V=\pi[f(x)]^2\mathrm{d}x$，所求旋转体的体积为

$$V=\int_a^b \pi[f(x)]^2\mathrm{d}x.$$

类似地，连续曲线段 $x=\varphi(y)$，$y\in[c,d]$ 绕着 y 轴旋转一周而成的旋转体的体积为

$$V=\int_c^d \pi[\varphi(y)]^2\mathrm{d}y.$$

例 1 求曲线段 $y=\sin x(0\leqslant x\leqslant \pi)$ 绕 x 轴旋转一周所形成的立体的体积(图 6-15).

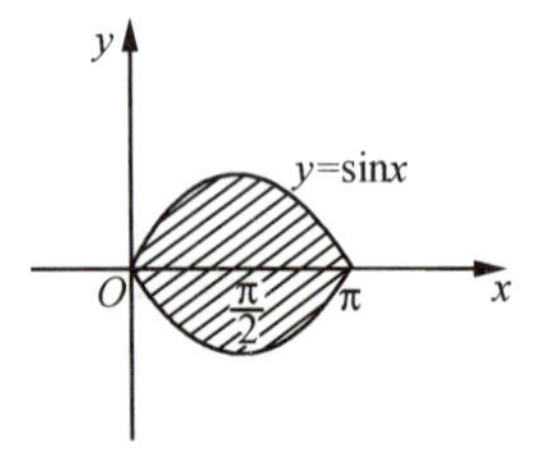

图 6-15

解 $V=\pi\int_0^\pi [f(x)]^2\mathrm{d}x=\pi\int_0^\pi(\sin x)^2\mathrm{d}x$

$$=\frac{\pi}{2}\int_0^\pi(1-\cos 2x)\mathrm{d}x=\frac{\pi}{2}\left(x-\frac{\sin 2x}{2}\right)\Big|_0^\pi=\frac{\pi^2}{2}.$$

例 2 求由曲线 $xy=1$ 和直线 $y=x$，$x=2$，$y=0$ 围成的平面图形绕 x 轴旋转一周所得的立体体积.

解 画出题中所述曲线和直线所围成的平面图形并标上相应的交点坐标(图 6-16).

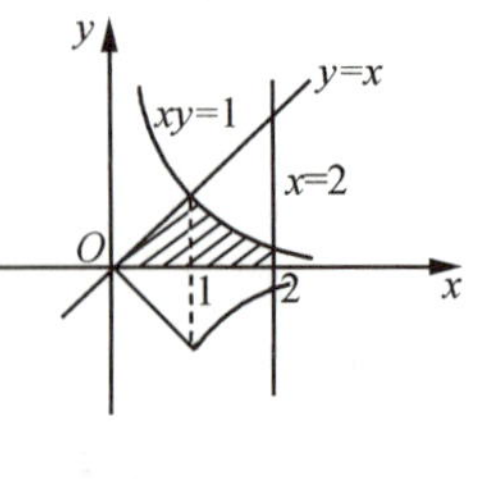

图 6-16

设该平面图形绕 x 轴旋转一周所得立体的体积为 V，由图可知，该立体是两部分立体体积之和. 一部分是由直线段 $y=x(0\leqslant x\leqslant 1)$ 绕 x 轴旋转一周所得的立体体积 V_1，另一部分是由曲线段 $xy=1(1\leqslant x\leqslant 2)$ 绕 x 轴旋转一周所得的立体体积 V_2，于是

$$V=V_1+V_2=\pi\int_0^1 x^2\mathrm{d}x+\pi\int_1^2\frac{1}{x^2}\mathrm{d}x=\pi\frac{1}{3}x^3\Big|_0^1-\pi\frac{1}{x}\Big|_1^2=\frac{5}{6}\pi.$$

一般地,当遇到求平面图形绕坐标轴旋转所得立体体积时,先画出平面图形.观察平面图形的边界曲线,分析哪些边界曲线绕坐标轴旋转会形成立体,再根据图形得出所求立体体积是这些立体体积之差或体积之和.

• 知识应用 •

例 3 求出案例中"喇叭"的体积.

解
$$V=\pi\int_0^1[f(x)]^2\mathrm{d}x=\pi\int_0^1 x^4\mathrm{d}x=\frac{\pi}{5}.$$

例 4 橄榄球可视为由椭圆曲线$\frac{x^2}{a^2}+\frac{y^2}{b^2}=1$绕 y 轴旋转一周所得到的旋转体(图 6-17),求此橄榄球的体积.

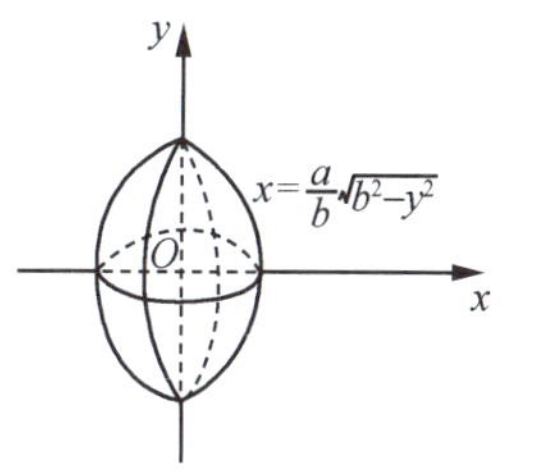

图 6-17

解 该旋转椭球体可以看成是由半个椭圆 $x=\frac{a}{b}\sqrt{b^2-y^2}$ 绕 y 轴旋转一周而成的立体.于是,所求旋转椭球体的体积为

$$V=\int_{-b}^{b}\pi x^2\mathrm{d}y=\pi\frac{a^2}{b^2}\int_{-b}^{b}(b^2-y^2)\mathrm{d}y$$
$$=\frac{\pi a^2}{b^2}\left(b^2y-\frac{1}{3}y^3\right)\Big|_{-b}^{b}=\frac{4}{3}\pi a^2 b.$$

• 思想启迪 •

◎ 设火箭的质量为 m,将火箭送到离地面高 H 处,克服地球引力需做的功为 $W=\int_R^{R+H}\frac{mgR^2}{x^2}\mathrm{d}x=\frac{mgRH}{R+H}$;若将火箭送到无穷远处,需做的功为 $W=\int_R^{+\infty}\frac{mgR^2}{x^2}\mathrm{d}x=mgR$,其中 R 是地球半径,g 为重力加速度.

2020 年 3 月 9 日,我国第 54 颗北斗导航卫星成功发射,在太空中刷新了"中国速度".我国的北斗科研工作者秉承"自主创新、开放融合、万众一心、追求卓越"的北斗精神,为国家托起国之重器.

• 课外演练 •

1. 求由下列平面图形按指定的坐标轴旋转产生的立体体积.

(1) 曲线 $y=x^2$ 与 $x=y^2$ 所围成的图形,绕 x 轴旋转;

(2) 曲线 $y=\mathrm{e}^{-x}$ 与直线 $x=0,x=1,y=0$ 所围成的图形,绕 y 轴旋转.

2. 由 $y=x^3,x=2,y=0$ 所围成的平面图形,分别绕 x 轴及 y 轴旋转,计算所得两个旋转体的体积.

3. 在曲线 $y=x^2(x\geqslant 0)$ 上某点 A 处作一条切线,使之与该曲线及 x 轴所围成图形的面积为$\frac{1}{12}$,试求:

(1) 切点 A 的坐标；

(2) 过切点 A 的切线方程；

(3) 由上述平面图形绕 x 轴旋转而成的旋转体的体积.

6.4 函数的平均值

· 案例导出 ·

案例 设 $C(t)$ 为某城市第 t 天的耗电量，$t=0$ 对应于2019年1月1日，求该城市2019年的日平均耗电量.

· 案例分析 ·

我们对平均值是不陌生的. 例如，要计算班级某门课程考试成绩的平均分，只要将该门课程每名同学的考试成绩累加再除以班级人数即可. 因此，若 $C(t)$ 是离散的函数，那么日平均耗电量显然就等于$\frac{1}{365}\sum_{t=0}^{365}C(t)$. 但是，如果 $C(t)$ 是连续的函数，我们就不能这样来计算日平均耗电量了.

· 相关知识 ·

一般地，设函数 $y=f(x)$ 在区间$[a,b]$上连续，则它在$[a,b]$上的平均值等于它在$[a,b]$上的定积分除以区间$[a,b]$的长度 $b-a$，即

$$\overline{y}=\frac{1}{b-a}\int_a^b f(x)\mathrm{d}x.$$

这个公式叫作函数的平均值公式，它也可写为$\int_a^b f(x)\mathrm{d}x=\overline{y}(b-a)$. 该式表示：以$[a,b]$为底、$y=f(x)$为曲边的曲边梯形的面积等于高为 $\overline{y}$ 的同底矩形的面积(图 6-18).

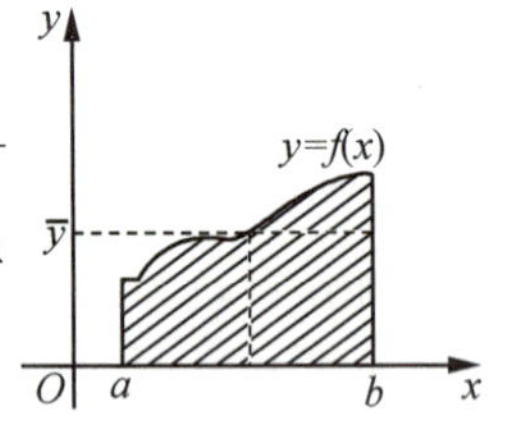

图 6-18

· 知识应用 ·

例 1 求做自由落体运动的物体在 0 到 T 这段时间内的平均速度.

解 我们知道，做自由落体运动的物体在时刻 t 的瞬时速度为 $v=gt$，所以物体在 0 到 T 这段时间内的平均速度为

$$\overline{v}=\frac{1}{T-0}\int_0^T gt\,\mathrm{d}t=\frac{1}{T}\left(\frac{1}{2}gt^2\right)\Big|_0^T=\frac{1}{2}gT.$$

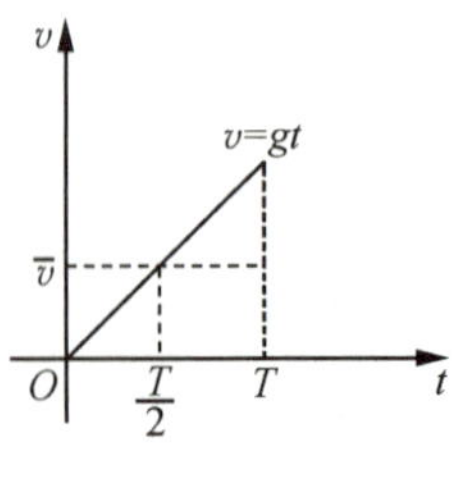

图 6-19

如图 6-19 所示，以$[0,T]$为底、gt 为曲边的曲边梯形是一个三角形，它的面积为$\frac{1}{2}\times T\times gT=\frac{1}{2}gT^2$，正好等于高为$\overline{v}$ 的同底矩形的面

积 $\overline{v}T = \frac{1}{2}gT^2$.

例 2　由连续函数的平均值公式知，案例中城市 2019 年的日平均耗电量为$\frac{1}{365}\int_0^{365} C(t)\mathrm{d}t$.

例 3　一家快餐连锁店在广告后第 t 天销售的快餐数 $S(t) = 20 - 10\mathrm{e}^{-0.1t}$，求该快餐连锁店在广告后第一周内的平均销售量.

解　该快餐连锁店在广告后第一周内的平均销售量为

$$\overline{S} = \frac{1}{7}\int_0^7 (20 - 10\mathrm{e}^{-0.1t})\mathrm{d}t = 20 + \frac{100}{7}\int_0^7 \mathrm{e}^{-0.1t}\mathrm{d}(-0.1t)$$

$$= 20 + \frac{100}{7}\mathrm{e}^{-0.1}\Big|_0^7 \approx 12.808.$$

• 思想启迪 •

◎“蛟龙号”载人潜水器是一艘由中国自行设计、自主集成研制的载人潜水器，设计最大下潜深度为 7000m. 研制“蛟龙号”载人潜水器，需要考虑海水的压力，当潜水器下潜到一定深度时，所承受的海水的压力可以通过定积分测算.“蛟龙号”载人潜水器在中国南海进行了多次下潜任务，最大下潜深度达到了 7062m，创造了作业类载人潜水器新的世界纪录，标志着我国具备了载人到达全球 99% 以上海洋深处进行作业的能力，体现了“蛟龙号”载人潜水器集成技术的成熟，它是我国深海潜水器成为海洋科学考察的前沿与制高点之一，表明中国海底载人科学研究和资源勘探能力达到国际领先水平.

• 课外演练 •

1. 求函数 $f(x) = 2x^2 - 3x + 3$ 在区间[1,4]上的平均值.
2. 计算函数 $y = 2x\mathrm{e}^{-x}$ 在区间[0,2]上的平均值.
3. 某药物从患者的右手注射进入体内，t h 后该患者左手血液中所含该药物量为 $C(t) = \frac{0.14t}{t^2+1}$. 问药物在注射 1 h 内，该患者左手血液中所含该药物量的平均值是多少？

6.5　曲面的面积

• 案例导出 •

案例　计算篮球表面 $x^2 + y^2 + z^2 = R^2$ 的面积.

• 案例分析 •

利用定积分可以求出平面图形的面积，篮球的表面是空间的曲面，这时我们可以利用二重积分来计算空间曲面的面积.

·相关知识·

设一空间曲面的方程为 $z=f(x,y)$，它在 xOy 平面上的投影区域为 D，如果 $f(x,y)$ 在 D 上有连续偏导数，利用微元法可以求得曲面面积为

$$S=\iint\limits_D \sqrt{1+f_x'^2+f_y'^2}\,\mathrm{d}\sigma.$$

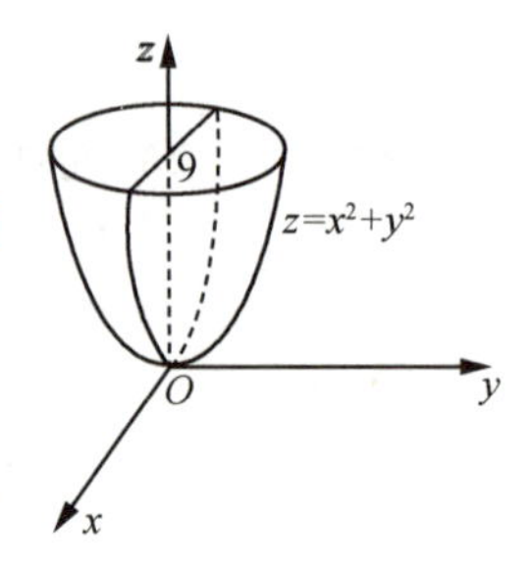

图 6-20

例 1　计算曲面面积，其中曲面为旋转抛物面 $z=x^2+y^2$ 在平面 $z=9$ 下方的部分(图 6-20).

解　平面与抛物面相交形成一个圆：$x^2+y^2=9, z=9$. 从而所求曲面在 xOy 平面上的投影区域 D 为圆域. 在极坐标系下可以表示为 $\begin{cases}0\leqslant r\leqslant 3,\\ 0\leqslant\theta\leqslant 2\pi.\end{cases}$

又 $\dfrac{\partial z}{\partial x}=2x, \dfrac{\partial z}{\partial y}=2y$，则曲面面积为

$$S=\iint\limits_D \sqrt{1+\left(\frac{\partial z}{\partial x}\right)^2+\left(\frac{\partial z}{\partial y}\right)^2}\,\mathrm{d}\sigma=\iint\limits_D \sqrt{1+4(x^2+y^2)}\,\mathrm{d}x\mathrm{d}y.$$

在极坐标系下，区域 D 可以表示为 $\begin{cases}0\leqslant r\leqslant 3,\\ 0\leqslant\theta\leqslant 2\pi,\end{cases}$ 于是

$$S=\int_0^{2\pi}\mathrm{d}\theta\int_0^3 \sqrt{1+4r^2}\,r\mathrm{d}r=2\pi\cdot\frac{1}{8}\int_0^3\sqrt{1+4r^2}\,\mathrm{d}(1+4r^2)=\frac{\pi}{6}(37\sqrt{37}-1).$$

·知识应用·

例 2　计算案例中篮球表面 $x^2+y^2+z^2=R^2$ 的面积.

解　取上半球面方程为 $z=\sqrt{R^2-x^2-y^2}$，则它在 xOy 平面上的投影区域 $D=\{(x,y)\mid x^2+y^2\leqslant R^2\}$.

由
$$\frac{\partial z}{\partial x}=\frac{-x}{\sqrt{R^2-x^2-y^2}},\frac{\partial z}{\partial y}=\frac{-y}{\sqrt{R^2-x^2-y^2}},$$

得
$$\sqrt{1+\left(\frac{\partial z}{\partial x}\right)^2+\left(\frac{\partial z}{\partial y}\right)^2}=\frac{R}{\sqrt{R^2-x^2-y^2}}.$$

因为该函数在区域 D 上无界，不能直接使用曲面积分公式，所以先取区域为积分区域 $D_1=\{(x,y)\mid x^2+y^2\leqslant b^2\}(0<b<R)$，算出相应于 D_1 上的球面面积 A_1 后，令 $b\to R$ 求得 A_1 的极限就是半球面的面积.

$$A_1=\iint\limits_{D_1}\frac{R}{\sqrt{R^2-x^2-y^2}}\mathrm{d}x\mathrm{d}y,$$

利用极坐标，得

$$A_1 = \iint_{D_1} \frac{R}{\sqrt{R^2 - r^2}} r\mathrm{d}\theta\mathrm{d}r = R\int_0^{2\pi}\mathrm{d}\theta\int_0^b \frac{R}{\sqrt{R^2 - r^2}} r\mathrm{d}r$$
$$= 2\pi R\int_0^b \frac{R}{\sqrt{R^2 - r^2}} r\mathrm{d}r = 2\pi R(R - \sqrt{R^2 - b^2}),$$

于是
$$\lim_{b\to R} A_1 = \lim_{b\to R} 2\pi R(R - \sqrt{R^2 - b^2}) = 2\pi R^2.$$

这就是半个球面的面积，因此篮球表面的面积为

$$A = 4\pi R^2.$$

例 3　设有一颗地球同步轨道通信卫星，距地面的高度 $h = 36000$ km，运行的角速度与地球自转的角速度相同. 试计算该通信卫星的覆盖面积与地球表面积的比值（地球半径 $R = 6400$ km）.

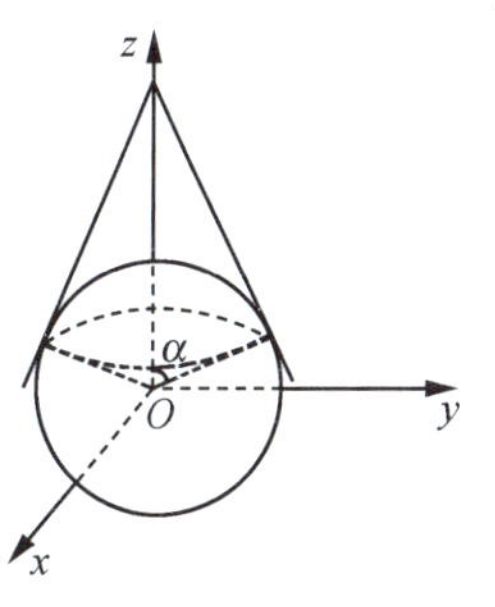

图 6-21

解　取地心为坐标原点，地心到通信卫星中心的连线为 z 轴，建立空间直角坐标系，如图 6-21 所示.

通信卫星覆盖的曲面 Ω 是上半球面被半顶角为 α 的圆锥面所截得的部分. 曲面 Ω 的方程为

$$z = \sqrt{R^2 - x^2 - y^2}, x^2 + y^2 \leqslant R^2\sin^2\alpha.$$

于是通信卫星的覆盖面积为

$$S = \iint_D \sqrt{1 + (z'_x)^2 + (z'_y)^2}\,\mathrm{d}x\mathrm{d}y$$
$$= \iint_D \sqrt{1 + \left(\frac{-x}{\sqrt{R^2 - x^2 - y^2}}\right)^2 + \left(\frac{-y}{\sqrt{R^2 - x^2 - y^2}}\right)^2}\,\mathrm{d}x\mathrm{d}y$$
$$= \iint_D \sqrt{\frac{R^2}{R^2 - x^2 - y^2}}\,\mathrm{d}x\mathrm{d}y = \iint_D \frac{R}{\sqrt{R^2 - x^2 - y^2}}\mathrm{d}x\mathrm{d}y,$$

其中积分区域 D 是曲顶 Ω 在 xOy 平面上的投影区域：$D = \{(x,y) \mid x^2 + y^2 \leqslant R^2\sin^2\alpha\}$.

在极坐标系下，积分区域 D 可表示为$\begin{cases} 0 \leqslant r \leqslant R\sin\alpha, \\ 0 \leqslant \theta \leqslant 2\pi, \end{cases}$所以截面面积为

$$S = \int_0^{2\pi}\mathrm{d}\theta\int_0^{R\sin\alpha} \frac{R}{\sqrt{R^2 - r^2}} r\mathrm{d}r = 2\pi R\int_0^{R\sin\alpha} \frac{r}{\sqrt{R^2 - r^2}}\mathrm{d}r$$
$$= 2\pi R^2(1 - \cos\alpha).$$

由于 $\cos\alpha = \dfrac{R}{R+h}$，代入上式得

$$S = 2\pi R^2\left(1 - \frac{R}{R+h}\right) = 2\pi R^2\,\frac{h}{R+h}.$$

由此得到这颗通信卫星的覆盖面积与地球表面积之比为

$$\frac{S}{4\pi R^2} = \frac{h}{2(R+h)} = \frac{36 \times 10^6}{2 \times (36 + 6.4) \times 10^6} \approx 42.5\%.$$

· 思想启迪 ·

◎ 2021 年 1 月 20 日 0 时 25 分，我国在西昌卫星发射中心用长征三号乙运载火箭，成功将天通一号 03 星发射升空. 卫星顺利进入预定轨道，任务获得圆满成功，中国航天发射迎来 2021 年开门红.

天通一号卫星移动通信系统，是我国自主研制建设的卫星移动通信系统，也是我国空间信息基础设施的重要组成部分，实现了卫星、芯片、终端、信关站的国内研发和生产，保障了用户的通信安全，摆脱了长期对国外卫星移动通信服务的依赖，填补了国内自主卫星移动通信系统的空白. 此次发射的天通一号 03 星入轨后，将与天通一号 01 星、02 星组网运行，共同构成空间段. 天通一号卫星移动通信系统是我国第一个卫星移动全球通信系统. 我国采用的每一颗地球同步轨道卫星，可以覆盖大约三分之一的地球面积，三颗可以覆盖完整的地球面积.

· 课外演练 ·

1. 求半球面 $z=\sqrt{R^2-x^2-y^2}$ 被圆柱面 $x^2+y^2-Ry=0$ 所割的曲面的面积.

2. 求曲面 $z=1-x^2-y^2(z\geqslant 0)$ 的面积.

3. 求底面圆的半径相等的两个直交圆柱面 $x^2+y^2=R^2$ 及 $x^2+z^2=R^2$ 所围立体的表面积.

6.6* 积分应用实验

· 案例导出 ·

案例　某度假村新建了一个鱼塘，该鱼塘的平均深度为 6 m，鱼塘的平面图如图 6-22 所示(单位：m). 度假村的经理打算在钓鱼季节来临之前将鱼放入鱼塘，投放的鱼数量按每 3 m^3 有一条鱼的比例投放. 如果一张钓鱼证可以钓 20 条鱼，而要求在钓鱼季节结束时所剩的鱼是开始的 25%，试问：最多可以卖出多少张钓鱼证？

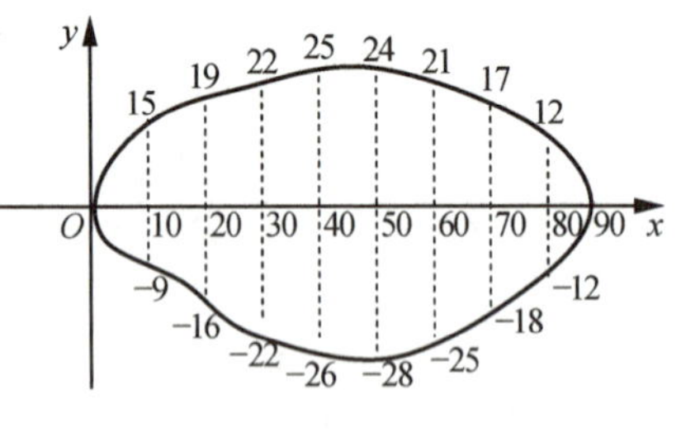

图 6-22

· 案例分析 ·

鱼塘的容积等于鱼塘水面面积乘以高，计算鱼塘的水面面积，可以先求出鱼塘的边界曲线，然后用定积分即可算出面积. 而鱼塘的边界曲线方程未知，需要通过现有边界数据进行拟合.

·相关知识·

用数学软件 Mathematica 求积分应用中的运算等内容的相关函数与命令为

(1) 散点作图 ListPlot；

(2) 图形重画 Show；

(3) 数据拟合 Fit.

例 1　求 $y=\sin x$ 与 $y=\cos x$ 在$[0,2\pi]$区域所夹图形的面积.

解　In[1]: = Integrate[Abs[Sin[x] − Cos[x]],{x,0,2Pi}]

Out[1] = $4\sqrt{2}$

手算面积 $S=\int_0^{2\pi}|\sin x-\cos x|\mathrm{d}x$ 需要去绝对值分区间计算，比较烦琐.

例 2　求 $y=\ln x$ 在$[\sqrt{3},\sqrt{8}]$上的一段弧的弧长.

解　In[1]: = Integrate[(1 + D[Log[x],x]^2)^(1/2),{x,3^(1/2),8^(1/2)}]

Out[1] = $\frac{1}{2}\left(2+\mathrm{Log}\left[\frac{3}{2}\right]\right)$

手算弧长 $l=\int_{\sqrt{3}}^{\sqrt{8}}\sqrt{1+(\ln x)'^2}\mathrm{d}x$ 计算量较大.

例 3　完成案例.

解　输入鱼塘的边界曲线的数据.

In[1]: = d = {{0,0},{10,15 + 9},{20,19 + 16},{30,22 + 22},{40,25 + 26},{50,24 + 28},{60,21 + 25},{70,17 + 18},{80,12 + 12},{90,0}};

画出散点图.

In[2]: = q = ListPlot[d,PlotStyle −> PointSize[0.02]]

Out[2] = -Graphics-

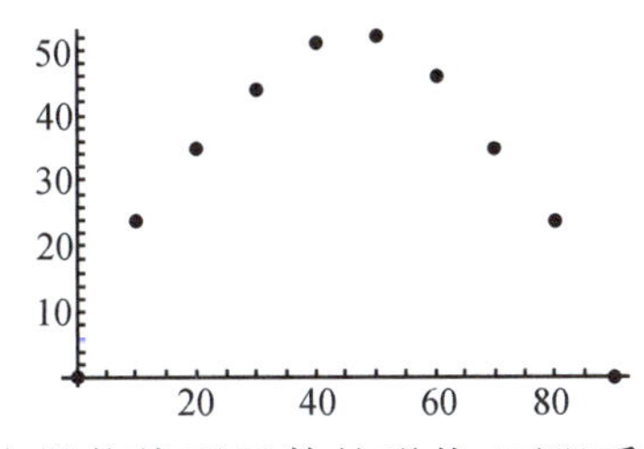

观察这组数据，发现它具有抛物线型函数的形状，可以采用二次拟合函数求拟合曲线.

In[3]: = p = Fit[d,{1,x,x^2},x];p1 = Plot[p,{x,0,90}]

Out[3] = -Graphics-

In[4]: = Show[q,p1]

Out[4] = -Graphics-

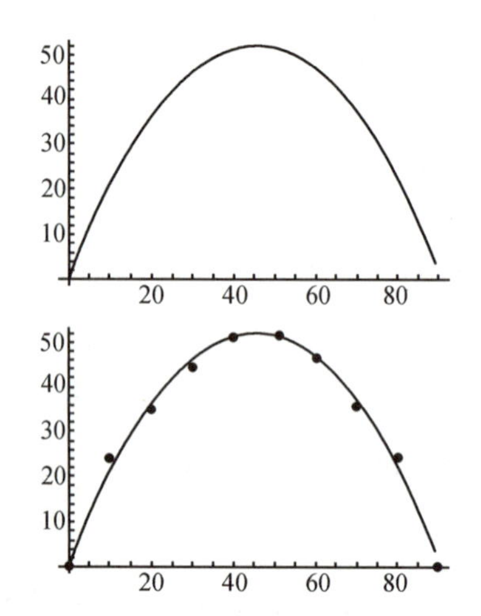

从图象看，拟合得比较接近，故就以 p 作为拟合曲线. 则鱼塘面积 S 的近似值为$\int_0^{90} p\mathrm{d}x$. 于是得到鱼塘容积的近似值 $V=6S$. 求出鱼塘容积 V 之后，根据题目要求得可以卖出去的钓鱼证数量的最大值 M 满足关系式：$\frac{V}{3}(1-25\%)=20M$，因此可卖出去的钓鱼证数量的最大值 $M=\frac{V}{60}(1-25\%)$.

In[5]: = s = Integrate[p,{x,0,90}];v = s * 6;M = (1 − 0.25) * v/60

Out[5] = 235.084

即可以卖出钓鱼证数量的最大值为 235.

名家链接

中国古代伟大的数学家——祖暅

祖暅(456—536)，一作祖暅之，字景烁，范阳遒县(今河北涞水)人. 中国南北朝时期数学家、天文学家，祖冲之之子. 同父亲祖冲之一起圆满解决了球面积的计算问题，并据此提出了著名的“祖暅原理”.

祖冲之父子总结了魏晋时期著名数学家刘徽的有关工作，提出“幂势既同则积不容异”，即等高的两立体，若其任意高处的水平截面积相等，则这两个立体体积相等，这就是著名的祖暅原理(或刘祖原理). 祖暅应用这个原理，解决了刘徽尚未解决的球体积公式.

祖暅在科学上也取得了重大成就，《大明历》就是由于他的建议而被梁朝采用. 有记载说，《缀术》中有他的研究成果.《九章算术》中所引述的“祖暅之开立圆术”，详细记载了祖冲之父子解决球体积问题的方法. 他还研制了铜日圭、漏壶等精密观测仪器. 祖暅还有不少其他科学发现,例如,肯定北极星并非真正在北天极,而要偏离一度多等.

“祖暅原理”:夹在两个平行平面间的两个几何体,被平行于这两个平面的任意平面所截,如果截得的两个截面的面积总相等,那么这两个几何体的体积相等.根据这一原理就可以求出立体的体积,然后再导出球的体积.这一原理主要应用于计算一些复杂几何体的体积.在西方,直到17世纪,才由意大利数学家卡瓦列里发现.他于1635年出版的《连续不可分几何》中,提出了等积原理,所以西方人把它称之为卡瓦列里原理.其实,他的发现要比我国的祖暅晚1100多年.

祖冲之祖暅父子提出祖暅原理,动机是非常明确的,就是延续刘徽的工作,求球体的体积.在微积分思想早就深入人心的今天,不难想到把祖暅原理和这种“将立体分割成小薄片,再求和”的积分思想联系起来.历史上,在微积分的拓荒时期,这种积分思想从缘起到最后完整提出经历了100多年,经历了几代数学家的批判、继承和发展.

第四篇 微积分学的应用

第七章 常微分方程

教学目标

理解常微分方程的概念;掌握可分离变量微分方程及一阶线性微分方程的解法;掌握一阶线性非齐次微分方程及二阶常系数线性非齐次微分方程的解的结构;掌握运用特征根法求解二阶常系数线性齐次微分方程的方法;了解二阶常系数线性非齐次微分方程的待定系数解法;了解微分方程的简单应用.

内容简介

常微分方程是联系众多实际问题与数学之间的重要桥梁,它广泛应用于航天、电信、化工、经济、医药、管理等社会生活和生产的各领域,显示出其自身的蓬勃生机和活力.

常微分方程的内容很丰富,既要研究各种类型常微分方程的解的存在性,又要考虑其解法及解的稳定性等.到目前为止,如何求出一些常微分方程的解仍是许多科学家孜孜不倦的研究工作.本章主要介绍常微分方程的基本概念及几类既简单又很具有实用价值的常微分方程的解法,并举例说明常微分方程的应用.

7.1 常微分方程的基本概念

常微分方程的基本概念

· 案例导出 ·

案例 1(几何问题) 已知一曲线过点 $P_0(1,1)$,且该曲线上任一点 $P(x,y)$ 处的切线的斜率为 x,求该曲线的方程.

案例 2(自由落体问题) 一质量为 m 的物体从高处自由坠落,若空气阻力与下落速度成正比(比例系数 $\lambda>0$),求此物体坠落过程中的路程与时间之间的函数关系 $s(t)$.

· 案例分析 ·

对于案例1，设曲线方程为 $y=y(x)$，由题意可得 $\begin{cases} y'=x, \\ y|_{x=1}=1; \end{cases}$ 对于案例2，由于空气阻力与下落速度成正比(比例系数 $\lambda>0$)，则有 $m\dfrac{d^2s}{dt^2}=mg-\lambda\dfrac{ds}{dt}$.

许多实际问题并不能直接用函数来表达变量间的关系，上述案例1和案例2只能通过未知函数的导数(或微分)来表达与自变量之间的关系，这就是本章要研究的微分方程.

· 相关知识 ·

7.1.1　常微分方程的基本概念

定义1　将含有未知函数的导数(或微分)的方程称为微分方程；将未知函数是一元函数的微分方程称为常微分方程；将未知函数是多元函数，并且在方程中出现偏导数的方程称为偏微分方程. 本章只讨论常微分方程，简称微分方程或方程.

案例1、案例2中分别列出的方程 $\begin{cases} y'=x, \\ y|_{x=1}=1 \end{cases}$ 和 $m\dfrac{d^2s}{dt^2}=mg-\lambda\dfrac{ds}{dt}$ 是简单的常微分方程.

注意　微分方程可以不显含未知函数自身，但必须显含未知函数的导数或微分.

定义2　在一个微分方程中，将未知函数导数的最高阶数定义为方程的阶.

案例1中的方程是一阶微分方程；案例2中的方程是二阶微分方程.

定义3　将未知函数及各阶导数的次数均为一次，且不存在它们的乘积项的微分方程定义为线性微分方程；将未知函数及其各阶导数前的系数均为常数的线性微分方程称为常系数线性微分方程.

案例1和案例2中的方程均为线性微分方程，而且是常系数线性微分方程. 但方程 $xy''+2y^2-e^x=y$ 就不是线性微分方程.

7.1.2　常微分方程的解

定义4　将一个已知函数代入微分方程后，能使方程成为恒等式，我们就将这个已知函数称为微分方程的解. 将 n 阶常微分方程中含有 n 个相互独立的任意常数(这些常数不能相互合并)的解称为该常微分方程的通解. 若通解以隐函数形式给出，这种通解我们也称为通积分.

要注意的是，方程的通解是满足通解定义的解，不一定表示方程的所有解. 这一点在后面学习方程的解法时会体会到.

案例1中的方程 $y'=x$ 有通解 $y=\dfrac{x^2}{2}+C$(C 为任意常数). 案例2中的二阶微分方程

$m\frac{d^2s}{dt^2}=mg-\lambda\frac{ds}{dt}$有通解 $s(t)=C_1e^{-\frac{\lambda}{m}t}+\frac{m}{\lambda}gt+C_2$，$C_1$，$C_2$ 为任意常数. 这意味着案例 2 中的方程有无数个解. 而实际情况是，一个物体做自由落体运动时，只有一个确定的运动轨迹. 产生这种差异的原因是案例 2 并未考虑物体的初始状态. 将这种初始状态所满足的条件称为初始条件.

定义 5 n 阶微分方程的通解中有 n 个任意常数，用来确定这 n 个任意常数的 n 个数值条件称为微分方程的初始条件. 将求解带有初始条件的微分方程称为微分方程的初值问题，对应求出的解称为方程满足初始条件的特解.

例如，案例 1 中的方程即为一个一阶方程的初值问题. 在通解 $y=\frac{x^2}{2}+C$ 中代入初始条件 $y|_{x=1}=1$ 后，求出 $C=\frac{1}{2}$，从而得到特解 $y=\frac{x^2}{2}+\frac{1}{2}$.

通过案例 1 和案例 2 引入了常微分方程的基本概念，同时也可以看出，利用常微分方程解决实际问题的一般方法为

(1) 根据实际问题建立微分方程；

(2) 如果存在初始状态，根据实际问题写出满足初始状态的初始条件，否则省略；

(3) 由微分方程求出通解；

(4) 如果存在初始条件，则由初始条件求出特解.

· 知识应用 ·

例 1（简谐运动问题） 将一根劲度系数为 k 的弹簧的上端固定，竖直悬挂，下端挂一个质量为 m 的物体 M. 假设物体在一外力的作用下离开平衡位置，并使物体获得初速度后撤去外力，之后物体仅仅受到弹簧的恢复力的作用，没有外力和阻力的作用，那么物体将会在平衡位置附近上下运动，试求弹簧的运动规律.

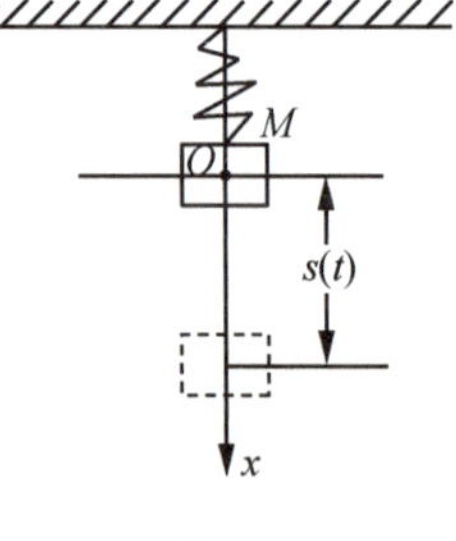

图 7-1

解 如图 7-1 所示，取垂直向下方向为 x 轴的正方向，物体的平衡位置为原点 O.

设物体在时刻 t 的位移函数为 $s=s(t)$，于是物体获得的加速度为

$$\frac{d^2s}{dt^2}=a.$$

由胡克定律知：在弹性限度内，弹性恢复力 $f=-ks(k>0$ 为弹性系数).

结合牛顿第二定律得 $m\frac{d^2s}{dt^2}+ks=0$，这是二阶常系数线性齐次微分方程，其通解为

$$s(t)=C_1\sin(wt)+C_2\cos(wt),$$

其中 $w^2=\frac{k}{m}$，C_1，C_2 为任意常数.

此即为所求物体的运动规律. 可见，物体在上述假设条件下的振动是简谐运动，其振幅

为 $\sqrt{C_1^2+C_2^2}$.

例 2　列车在轨道上以 25 m/s 的速度沿直线行驶，现以 $-0.5\ \mathrm{m/s^2}$ 的加速度制动列车，问开始制动后经过多长时间才能将火车刹住？这段时间火车行驶了多少路程？

解　设列车初始制动的时刻为 $t=0$，制动后，行驶的路程为 s，它是时间 t 的函数．由题意知，制动的加速度为 $\frac{\mathrm{d}^2 s}{\mathrm{d}t^2}=-0.5$，初始条件为 $s(0)=0$，$s'(0)=25$.

方程 $\frac{\mathrm{d}^2 s}{\mathrm{d}t^2}=-0.5$ 是一个二阶常系数线性非齐次微分方程，其通解为

$$s(t)=-0.25t^2+C_1t+C_2,$$

将初始条件 $s(0)=0$，$s'(0)=25$ 代入，得到列车制动后的运动方程

$$s(t)=-0.25t^2+25t.$$

列车开始制动后，将列车完全刹住，意味着 $\frac{\mathrm{d}s}{\mathrm{d}t}=0$，即 $0=-0.5t+25$，解得列车从开始制动到完全刹住所需要的时间为

$$t=50\ \mathrm{s}.$$

将 $t=50$ s 代入列车制动后的运动方程，可解得列车在制动后所行驶的路程为

$$s(t)=-0.25\times50^2+25\times50=625\ \mathrm{m}.$$

• 思想启迪 •

◎ 传染病防疫的数学模型是深入理解传染病传播机理和预测各种传染病控制措施效果的一个非常重要的工具．通过分析和建立数学模型，求解微分方程，分析变化规律，从科学的角度回答传染病防疫隔离措施的科学性、重要性和急迫性．在新冠疫情期间，中国政府和中国人民交上了一份令人满意的答卷，因为疫情中展现了中国特色社会主义道路的正确性，证明了中国特色社会主义理论的科学性，凸显了中国特色社会主义制度的优越性，见证了中国特色社会主义文化的先进性.

◎ 微分方程是数学理论联系实际的一个重要桥梁，要深刻领会数学建模思想、方法，不断提高解决问题的能力．新冠疫情告诉我们，要用科学态度对待疫情，尊重科学，理性看待病毒及各项防疫措施，积极传播正能量，为打赢这场“抗疫”大战做出青年人应有的贡献.

• 课外演练 •

1. 单项选择题.

(1) 设有微分方程：① $y'=(m+y)(n-y)$（m，n 是已知常数）；② $y'=\sin y-x$；③ $y^2\mathrm{d}x-(2y^2+3xy+x)\mathrm{d}y=0$. 则（　　）.

A. 方程①是线性微分方程　　B. 方程②是线性微分方程

C. 方程③是线性微分方程　　D. 它们都不是线性方程

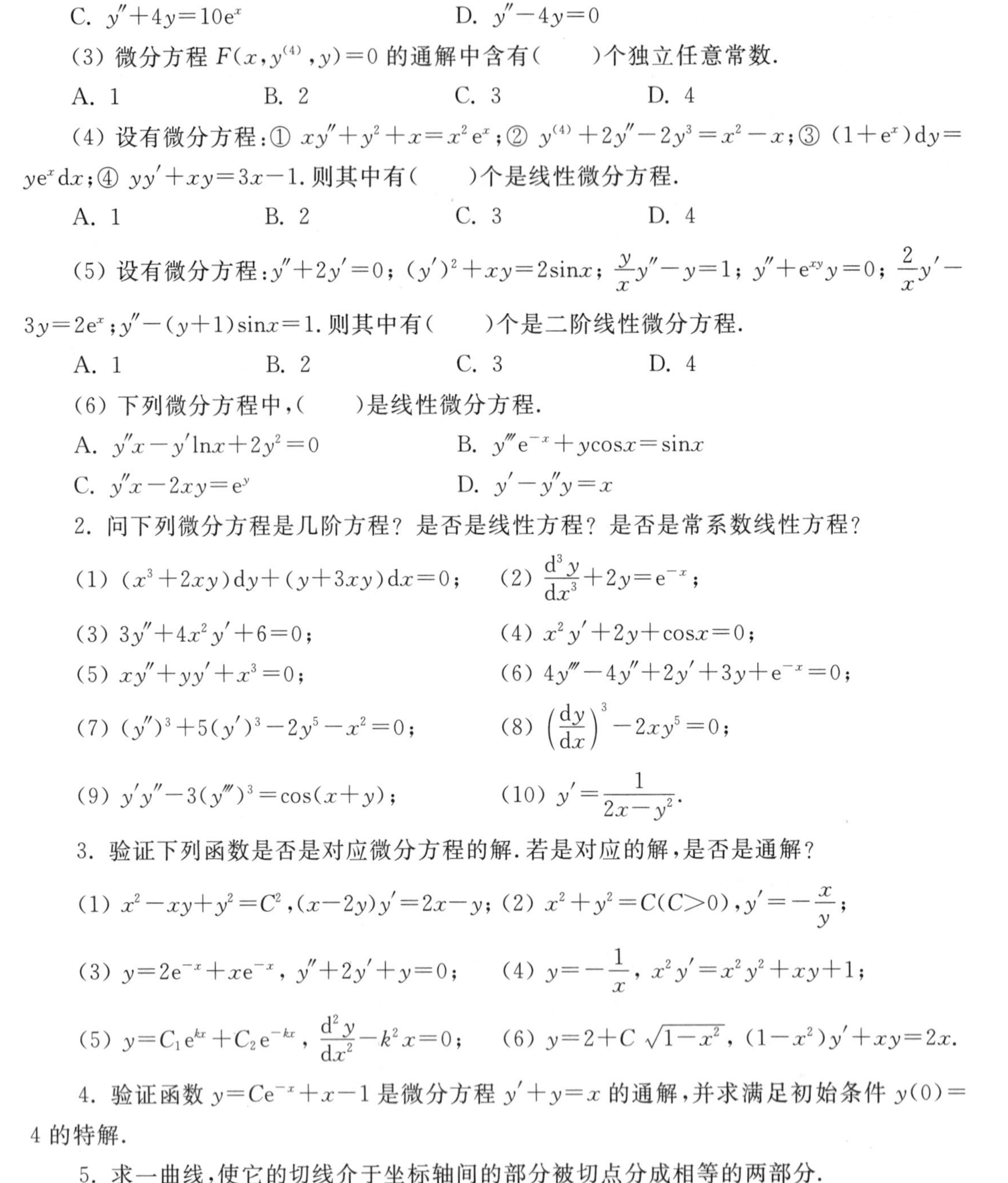

(2) 以 $y=C_1\cos2x+C_2\sin2x+2e^x$ 为通解的微分方程是(　　).

A. $y''+4y=0$　　B. $y''-4y=10e^{-x}$

C. $y''+4y=10e^x$　　D. $y''-4y=0$

(3) 微分方程 $F(x,y^{(4)},y)=0$ 的通解中含有(　　)个独立任意常数.

A. 1　　B. 2　　C. 3　　D. 4

(4) 设有微分方程:① $xy''+y^2+x=x^2e^x$;② $y^{(4)}+2y''-2y^3=x^2-x$;③ $(1+e^x)dy=ye^xdx$;④ $yy'+xy=3x-1$. 则其中有(　　)个是线性微分方程.

A. 1　　B. 2　　C. 3　　D. 4

(5) 设有微分方程:$y''+2y'=0$;$(y')^2+xy=2\sin x$;$\frac{y}{x}y''-y=1$;$y''+e^{xy}y=0$;$\frac{2}{x}y'-3y=2e^x$;$y''-(y+1)\sin x=1$. 则其中有(　　)个是二阶线性微分方程.

A. 1　　B. 2　　C. 3　　D. 4

(6) 下列微分方程中,(　　)是线性微分方程.

A. $y''x-y'\ln x+2y^2=0$　　B. $y'''e^{-x}+y\cos x=\sin x$

C. $y''x-2xy=e^y$　　D. $y'-y''y=x$

2. 问下列微分方程是几阶方程?是否是线性方程?是否是常系数线性方程?

(1) $(x^3+2xy)dy+(y+3xy)dx=0$;　　(2) $\frac{d^3y}{dx^3}+2y=e^{-x}$;

(3) $3y''+4x^2y'+6=0$;　　(4) $x^2y'+2y+\cos x=0$;

(5) $xy''+yy'+x^3=0$;　　(6) $4y'''-4y''+2y'+3y+e^{-x}=0$;

(7) $(y'')^3+5(y')^3-2y^5-x^2=0$;　　(8) $\left(\frac{dy}{dx}\right)^3-2xy^5=0$;

(9) $y'y''-3(y''')^3=\cos(x+y)$;　　(10) $y'=\frac{1}{2x-y^2}$.

3. 验证下列函数是否是对应微分方程的解.若是对应的解,是否是通解?

(1) $x^2-xy+y^2=C^2$,$(x-2y)y'=2x-y$;(2) $x^2+y^2=C(C>0)$,$y'=-\frac{x}{y}$;

(3) $y=2e^{-x}+xe^{-x}$,$y''+2y'+y=0$;　　(4) $y=-\frac{1}{x}$,$x^2y'=x^2y^2+xy+1$;

(5) $y=C_1e^{kx}+C_2e^{-kx}$,$\frac{d^2y}{dx^2}-k^2x=0$;　　(6) $y=2+C\sqrt{1-x^2}$,$(1-x^2)y'+xy=2x$.

4. 验证函数 $y=Ce^{-x}+x-1$ 是微分方程 $y'+y=x$ 的通解,并求满足初始条件 $y(0)=4$ 的特解.

5. 求一曲线,使它的切线介于坐标轴间的部分被切点分成相等的两部分.

6. 设物体的运动速度为 $v=(3+2t)$ m/s,当 $t=5$ s 时,物体所经过的路程为 $s=10$ m,求物体的运动方程.

7.2　可分离变量方程

可分离变量方程

• 案例导出 •

案例 1（世界人口问题）　设世界人口在时刻 t 的数量为 $p(t)$，排除意外情况如自然条件和自然灾害等的约束，世界人口数量的增长率与世界现存人口数量成正比，求世界人口数量的变化规律.

案例 2（微生物的繁衍问题）　某微生物繁衍率与其现存量成正比. 实验测得，开始时该微生物的量为 1 g，2 h 后为 3 g，求该微生物的量增加 8 倍所需的时间.

• 案例分析 •

对于案例 1，设世界人口数量的增长率与世界现存人口数量成正比的比例系数为 $k(>0)$，则有 $\frac{\mathrm{d}p}{\mathrm{d}t}=kp$. 而对于案例 2，设 t 时刻该微生物的量为 $M=M(t)$，由题设知 $\frac{\mathrm{d}M}{\mathrm{d}t}=kM$.

我们发现这两个案例所对应的微分方程有一个共同点：可以将变量完全分离开来. 这类方程为可分离变量方程，可以用分离变量法求解这类微分方程.

• 相关知识 •

形如

$$\frac{\mathrm{d}y}{\mathrm{d}x}=P(x)Q(y) \tag{7.1}$$

或

$$M(x)N(y)\mathrm{d}x+P(x)Q(y)\mathrm{d}y=0 \tag{7.2}$$

的方程称为可分离变量的一阶方程. 方程(7.2)可变形为形如(7.1)的形式，因此接下来以方程(7.1)为例讲解分离变量方程的求解步骤.

(1) 将方程两边分离变量，即将(7.1)式变形为

$$\frac{\mathrm{d}y}{Q(y)}=P(x)\mathrm{d}x;$$

(2) 将等式两边同时积分，即

$$\int\frac{1}{Q(y)}\,\mathrm{d}y=\int P(x)\mathrm{d}x+C.$$

求解微分方程时，通常约定不定积分式只表示被积函数的一个原函数，而将上述两个不定积分所隐含的两个任意常数合并，所以只要写出一个任意常数.

例 1　求解微分方程 $y'=\mathrm{e}^{-x}\sqrt{1-y^2}$.

解　原方程即为 $\frac{\mathrm{d}y}{\mathrm{d}x}=\mathrm{e}^{-x}\sqrt{1-y^2}$，是一个可分离变量方程，分离变量并两边分别积分

得

$$\int \frac{1}{\sqrt{1-y^2}}\,\mathrm{d}y = \int \mathrm{e}^{-x}\,\mathrm{d}x + C,$$

得通解

$$\arcsin y = -\mathrm{e}^{-x} + C.$$

需要注意的是,只有当$\sqrt{1-y^2}\neq 0$时,才可以用分离变量法求解上述方程,但我们发现$\sqrt{1-y^2}=0$即$y=\pm 1$也是原方程的两个特解,但这样的特解一般不包含在通解中,该题说明了方程的通解与全部解是两个不同的概念.

例 2　求解微分方程 $(x+1)\mathrm{d}y + y\mathrm{d}x = 0$.

解　原方程变形为$\frac{\mathrm{d}y}{\mathrm{d}x} = -\frac{y}{x+1}$,是可分离变量方程,分离变量并两边分别积分得

$$\int \frac{1}{y}\,\mathrm{d}y = -\int \frac{1}{x+1}\,\mathrm{d}x + C_1,$$

即

$$\ln|y| = -\ln|x+1| + C_1 (或 \ln|y| = -\ln|x+1| + \ln|C|).$$

经变形整理有$(x+1)y = \pm \mathrm{e}^{C_1}$,但$\pm \mathrm{e}^{C_1}$仍是任意常数,故可用任意常数$C$表示.

于是得方程的通解为$(x+1)y = C$或$y = \frac{C}{x+1}$.

• 知识应用 •

例 3　完成案例 1(世界人口问题).

解　设世界人口数量的增长率与世界现存人口数量成正比的比例系数为$k(>0)$,则有

$$\frac{\mathrm{d}p}{\mathrm{d}t} = kp.$$

用分离变量法解得$p(t) = p_0\mathrm{e}^{kt}$,其中$p_0$表示$t=0$时的世界人口数量.

这就是著名的马尔萨斯人口模型,它反映了世界人口是以指数函数式增加.随着时间的推移,世界人口将会大爆发.但这与实际情况不符,问题的关键在于人口的增长受食物的供应、生存的环境、自然灾害等诸多因素的制约.

例 4　完成案例 2(微生物的繁衍问题).

解　设t时刻该微生物的量为$M = M(t)$,由题设知

$$\frac{\mathrm{d}M}{\mathrm{d}t} = kM, M(0) = 1, M(2) = 3.$$

对$\frac{\mathrm{d}M}{\mathrm{d}t} = kM$分离变量,求解得$M(t) = C\mathrm{e}^{kt}$.将$M(0)=1, M(2)=3$代入通解中,有

$$\begin{cases} 1 = C\mathrm{e}^{0}, \\ 3 = C\mathrm{e}^{2k}, \end{cases}$$

解得$C = 1, k = \frac{1}{2}\ln 3$.

现假设该微生物从时刻 t_1 到时刻 t_2，其量增加 8 倍，则有 $Ce^{kt_2}=9Ce^{kt_1}$，即 $t_2-t_1=\frac{2\ln3}{k}$，将 $k=\frac{1}{2}\ln3$ 代入，得 $t_2-t_1=4$，故该微生物的量增加 8 倍所需的时间为 4 h.

例 5（国内生产总值问题）　若我国的国内生产总值(GDP)能保持每年 7.8% 的相对增长率，问多少年后我国的国内生产总值能翻一番？

解　设 $t=0$ 代表初始年份，P_0 表示我国初始年份的 GDP，$P(t)$ 表示第 t 年我国的 GDP. 由题意可建立如下的微分方程：

$$\frac{\frac{\mathrm{d}P(t)}{\mathrm{d}t}}{P(t)}=7.8\%.$$

对上述方程分离变量得

$$\frac{\mathrm{d}P(t)}{P(t)}=7.8\%\mathrm{d}t,$$

两边同时积分得

$$P(t)=Ce^{0.078t}.$$

再将 $t=0$ 时，$P(t)=P_0$ 代入，有 $C=P_0$，即从初始年份起，第 t 年我国的 GDP 为

$$P(t)=P_0e^{0.078t}.$$

将 $P(t)=2P_0$ 代入上式，解得 $t\approx8.89$，即约 9 年的时间能使我国的 GDP 翻一番.

·思想启迪·

◎ 微分方程 $\frac{\mathrm{d}P}{\mathrm{d}t}=rP\left(1-\frac{P}{k}\right)$ 称为逻辑斯谛方程，此方程是描述在资源有限的条件下，种群增长规律的一个最佳数学模型. 同时它也是一个说理模型，实际上是反映营养对种群增长的一种线性限制关系的说理模型. 随着时代的发展，科学家们刻苦钻研和不断创新，对模型进行优化，该模型内容已远远超越了生态学领域，揭示出方程蕴藏的丰富内涵.

·课外演练·

1. 求下列一阶线性微分方程的通解.

(1) $3x^3+5x-5y'=0$；

(2) $x^2\mathrm{d}y+(3-2y)\mathrm{d}x=0$；

(3) $y'=e^{x-y}$；

(4) $(1+e^x)yy'=e^x$；

(5) $x(1+y^2)\mathrm{d}x-y(1+x^2)\mathrm{d}y=0$；

(6) $x\sqrt{1-y^2}\mathrm{d}x+y\mathrm{d}y=0$；

(7) $\frac{\mathrm{d}y}{\mathrm{d}x}+\frac{e^{y^2+3x}}{y}=0$；

(8) $\cot y\mathrm{d}y=\tan x\mathrm{d}x$；

(9) $x\sqrt{1+y^2}+yy'\sqrt{1+x^2}=0$；

(10) $y'=\frac{y}{1+e^x}$.

2. 求方程 $x\mathrm{d}y-3y\mathrm{d}x=0$ 满足初始条件 $y(1)=1$ 的特解.

3. 镭的裂变速率与它在该时刻的质量成正比，即裂变速率 $\frac{\mathrm{d}m}{\mathrm{d}t}=-km$. 已知 $k=$

0.000436/年，且设 $t=0$ 时镭的质量为 m_0，求它的半衰期(从 m_0 衰变为 $\frac{1}{2}m_0$ 所需的时间).

4. 设单位质点在水平面内做直线运动，初始速度 $v|_{t=0}=v_0$，已知阻力与速度成正比(比例常数为 1)，问 t 为多少时，质点的速度为 $\frac{v_0}{3}$？并求到该时刻质点所经过的路程.

7.3 一阶线性微分方程

• 案例导出 •

案例(溶液的混合问题) 容器内盛有 50 L 的盐水溶液，其中含有 10 g 盐. 现将每升含盐 2 g 的溶液以 5 L/min 的速度注入容器，并不断搅拌，使混合液迅速达到均匀，同时混合液以3 L/min 的速度流出容器，请问任一时刻 t 容器中的含盐量是多少？

• 案例分析 •

设 t 时刻容器中的含盐量为 y g，则容器中含盐量的变化率为

$$\frac{\mathrm{d}y}{\mathrm{d}t}=\text{盐流入容器的速度}-\text{盐流出容器的速度}.$$

由于盐流入的速度 $=2(\mathrm{g/L})\times 5(\mathrm{L/min})=10(\mathrm{g/min})$，又因为在 t 时刻容器中所含溶液为 $50+(5t-3t)=50+2t(\mathrm{L})$，则在 t 时刻容器中盐水的浓度为 $\frac{y}{50+2t}(\mathrm{g/L})$，于是盐流出容器的速度 $=\frac{y}{50+2t}(\mathrm{g/L})\times 3(\mathrm{L/min})=\frac{3y}{50+2t}(\mathrm{g/min})$，所以有

$$\frac{\mathrm{d}y}{\mathrm{d}t}=\text{盐流入容器的速度}-\text{盐流出容器的速度}=10-\frac{3y}{50+2t},$$

即

$$\frac{\mathrm{d}y}{\mathrm{d}t}+\frac{3}{50+2t}y=10.$$

这是一个一阶线性微分方程，而且带有初始条件 $y|_{t=0}=10$.

一阶线性微分方程能很好地刻画许多实际问题，如何解一阶线性微分方程是本节讨论的重点.

• 相关知识 •

形如

$$y'+P(x)y=Q(x) \tag{7.3}$$

的方程，称为一阶线性微分方程，其中 $P(x)$ 与 $Q(x)$ 是已知的连续函数. 如果 $Q(x)\equiv 0$，即

$$y'+P(x)y=0, \tag{7.4}$$

称其为一阶线性齐次微分方程. 如果 $Q(x)\neq 0$，则称(7.3)式为一阶线性非齐次微分方程，$Q(x)$ 称为自由项. 此时，称(7.4)式和(7.3)式分别是相对应的齐次和非齐次线性微分方程.

7.3.1 一阶线性齐次微分方程的解法(分离变量法)

一阶线性齐次微分方程的解法

显然,(7.4) 式是一个可分离变量的方程. 因此先分离变量得

$$\frac{1}{y}\mathrm{d}y=-P(x)\mathrm{d}x,$$

再对两边分别积分,得

$$\ln|y|=-\int P(x)\mathrm{d}x+C_1,$$

于是得到通解

$$y(x)=C\mathrm{e}^{-\int P(x)\mathrm{d}x}. \tag{7.5}$$

因此,对于一阶线性齐次微分方程,既可用分离变量法求解,也可以直接用(7.5) 式求解,不过此时先要将方程写成(7.4) 式,找到 $P(x)$,再用(7.5) 式求解. 另外,用公式解时,求解$\int P(x)\mathrm{d}x$ 不用加积分常数.

例 1 求微分方程 $y'+x^2y=0$ 的通解.

解 (方法一)(分离变量法):

分离变量后,再对两边分别积分得$\int\frac{\mathrm{d}y}{y}=\int-x^2\mathrm{d}x+C_1$,于是 $\ln|y|=-\frac{1}{3}x^3+C_1$,故所求通解为 $y=C\mathrm{e}^{-\frac{1}{3}x^3}$.

(方法二)(公式法):

该方程为一阶线性齐次微分方程,$P(x)=x^2$,则$\int P(x)\mathrm{d}x=\int x^2\,\mathrm{d}x=\frac{1}{3}x^3$,代入公式(7.5) 得方程的通解为 $y=C\mathrm{e}^{-\frac{1}{3}x^3}$.

7.3.2 一阶线性非齐次微分方程的解法(常数变易法)

一阶线性非齐次微分方程的解法

接下来利用常数变易法求线性非齐次微分方程的解. 其思想是:非齐次微分方程(7.3) 与齐次微分方程(7.4) 有着相同的系数,仅多一个自由项 $Q(x)$,而(7.5) 式是方程(7.4) 的解,因此要求非齐次微分方程(7.3) 的解函数的导数比(7.5) 式的导数增加一个等于 $Q(x)$ 的项,联想到乘积求导公式,设想将(7.5) 式的常数 C 变易为函数 $C(x)$,即令

$$y(x)=C(x)\mathrm{e}^{-\int P(x)\mathrm{d}x} \tag{7.6}$$

为非齐次微分方程(7.3) 的解,将(7.6) 式代入方程(7.3),有

$$C'(x)\mathrm{e}^{-\int P(x)\mathrm{d}x}+C(x)\mathrm{e}^{-\int P(x)\mathrm{d}x}(-P(x))+P(x)C(x)\mathrm{e}^{-\int P(x)\mathrm{d}x}=Q(x),$$

化简并积分得

$$C(x)=\int Q(x)\,\mathrm{e}^{\int P(x)\mathrm{d}x}\mathrm{d}x+C.$$

将其代入形式解(7.6),得到方程(7.3) 的通解公式为

$$y=\mathrm{e}^{-\int P(x)\mathrm{d}x}\left(C+\int \mathrm{e}^{\int P(x)\mathrm{d}x}Q(x)\mathrm{d}x\right). \tag{7.7}$$

由此可归纳出用常数变易法求解线性非齐次微分方程(7.3)的步骤：

(1) 先求解对应的线性齐次微分方程(7.4)，得通解(7.5)；

(2) 将(7.5)式中的任意常数 C 改为待定函数 $C(x)$，即用(7.6)式表示方程(7.3)的形式解，把这个形式解代入方程(7.3)来确定待定系数 $C(x)$.

仔细观察方程(7.3)的解(7.7)，可以发现它由两部分之和构成，第一部分是对应的齐次方程(7.4)的通解，第二部分是非齐次微分方程(7.3)自身的一个特解(当 $C=0$ 时所对应的特解)，这是一阶线性非齐次微分方程通解的结构，即一阶线性非齐次微分方程的通解为其对应的齐次方程的通解与自身的一个特解之和.

与一阶线性齐次微分方程类似，我们既可用常数变易法求解一阶线性非齐次微分方程，也可以直接用公式(7.7)求解，此时要将方程写成(7.3)式，找到 $P(x)$ 与 $Q(x)$，先求出 $\int P(x)\mathrm{d}x$，再求 $\int \mathrm{e}^{\int P(x)\mathrm{d}x}Q(x)\mathrm{d}x$，最后代入(7.7)式求解.

本教材基本都用常数变易法求解一阶线性非齐次微分方程的通解，读者可以在常数变易法和公式法中任选其一.

例 2 求微分方程 $y'+x^2y=x^2$ 的通解.

解 (方法一)(常数变易法)：

由例 1 知，对应的齐次方程的通解为 $y=C\mathrm{e}^{-\frac{1}{3}x^3}$.

将常数 C 变易为 $C(x)$ 得 $y=C(x)\mathrm{e}^{-\frac{1}{3}x^3}$，代入原方程有

$$C'(x)\mathrm{e}^{-\frac{1}{3}x^3}+C(x)(-x^2\mathrm{e}^{-\frac{1}{3}x^3})+x^2C(x)\mathrm{e}^{-\frac{1}{3}x^3}=x^2,$$

则 $C'(x)\mathrm{e}^{-\frac{1}{3}x^3}=x^2$，于是 $C'(x)=x^2\mathrm{e}^{\frac{1}{3}x^3}$，两边积分得

$$C(x)=\int x^2\mathrm{e}^{\frac{1}{3}x^3}\,\mathrm{d}x+C=\mathrm{e}^{\frac{1}{3}x^3}+C,$$

代回 $y=C(x)\mathrm{e}^{-\frac{1}{3}x^3}$，得到原方程的通解为 $y=1+C\mathrm{e}^{-\frac{1}{3}x^3}$.

(方法二)(公式法)：

该方程为一阶线性非齐次微分方程，$P(x)=Q(x)=x^2$，于是

$$\int P(x)\mathrm{d}x=\int x^2\mathrm{d}x=\frac{1}{3}x^3,$$

则

$$\int \mathrm{e}^{\int P(x)\mathrm{d}x}Q(x)\mathrm{d}x=\int \mathrm{e}^{\frac{1}{3}x^3}x^2\mathrm{d}x=\mathrm{e}^{\frac{1}{3}x^3}.$$

因此，原方程的通解为

$$y=\mathrm{e}^{-\frac{1}{3}x^3}(C+\mathrm{e}^{\frac{1}{3}x^3})=1+C\mathrm{e}^{-\frac{1}{3}x^3}.$$

例 3 求微分方程 $y'=\dfrac{1}{x-y}$ 的通解.

解 初看上去，此题似乎无法入手，但若将 x 与 y 的自变量与应变量的身份对调一下，即

$$\frac{\mathrm{d}x}{\mathrm{d}y}-x=-y, \tag{7.8}$$

这就是一个以 x 为未知函数的一阶线性微分方程.

(7.8) 式所对应的齐次微分方程为$\frac{dx}{dy}-x=0$,其通解为 $x(y)=Ce^{y}$.

接下来用常数变易法求非齐次微分方程(7.8) 的通解:

将常数 C 变易为$C(y)$ 得 $x(y)=C(y)e^{y}$,将其代入方程(7.8),有

$$C'(y)e^{y}+C(y)e^{y}-C(y)e^{y}=-y,$$

化简并积分有

$$C(y)=-\int ye^{-y}dy+C=(y+1)e^{-y}+C.$$

因此,方程(7.8) 的通解为 $x(y)=Ce^{y}+y+1$.

需要说明的是,上述解也是原方程的通解,只是以反函数的形式表示而已,也称其为通积分.

· 知识应用 ·

例 4(物体的冷却问题)　已知物体冷却的速度与温度差成正比,当所处环境温度为 10 ℃ 时,该物体在 20 min 内由 100 ℃ 降到 40 ℃. 请问要经过多长时间该物体从 100 ℃ 降到20 ℃?

解　设 t 时刻物体的温度为 $y=y(t)$,根据牛顿冷却定律及题意知

$$\frac{dy}{dt}=k(y-10),y(0)=100,y(20)=40.$$

对$\frac{dy}{dt}=k(y-10)$ 两边分离变量,再积分得通解 $y=10+Ce^{kt}$.

将 $y(0)=100,y(20)=40$ 代入通解得

$$\begin{cases}100=10+Ce^{0},\\40=10+Ce^{20k},\end{cases}$$

解之得 $C=90,k=-\frac{\ln3}{20}$,也即所求物体温度的变化规律为 $y=10+90e^{-\frac{\ln3}{20}t}$.

再将 $y=20$ 代入上式得 $20=10+90e^{-\frac{\ln3}{20}t}$,于是解得 $t=40$,即要经过 40 min 该物体从 100 ℃ 降到 20 ℃.

例 5(流体混合问题)　现有一仓库长 30 m,宽 15 m,高 8 m,经测定空气中二氧化碳的含量为 0.3%. 开启通风设备,若以 280 m^3/s 的速度输入新鲜空气(假设此时新鲜空气中二氧化碳的含量为 0.05%),同时又排出同等数量的室内空气. 问 40 min 后仓库内二氧化碳的含量是多少?

解　设仓库内二氧化碳在时刻 t 的含量为 $x(t)\%$,经过时间 dt 之后,仓库内二氧化碳的改变量为

$$30\times15\times8\times dx\%=280\times0.05\%\times dt-280\times x\%\times dt,$$

化简为

$$dx=\frac{1}{90}(0.35-7x)dt,$$

应用分离变量法后积分得

$$x = 0.05 + Ce^{-\frac{7}{90}t}, C\text{为任意常数}.$$

代入初始条件 $x(0) = 0.3$,可得

$$x = 0.05 + 0.25e^{-\frac{7}{90}t}.$$

将 $t = 40\ \text{min} = 2400\ \text{s}$ 代入上式,得到 $x \approx 0.05$,即开动通风设备 40 min 后,仓库内的二氧化碳的含量接近 0.05%,基本上已是新鲜空气了.

例 6 完成案例(溶液的混合问题).

解 由案例分析,溶液混合的问题实际上是求一阶线性非齐次微分方程 $\frac{dy}{dt} + \frac{3}{50+2t}y = 10$ 满足初始条件 $y|_{t=0} = 10$ 的解.

我们用公式法.由于 $P(t) = \frac{3}{50+2t}$,$Q(t) = 10$,则有

$$\int P(t)dt = \int \frac{3}{50+2t}dt = \frac{3}{2}\ln(50+2t),$$

$$\int e^{\int P(t)dt}Q(t)dt = 10\int e^{\frac{3}{2}\ln(50+2t)}\ dt = 10\int(50+2t)^{\frac{3}{2}}dt = 2(50+2t)^{\frac{5}{2}},$$

于是方程的通解为

$$\begin{aligned} y &= e^{-\int P(t)dt}\left(C + \int e^{\int P(t)dt}Q(t)dt\right) \\ &= (50+2t)^{-\frac{3}{2}}[C + 2(50+2t)^{\frac{5}{2}}] \\ &= C(50+2t)^{-\frac{3}{2}} + 2(50+2t) \\ &= C(50+2t)^{-\frac{3}{2}} + 4t + 100. \end{aligned}$$

将初始条件 $y|_{t=0} = 10$ 代入,解得 $C = -22500\sqrt{2}$.所以在时刻 t,容器中的含盐量为

$$y = 100 + 4t - 22500\sqrt{2}(50+2t)^{-\frac{3}{2}}(\text{g}).$$

· 思想启迪 ·

◎ 常数变易法是线性非齐次方程求特解的一种方法,它借助对应齐次方程的通解结构,将其中的任意常数换成函数来求解,其中蕴含着“先猜想,再证明”的思路.科学猜想是一种重要的科学研究方法,常常是解决问题的重要突破口.数学发展史上许多定理正是由最初的大胆猜想,后经数学家的严谨证明形成的.如我国数学家陈景润和华人数学家张益唐在哥德巴赫猜想及孪生素数猜想上取得了重大的、突破性的研究成果.培养大胆质疑、小心求证的科学研究精神是非常有必要的.

◎ 马尔萨斯人口模型实际上是一阶线性微分方程,表示在没有生存资源限制的情况下,人口或生物种群的数量呈指数增长.毛泽东提出的“星星之火,可以燎原”,就是强调新生事物虽只有一点小小的力量,但它的发展是很快的,前途是光明的.

· 课外演练 ·

1. 求下列方程的通解或通积分.

(1) $\dfrac{\mathrm{d}y}{\mathrm{d}x}=y+\mathrm{e}^{-x}$； (2) $y'-2xy=x\mathrm{e}^{x^2}$；

(3) $xy'+y-\mathrm{e}^x=0$； (4) $y'\cos x+y\sin x-1=0$；

(5) $y'+2y=x\mathrm{e}^x$； (6) $2y\mathrm{d}x+(y^2-6x)\mathrm{d}y=0$.

2. 求下列初值问题的解.

(1) $y'+\dfrac{y}{x}=\dfrac{\sin x}{x},y|_{x=\pi}=1$； (2) $y'-y\tan x=\sec x,y(0)=0$.

3. 求解积分方程 $y(x)=\cos x+\int_0^x \sin t\cdot y(t)\mathrm{d}t$.（提示：方程两边对 x 求导，初始条件为 $y(0)=1$）

4. 设 $y(x)$ 是定义在$(0,+\infty)$内的连续可导的函数，且当 $x>0$ 时，满足 $x\int_0^x y(t)\mathrm{d}t=(x+1)\int_0^x ty(t)\mathrm{d}t$，求 $y(x)$.（提示：上式两端分别对 x 求导，转换为微分方程）

5. 已知一条曲线 $y=f(x)$ 上任意点(x,y)处的切线斜率为 $2x+y$，且该曲线经过点$(0,1)$，求此曲线的方程.

6. 某公司的年利润 N 随广告费 x 的变化而变化，其变化率为$\dfrac{\mathrm{d}N}{\mathrm{d}x}=7-3(N+x)$. 当 $x=0$ 时，$N=14$，求年利润 N 与广告费 x 之间的函数关系.

7. 一容器在开始时盛有盐水 100 L，其中含盐 10 kg. 现以 3 L/min 的速度注入清水，同时以 2 L/min 的速度将冲淡的溶液放出. 容器中装有搅拌器使溶液始终保持均匀，求过程开始后 100 min 溶液的含盐量.

8. 在上题中，若注入的溶液不是清水，而是浓度为 1%（100 L 溶液中含有 1 kg 盐）的盐溶液，则过程开始后 100 min，溶液的含盐量为多少？

7.4 二阶常系数线性微分方程

· 案例导出 ·

案例（阻尼振动问题） 如图 7-2 所示，弹簧的左端固定，右端拴一物体，质量为 m. 弹簧处于水平无伸长状态，物体由光滑平面支撑. 将物体向右拉离原始状态 l m，处于静止状态放开，物体便开始运动，假设考虑物体受到的空气阻力，求物体的运动规律.

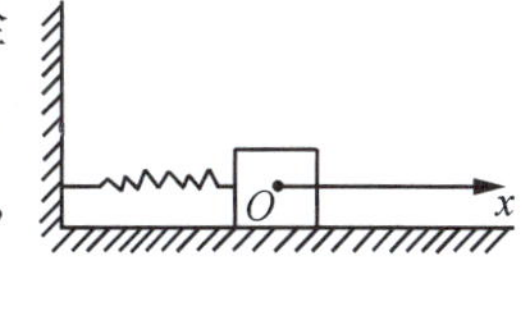

图 7-2

· 案例分析 ·

设物体所处原始状态的位置为坐标原点，水平向右为 x 轴正方向. 物体在时刻 t 的位移函数为 $x(t)$，于是物体的加速度为$\frac{\mathrm{d}^2 x}{\mathrm{d}t^2}$.

根据胡克定律，在弹性限度内，弹性恢复力为 $f=-kx(k>0$ 为弹性系数).

物体受到的空气阻力 f_1 与物体的运动速度成正比，与运动方向相反，所以

$$f_1=-k_1\frac{\mathrm{d}x}{\mathrm{d}t}(k_1>0\text{ 为阻尼系数}).$$

结合牛顿第二定律得物体的运动方程 $\frac{\mathrm{d}^2 x}{\mathrm{d}t^2}+\frac{k_1}{m}\frac{\mathrm{d}x}{\mathrm{d}t}+\frac{k}{m}x=0$. 这是一个二阶常系数线性微分方程.

二阶常系数线性微分方程在科学技术中应用比较广泛，如何解出未知函数，内容丰富且复杂. 本节主要介绍解二阶常系数齐次微分方程的特征方程法及解二阶常系数非齐次微分方程的某一特解的待定系数法.

· 相关知识 ·

二阶常系数线性齐次微分方程

7.4.1 二阶常系数线性齐次微分方程

二阶常系数线性齐次微分方程的一般形式为

$$y''+py'+qy=0, \tag{7.9}$$

其中 p,q 为常数.

对于二阶常系数齐次微分方程，我们有下述定理.

定理 1 若 $y_1(x)$ 与 $y_2(x)$ 是齐次线性方程(7.9)的两个特解，C_1,C_2 是两个任意常数，则 $y(x)=C_1y_1(x)+C_2y_2(x)$ 也是方程(7.9)的解；进而，若 $\frac{y_2(x)}{y_1(x)}\neq$ 常数，则 $y(x)=C_1y_1(x)+C_2y_2(x)$ 是方程(7.9)的通解.

接下来，我们来讨论二阶常系数齐次微分方程的求解方法.

由于一阶方程 $y'+qy=0$(q 为常数)有通解 $y=Ce^{-qx}$，因此猜想方程(7.9)也有形如 e^{rx} 的解(r 为待定系数)，将这个形式解代入方程(7.9)，有

$$e^{rx}(r^2+pr+q)=0.$$

由于 $e^{rx}\neq 0$，故当 r 满足方程 $r^2+pr+q=0$ 时，$y=e^{rx}$ 即为(7.9)的解.

定义 我们称方程 $r^2+pr+q=0$ 为齐次方程(7.9)的特征方程，特征方程的两个根 r_1 与 r_2 称为特征根.

我们根据特征根的不同情况来讨论方程(7.9)的通解.

1. 特征根是不相等的实根(实单根)

当特征方程有两个相异实根 r_1 与 r_2 时，e^{r_1x} 与 e^{r_2x} 是方程(7.9)的两个解且$\frac{e^{r_1x}}{e^{r_2x}}$ 不是常

数，故方程(7.9)的通解为 $y(x)=C_1e^{r_1x}+C_2e^{r_2x}$.

例 1　求方程 $y''-5y'+6y=0$ 的通解.

解　该齐次方程的特征方程为 $r^2-5r+6=0$，特征根为 $r_1=2,r_2=3$，所以所求方程的通解为 $y(x)=C_1e^{2x}+C_2e^{3x}$.

2. 特征根是两个相等实根(重根)

当特征方程有实二重根 $r=-\frac{p}{2}$ 时，方程(7.9)有解 $y=e^{-\frac{p}{2}x}$，容易验证 $y=xe^{-\frac{p}{2}x}$ 也是方程(7.9)的解.故方程(7.9)的通解为 $y(x)=e^{-\frac{p}{2}x}(C_1+C_2x)$.

例 2　求方程 $y''-4y'+4y=0$ 的通解.

解　该齐次方程的特征方程为 $r^2-4r+4=0$，$r=2$ 是实二重根，故方程的通解为

$$y(x)=C_1e^{2x}+C_2xe^{2x}.$$

3. 特征根是一对共轭复根

当特征方程有一对共轭复根 $r=\alpha\pm i\beta$(α,β 均为常数且 $\beta\neq 0$)时，可以证明此时方程(7.9)的通解为 $y(x)=e^{\alpha x}(C_1\cos\beta x+C_2\sin\beta x)$.

例 3　求方程 $y''-6y'+11y=0$ 的通解.

解　该齐次方程的特征方程为 $r^2-6r+11=0$，特征根为 $r=3\pm\sqrt{2}i$，所以方程的通解为 $y(x)=e^{3x}(C_1\cos\sqrt{2}x+C_2\sin\sqrt{2}x)$.

综上所述，将二阶常系数线性齐次微分方程(7.9)的通解归纳如下：

$$y(x)=\begin{cases}C_1e^{r_1x}+C_2e^{r_2x}, & \text{特征根是实单根 } r_1,r_2,\\ e^{-\frac{p}{2}x}(C_1+C_2x), & \text{特征根是二重实根 } -\frac{p}{2},\\ e^{\alpha x}(C_1\cos\beta x+C_2\sin\beta x), & \text{特征根是一对共轭复根 } \alpha\pm i\beta.\end{cases}$$

根据以上讨论，求二阶常系数线性齐次微分方程的通解的步骤为

(1) 写出齐次方程对应的特征方程；

(2) 求出特征根；

(3) 根据特征根的情况写出齐次方程的通解.

例 4　求方程 $y''-8y'=0$ 的通解.

解　该齐次方程的特征方程为 $r^2-8r=0$，特征根为 $r_1=0,r_2=8$，所以方程的通解为 $y(x)=C_1+C_2e^{8x}$.

例 5　求方程 $y''+5y-3x=0$ 的通解.

注意　如果认为它的特征方程为 $r^2+5r-3=0$，就会出错.因为此方程是二阶常系数线性非齐次微分方程，不是齐次微分方程，其解法接下来将会介绍.

7.4.2　二阶常系数线性非齐次微分方程

二阶常系数线性非齐次微分方程

设 p,q 为常数，$f(x)$ 为某个区间上的已知连续函数，则称形如

$$y''+py'+qy=f(x) \tag{7.10}$$

的方程为二阶常系数线性非齐次方程，$f(x)$ 称为自由项，称上节的方程(7.9)为与它对应的线性齐次微分方程.

关于非齐次方程，我们有如下定理.

定理 2 若 $Y(x)$ 是方程(7.9)的通解，$y^*(x)$ 是方程(7.10)的任意一个特解，则 $y = Y(x) + y^*(x)$ 是方程(7.10)的通解.

从定理 2 可见求解方程(7.10)只需求出其对应的齐次方程(7.9)的通解和其自身的一个特解. 而方程(7.9)的通解在上节已经讲过，现在的问题在于如何求出方程(7.10)自身的一个特解. 下面就介绍一种求解方法，叫待定系数法，此方法仅适用于某些特殊形式的自由项 $f(x)$.

以下我们介绍三种形式较为简单的自由项的情形.

1. 自由项 $f(x) = P_n(x)$，其中 $P_n(x)$ 为 x 的 n 次多项式函数

由于多项式函数的导数仍是多项式，求特解 $y^*(x)$ 可以根据 0 是否是特征根的情形分析，我们有以下结论.

定理 3 设自由项 $f(x) = P_n(x)$ 为 n 次多项式，$Q_n(x)$ 是与 $P_n(x)$ 同次的系数待定的多项式，非齐次方程 $y'' + py' + qy = P_n(x)$ 有一个特解 $y^*(x) = x^k Q_n(x)$，其中 k 的取值为

$$k = \begin{cases} 0, & \text{当 0 不是特征根}, \\ 1, & \text{当 0 是特征单根}, \\ 2, & \text{当 0 是二重特征根}. \end{cases}$$

例 6 求方程 $y'' + 2y = 2x^2 - 1$ 的一个特解.

解 该方程对应的齐次方程的特征方程为 $r^2 + 2 = 0$，可见 0 不是特征根，同时方程的自由项是二次多项式，故可设方程的一个特解为

$$y^*(x) = x^0(Ax^2 + Bx + C) = Ax^2 + Bx + C(\text{其中 } A,B,C \text{ 待定}).$$

将其代入原方程，有 $(Ax^2 + Bx + C)'' + 2(Ax^2 + Bx + C) = 2x^2 - 1$，

于是
$$2Ax^2 + 2Bx + 2A + 2C = 2x^2 - 1.$$

由多项式相等的定义可得

$$\begin{cases} 2A = 2, \\ 2B = 0, \\ 2C + 2A = -1, \end{cases}$$

解得 $A = 1, B = 0, C = -\dfrac{3}{2}$.

故该方程的一个特解为 $y^*(x) = x^2 - \dfrac{3}{2}$.

例 7 求方程 $y'' + y' = 2x^2 + x$ 的通解.

解 首先，求出该方程对应的齐次线性微分方程的通解.

因为该方程对应的齐次微分方程的特征方程为 $r^2 + r = 0$，可见特征根为 0 和 -1，所以方程对应的齐次微分方程的通解为 $Y(x) = C_1 + C_2 e^{-x}$.

其次，求该非齐次线性微分方程的一个特解.

由于该非齐次方程的自由项是二次多项式，而 0 是特征单根，故可设该方程的一个特解为

$$y^*(x)=x^1(Ax^2+Bx+C)=Ax^3+Bx^2+Cx(\text{其中 } A,B,C \text{ 待定}).$$

将其代入原方程，并由多项式相等的定义可得

$$\begin{cases}3A=2,\\2B+6A=1,\\C+2B=0,\end{cases}$$

解得 $A=\frac{2}{3},B=-\frac{3}{2},C=3$.

所以原方程的一个特解为 $y^*(x)=\frac{2}{3}x^3-\frac{3}{2}x^2+3x$.

综上可知，原方程的通解为 $y(x)=Y(x)+y^*(x)=C_1+C_2\mathrm{e}^{-x}+\frac{2}{3}x^3-\frac{3}{2}x^2+3x$，即

$$y=C_1+C_2\mathrm{e}^{-x}+\frac{2}{3}x^3-\frac{3}{2}x^2+3x.$$

例 5 的方程 $y''+5y-3x=0$ 实际上是一个二阶常系数非齐次微分方程，请读者按照例 6 及例 7 的解题思路，给出该方程的通解.

2. 自由项 $f(x)=A\mathrm{e}^{\alpha x}$，其中 A 与 α 均为已知常数

由于指数函数的导数仍为指数函数，我们可以根据 α 是否为特征根给出特解 $y^*(x)$ 的形式.

定理 4　非齐次方程 $y''+py'+qy=A\mathrm{e}^{\alpha x}$ 的一个特解形式为 $y^*(x)=Bx^k\mathrm{e}^{\alpha x}$，其中 A 与 α 均为已知常数，B 为待定系数，而 k 的取值为

$$k=\begin{cases}0, & \text{当 } \alpha \text{ 不是特征根},\\1, & \text{当 } \alpha \text{ 是特征单根},\\2, & \text{当 } \alpha \text{ 是二重特征根}.\end{cases}$$

例 8　求方程 $y''+2y'-y=3\mathrm{e}^{2x}$ 的一个特解.

解　因为该方程对应的齐次方程的特征方程为 $r^2+2r-1=0$，则 2 不是特征根，于是可设原方程的一个形式特解为 $y^*(x)=Bx^0\mathrm{e}^{2x}=B\mathrm{e}^{2x}$，将其代入原方程可以确定系数 $B=\frac{3}{7}$，所以原方程的一个特解为 $y^*(x)=\frac{3}{7}\mathrm{c}^{2x}$.

例 9　求满足初始条件 $y(0)=2,y'(0)=3$ 的微分方程 $y''+4y'+4y=3\mathrm{e}^{-2x}$ 的特解.

解　首先，求该方程对应的齐次方程的通解.

由于方程对应的齐次方程的特征方程为 $r^2+4r+4=0$，则 $r=-2$ 为二重特征根，所以原方程对应的齐次方程的通解为 $Y(x)=C_1\mathrm{e}^{-2x}+C_2x\mathrm{e}^{-2x}$.

其次，求该非齐次线性微分方程的一个特解.

因为 -2 为二重特征根，故可设 $y^*(x)=Bx^2\mathrm{e}^{-2x}$ 为原方程的一个特解，将其代入原方程，解得 $B=\frac{3}{2}$，所以原方程的一个特解为 $y^*(x)=\frac{3}{2}x^2\mathrm{e}^{-2x}$.

综上可得,原方程的通解为

$$y(x)=Y(x)+y^{*}(x)=C_{1}\mathrm{e}^{-2x}+C_{2}x\mathrm{e}^{-2x}+\frac{3}{2}x^{2}\mathrm{e}^{-2x}.$$

最后,求出满足初始条件的特解.

将初始条件 $y(0)=2,y'(0)=3$ 代入原方程的通解,可解得 $C_1=2,C_2=7$,故初值问题的特解为 $y(x)=2\mathrm{e}^{-2x}+7x\mathrm{e}^{-2x}+\frac{3}{2}x^{2}\mathrm{e}^{-2x}$.

3. 自由项 $f(x)=\mathrm{e}^{\alpha x}(A\cos\beta x+B\sin\beta x)$,其中 A,B 与 α,β 均为已知常数

定理5 非齐次方程 $y''+py'+qy=\mathrm{e}^{\alpha x}(A\cos\beta x+B\sin\beta x)$($A,B$ 与 α,β 均为已知常数)的一个形式特解为 $y^{*}(x)=x^{k}\mathrm{e}^{\alpha x}(C\cos\beta x+D\sin\beta x)$,其中 C,D 为待定系数,而 k 的取值为

$$k=\begin{cases}0, & \text{当 } \alpha\pm \mathrm{i}\beta \text{ 不是特征根},\\ 1, & \text{当 } \alpha\pm \mathrm{i}\beta \text{ 是特征根}.\end{cases}$$

例10 求方程 $y''+y'=\sin x$ 的一个特解.

解 该方程对应的齐次方程的特征方程为 $r^2+r=0$. 显然 $\pm\mathrm{i}$ 不是特征根,故可设原方程的一个特解为

$$y^{*}(x)=x^{0}(C\cos x+D\sin x)=C\cos x+D\sin x.$$

将其代入原方程化简并确定待定系数,得

$$\begin{cases}D-C=0,\\ -C-D=1,\end{cases}$$

解得 $C=-\frac{1}{2},D=-\frac{1}{2}$,所以原方程的一个特解为 $y^{*}(x)=-\frac{1}{2}\cos x-\frac{1}{2}\sin x$.

例11 求方程 $y''-2y'+5y=\mathrm{e}^{x}\cos 2x$ 的通解.

解 首先,求出该方程对应的齐次线性微分方程的通解.

由于方程对应的齐次方程的特征方程为 $r^2-2r+5=0$,特征根为 $1\pm 2\mathrm{i}$,从而方程对应的齐次微分方程的通解为 $Y(x)=\mathrm{e}^{x}(C_1\cos 2x+C_2\sin 2x)$.

其次,求该非齐次线性微分方程的一个特解.

由于 $1\pm 2\mathrm{i}$ 为特征根,可设原方程的一个特解为

$$y^{*}(x)=x^{1}\mathrm{e}^{x}(C\cos 2x+D\sin 2x).$$

将其代入原方程,可解得 $C=0,D=\frac{1}{4}$.

因此,原方程的一个特解为 $y^{*}(x)=\frac{1}{4}x\mathrm{e}^{x}\sin 2x$.

综上所述,原方程的通解为

$$y(x)=Y(x)+y^{*}(x)=\mathrm{e}^{x}(C_1\cos 2x+C_2\sin 2x)+\frac{1}{4}x\mathrm{e}^{x}\sin 2x,$$

即

$$y(x)=\mathrm{e}^{x}(C_1\cos 2x+C_2\sin 2x)+\frac{1}{4}x\mathrm{e}^{x}\sin 2x.$$

结合前面的讨论，我们可以给出求二阶常系数线性非齐次微分方程的通解的步骤：

(1) 写出对应齐次方程的特征方程，并用特征根法求出对应齐次方程的通解 $Y(x)$；

(2) 根据自由项，参照定理 5，写出非齐次方程的一个特解形式 $y^*(x)$；

(3) 将特解形式代入非齐次方程，找到待定系数的值，从而得到一个特解；

(4) 写出非齐次方程的通解 $y(x)=Y(x)+y^*(x)$.

• 知识应用 •

例 12　完成案例(阻尼振动问题).

解　由案例分析，我们得到一个二阶常系数线性齐次微分方程 $\frac{\mathrm{d}^2x}{\mathrm{d}t^2}+\frac{k_1}{m}\frac{\mathrm{d}x}{\mathrm{d}t}+\frac{k}{m}x=0$，其特征方程为 $r^2+\frac{k_1}{m}r+\frac{k}{m}=0$，特征根为 $r_{1,2}=\frac{-k_1\pm\sqrt{k_1^2-4km}}{2m}$.

根据特征根的可能取值分 3 种情况讨论：

(1) 当 $k_1^2-4km>0$ 时，r_1 和 r_2 为一对实根，此时方程的通解为 $x(t)=C_1\mathrm{e}^{r_1t}+C_2\mathrm{e}^{r_2t}$，再将初始条件 $x(0)=x_0$ 和 $x'(0)=0$ 代入得 $x(t)=\frac{x_0r_2}{r_2-r_1}\mathrm{e}^{r_1t}+\frac{x_0r_1}{r_1-r_2}\mathrm{e}^{r_2t}$.

(2) 当 $k_1^2-4km=0$ 时，$r_1=r_2=-\frac{k_1}{2m}$，此时方程的通解为 $x(t)=(C_1+C_2t)\mathrm{e}^{r_2t}$，再将初始条件 $x(0)=x_0$ 和 $x'(0)=0$ 代入得 $x(t)=(1-r_2t)x_0\mathrm{e}^{r_2t}$.

(3) 当 $k_1^2-4km<0$ 时，r_1 和 r_2 为一对共轭复根，此时方程的通解为

$$x(t)=\mathrm{e}^{-\frac{k_1}{2m}t}(C_1\sin\omega_0t+C_2\cos\omega_0t)\text{，其中 }\omega_0=\frac{\sqrt{4km-k_1^2}}{2m}.$$

再将初始条件 $x(0)=x_0$ 和 $x'(0)=0$ 代入得 $x(t)=\mathrm{e}^{-\frac{k_1}{2m}t}\left(\frac{x_0k_1}{2m\omega_0}\sin\omega_0t+x_0\cos\omega_0t\right)$.

例 13(强迫振动问题)　有一弹性系数为 69.6 N/m 的弹簧上挂着一质量为 17.4 kg 的物体. 假定物体原来在平衡位置，有向上的初速度 3 m/s，如果阻力忽略不计，并在运动方向上有一外力 $F(t)=17.4\sin2t$，求物体的运动规律.

解　设物体在任一时刻 t 的位移函数为 $x(t)$，则物体的运动方程为

$$17.4\frac{\mathrm{d}^2x}{\mathrm{d}t^2}=-69.6x+17.4\sin2t,$$

化简为

$$\frac{\mathrm{d}^2x}{\mathrm{d}t^2}+4x=\sin2t, \tag{7.11}$$

初始条件为　$x(0)=0, x'(0)=-3$.

方程(7.11) 所对应的齐次微分方程的特征根为 $\pm2\mathrm{i}$，故可设方程(7.11) 的一个形式特解为

$$x^*(t)=t(A\cos2t+B\sin2t),$$

将其代入方程(7.11)，解得 $A=-\frac{1}{4}, B=0$，即一个特解为 $x^*(t)=-\frac{1}{4}t\cos 2t$.

所以方程(7.11)的通解为 $x(t)=(A\cos 2t+B\sin 2t)-\frac{1}{4}t\cos 2t$.

再将初始条件代入得 $x(t)=-\frac{11}{8}\sin 2t-\frac{1}{4}t\cos 2t$.

・思想启迪・

◎ 特征根法表面"复杂"，实则"简单". 其"复杂"之处在于，三种不同情形下两个线性无关特解的求解；而"简单"之处在于，一旦得到了两个线性无关的特解，将其进行线性组合便能得到通解. 处理问题要透过现象看本质，不要被事物的复杂表象扰乱思绪，以至于失去了"初心". 只有分清矛盾的主次，抓住问题的关键和主要矛盾，保持清晰的思路，才能朝着既定的目标和方向不断迈进.

◎ 在具体的解题过程中，我们应意识到，看似越"简单"的事情，越要以细致的心态去对待，细节决定成败. 特征根法的三个步骤环环相扣，彼此间看似独立却又联系紧密，任何一步的粗心大意都会导致不必要的错误，所谓"一子落错，满盘皆输". 解题如此，做事亦如此，且迈好第一步尤为重要. 只有认真严谨地对待每一环节，才能步步为营，取得理想效果.

・课外演练・

1. 填空题.

(1) 设 $y=e^{-x}(C_1\sin 2x+C_2\cos 2x)$（$C_1, C_2$ 为任意常数）为某二阶常系数线性齐次微分方程的通解，则该方程为____________________.

(2) 设 $y=e^{-3x}(C_1+C_2x)$（C_1, C_2 为任意常数）为某二阶常系数线性齐次微分方程的通解，则该方程为____________________.

2. 求下列方程的通解或特解.

(1) $y''+y'-2y=0$；

(2) $\begin{cases} y''-4y'+3y=0, \\ y(0)=3, y'(0)=7; \end{cases}$

(3) $y''+4y'+4y=0$；

(4) $\begin{cases} y''+2y'+y=0, \\ y|_{x=0}=0, y'|_{x=0}=1; \end{cases}$

(5) $y''-4y'+5y=0$；

(6) $\begin{cases} y''-2y'+2y=0, \\ y(0)=0, y'(0)=1. \end{cases}$

3. 下列微分方程的一个特解应该怎样去设（系数不必确定）？

(1) $y''-3y'+2y=x^3$；

(2) $y''-8y'+16y=3e^{4x}$；

(3) $y''-4y'+8y=e^{-2x}(\cos 2x-\sin 2x)$；

(4) $y''-2y'-3y=e^{3x}$；

(5) $y''+2y'+2y=e^{-x}\cos x$.

4. 求下列方程的通解.

(1) $y''+2y'+y=-5$；　(2) $2y''-y'=3x$；

(3) $y''+3y'+2y=1+x$；　(4) $y''+4y'+3y=8e^{-3x}$；

(5) $y''-y'=3\sin x$.

5. 求 $\begin{cases} y''-3y'+2y=1, \\ y(0)=\dfrac{3}{2}, y'(0)=1 \end{cases}$ 的特解.

6. 设函数 $y=y(x)$ 满足微分方程 $y''-3y'+2y=2e^x$，且其图形在点(0,1)处的切线与曲线 $y=x^2-x+1$ 在该点的切线重合，求函数 $y(x)$.（提示：$y(0)=1, y'(0)=-1$）

7.5* 微分方程实验

• 案例导出 •

案例　美国原子能委员会将放射性核废料装在密封的圆桶里扔到水深约91 m的海里. 经过周密的试验，证明圆桶的密封性是很好的，圆桶决不会破漏. 但当圆桶到达海底的速度超过12.2 m/s时，圆桶会与海底碰撞而发生破裂. 已知圆桶的质量为 $m=239.456$ kg，海水密度为1025.94 kg/m³，圆桶的体积为 $V=0.208$ m³，圆桶下沉时的阻力与圆桶离水面的深度大致无关，而与下沉时的速度成正比，比例系数 $k=1.2$. 问圆桶是否会与海底碰撞而发生破裂？

• 案例分析 •

建立坐标系，设海平面为 x 轴，y 轴的方向向下为正. 由牛顿第二定律 $F=ma$，F 由圆桶的重力 W、海水作用在圆桶上的浮力 $B=1025.94\times V\times g=2091.28$(其中 g 为重力加速度)及圆桶下沉时受到的阻力 $D=kv=1.2v=1.2\dfrac{dy}{dx}$(其中 v 为下沉速度)合成，即

$$F=W-B-D=W-B-kv.$$

这样就得到一个二阶初值问题：

$$\begin{cases} W-B-k\dfrac{dy}{dx}=m\dfrac{d^2y}{dx^2}, \\ y(0)=0, \left.\dfrac{dy}{dx}\right|_{t=0}=v(0)=0. \end{cases}$$

• 相关知识 •

用数学软件Mathematica求解常微分方程及初值问题等内容的相关函数与命令为

(1) 微分方程、初值问题 DSolve；

(2) 方程求根 FindRoot.

例 1 求解微分方程 $y''-2y'-3y=2x+e^{3x}$.

解 In[1]: = DSolve[y''[x] − 2y'[x] − 3y[x] == 2x + E^(3x), y[x], x]

Out[1] = $\{\{y[x]\to\frac{1}{144}(64-e^{3x}-96x+36e^{3x}x)+e^{-x}C[1]+e^{3x}C[2]\}\}$

例 2 求解初值问题 $y'+\frac{1-2x}{x^2}y=1, y|_{x=1}=0$.

解 In[1]: = DSolve[{y'[x] + (1 − 2x) * y[x]/x^2 == 1, y[1] == 0}, y[x], x]

Out[1] = $\left\{\left\{y[x]\to\frac{(e-e^{\frac{1}{x}})x^2}{e}\right\}\right\}$

例 3 某飞机重 9500 kg,着陆时水平速度为 300 m/s,着陆后,飞机受到的阻力与飞机的速度成正比(比例系数 $k=2500$). 问此飞机的着陆距离需要多少?某机场的跑道为 1.5 km,此飞机能否在这里安全着陆?

解 设飞机在着陆后,时刻 t 时的滑行距离为 $s(t)$,则速度 $v(t)=s'(t)$,加速度 $a(t)=v'(t)=s''(t)$,由牛顿第二定律 $F=ma$ 及飞机受力分析可得方程 $ma=-kv$,即 $ms''=-ks'$. 另外还有初始条件 $s(0)=0, v(0)=300$,命令为

In[1]: = m = 9500; k = 2500;

In[2]: = DSolve[{m * s''[t] == − k * s'[t], s[0] == 0, s'[0] == 300}, s[t], t]

Out[2] = $\{\{s[t]\to 1140e^{-5t/19}(-1+e^{5t/19})\}\}$

得到了滑行距离的函数后,画图观察.

In[3]: = s[t_]: = 1140 * E^(− 5t/19) * (− 1 + E^(5t/19))

In[4]: = Plot[s[t], {t, 0, 30}]

Out[4] = -Graphics-

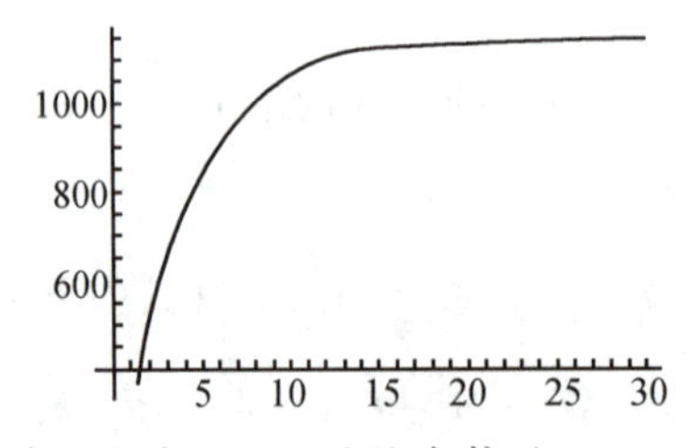

从图中可以看到,飞机着陆后滑行 20 s 后基本停止.

在 20 s 和 30 s 时求出滑行距离.

In[5]: = N[s[20]]

Out[5] = 1134.1

In[6]: = N[s[30]]

Out[6] = 1139.58

所以最终的滑行距离大约为 1140 m.

也可以通过以下命令求解.

In[7]: = Limit[s[t], t −> Infinity]

Out[7] = 1140

所以此飞机能在 1.5 km 的机场跑道上安全着陆.

例 4 完成案例.

解 用软件求解上述二阶初值问题.

```
In[1]: = m = 239.456;g = 9.8;w = m * g;b = 2091.28;k = 1.2;
In[2]: = DSolve[{w - b - k * y'[t] == m * y''[t],y[0] == 0,y'[0] == 0},
         y[t],t]
Out[2] = {{y[t] → 2.71828^(-0.00501136t) (42468.3 - 42468.3 2.71828^(0.00501136t) +
         212.824 2.71828^(0.00501136t) t)}}
```

整理后定义深度函数.

```
In[3]: = y[t_]: = 42468.3 * E^(- 0.00501136t) - 42468.3 + 212.8242t
```

求出圆桶到达海底的时间.

```
In[4]: = FindRoot[y[t] == 91,{t,1}]
Out[4] = {t → 13.207}
```

求出圆桶到达海底的速度.

```
In[5]: = D[y[t],t]/. t -> 13.207
Out[5] = 13.63
```

所以圆桶到达海底的速度大约是 13.63 m/s,大于 12.2 m/s,因此圆桶会与海底碰撞而发生破裂,也就是说美国原子能委员会这样处理核废料是不安全的.

• 课堂演练 •

求解下列微分方程.

(1) $y' + 2y = 3x\cos x$;

(2) $y' - y\cos x = \sin 2x$;

(3) $y' - y\tan x + y^2\cos x = 0$;

(4) $y'' - 3y' + 2y = e^x\cos 2x$;

(5) $y''' + y'' + y' = e^x$;

(6) $\begin{cases} xy' = y + \sin\left(\dfrac{y}{x}\right), \\ y(2) = \pi; \end{cases}$

(7) $\begin{cases} 2(y')^2 = (y-1)y'', \\ y(1) = 2, y'(1) = -1. \end{cases}$

名家链接

人才辈出的伯努利家族

在 17、18 世纪的瑞士,有一个在学业界赫赫有名的家族——伯努利家族.这个家族中,诞生了 100 多位顶级科学家,其中有 3 人是世界顶级数学家.

伯努利家族本是比利时籍,后因遭天主教迫害,举家迁往德国.其先人老尼古拉经商,事

业取得成功.后来他定居在瑞士,和妻子生了三个儿子.这三个儿子开启了伯努利家族辉煌的历史.这三个儿子分别是雅各布、尼古拉和约翰.

大儿子雅克布,1654年12月27日生于巴塞尔.雅克布主修神学,但他始终热爱的是数学,他的数学几乎是无师自通.他在旅行时结识了莱布尼茨、惠更斯等著名科学家,从此与莱布尼茨一直保持联系,互相探讨微积分的有关问题.由于雅各布杰出的科学成就,1699年,他当选为巴黎科学院外籍院士.1701年,被柏林科学协会(后为柏林科学院)接纳为会员.莱布尼茨曾感叹世界上除了他自己,雅各布最懂微积分.

雅各布在概率论、微分方程、无穷级数求和、变分方法、解析几何等方面均有建树.许多数学成果与他的名字相联系.例如,悬链线问题、曲率半径公式、伯努利双纽线、伯努利微分方程、伯努利数、伯努利大数定理等.雅各布对数学最重大的贡献是概率论.他从1685年起发表关于赌博游戏中输赢次数问题的论文,后来写成巨著《猜度术》.

最为人们津津乐道的轶事之一,是雅各布痴心于研究对数螺线.他发现,对数螺线经过各种变换后仍然是对数螺线.他惊叹这种曲线的神奇,竟在遗嘱里要求后人将对数螺线刻在自己的墓碑上,并附以颂词"纵然变化,依然故我",用以象征死后永生不朽.

二儿子尼古拉从小也像哥哥一样聪慧,16岁就取得了哲学博士学位,20岁获得了法学学位,但他同样热爱数学.虽然尼古拉没有像哥哥一样,有很突出的成就,但同样是一位杰出的数学家.

三儿子约翰,最初学医,后来研习数学.1695年,28岁的他取得了第一个学术职位——荷兰格罗宁根大学数学教授.10年后的1705年,约翰接替去世的雅各布接任巴塞尔大学数学教授.同他的哥哥一样,他也当选为巴黎科学院外籍院士和柏林科学协会会员.他还分别当选为英国皇家学会、意大利波伦亚科学院和圣彼得堡科学院的外籍院士.

约翰是一位多产的数学家,他的论文大量涉及曲线求长、曲面求积、等周问题和微分方程,数学计算中重要的指数运算也是他创立的.他解决了悬链线问题,提出了洛必达法则、最速降线和测地线问题,给出了求积分的变量替换法,出版了《积分学数学讲义》等.约翰也是公认的变分法奠基人.

约翰还是一个成功的教育家.他有很多学术成就已经达到可以载入数学史册的优秀学生:如18世纪最著名的数学家欧拉,以及瑞士数学家克莱姆、法国数学家洛必达,然而最有趣也最值得一提的学生,就是约翰自己的亲生儿子——丹尼尔.

丹尼尔,1700年生于荷兰格罗宁根,是约翰·伯努利的次子.在其家族的熏陶感染下,他不久便转向数学，在父兄指导下从事数学研究，并且成为这个家族中成就最大者.

丹尼尔的贡献集中在微分方程、概率和数学物理，被誉为数学物理方程的开拓者和奠基人. 他曾 10 次获得法国科学院颁发的奖金，能与之相媲美的只有大数学家欧拉. 作为伯努利家族博学广识的代表，他的成就涉及多个科学领域. 他出版了经典著作《流体动力学》，给出了“伯努利定理”等流体动力学的基础理论；研究了弹性弦的横向振动问题，提出了声音在空气中的传播规律. 他的论著还涉及天文学、地球引力、潮汐、磁学、振动理论、船体航行的稳定和生理学等.

伯努利家族星光闪耀、人才济济，数百年来一直受到人们的赞颂. 无论家族光辉的历史是基因遗传的力量，还是家庭教育的力量，也或许是兼而有之，伯努利家族让我们坚信：只要坚持梦想，不断努力，总有一天，可以收获属于自己的成功.

第八章 无穷级数

教学目标

理解无穷级数及其收敛、发散的概念;熟练掌握正项级数收敛性的判别法;会用莱布尼茨审敛法判断交错级数的敛散性;理解绝对收敛及条件收敛的概念;掌握确定幂级数的收敛半径及收敛域的方法;会将一些简单函数展开成幂级数.

内容简介

无穷级数是微积分学的一个重要组成部分,本质上它是一种特殊数列的极限.由于它具有特殊的结构形式,通常是表示函数、研究函数性质和进行数值计算的有力工具,在实际问题中有着广泛应用.本章先讨论常数项级数,介绍无穷级数的一些基本内容,然后讨论两种重要的函数项级数——幂级数和傅里叶级数.

8.1 常数项级数

• 案例导出 •

案例 1 在第二章,我们曾给过这样一个案例:公元前 3 世纪,庄子在《庄子·天下篇》中有"一尺之棰,日取其半,万世不竭"的名言.简单地说,长度是一尺的木棒,每天取剩余的一半,那么木棒永远取不完.如果能把每天截下的木棒拼接在一起,那么可以还原成一尺的木棒.

案例 2 $1-1+1-1+1-1+\cdots$和是 0 还是 1?

• 案例分析 •

对于案例 1,每天木棒剩余的长度构成一个数列$\left\{\frac{1}{2^n}\right\}$.将每天截下的木棒拼接在一起还原成一尺的木棒,相当于$\frac{1}{2}+\frac{1}{2^2}+\frac{1}{2^3}+\cdots+\frac{1}{2^n}+\cdots=1$,这就是无限个数相加的一个例子,它的和是 1.

对于案例 2,如果将它写成$(1-1)+(1-1)+(1-1)+\cdots=0+0+0+\cdots$,结果是 0;若将它写成$1+[(-1)+1]+[(-1)+1]+\cdots=1+0+0+\cdots$,其结果则是 1.两个结果

完全不同.

由此提出这样的问题:"无限个数相加"是否存在"和"?如果存在,"和"等于什么?从有限项求和到无限项求和是一个质的变化,不能简单地引用有限个数相加的概念,需建立严格的理论.

· 相关知识 ·

常数项级数

8.1.1　常数项级数的概念和性质

(一) 常数项级数的概念

定义 1　对于给定的数列 $u_1, u_2, \cdots, u_n, \cdots$,称表达式 $u_1 + u_2 + \cdots + u_n + \cdots$ 为常数项无穷级数,简称级数,记作 $\sum_{n=1}^{\infty} u_n$,即

$$\sum_{n=1}^{\infty} u_n = u_1 + u_2 + \cdots + u_n + \cdots,$$

其中第 n 项 u_n 称为级数的一般项(或通项).

例如,案例 1 与案例 2 中就分别对应两个级数 $\sum_{n=1}^{\infty} \frac{1}{2^n}$ 和 $\sum_{n=0}^{\infty} (-1)^n$.

定义 2　设有级数 $\sum_{n=1}^{\infty} u_n$,称 $S_n = \sum_{k=1}^{n} u_k = u_1 + u_2 + \cdots + u_n$ 为该级数的前 n 项和(或部分和),数列 $\{S_n\}$ 称为该级数的部分和数列. 如果该级数的部分和数列 $\{S_n\}$ 有极限 S,即

$$\lim_{n \to \infty} S_n = S,$$

则称级数 $\sum_{n=1}^{\infty} u_n$ 收敛,并称极限 S 为该级数的和,记作

$$S = \sum_{n=1}^{\infty} u_n = u_1 + u_2 + \cdots + u_n + \cdots.$$

如果部分和数列 $\{S_n\}$ 没有极限,则称级数 $\sum_{n=1}^{\infty} u_n$ 发散.

如果级数 $\sum_{n=1}^{\infty} u_n$ 收敛于 S,则部分和 $S_n \approx S$,它们之间的差

$$r_n = S - S_n = u_{n+1} + u_{n+2} + \cdots$$

称为级数的余项,而 $|r_n|$ 是用 S_n 近似代替 S 所产生的误差.

例 1　判别下列级数的敛散性.

(1) $\sum_{n=1}^{\infty} \frac{1}{n(n+1)} = \frac{1}{1 \cdot 2} + \frac{1}{2 \cdot 3} + \cdots + \frac{1}{n(n+1)} + \cdots$;

(2) $\sum_{n=1}^{\infty} \ln \frac{n+1}{n} = \ln 2 + \ln \frac{3}{2} + \ln \frac{4}{3} + \cdots + \ln \frac{n+1}{n} + \cdots$.

解　(1) 因为级数的通项为 $u_n = \frac{1}{n(n+1)} = \frac{1}{n} - \frac{1}{n+1}$,所以

$$S_n=\frac{1}{1\cdot 2}+\frac{1}{2\cdot 3}+\cdots+\frac{1}{n(n+1)}$$
$$=\left(1-\frac{1}{2}\right)+\left(\frac{1}{2}-\frac{1}{3}\right)+\cdots+\left(\frac{1}{n}-\frac{1}{n+1}\right)$$
$$=1-\frac{1}{n+1}.$$

由于 $\lim\limits_{n\to\infty}S_n=\lim\limits_{n\to\infty}\left(1-\frac{1}{n+1}\right)=1$，因此该级数收敛，且 $\sum\limits_{n=1}^{\infty}\frac{1}{n(n+1)}=1$.

(2) 因为级数的通项为 $u_n=\ln\frac{n+1}{n}=\ln(n+1)-\ln n$，所以有

$S_n=(\ln 2-\ln 1)+(\ln 3-\ln 2)+(\ln 4-\ln 3)+\cdots+[\ln(n+1)-\ln n]=\ln(n+1)$,

于是 $\lim\limits_{n\to\infty}S_n=\lim\limits_{n\to\infty}\ln(n+1)=\infty$，因此级数 $\sum\limits_{n=1}^{\infty}\ln\frac{n+1}{n}$ 发散.

例 2 无穷级数 $\sum\limits_{n=1}^{\infty}aq^{n-1}=a+aq+\cdots+aq^{n-1}+\cdots$ 称为**几何级数**（又称为等比级数），其中 $a\neq 0,q\neq 0$. 试讨论该级数的敛散性.

解 该级数的前 n 项和为

$$S_n=a+aq+\cdots+aq^{n-1}=\frac{a(1-q^n)}{1-q}(q\neq 1).$$

当 $|q|<1$ 时，由于 $\lim\limits_{n\to\infty}q^n=0$，从而 $\lim\limits_{n\to\infty}S_n=\frac{a}{1-q}$，因此该级数收敛，其和为 $\frac{a}{1-q}$；

当 $|q|>1$ 时，有 $\lim\limits_{n\to\infty}S_n=\infty$，这时该级数发散；

当 $q=1$ 时，$S_n=na\to\infty(n\to\infty)$，级数发散；

当 $q=-1$ 时，部分和 S_n 交替是 a 和 0，从而 S_n 的极限不存在，这时级数也发散.

综上讨论，当 $|q|<1$ 时几何级数 $\sum\limits_{n=1}^{\infty}aq^{n-1}$ 收敛于 $\frac{a}{1-q}$；当 $|q|\geqslant 1$ 时，该级数发散.

有了例2的结论，案例1对应的级数 $\sum\limits_{n=1}^{\infty}\frac{1}{2^n}$ 是公比 $q=\frac{1}{2}<1$ 的等比级数，收敛于 $\frac{\frac{1}{2}}{1-\frac{1}{2}}=1$.

案例 2 对应的级数 $\sum\limits_{n=0}^{\infty}(-1)^n$ 也是等比级数，由于其公比 $q=-1$，故该级数发散.

（二）无穷级数的基本性质

无穷级数的基本性质

性质 1 设 k 为非零常数，则级数 $\sum\limits_{n=1}^{\infty}ku_n$ 与级数 $\sum\limits_{n=1}^{\infty}u_n$ 同时收敛或同时发散，且收敛时，有 $\sum\limits_{n=1}^{\infty}ku_n=k\sum\limits_{n=1}^{\infty}u_n$.

性质 2 若级数 $\sum\limits_{n=1}^{\infty}u_n$ 与级数 $\sum\limits_{n=1}^{\infty}v_n$ 都收敛，则级数 $\sum\limits_{n=1}^{\infty}(u_n\pm v_n)$ 也收

敛,且有 $\sum_{n=1}^{\infty}(u_n \pm v_n) = \sum_{n=1}^{\infty}u_n \pm \sum_{n=1}^{\infty}v_n$.

性质 2 说明两个收敛级数可以逐项相加或逐项相减.

性质 3　在级数 $\sum_{n=1}^{\infty}u_n$ 中去掉、添加或改变有限项,不会改变级数的敛散性(但收敛级数的和将有所改变).

性质 4(级数收敛的必要条件)　若级数 $\sum_{n=1}^{\infty}u_n$ 收敛,则 $\lim_{n\to\infty}u_n = 0$.

证　设级数 $\sum_{n=1}^{\infty}u_n$ 收敛,其部分和 S_n 有极限 S,即 $\lim_{n\to\infty}S_n = S$, $\lim_{n\to\infty}S_{n-1} = S$. 而 $u_n = S_n - S_{n-1}$,所以 $\lim_{n\to\infty}u_n = \lim_{n\to\infty}(S_n - S_{n-1}) = \lim_{n\to\infty}S_n - \lim_{n\to\infty}S_{n-1} = 0$.

由此性质可知,只要级数的通项不趋于 0,则该级数一定发散. 我们常用这个结论来判定级数发散,所以它十分重要. 但特别要强调的是,通项趋于 0 的级数未必收敛,如调和级数 $\sum_{n=1}^{\infty}\frac{1}{n}$,虽然有 $\lim_{n\to\infty}u_n = \lim_{n\to\infty}\frac{1}{n} = 0$,但它是发散的.

例 3　判别级数 $\sum_{n=1}^{\infty}\frac{n}{2n+3}$ 的敛散性.

解　因为 $\lim_{n\to\infty}u_n = \lim_{n\to\infty}\frac{n}{2n+3} = \frac{1}{2} \neq 0$,所以由级数收敛的必要条件可知原级数是发散的.

例 4　判别级数 $\sum_{n=1}^{\infty}\frac{3^{n-1}-1}{6^{n-1}}$ 的敛散性. 如果收敛,求其和.

解　由于 $\sum_{n=1}^{\infty}\frac{1}{2^{n-1}}$ 与 $\sum_{n=1}^{\infty}\frac{1}{6^{n-1}}$ 均是公比小于 1 的几何级数,都收敛,且有

$$\sum_{n=1}^{\infty}\frac{1}{2^{n-1}} = \frac{1}{1-\frac{1}{2}} = 2, \sum_{n=1}^{\infty}\frac{1}{6^{n-1}} = \frac{1}{1-\frac{1}{6}} = \frac{6}{5}.$$

由性质 2 可知 $\sum_{n=1}^{\infty}\frac{3^{n-1}-1}{6^{n-1}} = \sum_{n=1}^{\infty}\left(\frac{1}{2^{n-1}} - \frac{1}{6^{n-1}}\right)$ 收敛,且

$$\sum_{n=1}^{\infty}\frac{3^{n-1}-1}{6^{n-1}} = \sum_{n=1}^{\infty}\frac{1}{2^{n-1}} - \sum_{n=1}^{\infty}\frac{1}{6^{n-1}} = 2 - \frac{6}{5} = \frac{4}{5}.$$

正项级数

8.1.2　正项级数

运用级数收敛和发散的定义来判别级数的敛散性,显然是不够的. 一方面,很多时候一个级数的部分和难以求出,即使写出了部分和,求它的极限有时也很困难. 另一方面,对于一些级数我们只关心它的敛散性,而不关心它的结果. 正项级数是数项级数中比较特殊而又重要的一类,以后我们将看到许多级数的敛散性问题可归结为正项级数的敛散性问题.

定义 3　若 $u_n \geqslant 0(n = 1,2,\cdots)$,则称级数 $\sum_{n=1}^{\infty}u_n$ 为正项级数.

定理 1(比较判别法) 设 $\sum\limits_{n=1}^{\infty} u_n$ 和 $\sum\limits_{n=1}^{\infty} v_n$ 都是正项级数,且 $u_n \leqslant v_n (n=1,2,\cdots)$.

(1) 若级数 $\sum\limits_{n=1}^{\infty} v_n$ 收敛,则级数 $\sum\limits_{n=1}^{\infty} u_n$ 收敛;

(2) 若级数 $\sum\limits_{n=1}^{\infty} u_n$ 发散,则级数 $\sum\limits_{n=1}^{\infty} v_n$ 发散.

对于正项级数的比较判别法可以形象地记为:大的收敛,小的也收敛;小的发散,大的也发散.

定义 4 当 $p>0$ 时,我们把正项级数 $\sum\limits_{n=1}^{\infty} \frac{1}{n^p} = 1 + \frac{1}{2^p} + \cdots + \frac{1}{n^p} + \cdots$ 称为 p-级数.

显然,调和级数为 $p=1$ 时的 p-级数.对于 p-级数 $\sum\limits_{n=1}^{\infty} \frac{1}{n^p}$,我们有以下结论.

定理 2 p-级数 $\sum\limits_{n=1}^{\infty} \frac{1}{n^p} (p>0)$ 的敛散性如下:

(1) 当 $p \leqslant 1$ 时,p-级数 $\sum\limits_{n=1}^{\infty} \frac{1}{n^p}$ 发散;

(2) 当 $p>1$ 时,p-级数 $\sum\limits_{n=1}^{\infty} \frac{1}{n^p}$ 收敛.

例 5 判别下列级数的敛散性.

(1) $\sum\limits_{n=1}^{\infty} \frac{1}{n\sqrt{n+1}}$; (2) $\sum\limits_{n=1}^{\infty} \frac{1}{\sqrt{n(n+1)}}$; (3) $\sum\limits_{n=1}^{\infty} \frac{\cos^2 n}{2^n}$.

解 (1) 级数 $\sum\limits_{n=1}^{\infty} \frac{1}{n\sqrt{n+1}}$ 为正项级数,因为 $\frac{1}{n\sqrt{n+1}} < \frac{1}{n\sqrt{n}} = \frac{1}{n^{\frac{3}{2}}} (n=1,2,\cdots)$,而级数 $\sum\limits_{n=1}^{\infty} \frac{1}{n^{\frac{3}{2}}}$ 为 $p=\frac{3}{2}>1$ 的 p-级数,从而收敛.由比较判别法知,级数 $\sum\limits_{n=1}^{\infty} \frac{1}{n\sqrt{n+1}}$ 收敛.

(2) 级数 $\sum\limits_{n=1}^{\infty} \frac{1}{\sqrt{n(n+1)}}$ 为正项级数,因为 $\frac{1}{\sqrt{n(n+1)}} > \frac{1}{\sqrt{(n+1)^2}} = \frac{1}{n+1} (n=1,2,\cdots)$,而级数 $\sum\limits_{n=1}^{\infty} \frac{1}{n+1}$ 为调和级数,从而发散.由比较判别法知,级数 $\sum\limits_{n=1}^{\infty} \frac{1}{\sqrt{n(n+1)}}$ 发散.

(3) 级数 $\sum\limits_{n=1}^{\infty} \frac{\cos^2 n}{2^n}$ 为正项级数,因为 $\frac{\cos^2 n}{2^n} \leqslant \frac{1}{2^n}$,而级数 $\sum\limits_{n=1}^{\infty} \frac{1}{2^n}$ 是公比 $q=\frac{1}{2}<1$ 的等比级数,从而收敛,故级数 $\sum\limits_{n=1}^{\infty} \frac{\cos^2 n}{2^n}$ 收敛.

用比较判别法判别正项级数的敛散性,关键要构造一个收敛的正项级数或发散的正项级数.从上例可以看出,p-级数及等比级数是很好的选择.当然,比较判别法使用起来还是比较麻烦,我们也常改用该判别法的极限形式来处理.

定理 3(比较判别法的极限形式) 设 $\sum\limits_{n=1}^{\infty} u_n$ 和 $\sum\limits_{n=1}^{\infty} v_n$ 为两个正项级数,且有 $\lim\limits_{n\to\infty} \frac{u_n}{v_n} = l$.

(1) 若 $0<l<+\infty$,则 $\sum\limits_{n=1}^{\infty} u_n$ 与 $\sum\limits_{n=1}^{\infty} v_n$ 同时收敛或同时发散;

(2) 若 $l=0$，且 $\sum\limits_{n=1}^{\infty}v_n$ 收敛，则 $\sum\limits_{n=1}^{\infty}u_n$ 也收敛；

(3) 若 $l=+\infty$，且 $\sum\limits_{n=1}^{\infty}v_n$ 发散，则 $\sum\limits_{n=1}^{\infty}u_n$ 也发散.

例 6　判别级数 $\sum\limits_{n=1}^{\infty}\sin\dfrac{1}{n}$ 的敛散性.

解　因为 $\lim\limits_{n\to\infty}\dfrac{\sin\dfrac{1}{n}}{\dfrac{1}{n}}=1$，则正项级数 $\sum\limits_{n=1}^{\infty}\sin\dfrac{1}{n}$ 与级数 $\sum\limits_{n=1}^{\infty}\dfrac{1}{n}$ 同敛散，而调和级数 $\sum\limits_{n=1}^{\infty}\dfrac{1}{n}$ 发散，根据定理 3 知原级数发散.

正项级数还可用以下的达朗贝尔比值判别法判别敛散性.

定理 4(比值判别法)　设 $\sum\limits_{n=1}^{\infty}u_n$ 是正项级数，且 $\lim\limits_{n\to\infty}\dfrac{u_{n+1}}{u_n}=\rho$，则

(1) 当 $\rho<1$ 时，级数 $\sum\limits_{n=1}^{\infty}u_n$ 收敛；

(2) 当 $\rho>1$ 时 $\left(\text{或}\lim\limits_{n\to\infty}\dfrac{u_{n+1}}{u_n}=\infty\right)$，级数 $\sum\limits_{n=1}^{\infty}u_n$ 发散；

(3) 当 $\rho=1$ 时，级数 $\sum\limits_{n=1}^{\infty}u_n$ 可能收敛，也可能发散.

比值判别法不需要寻找另外一个级数，只需要通过级数自身就能判别其敛散性.

例 7　判别下列级数的敛散性.

(1) $\sum\limits_{n=1}^{\infty}\dfrac{n}{5^n}$；　　(2) $\sum\limits_{n=1}^{\infty}\dfrac{n!}{3^n}$.

解　(1) 因为级数 $\sum\limits_{n=1}^{\infty}\dfrac{n}{5^n}$ 的一般项 $u_n=\dfrac{n}{5^n}$，则 $\lim\limits_{n\to\infty}\dfrac{u_{n+1}}{u_n}=\lim\limits_{n\to\infty}\dfrac{n+1}{n}\cdot\dfrac{5^n}{5^{n+1}}=\dfrac{1}{5}<1$. 根据比值判别法知，级数 $\sum\limits_{n=1}^{\infty}\dfrac{n}{5^n}$ 收敛.

(2) 因为级数 $\sum\limits_{n=1}^{\infty}\dfrac{n!}{3^n}$ 的一般项为 $u_n=\dfrac{n!}{3^n}$，则 $\lim\limits_{n\to\infty}\dfrac{u_{n+1}}{u_n}=\lim\limits_{n\to\infty}\dfrac{(n+1)!}{3^{n+1}}\cdot\dfrac{3^n}{n!}=\lim\limits_{n\to\infty}\dfrac{n+1}{3}=+\infty$. 根据比值判别法知，级数 $\sum\limits_{n=1}^{\infty}\dfrac{n!}{3^n}$ 发散.

交错级数

8.1.3　交错级数

定义 5　若 $u_n>0(n=1,2,\cdots)$，则称级数 $\sum\limits_{n=1}^{\infty}(-1)^{n-1}u_n$ 为交错级数.

事实上，交错级数的每一项的符号都是正负交错出现的，它的一般形式可以为 $\sum\limits_{n=1}^{\infty}(-1)^{n-1}u_n=u_1-u_2+u_3-u_4+\cdots$，也可以为 $\sum\limits_{n=1}^{\infty}(-1)^n u_n=-u_1+u_2-u_3+u_4-\cdots$，其中 $u_n>0$

$(n=1,2,\cdots)$. 当然,正项级数的审敛法不能用于判断交错级数的敛散性,交错级数有自己的审敛法.

定理 5(莱布尼茨判别法)　如果交错级数 $\sum_{n=1}^{\infty}(-1)^{n-1}u_n$ 满足以下两个条件:

(1) $u_n \geqslant u_{n+1}(n=1,2,\cdots)$;　　(2) $\lim_{n\to\infty}u_n=0$.

则级数 $\sum_{n=1}^{\infty}(-1)^{n-1}u_n$ 收敛.

例 8　判别下列级数的敛散性.

(1) $\sum_{n=1}^{\infty}(-1)^{n-1}\frac{1}{n}$;　　(2) $\sum_{n=1}^{\infty}(-1)^{n}(\sqrt{n+1}-\sqrt{n})$.

解　(1) 该交错级数的 $u_n=\frac{1}{n}$,则 $u_{n+1}=\frac{1}{n+1}$,显然有 $u_n>u_{n+1}$,且 $\lim_{n\to\infty}u_n=0$,故该级数收敛.

(2) 因为交错级数的

$$u_n=\sqrt{n+1}-\sqrt{n}=\frac{1}{\sqrt{n+1}+\sqrt{n}}>\frac{1}{\sqrt{n+2}+\sqrt{n+1}}$$
$$=\sqrt{n+2}-\sqrt{n+1}=u_{n+1},$$

又 $\lim_{n\to\infty}u_n=\lim_{n\to\infty}(\sqrt{n+1}-\sqrt{n})=\lim_{n\to\infty}\frac{1}{\sqrt{n+1}+\sqrt{n}}=0$,故该交错级数收敛.

8.1.4　绝对收敛与条件收敛

绝对收敛与条件收敛

若级数 $\sum_{n=1}^{\infty}u_n$ 的每一项均为任意实数,则这种级数称为任意项级数或一般项级数. 对于一般的任意项级数,直接判断它的敛散性是困难的,但有些可以转化为用正项级数判别法来进行.

定义 6　若级数 $\sum_{n=1}^{\infty}|u_n|$ 收敛,则称级数 $\sum_{n=1}^{\infty}u_n$ 是绝对收敛的;若级数 $\sum_{n=1}^{\infty}u_n$ 收敛,而级数 $\sum_{n=1}^{\infty}|u_n|$ 发散,则称级数 $\sum_{n=1}^{\infty}u_n$ 是条件收敛的.

例如,对于级数 $\sum_{n=1}^{\infty}(-1)^{n-1}\frac{1}{n^2}$,由于级数 $\sum_{n=1}^{\infty}\left|(-1)^{n-1}\frac{1}{n^2}\right|=\sum_{n=1}^{\infty}\frac{1}{n^2}$ 是 $p=2>1$ 的 p- 级数,所以收敛,从而级数 $\sum_{n=1}^{\infty}(-1)^{n-1}\frac{1}{n^2}$ 是绝对收敛的;对于级数 $\sum_{n=1}^{\infty}(-1)^{n-1}\frac{1}{n}$,由于 $\sum_{n=1}^{\infty}\left|(-1)^{n-1}\frac{1}{n}\right|=\sum_{n=1}^{\infty}\frac{1}{n}$ 是调和级数,所以发散,而由例 8 知交错级数 $\sum_{n=1}^{\infty}(-1)^{n-1}\frac{1}{n}$ 收敛,因此级数 $\sum_{n=1}^{\infty}(-1)^{n-1}\frac{1}{n}$ 是条件收敛的.

如果一个级数是绝对收敛的,那么该级数是否一定收敛呢?以下定理给出了肯定回答.

定理 6　如果级数 $\sum\limits_{n=1}^{\infty}|u_n|$ 收敛,则级数 $\sum\limits_{n=1}^{\infty}u_n$ 收敛,即绝对收敛的级数必定收敛.

例 9　判别级数 $\sum\limits_{n=1}^{\infty}(-1)^{n-1}\dfrac{\sin na}{n^2}$($a$ 为常数)的敛散性.

解　因为 $\left|(-1)^{n-1}\dfrac{\sin na}{n^2}\right|\leqslant\dfrac{1}{n^2}$,而级数 $\sum\limits_{n=1}^{\infty}\dfrac{1}{n^2}$ 是 $p=2>1$ 的 p- 级数,从而收敛. 由比较判别法知,正项级数 $\sum\limits_{n=1}^{\infty}\left|(-1)^{n-1}\dfrac{\sin na}{n^2}\right|$ 收敛,故级数 $\sum\limits_{n=1}^{\infty}(-1)^{n-1}\dfrac{\sin na}{n^2}$ 绝对收敛,从而收敛.

注意　绝对收敛的级数一定是收敛的,但反之则未必. 例如,交错级数 $\sum\limits_{n=1}^{\infty}(-1)^{n-1}\dfrac{1}{n}$ 收敛,但 $\sum\limits_{n=1}^{\infty}\left|(-1)^{n-1}\dfrac{1}{n}\right|=\sum\limits_{n=1}^{\infty}\dfrac{1}{n}$ 发散.

综上讨论,对于任意项级数 $\sum\limits_{n=1}^{\infty}u_n$,通常可按照以下步骤判别其敛散性:首先判别 $\sum\limits_{n=1}^{\infty}|u_n|$ 的敛散性,这时可采用正项级数判别法进行,若 $\sum\limits_{n=1}^{\infty}|u_n|$ 收敛,则原级数 $\sum\limits_{n=1}^{\infty}u_n$ 绝对收敛,从而收敛;若 $\sum\limits_{n=1}^{\infty}|u_n|$ 发散,再判别 $\sum\limits_{n=1}^{\infty}u_n$ 是否收敛,若 $\sum\limits_{n=1}^{\infty}u_n$ 收敛,则原级数 $\sum\limits_{n=1}^{\infty}u_n$ 是条件收敛的.

例 10　判别下列级数是绝对收敛还是条件收敛.

(1) $\sum\limits_{n=1}^{\infty}(-1)^{n-1}\dfrac{1}{\sqrt{n}}$;　　(2) $\sum\limits_{n=1}^{\infty}(-1)^{n-1}\dfrac{2^n}{n!}$.

解　(1) 因为 $\sum\limits_{n=1}^{\infty}\left|(-1)^{n-1}\dfrac{1}{\sqrt{n}}\right|=\sum\limits_{n=1}^{\infty}\dfrac{1}{\sqrt{n}}$ 是 $p=\dfrac{1}{2}<1$ 的 p- 级数,从而发散;而级数 $\sum\limits_{n=1}^{\infty}(-1)^{n-1}\dfrac{1}{\sqrt{n}}$ 是交错级数,由莱布尼茨判别法可知它收敛,所以级数 $\sum\limits_{n=1}^{\infty}(-1)^{n-1}\dfrac{1}{\sqrt{n}}$ 是条件收敛的.

(2) 因为 $\sum\limits_{n=1}^{\infty}\left|(-1)^{n-1}\dfrac{2^n}{n!}\right|=\sum\limits_{n=1}^{\infty}\dfrac{2^n}{n!}$ 是正项级数,它的一般项为 $u_n=\dfrac{2^n}{n!}$,则 $u_{n+1}=\dfrac{2^{n+1}}{(n+1)!}$,于是 $\lim\limits_{n\to\infty}\dfrac{u_{n+1}}{u_n}=\lim\limits_{n\to\infty}\dfrac{2^{n+1}}{(n+1)!}\cdot\dfrac{n!}{2^n}=\lim\limits_{n\to\infty}\dfrac{2}{n+1}=0<1$,由比值判别法知级数 $\sum\limits_{n=1}^{\infty}\dfrac{2^n}{n!}$ 收敛,所以级数 $\sum\limits_{n=1}^{\infty}(-1)^{n-1}\dfrac{2^n}{n!}$ 绝对收敛,从而收敛.

· 知识应用 ·

例 11　假定某患者每天需服用 50 mg 的药物,同时每天人体又将 20% 的药物排出体外. 现分两种情况试验:(1) 连续服用药物 30 天;(2) 一直连续服用药物. 试估计留存在患者体内的药物长效水平.

解 患者留存在体内的药物水平应该是前一天留存药物水平的 80%，再加上当天服用的 50 mg 药物量. 服用 n 天后的药物水平 S_n 满足：

$$\begin{cases} S_n = 0.8S_{n-1} + 50, n = 2,3,\cdots, \\ S_1 = 50, \end{cases}$$

于是 $S_n = 50 + 50 \times 0.8 + \cdots + 50 \times 0.8^{n-1} = 50 \times \dfrac{1-0.8^n}{1-0.8} = 250(1-0.8^n)$.

(1) 连续服用药物 30 天：

$$S_{30} = 250(1-0.8^{30}) \approx 249.69(\text{mg}).$$

(2) 一直连续服用药物：

此时 $n \to \infty$，问题归结为求几何级数的和，即 $S = \dfrac{50}{1-0.8} = 250(\text{mg})$.

例 12 医生为了治病的需要，希望某一药物在体内的长效水平达到 200 mg，同时又知道每天人体排放 40% 的药物，试问医生应确定每天的用药量是多少？

解 由上例分析及几何级数的求和公式 $S = \dfrac{a}{1-q}$ 容易得出：$S = 200, q = 0.6$.

所以 $a = (1-0.6) \times 200 = 80(\text{mg})$，即医生应确定每天用药量为 80 mg.

例 13 证明调和级数 $\sum\limits_{n=1}^{\infty} \dfrac{1}{n} = 1 + \dfrac{1}{2} + \dfrac{1}{3} + \cdots + \dfrac{1}{n} + \cdots$ 是发散的.

证 如图 8-1 所示，图中的小矩形 $A_1, A_2, \cdots, A_n$ 的面积分别为 $1, \dfrac{1}{2}, \cdots, \dfrac{1}{n}$. 由于函数 $y = \dfrac{1}{x}$ 在 $x > 0$ 时是递减的，所以 $A_1, A_2, \cdots, A_n$ 的面积和 $S_n = 1 + \dfrac{1}{2} + \cdots + \dfrac{1}{n}$ 大于曲线 $y = \dfrac{1}{x}$ 在区间 $[1, n+1]$ 上的曲边梯形的面积. 于是有 $S_n > \int_1^{n+1} \dfrac{1}{x} \mathrm{d}x = \ln(n+1) \to +\infty (n \to +\infty)$. 因此，调和级数 $\sum\limits_{n=1}^{\infty} \dfrac{1}{n}$ 发散.

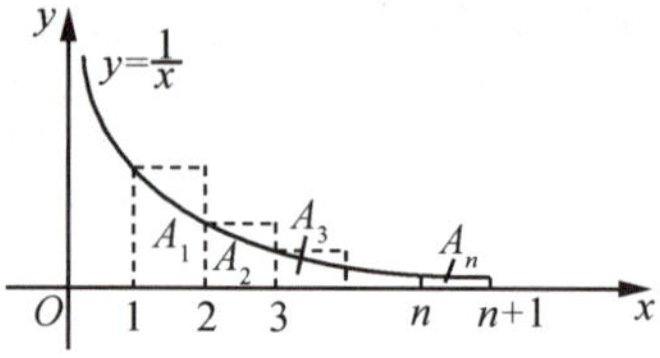

图 8-1

· 思想启迪 ·

◎ 一只小蜗牛想要来一场"说走就走"的旅行，于是它兴致勃勃地出发了，第一天它爬行了 1m，第二天爬行了 $\dfrac{1}{2}$m，第三天爬行了 $\dfrac{1}{3}$m，第四天爬行了 $\dfrac{1}{4}$m…… 假如这只小蜗牛可以无休止地爬下去，按照这样的速度，它到底可以爬多远？事实上，蜗牛爬行的距离为调和级数 $\sum\limits_{n=1}^{\infty} = 1 + \dfrac{1}{2} + \dfrac{1}{3} + \dfrac{1}{4} + \cdots$，虽然调和级数的通项趋于零，但其和却趋于无穷大，也就是说调和级数可以超过任意大的正数. 调和级数蕴含着蜗牛精神，虽然走得慢，可它不放弃，一直往前走，相信总会看到希望. 这个故事也蕴含了一个深刻的道理：不要小看少量的积累，很多小量相加可以很大. 每个人的生活都是由一件件小事组成的，养小德才能成大德. 古训"不以善小而不为，不以恶小而为之"说的也是这个道理.

• 课外演练 •

1. 写出下列级数的一般项.

(1) $1+\frac{1}{3}+\frac{1}{5}+\frac{1}{7}+\cdots$;

(2) $\frac{1}{2\ln 2}+\frac{1}{3\ln 3}+\frac{1}{4\ln 4}+\cdots$;

(3) $\frac{\sqrt{x}}{1\times 3}+\frac{x}{3\times 5}+\frac{x\sqrt{x}}{3\times 5\times 7}+\frac{x^2}{3\times 5\times 7\times 9}+\cdots$;

(4) $\frac{a^2}{2}-\frac{a^3}{4}+\frac{a^4}{6}-\frac{a^5}{8}+\cdots$.

2. 利用级数收敛与发散的定义,判定下列级数的敛散性.如果收敛,求其和.

(1) $\sum_{n=1}^{\infty}\frac{1}{\sqrt{n+1}+\sqrt{n}}$; (2) $\sum_{n=1}^{\infty}\frac{2n+1}{n^2(n+1)^2}$;

(3) $\sum_{n=1}^{\infty}(-1)^{n-1}\frac{1}{3^n}$; (4) $\sum_{n=1}^{\infty}\ln\frac{n+3}{n+4}$.

3. 利用无穷级数的性质,判别下列级数的敛散性.

(1) $\sum_{n=1}^{\infty}\frac{1}{3n}$; (2) $\sum_{n=1}^{\infty}\cos\frac{n\pi}{2}$;

(3) $\sum_{n=1}^{\infty}\left(\frac{1}{3^{2n-1}}+\frac{1}{4^n}\right)$; (4) $\sum_{n=1}^{\infty}n\ln\left(1+\frac{1}{n}\right)$.

4. 利用比较判别法或其极限形式,判别下列级数的敛散性.

(1) $\sum_{n=1}^{\infty}\frac{1}{(n+1)(n+4)}$; (2) $\sum_{n=1}^{\infty}\frac{3+\cos n}{3^n}$;

(3) $\sum_{n=1}^{\infty}\frac{1}{\sqrt{n^2+n}}$; (4) $\sum_{n=1}^{\infty}\sin\frac{\pi}{2^n}$.

5. 利用比值判别法判别下列级数的敛散性.

(1) $\sum_{n=1}^{\infty}n\tan\frac{\pi}{2^n}$; (2) $\sum_{n=1}^{\infty}\frac{3^n}{n\mathrm{e}^n}$;

(3) $\sum_{n=1}^{\infty}\frac{1}{2^{2n-1}(2n-1)}$; (4) $\sum_{n=1}^{\infty}\frac{n^n}{n!}$.

6. 判别下列级数的敛散性.若收敛,指出是绝对收敛还是条件收敛.

(1) $\sum_{n=1}^{\infty}(-1)^{n-1}\frac{1}{\sqrt[3]{n}}$; (2) $\sum_{n=1}^{\infty}(-1)^{n-1}\frac{1}{5^n}$;

(3) $\sum_{n=1}^{\infty}(-1)^{n-1}\frac{n}{3^{n-1}}$; (4) $\sum_{n=2}^{\infty}(-1)^{n+1}\frac{1}{\ln n}$;

(5) $\sum_{n=1}^{\infty}(-1)^{n-1}\frac{n}{n+1}$; (6) $\sum_{n=1}^{\infty}(-1)^{n-1}\frac{\ln n}{n}$.

7. (药物治疗) 假定在某个药物维持治疗中,每天给患者服用 100 mg 的药物,而患者每天又将体内药物的$\frac{2}{3}$排出体外. 如果此项治疗计划无限制地进行下去,试求留存在体内的药物的长效水平.

8.2 幂级数

· 案例导出 ·

案例 早在公元前1200年中国人便知道$\pi \approx 3$,5世纪祖冲之求得π介于3.1415926与3.1415927之间,得出著名的约率$\pi = \frac{22}{7}$和密率$\pi = \frac{355}{113}$. 公元1647年,莱布尼茨在研究圆面积的计算时得到了$\frac{\pi}{4} = \sum_{n=0}^{\infty} \frac{(-1)^n}{2n+1}$,这是有史以来的第一个$\pi$的无穷级数表示式.

· 案例分析 ·

事实上,以上表示式只要在展开式$\arctan x = \sum_{n=0}^{\infty} (-1)^n \frac{x^{2n+1}}{2n+1} (x \in [-1,1])$中令$x = 1$即可得到. 我们发现一个反三角函数成了无穷多个幂函数的“和”. 与前面学习的无穷多个常数的和的形式(数项级数)类似,无穷多个函数的“和”称为函数项级数,如果函数项级数的每一项都是幂函数,则这种级数为幂级数.

· 相关知识 ·

幂级数的概念与性质

8.2.1 幂级数的概念与性质

(一) 幂级数的概念

我们把形如$\sum_{n=0}^{\infty} a_n (x - x_0)^n = a_0 + a_1 (x - x_0) + a_2 (x - x_0)^2 + \cdots + a_n (x - x_0)^n + \cdots$的函数项级数叫作幂级数. 其中$x_0$是常数,$a_0, a_1, a_2, \cdots, a_n, \cdots$叫作幂级数的系数. 当$x_0 = 0$时,幂级数$\sum_{n=0}^{\infty} a_n (x - x_0)^n$就成为

$$\sum_{n=0}^{\infty} a_n x^n = a_0 + a_1 x + a_2 x^2 + \cdots + a_n x^n + \cdots.$$

事实上,由于幂级数$\sum_{n=0}^{\infty} a_n (x - x_0)^n$只要作变量替换,令$t = x - x_0$,就可以化为幂级数$\sum_{n=0}^{\infty} a_n x^n$,因此我们重点讨论幂级数$\sum_{n=0}^{\infty} a_n x^n$的敛散性问题.

对于幂级数$\sum_{n=0}^{\infty} a_n x^n$,当自变量$x$取特定值,如$x = x_0$时,级数就成为一个数项级数

$$\sum_{n=0}^{\infty}a_nx_0^n=a_0+a_1x_0+a_2x_0^2+\cdots+a_nx_0^n+\cdots.$$

如果该数项级数$\sum_{n=0}^{\infty}a_nx_0^n$收敛，则称点$x_0$为幂级数$\sum_{n=0}^{\infty}a_nx^n$的**收敛点**；如果数项级数$\sum_{n=0}^{\infty}a_nx_0^n$发散，则称点$x_0$为幂级数$\sum_{n=0}^{\infty}a_nx^n$的发散点. 收敛点的全体称为幂级数$\sum_{n=0}^{\infty}a_nx^n$的**收敛域**，发散点的全体称为发散域. 对于收敛域中的每个x，幂级数$\sum_{n=0}^{\infty}a_nx^n$都对应一个唯一确定的和，记为$S(x)$，则$S(x)$是定义在收敛域上的一个函数，称为幂级数$\sum_{n=0}^{\infty}a_nx^n$的和函数，即$S(x)=\sum_{n=0}^{\infty}a_nx^n$.

对于一个给定的幂级数，我们要讨论x取何值时幂级数收敛，取何值时幂级数发散，这就是幂级数的收敛域问题.

我们知道，对于级数$\sum_{n=0}^{\infty}x^n=1+x+x^2+\cdots+x^n+\cdots$，当$|x|<1$时收敛，当$|x|\geqslant 1$时发散，所以它的收敛域是以0为中心、1为半径的对称区间. 在这个收敛区间内，其和函数为$\frac{1}{1-x}$. 这个事实使我们猜想：幂级数的收敛域是一个区间.

（二）幂级数的收敛半径与收敛区间

定理1　如果幂级数$\sum_{n=0}^{\infty}a_nx^n$不是仅在$x=0$一点收敛，也不是在整个数轴上都收敛，则必存在一个确定的正数R，使得

(1) 当$|x|<R$时，幂级数$\sum_{n=0}^{\infty}a_nx^n$绝对收敛；

(2) 当$|x|>R$时，幂级数$\sum_{n=0}^{\infty}a_nx^n$发散；

(3) 当$x=\pm R$时，幂级数可能收敛也可能发散.

定理中，正数R称为幂级数$\sum_{n=0}^{\infty}a_nx^n$的**收敛半径**，开区间$(-R,R)$称为幂级数的**收敛区间**. 再由幂级数在$x=\pm R$处的敛散性，就可以确定它的收敛域. 若幂级数只在$x=0$处收敛，则规定它的收敛半径$R=0$；若对任何实数$x$，幂级数$\sum_{n=0}^{\infty}a_nx^n$都收敛，则规定其收敛半径$R=+\infty$，这时收敛区间是$(-\infty,+\infty)$.

关于幂级数的收敛半径的求法，我们有下面的定理2.

定理2　设幂级数$\sum_{n=0}^{\infty}a_nx^n$，$\lim\limits_{n\to\infty}\left|\frac{a_{n+1}}{a_n}\right|=\rho$.

(1) 若$0<\rho<+\infty$，则$R=\frac{1}{\rho}$；

(2) 若$\rho=0$，则$R=+\infty$；

(3) 若 $\rho=+\infty$,则 $R=0$.

例 1 求下列幂级数的收敛半径和收敛区间.

(1) $\sum\limits_{n=0}^{\infty}\dfrac{x^n}{n!}$; (2) $\sum\limits_{n=0}^{\infty}n!x^n$; (3) $\sum\limits_{n=0}^{\infty}\dfrac{(x-1)^n}{(n+1)^2}$.

解 (1) 因为

$$\rho=\lim_{n\to\infty}\left|\frac{a_{n+1}}{a_n}\right|=\lim_{n\to\infty}\frac{\dfrac{1}{(n+1)!}}{\dfrac{1}{n!}}=\lim_{n\to\infty}\frac{1}{n+1}=0,$$

所以收敛半径 $R=+\infty$,从而收敛区间是 $(-\infty,+\infty)$.

(2) 因为

$$\rho=\lim_{n\to\infty}\left|\frac{a_{n+1}}{a_n}\right|=\lim_{n\to\infty}\frac{(n+1)!}{n!}=\lim_{n\to\infty}(n+1)=+\infty,$$

所以收敛半径 $R=0$,即幂级数 $\sum\limits_{n=0}^{\infty}n!x^n$ 只在 $x=0$ 处收敛.

(3) 该级数不是关于 x 的幂级数,设 $x-1=t$,则

$$\sum_{n=0}^{\infty}\frac{(x-1)^n}{(n+1)^2}=\sum_{n=0}^{\infty}\frac{t^n}{(n+1)^2}.$$

对于幂级数 $\sum\limits_{n=0}^{\infty}\dfrac{t^n}{(n+1)^2}$,由于

$$\rho=\lim_{n\to\infty}\left|\frac{a_{n+1}}{a_n}\right|=\lim_{n\to\infty}\frac{\dfrac{1}{(n+2)^2}}{\dfrac{1}{(n+1)^2}}=\lim_{n\to\infty}\frac{(n+1)^2}{(n+2)^2}=1,$$

因此幂级数 $\sum\limits_{n=0}^{\infty}\dfrac{t^n}{(n+1)^2}$ 的收敛半径 $R=1$,收敛区间为 $-1<t<1$,即 $-1<x-1<1$,所以原级数的收敛区间是 $(0,2)$.

例 2 求下列幂级数的收敛半径和收敛域.

(1) $\sum\limits_{n=1}^{\infty}\dfrac{1}{n}\left(\dfrac{x}{5}\right)^n$; (2) $\sum\limits_{n=1}^{\infty}2^nx^{2n}$.

解 (1) 因为 $\sum\limits_{n=1}^{\infty}\dfrac{1}{n}\left(\dfrac{x}{5}\right)^n=\sum\limits_{n=1}^{\infty}\dfrac{x^n}{n\cdot 5^n}$,则

$$\rho=\lim_{n\to\infty}\left|\frac{a_{n+1}}{a_n}\right|=\lim_{n\to\infty}\frac{\dfrac{1}{(n+1)\cdot 5^{n+1}}}{\dfrac{1}{n\cdot 5^n}}=\lim_{n\to\infty}\frac{n\cdot 5^n}{(n+1)\cdot 5^{n+1}}=\lim_{n\to\infty}\frac{n}{5(n+1)}=\frac{1}{5},$$

所以级数 $\sum\limits_{n=1}^{\infty}\dfrac{1}{n}\left(\dfrac{x}{5}\right)^n$ 的收敛半径为 $R=5$,收敛区间为 $(-5,5)$.

又当 $x=5$ 时,级数 $\sum\limits_{n=1}^{\infty}\dfrac{1}{n}\left(\dfrac{x}{5}\right)^n=\sum\limits_{n=1}^{\infty}\dfrac{1}{n}$,它是调和级数,发散;当 $x=-5$ 时,级数 $\sum\limits_{n=1}^{\infty}\dfrac{1}{n}\left(\dfrac{x}{5}\right)^n=\sum\limits_{n=1}^{\infty}\dfrac{(-1)^n}{n}$,它是交错级数,由于 $\left\{\dfrac{1}{n}\right\}$ 单调递减趋于零,故收敛.

所以幂级数$\sum_{n=1}^{\infty}\frac{1}{n}\left(\frac{x}{5}\right)^n$的收敛域为$[-5,5)$.

(2) 幂级数$\sum_{n=1}^{\infty}2^n x^{2n}$缺奇数次项，不能用定理 2 的方法求收敛半径. 此时可以根据比值法求其收敛半径.

由于$\lim\limits_{n\to\infty}\left|\frac{u_{n+1}}{u_n}\right|=\lim\limits_{n\to\infty}\left|\frac{2^{n+1}x^{2n+2}}{2^n x^{2n}}\right|=2x^2$，根据比值判别法，当$2|x^2|<1$，即$|x|<\frac{1}{\sqrt{2}}$时，级数绝对收敛，从而收敛；当$|x|>\frac{1}{\sqrt{2}}$时，所给级数发散.

因此，幂级数$\sum_{n=1}^{\infty}2^n x^{2n}$的收敛半径为$R=\frac{1}{\sqrt{2}}$，收敛区间为$\left(-\frac{1}{\sqrt{2}},\frac{1}{\sqrt{2}}\right)$.

又当$x=\pm\frac{1}{\sqrt{2}}$时，级数$\sum_{n=1}^{\infty}2^n x^{2n}=\sum_{n=1}^{\infty}1$发散，所以幂级数$\sum_{n=1}^{\infty}2^n x^{2n}$的收敛域为$\left(-\frac{1}{\sqrt{2}},\frac{1}{\sqrt{2}}\right)$.

幂级数的运算性质

(三) 幂级数的运算性质

性质 1　设幂级数$\sum_{n=0}^{\infty}a_n x^n$和$\sum_{n=0}^{\infty}b_n x^n$的收敛半径分别为$R_1$和$R_2$，$R=\min\{R_1,R_2\}$，则幂级数$\sum_{n=0}^{\infty}(a_n\pm b_n)x^n$的收敛半径为$R$，且

$$\sum_{n=0}^{\infty}(a_n\pm b_n)x^n=\sum_{n=0}^{\infty}a_n x^n\pm\sum_{n=0}^{\infty}b_n x^n(-R<x<R).$$

性质 2　设幂级数$\sum_{n=0}^{\infty}a_n x^n$的收敛半径为$R(R>0)$，则其和函数$S(x)$在区间$(-R,R)$内可导，且有逐项求导公式

$$S'(x)=\left(\sum_{n=0}^{\infty}a_n x^n\right)'=\sum_{n=0}^{\infty}(a_n x^n)'=\sum_{n=1}^{\infty}na_n x^{n-1}.$$

逐项求导后所得到的幂级数与原幂级数有相同的收敛区间，但端点的敛散性要另外考查.

性质 3　设幂级数$\sum_{n=0}^{\infty}a_n x^n$的收敛半径为$R(R>0)$，则其和函数$S(x)$在区间$(-R,R)$内可积，且有逐项积分公式

$$\int_0^x S(t)\mathrm{d}t=\int_0^x\left(\sum_{n=0}^{\infty}a_n t^n\right)\mathrm{d}t=\sum_{n=0}^{\infty}\int_0^x a_n t^n\mathrm{d}t=\sum_{n=0}^{\infty}\frac{a_n}{n+1}x^{n+1}.$$

逐项积分后所得的幂级数与原幂级数有相同的收敛区间，但端点的敛散性要另外考查.

幂级数在收敛区间的性质在研究函数性质时非常重要. 利用这些性质可以方便地求某些幂级数的和函数. 另外，几何级数的和函数

$$1+x+x^2+\cdots+x^n+\cdots=\frac{1}{1-x}\ (-1<x<1)$$

是幂级数求和中的一个基本结果. 我们所讨论的许多级数求和的问题都可以利用幂级数的运算性质转化为几何级数的求和问题来解决.

例 3 求幂级数 $\sum_{n=1}^{\infty}\frac{x^n}{n}$ 的和函数,并求交错级数 $\sum_{n=1}^{\infty}\frac{(-1)^n}{n}$ 的和.

解 因为 $\rho=\lim_{n\to\infty}\left|\frac{a_{n+1}}{a_n}\right|=\lim_{n\to\infty}\frac{\frac{1}{n+1}}{\frac{1}{n}}=\lim_{n\to\infty}\frac{n}{n+1}=1$,所以收敛半径 $R=1$. 易知幂级数在 $x=1$ 处不收敛,在 $x=-1$ 处收敛,从而幂级数 $\sum_{n=1}^{\infty}\frac{x^n}{n}$ 的收敛域是 $[-1,1)$.

设 $S(x)=\sum_{n=1}^{\infty}\frac{x^n}{n}(-1\leqslant x<1)$,则

$$S'(x)=\sum_{n=1}^{\infty}x^{n-1}=1+x+x^2+\cdots+x^n+\cdots=\frac{1}{1-x}(-1<x<1).$$

对上式从 0 到 x 积分,又 $S(0)=0$,得

$$S(x)=\int_0^x\frac{1}{1-t}\mathrm{d}t=-\ln(1-x)(-1\leqslant x<1).$$

令 $x=-1$,得 $\sum_{n=1}^{\infty}\frac{(-1)^n}{n}=-\ln2$.

例 4 求幂级数 $\sum_{n=1}^{\infty}nx^{n-1}$ 的和函数.

解 因为 $\rho=\lim_{n\to\infty}\left|\frac{a_{n+1}}{a_n}\right|=\lim_{n\to\infty}\frac{n+1}{n}=1$,所以收敛半径 $R=1$,$x=\pm1$ 对应的级数都不收敛,故幂级数 $\sum_{n=1}^{\infty}nx^{n-1}$ 的收敛域为 $(-1,1)$.

设 $S(x)=\sum_{n=1}^{\infty}nx^{n-1}$,$x\in(-1,1)$,两边积分得

$$\int_0^x S(t)\mathrm{d}t=\sum_{n=1}^{\infty}\int_0^x nt^{n-1}\mathrm{d}t=\sum_{n=1}^{\infty}x^n=\frac{x}{1-x},$$

则

$$S(x)=\left(\frac{x}{1-x}\right)'=\frac{1}{(1-x)^2}(-1<x<1).$$

例 5 求幂级数 $\sum_{n=0}^{\infty}\frac{x^n}{n!}$ 的和函数.

解 在例 1 中已求出该级数的收敛区间为 $(-\infty,+\infty)$.

设 $S(x)=\sum_{n=0}^{\infty}\frac{x^n}{n!}$,$x\in(-\infty,+\infty)$,两边求导得

$$S'(x)=1+x+\frac{x^2}{2!}+\cdots+\frac{x^n}{n!}+\cdots,x\in(-\infty,+\infty),$$

则 $S'(x)=S(x)$. 该微分方程是可分离变量方程,解之得 $S(x)=C\mathrm{e}^x$,又 $S(0)=1$,所以 $C=1$,因此 $S(x)=\mathrm{e}^x$,即

$$\mathrm{e}^x=1+x+\frac{x^2}{2!}+\cdots+\frac{x^n}{n!}+\cdots,x\in(-\infty,+\infty).$$

8.2.2　函数的幂级数展开

前面我们介绍了一个幂级数在收敛区间内表示一个函数，相反地，对给定的函数 $f(x)$ 能否在某个区间内用幂级数表示呢？

先来构造以下级数

$$f(0)+\frac{f'(0)}{1!}x+\frac{f''(0)}{2!}x^2+\cdots+\frac{f^{(n)}(0)}{n!}x^n+\cdots,$$

我们称之为函数 $f(x)$ 的**麦克劳林级数**.

那么，按照上述形式得到的麦克劳林级数是否以 $f(x)$ 为和函数，也就是说在收敛区间内是否收敛于函数 $f(x)$ 呢？我们可以考虑差值

$$R_n(x)=f(x)-\left[f(0)+\frac{f'(0)}{1!}x+\frac{f''(0)}{2!}x^2+\cdots+\frac{f^{(n)}(0)}{n!}x^n\right],$$

可以证明，当 $f(x)$ 有 $n+1$ 阶导数时，有 $R_n(x)=\frac{f^{(n+1)}(\xi)}{(n+1)!}x^{n+1}$，其中 ξ 在 0 和 x 之间. 因此，若函数 $f(x)$ 在区间 $(-R,R)$ 内满足条件 $\lim\limits_{n\to\infty}R_n(x)=\lim\limits_{n\to\infty}\frac{f^{(n+1)}(\xi)}{(n+1)!}x^{n+1}=0$，则有

$$f(x)=f(0)+\frac{f'(0)}{1!}x+\frac{f''(0)}{2!}x^2+\cdots+\frac{f^{(n)}(0)}{n!}x^n+\cdots,$$

即 $f(x)$ 能在区间 $(-R,R)$ 内展开为麦克劳林级数，此时也称函数 $f(x)$ 能展开成 x 的幂级数.

我们可以将函数 $f(x)$ 关于 x 的幂级数展开式推广为

$$f(x)=f(x_0)+\frac{f'(x_0)}{1!}(x-x_0)+\cdots+\frac{f^{(n)}(x_0)}{n!}(x-x_0)^n+\cdots,$$

$$x\in(x_0-R,x_0+R).$$

该式称为 $f(x)$ 的泰勒展开式，右边的幂级数称为泰勒级数.

下面给出几个常用函数的幂级数展开式：

(1) $e^x=1+x+\frac{x^2}{2!}+\cdots+\frac{x^n}{n!}+\cdots(-\infty<x<+\infty)$；

(2) $\sin x=x-\frac{x^3}{3!}+\frac{x^5}{5!}+\cdots+(-1)^n\frac{x^{2n+1}}{(2n+1)!}+\cdots\ (-\infty<x<+\infty)$；

(3) $\cos x=1-\frac{x^2}{2!}+\frac{x^4}{4!}+\cdots+(-1)^n\frac{x^{2n}}{(2n)!}+\cdots\ (-\infty<x<+\infty)$；

(4) $\ln(1+x)=x-\frac{x^2}{2}+\frac{x^3}{3}+\cdots+(-1)^n\frac{x^{n+1}}{n+1}+\cdots\ (-1<x\leqslant 1)$；

(5) $\frac{1}{1-x}=1+x+x^2+x^3+\cdots+x^n+\cdots\quad(-1<x<1)$；

(6) $(1+x)^\alpha=1+\alpha x+\frac{\alpha(\alpha-1)}{2!}x^2+\cdots+\frac{\alpha(\alpha-1)\cdots(\alpha-n+1)}{n!}x^n+\cdots\ (-1<x<1)$.

例 6　将函数 $f(x)=\frac{1}{1+x^2}$ 展开成 x 的幂级数.

解 由于$\frac{1}{1-x}=1+x+x^2+\cdots+x^n+\cdots\ (-1<x<1)$，将 x 换成 $-x^2$ 得

$$\frac{1}{1+x^2}=1-x^2+x^4-\cdots+(-1)^n x^{2n}+\cdots\ (-1<x<1).$$

例 7 将函数 $f(x)=\sin^2 x$ 展开成 x 的幂级数.

解 因为 $\sin^2 x=\frac{1}{2}(1-\cos 2x)$，利用 $\cos x$ 的展开式，将其中的 x 换成 $2x$，得

$$\cos 2x=\sum_{n=0}^{\infty}(-1)^n\frac{(2x)^{2n}}{(2n)!}=\sum_{n=0}^{\infty}(-1)^n\frac{2^{2n}x^{2n}}{(2n)!}\ (-\infty<x<+\infty),$$

所以，

$$\begin{aligned}\sin^2 x&=\frac{1}{2}(1-\cos 2x)\\&=\frac{1}{2}\left[1-1+\frac{2^2x^2}{2!}-\frac{2^4x^4}{4!}+\cdots+(-1)^{n-1}\frac{2^{2n}x^{2n}}{(2n)!}+\cdots\right]\\&=\sum_{n=1}^{\infty}(-1)^{n-1}\frac{2^{2n}x^{2n}}{2\cdot(2n)!}\ (-\infty<x<+\infty).\end{aligned}$$

例 8 将函数 $f(x)=\frac{1}{3+x}$ 展开成：(1) 关于 x 的幂级数；(2) 关于 $x-1$ 的幂级数.

解 (1) 由于 $\frac{1}{1+x}=1-x+x^2-x^3+\cdots+(-1)^n x^n+\cdots\ (-1<x<1)$，因此

$$\frac{1}{3+x}=\frac{1}{3}\frac{1}{1+\frac{x}{3}}=\frac{1}{3}\sum_{n=0}^{\infty}\left(-\frac{x}{3}\right)^n=\sum_{n=0}^{\infty}(-1)^n\frac{1}{3^{n+1}}x^n\ (-3<x<3);$$

(2) $\frac{1}{3+x}=\frac{1}{4+(x-1)}=\frac{1}{4}\sum_{n=0}^{\infty}(-1)^n\frac{1}{4^n}(x-1)^n=\sum_{n=0}^{\infty}\frac{(-1)^n}{4^{n+1}}(x-1)^n\ (-3<x<5).$

• 思想启迪 •

◎ 李善兰，浙江海宁人，中国清朝著名的数学家、天文学家、翻译家和教育家，创立了二次平方根的幂级数展开式，研究各种三角函数、反三角函数和对数函数的幂级数展开式（现称“自然数幂求和公式”）. 这是 19 世纪中国数学界最重大的成就之一. 李善兰的翻译工作很有独创性，许多重要的中文数学名词术语如“代数”“函数”“方程式”“微分”“积分”“级数”等都是他创造的. 他匠心独具地选用的这些数学名词，不仅意思贴切，容易理解，而且雅而不俗. 这些名词不仅在中国广为流传，而且传至日本，沿用至今.

• 课外演练 •

1. 求下列幂级数的收敛半径和收敛域.

(1) $\sum_{n=1}^{\infty}(-1)^{n-1}\frac{x^n}{n^2}$；　　(2) $\sum_{n=1}^{\infty}n^n x^n$；

(3) $\sum_{n=1}^{\infty}\frac{x^n}{2\cdot 4\cdot\cdots\cdot(2n)}$；　　(4) $\sum_{n=1}^{\infty}\frac{2n-1}{2^n}x^{2n-2}$；

(5) $\sum_{n=1}^{\infty}\frac{(x-3)^n}{n^2}$；　　(6) $\sum_{n=1}^{\infty}(-1)^{n-1}\frac{(x+1)^n}{n\cdot 3^n}$.

2. 求下列幂级数的和函数.

(1) $\sum_{n=1}^{\infty}(-1)^{n-1}\frac{x^{2n-1}}{2n-1}$；　　(2) $\sum_{n=1}^{\infty}nx^n$；

(3) $\sum_{n=1}^{\infty}\frac{x^{2n-1}}{2n-1}$.

3. 求幂级数 $\sum_{n=0}^{\infty}\frac{x^{2n+1}}{n!}$ 的和函数，并求数项级数 $\sum_{n=0}^{\infty}\frac{2n+1}{n!}$ 的和.

4. 将下列函数展开成幂级数.

(1) $\sin\frac{x}{2}$；　　(2) e^{-x^2}；

(3) $\ln(2+x)$；　　(4) $\cos^2 x$；

(5) $\frac{x}{1+x-2x^2}$.

5. 将 $f(x)=\frac{1}{x}$ 展开成关于 $x-2$ 的幂级数.

6. 将 $f(x)=\ln x$ 展开成关于 $x-1$ 的幂级数.

7. 将$\frac{\mathrm{d}}{\mathrm{d}x}\left(\frac{\mathrm{e}^x-1}{x}\right)$展开成 x 的幂级数，并证明 $\sum_{n=1}^{\infty}\frac{n}{(n+1)!}=1$.

8.3* 傅里叶级数

• 案例导出 •

案例　电子琴是一种电声乐器，它有一个像钢琴一样的键盘，以及其他的一些开关，当开关拨到不同位置时，电子琴可以演奏出钢琴、小提琴等不同乐器的声音. 电子琴为什么会有如此神奇的功能呢？

• 案例分析 •

我们知道声音是一种波，描述声音需要用振幅和频率这两个特征量. 振幅的大小反映声音的大小，频率的高低反映声音的高低. 乐器发出的声音，我们称为乐音，仅用这两个量是不够的，乐音还有一个非常重要的特征就是音色. 钢琴和小提琴的声音不同是由它们发出的声音音色不同引起的. 研究表明，给定频率 x，在乐音中除了含有频率 x 的声波外，还含有频率是 x 的整数倍的声波. 通常称频率 x 的声波为乐音的基波，而称频率是 $kx(k=2,3,\cdots)$ 的声波是乐音的 k 阶谐波. 在一种乐器上弹奏一个频率 x，就会发出基波是 x 的乐音. 频率 x 和基波是 x 的乐音对应，这种对应关系就是函数关系. 如果把乐音记作 $f(x)$，$f(x)$ 的基波可表示为 $a_1\cos x+b_1\sin x$，$f(x)$ 的 k 阶谐波可表示为

$$a_k\cos kx + b_k\sin kx\,(k=2,3,\cdots),$$

这些波叠加在一起，就得到 $f(x)=\sum\limits_{k=1}^{\infty}(a_k\cos kx+b_k\sin kx)$. 这就是我们将要讲述的傅里叶级数，它在现代高新技术和科学研究中有着广泛的应用.

· 相关知识 ·

8.3.1　三角函数系的正交性

我们把下面的函数系称为三角函数系：

$$\{1,\cos x,\sin x,\cos 2x,\sin 2x,\cdots,\cos nx,\sin nx,\cdots\}.$$

三角函数系中任何两个不同的函数的乘积在区间$[-\pi,\pi]$上的积分均为 0，即

$$\int_{-\pi}^{\pi}\cos nx\,dx=0,\int_{-\pi}^{\pi}\sin nx\,dx=0,\int_{-\pi}^{\pi}\sin kx\cos nx\,dx=0,$$

$$\int_{-\pi}^{\pi}\cos kx\cos nx\,dx=0,\int_{-\pi}^{\pi}\sin kx\sin nx\,dx=0\ (k,n=1,2,3,\cdots,\text{且 }k\neq n).$$

以上等式都可以通过计算定积分来验证，这里从略. 这一性质称为三角函数系的正交性. 另外，在三角函数系中，两个相同函数的乘积在区间$[-\pi,\pi]$上的积分不等于 0，且有

$$\int_{-\pi}^{\pi}1^2\,dx=2\pi,\int_{-\pi}^{\pi}\sin^2 nx\,dx=\pi,\int_{-\pi}^{\pi}\cos^2 nx\,dx=\pi\ (n=1,2,3,\cdots).$$

8.3.2　周期为 2π 的函数展开为傅里叶级数

一般地，形如$\frac{a_0}{2}+\sum\limits_{n=1}^{\infty}(a_n\cos nx+b_n\sin nx)$的级数叫作**三角级数**，其中 $a_0,a_n,b_n\,(n=1,2,\cdots)$ 都是常数.

对于三角级数，我们关心它的收敛性及给定周期为 2π 的周期函数如何把它展开成三角级数.

设 $f(x)$ 是周期为 2π 的周期函数，并且可以展开成三角级数：

$$f(x)=\frac{a_0}{2}+\sum_{n=1}^{\infty}(a_n\cos nx+b_n\sin nx).\tag{8.1}$$

我们自然要问系数 a_0,a_n,b_n 如何确定?函数 $f(x)$ 满足怎样的条件才可以展开为上述三角级数?

对(8.1)式两边在$[-\pi,\pi]$上积分，利用三角函数系的正交性，可得

$$a_n=\frac{1}{\pi}\int_{-\pi}^{\pi}f(x)\cos nx\,dx\ (n=0,1,2,\cdots);\tag{8.2}$$

$$b_n=\frac{1}{\pi}\int_{-\pi}^{\pi}f(x)\sin nx\,dx\ (n=1,2,3,\cdots).\tag{8.3}$$

如果(8.2)式和(8.3)式中的积分都存在，这时它给出的系数 a_n,b_n 称为 $f(x)$ 的**傅里叶系数**，将这些系数代入(8.1)式的右端所得到的三角级数$\frac{a_0}{2}+\sum\limits_{n=1}^{\infty}(a_n\cos nx+b_n\sin nx)$叫作函数

$f(x)$ 的**傅里叶级数**.

一个定义在$(-\infty,+\infty)$上、周期为2π的函数$f(x)$，如果它在一个周期上可积，则一定可以展开为$f(x)$的傅里叶级数. 这个级数是否收敛?如果收敛的话，它的和是否就是$f(x)$?关于这个问题，有如下结论.

定理1(狄利克雷收敛定理)　设$f(x)$是周期为2π的周期函数，如果它在一个周期内满足连续或只有有限个第一类间断点，且至多只有有限个极值点，则$f(x)$的傅里叶级数收敛，并且

(1) 当x是$f(x)$的连续点时，级数收敛于$f(x)$;

(2) 当x是$f(x)$的间断点时，级数收敛于$\frac{1}{2}[f(x^-)+f(x^+)]$.

注意　该定理表明，只要$f(x)$在$[-\pi,\pi]$上至多有有限个第一类间断点，并且不做无限次振荡，则函数的傅里叶级数在连续点处就收敛于该点的函数值，在间断点处收敛于该点左、右极限的算术平均值. 通常我们平时遇到的大部分周期函数都能满足收敛定理的条件.

例1(脉冲矩形波)　设$f(x)$是周期为2π的周期函数(图8-2)，它在$[-\pi,\pi)$上的表达式为

$$f(x)=\begin{cases}-1, & -\pi\leqslant x<0,\\ 1, & 0\leqslant x<\pi,\end{cases}$$

将$f(x)$展开成傅里叶级数.

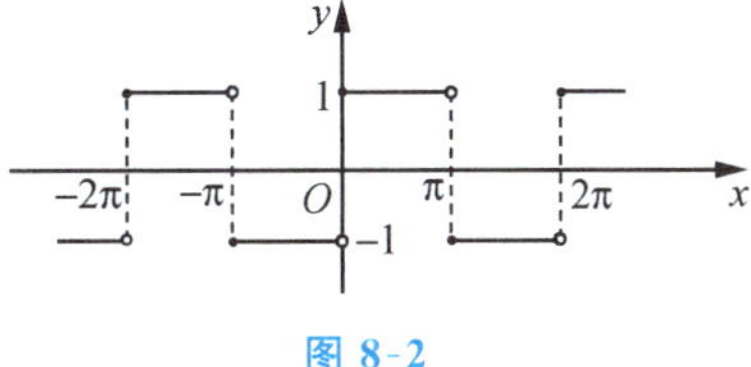

图 8-2

解　函数$f(x)$满足收敛定理的条件，它在点$x=k\pi(k=0,\pm1,\pm2,\cdots)$处不连续，而在其他点连续，因而$f(x)$的傅里叶级数收敛，且当$x=k\pi$时级数收敛于$\frac{(-1)+1}{2}=\frac{1+(-1)}{2}=0$，当$x\neq k\pi$时级数收敛于$f(x)$. 又因为

$$\begin{aligned}a_n&=\frac{1}{\pi}\int_{-\pi}^{\pi}f(x)\cos nx\,\mathrm{d}x=\frac{1}{\pi}\int_{-\pi}^{0}(-1)\cos nx\,\mathrm{d}x+\frac{1}{\pi}\int_{0}^{\pi}1\cdot\cos nx\,\mathrm{d}x\\&=0\ (n=0,1,2,\cdots);\\b_n&=\frac{1}{\pi}\int_{-\pi}^{\pi}f(x)\sin nx\,\mathrm{d}x=\frac{1}{\pi}\int_{-\pi}^{0}(-1)\sin nx\,\mathrm{d}x+\frac{1}{\pi}\int_{0}^{\pi}1\cdot\sin nx\,\mathrm{d}x\\&=\frac{1}{\pi}\left(\frac{\cos nx}{n}\right)\Big|_{-\pi}^{0}+\frac{1}{\pi}\left(-\frac{\cos nx}{n}\right)\Big|_{0}^{\pi}=\frac{1}{n\pi}(1-\cos n\pi-\cos n\pi+1)\\&=\frac{2}{n\pi}[1-(-1)^n]=\begin{cases}\frac{4}{n\pi}, & n=1,3,5,\cdots,\\ 0, & n=2,4,6,\cdots,\end{cases}\end{aligned}$$

所以函数$f(x)$的傅里叶级数展开式为

$$f(x)=\frac{4}{\pi}\left(\sin x+\frac{1}{3}\sin 3x+\frac{1}{5}\sin 5x+\cdots\right)$$
$$(-\infty<x<+\infty;x\neq0,\pm\pi,\pm2\pi,\cdots).$$

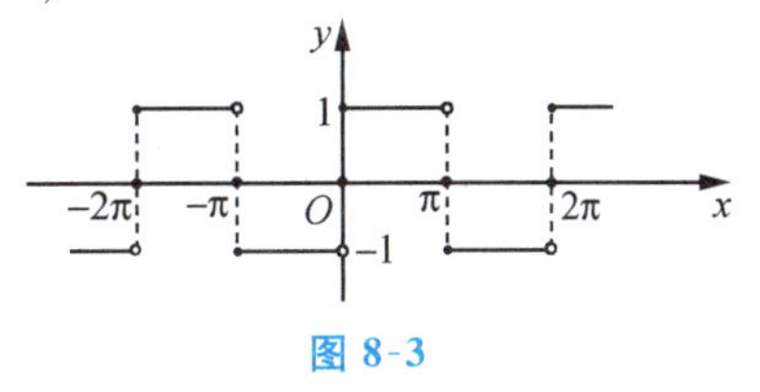

图 8-3

函数$f(x)$的傅里叶级数的收敛情况如图8-3所示. 从

图 8-2 与图 8-3 可以比较出函数 $f(x)$ 与其傅里叶级数的差异.

例 2(锯齿脉冲信号)　设 $f(x)$ 是以 2π 为周期的函数，它在$[-\pi,\pi)$ 上的表达式为 $f(x)=\begin{cases}x, & -\pi\leqslant x<0,\\ 0, & 0\leqslant x<\pi\end{cases}$ (图 8-4),将 $f(x)$ 展开成傅里叶级数.

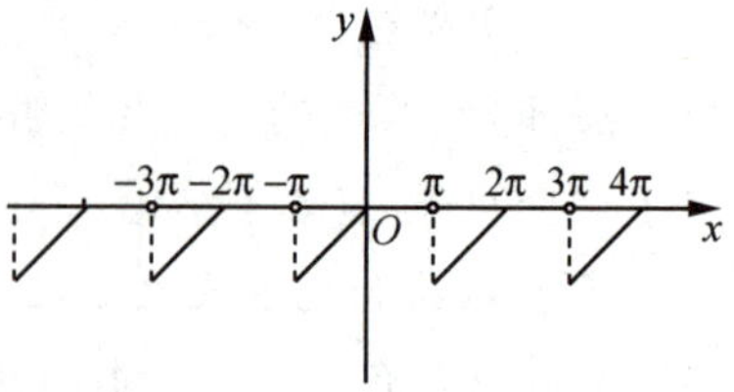

图 8-4

解　函数 $f(x)$ 满足收敛定理的条件,它在点 $x=(2k+1)\pi(k=0,\pm1,\pm2,\cdots)$ 处不连续,因此在这些点处级数收敛于$\dfrac{f(\pi^-)+f(-\pi^+)}{2}=\dfrac{0-\pi}{2}=-\dfrac{\pi}{2}$. 在连续点 $x(x\neq(2k+1)\pi)$ 处收敛于 $f(x)$. 又因为

$$a_0=\frac{1}{\pi}\int_{-\pi}^{\pi}f(x)\mathrm{d}x=\frac{1}{\pi}\int_{-\pi}^{0}x\mathrm{d}x=\frac{1}{\pi}\left(\frac{x^2}{2}\right)\bigg|_{-\pi}^{0}=-\frac{\pi}{2},$$

$$\begin{aligned}a_n&=\frac{1}{\pi}\int_{-\pi}^{\pi}f(x)\cos nx\,\mathrm{d}x=\frac{1}{\pi}\int_{-\pi}^{0}x\cos nx\,\mathrm{d}x\\&=\frac{1}{\pi}\left(\frac{x\sin nx}{n}+\frac{\cos nx}{n^2}\right)\bigg|_{-\pi}^{0}=\frac{1}{n^2\pi}(1-\cos n\pi)\\&=\begin{cases}\dfrac{2}{n^2\pi}, & n=1,3,5,\cdots,\\ 0, & n=2,4,6,\cdots,\end{cases}\end{aligned}$$

$$\begin{aligned}b_n&=\frac{1}{\pi}\int_{-\pi}^{\pi}f(x)\sin nx\,\mathrm{d}x=\frac{1}{\pi}\int_{-\pi}^{0}x\sin nx\,\mathrm{d}x\\&=\frac{1}{\pi}\left(-\frac{x\cos nx}{n}+\frac{\sin nx}{n^2}\right)\bigg|_{-\pi}^{0}\\&=-\frac{\cos n\pi}{n}=\frac{(-1)^{n+1}}{n}\ (n=1,2,3,\cdots),\end{aligned}$$

所以函数 $f(x)$ 的傅里叶级数展开式为

$$\begin{aligned}f(x)=&-\frac{\pi}{4}+\left(\frac{2}{\pi}\cos x+\sin x\right)-\frac{1}{2}\sin 2x+\left(\frac{2}{3^2\pi}\cos 3x+\frac{1}{3}\sin 3x\right)\\&-\frac{1}{4}\sin 4x+\left(\frac{2}{5^2\pi}\cos 5x+\frac{1}{5}\sin 5x\right)-\cdots\\&(-\infty<x<+\infty;x\neq\pm\pi,\pm3\pi,\cdots).\end{aligned}$$

一般地,周期为 2π 的奇函数 $f(x)$ 展开成傅里叶级数时,根据奇、偶函数在关于原点对称的区间上的积分性质,其傅里叶系数为

$$a_n=0\ (n=0,1,2,\cdots),\ b_n=\frac{2}{\pi}\int_0^{\pi}f(x)\sin nx\,\mathrm{d}x\ (n=1,2,3,\cdots),$$

于是奇函数 $f(x)$ 的傅里叶级数为

$$\sum_{n=1}^{\infty}b_n\sin nx, \tag{8.4}$$

它只含有正弦项,称为正弦级数.

而周期为 2π 的偶函数 $f(x)$ 展开成傅里叶级数时,其傅里叶系数为

$$a_n=\frac{2}{\pi}\int_0^{\pi}f(x)\cos nx\,dx\ (n=0,1,2,\cdots),\ b_n=0\ (n=1,2,3,\cdots),$$

于是偶函数 $f(x)$ 的傅里叶级数为

$$\frac{a_0}{2}+\sum_{n=1}^{\infty}a_n\cos nx, \tag{8.5}$$

它只含有余弦项,称为余弦级数.

例 3(脉冲三角信号)　设 $f(x)$ 是周期为 2π 的函数,它在$[-\pi,\pi)$上的表达式为 $f(x)=|x|$(图 8-5),将 $f(x)$ 展开成傅里叶级数.

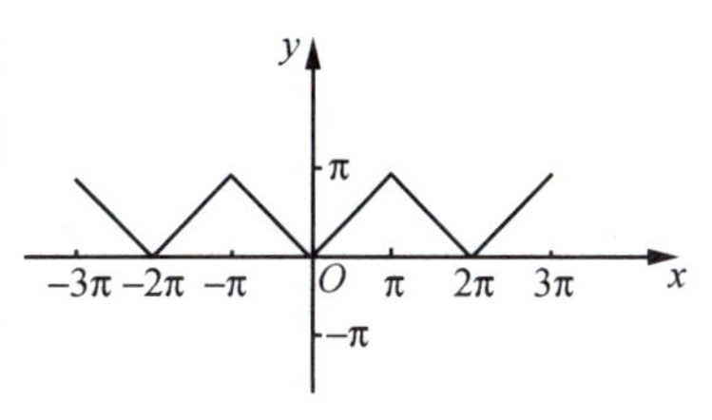

图 8-5

解　函数 $f(x)$ 满足收敛定理的条件,由于 $f(x)$ 在区间 $(-\infty,+\infty)$ 内连续,故它的傅里叶级数处处收敛于 $f(x)$.

因为 $f(x)$ 是周期为 2π 的偶函数,所以有 $b_n=0$,而

$$a_0=\frac{1}{\pi}\int_{-\pi}^{\pi}f(x)dx=\frac{2}{\pi}\int_0^{\pi}f(x)dx=\frac{2}{\pi}\int_0^{\pi}x\,dx=\pi,$$

$$\begin{aligned}a_n&=\frac{1}{\pi}\int_{-\pi}^{\pi}f(x)\cos nx\,dx=\frac{2}{\pi}\int_0^{\pi}f(x)\cos nx\,dx\\&=\frac{2}{\pi}\int_0^{\pi}x\cos nx\,dx=\frac{2}{n^2\pi}(\cos n\pi-1)\\&=\begin{cases}-\dfrac{4}{n^2\pi}, & n=1,3,5,\cdots,\\ 0, & n=2,4,6,\cdots.\end{cases}\end{aligned}$$

将所求得的系数代入(8.5)式,得 $f(x)$ 的傅里叶级数展开式为

$$f(x)=\frac{\pi}{2}-\frac{4}{\pi}\left(\cos x+\frac{1}{3^2}\cos 3x+\frac{1}{5^2}\cos 5x+\cdots\right)\ (-\infty<x<+\infty).$$

8.3.3　周期不为 2π 的函数展开为傅里叶级数

在实际问题中,我们可以通过自变量的变量代换,把不以 2π 为周期的周期函数展开为傅里叶级数.

设以 $2l$ 为周期的函数 $f(x)$ 满足收敛定理的条件,则 $f(x)$ 的傅里叶级数展开式为

$$f(x)=\frac{a_0}{2}+\sum_{n=1}^{\infty}\left(a_n\cos\frac{n\pi x}{l}+b_n\sin\frac{n\pi x}{l}\right), \tag{8.6}$$

其中

$$a_n=\frac{1}{l}\int_{-l}^{l}f(x)\cos\frac{n\pi x}{l}dx\quad(n=0,1,2,3,\cdots),$$

$$b_n=\frac{1}{l}\int_{-l}^{l}f(x)\sin\frac{n\pi x}{l}dx\quad(n=1,2,3,\cdots).$$

注意　$f(x)$ 的傅里叶级数(8.6)式,在 $f(x)$ 的连续点处收敛于 $f(x)$,在间断点 x 处收敛于$\frac{1}{2}[f(x^-)+f(x^+)]$.

类似地，若 $f(x)$ 是奇函数，则它的傅里叶级数是正弦级数，即

$$f(x)=\sum_{n=1}^{\infty}b_n\sin\frac{n\pi x}{l},$$

其中 $b_n=\frac{2}{l}\int_0^l f(x)\sin\frac{n\pi x}{l}\mathrm{d}x\ (n=1,2,3,\cdots)$.

若 $f(x)$ 是偶函数，则它的傅里叶级数是余弦级数，即

$$f(x)=\frac{a_0}{2}+\sum_{n=1}^{\infty}a_n\cos\frac{n\pi x}{l},$$

其中 $a_n=\frac{2}{l}\int_0^l f(x)\cos\frac{n\pi x}{l}\mathrm{d}x\ (n=0,1,2,3,\cdots)$.

例 4（矩形脉冲波） 如图 8-6 所示，函数 $f(x)$ 是周期为 4 的周期函数，它在 $[-2,2)$ 上的表达式为

$$f(x)=\begin{cases}0, & -2\leqslant x<0,\\ k, & 0\leqslant x<2\end{cases}\quad (k>0),$$

将 $f(x)$ 展开成傅里叶级数.

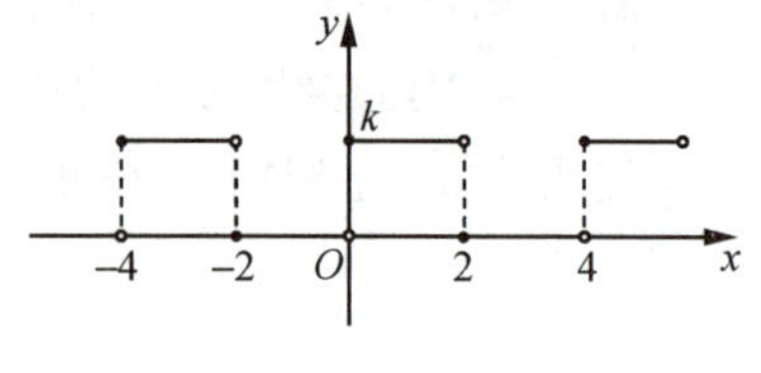

图 8-6

解 这里 $l=2$，$f(x)$ 的傅里叶系数为

$$a_0=\frac{1}{2}\int_{-2}^{2}f(x)\mathrm{d}x=\frac{1}{2}\int_0^2 k\mathrm{d}x=k,$$

$$a_n=\frac{1}{2}\int_{-2}^{2}f(x)\cos\frac{n\pi x}{2}\mathrm{d}x=\frac{1}{2}\int_0^2 k\cos\frac{n\pi x}{2}\mathrm{d}x=\left(\frac{k}{n\pi}\sin\frac{n\pi x}{2}\right)\Big|_0^2$$
$$=0\ (n=1,2,3,\cdots),$$

$$b_n=\frac{1}{2}\int_{-2}^{2}f(x)\sin\frac{n\pi x}{2}\mathrm{d}x=\frac{1}{2}\int_0^2 k\sin\frac{n\pi x}{2}\mathrm{d}x$$
$$=\left(-\frac{k}{n\pi}\cos\frac{n\pi x}{2}\right)\Big|_0^2=\frac{k}{n\pi}(1-\cos n\pi)$$
$$=\begin{cases}\dfrac{2k}{n\pi}, & n=1,3,5,\cdots,\\ 0, & n=2,4,6,\cdots.\end{cases}$$

将所求得的系数代入(8.6)式，就得到函数 $f(x)$ 的傅里叶级数展开式

$$f(x)=\frac{k}{2}+\frac{2k}{\pi}\left(\sin\frac{\pi x}{2}+\frac{1}{3}\sin\frac{3\pi x}{2}+\frac{1}{5}\sin\frac{5\pi x}{2}+\cdots\right)$$
$$(-\infty<x<+\infty;x\neq 0,\pm 2,\pm 4,\cdots).$$

· 思想启迪 ·

◎ 1822 年，经过近 10 年的努力，傅里叶出版了专著《热的分析理论》，将在一些特殊情形下应用的三角级数方法发展成内容丰富的一般理论. 三角级数后来就以傅里叶的名字命名为“傅里叶级数”. 傅里叶十几年如一日，孜孜不倦地学习和研究，相信真理一定会得到世界的肯定. 在这种百折不挠的信念支持下，最终诞生了这本经久流传的科学著作.

· 课外演练 ·

1. 将下列周期为 2π 的函数 $f(x)$ 展开为傅里叶级数，其中 $f(x)$ 在$[-\pi,\pi)$ 上的表达式分别如下：

(1) $f(x)=\begin{cases}1, & -\pi\leqslant x<0,\\ 2, & 0\leqslant x<\pi;\end{cases}$　　(2) $f(x)=x, -\pi\leqslant x<\pi$;

(3) $f(x)=\begin{cases}-\dfrac{\pi}{2}, & -\pi\leqslant x<-\dfrac{\pi}{2},\\ x, & -\dfrac{\pi}{2}\leqslant x<\dfrac{\pi}{2},\\ \dfrac{\pi}{2}, & \dfrac{\pi}{2}\leqslant x<\pi.\end{cases}$

2. 已知下列周期函数在一个周期内的表达式，试将其展开为傅里叶级数.

(1) $f(x)=\begin{cases}2x+1, & -3\leqslant x<0,\\ 1, & 0\leqslant x<3;\end{cases}$　　(2) $f(x)=x^2(-1\leqslant x\leqslant 1)$.

3. 将函数 $f(x)=\begin{cases}x, & 0\leqslant x<\dfrac{l}{2},\\ l-x, & \dfrac{l}{2}\leqslant x\leqslant l\end{cases}$ 分别展开成正弦级数和余弦级数.

8.4* 拉普拉斯变换

· 案例导出 ·

案例　对一个系统进行分析和研究，首先要建立该系统的数学模型，在许多场合下，它的数学模型可以用下述常微分方程来描述(输入为 u，输出为 y)：

$$\begin{aligned}&y^{(n)}+a_1y^{(n-1)}+a_2y^{(n-2)}+\cdots+a_{n-1}y'+a_ny\\ =\ &b_0u^{(m)}+b_1u^{(m-1)}+\cdots+b_{m-1}u'+b_mu.\end{aligned}$$

但是，如何求解此类微分方程呢？

· 案例分析 ·

在数学中，常常采取变换手段，把较复杂的运算转化为较简单的运算. 拉普拉斯变换(简称“拉氏变换”) 就是一种积分变换，把一个函数变成另一个函数，利用拉氏变换可以将上述微分方程转换为代数方程来求解，从而使求解过程更加方便简单. 拉普拉斯变换在电学、力学等众多的工程与科学领域中有着广泛的应用.

· 相关知识 ·

8.4.1 拉普拉斯变换的概念

定义(拉氏变换) 设函数 $f(t)$ 在 $t \geqslant 0$ 时有定义,而且广义积分 $\int_0^{+\infty} f(t)e^{-pt}dt$ 在 p 的某一区域收敛,则此积分确定了 p 的函数,记作

$$F(p) = \int_0^{+\infty} f(t)e^{-pt}dt. \tag{8.7}$$

(8.7) 式称为函数 $f(t)$ 的拉氏变换式,记为 $\mathscr{L}[f(t)] = F(p)$,$F(p)$ 称为 $f(t)$ 的拉氏变换(或称为 $f(t)$ 的象函数). 若 $F(p)$ 是 $f(t)$ 的拉氏变换,则称 $f(t)$ 为 $F(p)$ 的拉氏逆变换(或称为象原函数),记为 $f(t) = \mathscr{L}^{-1}[F(p)]$.

注意 (1) 定义中,只要求 $f(t)$ 在 $t \geqslant 0$ 时有定义,这是由于在物理、无线电技术等实际应用中,以时间 t 为自变量的函数在 $t < 0$ 时是无意义,为了方便,假定 $t < 0$ 时,$f(t) = 0$.

(2) 一般地,在科学技术中遇到的函数,它的拉氏变换总是存在的,以后不再对存在性进行讨论.

以下是几个常用函数的拉氏变换.

例 1 求单位阶跃函数 $u(t) = \begin{cases} 0, & t < 0, \\ 1, & t \geqslant 0 \end{cases}$ (图 8-7) 的拉氏变换.

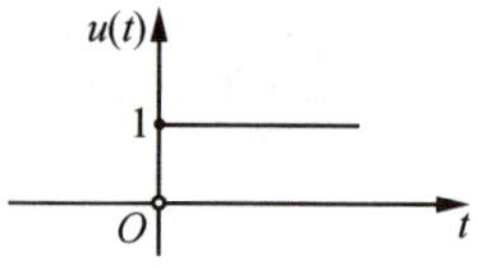

解 根据拉氏变换的定义 $\mathscr{L}[u(t)] = \int_0^{+\infty} 1 \cdot e^{-pt}dt$,这个积分在 $p > 0$ 时 收敛,而且有

$$\mathscr{L}[u(t)] = \int_0^{+\infty} 1 \cdot e^{-pt}dt = -\frac{1}{p}e^{-pt}\Big|_0^{+\infty} = \frac{1}{p},$$

所以

$$\mathscr{L}[u(t)] = \frac{1}{p}(p > 0).$$

图 8-7

例 2 求指数函数 $f(t) = e^{at}$ ($t \geqslant 0$,a 为常数) 的拉氏变换.

解

$$\mathscr{L}(e^{at}) = \int_0^{+\infty} e^{at} \cdot e^{-pt}dt = -\frac{1}{p-a}e^{-(p-a)t}\Big|_0^{+\infty},$$

这个积分在 $p > a$ 时收敛,此时有

$$\mathscr{L}(e^{at}) = \frac{1}{p-a}\ (p > a).$$

例 3 求函数 $f(t) = \sin\omega t$ 的拉氏变换.

解 $\mathscr{L}(\sin\omega t) = \int_0^{+\infty} e^{-pt}\sin\omega t\,dt$,利用分部积分法有

$$\mathscr{L}(\sin\omega t) = \int_0^{+\infty} e^{-pt}\sin\omega t\,dt = \frac{\omega}{p}\int_0^{+\infty} e^{-pt}\cos\omega t\,dt$$

$$= \frac{\omega}{p}\left[\frac{1}{p} - \frac{\omega}{p}\int_0^{+\infty} e^{-pt}\sin\omega t\,dt\right] = \frac{\omega}{p^2} - \frac{\omega^2}{p^2}\int_0^{+\infty} e^{-pt}\sin\omega t\,dt$$

$$= \frac{\omega}{p^2} - \frac{\omega^2}{p^2}\mathscr{L}(\sin\omega t),$$

由此解出
$$\mathscr{L}(\sin\omega t) = \frac{\omega}{p^2+\omega^2}\ (p>0).$$

类似地
$$\mathscr{L}(\cos\omega t) = \frac{p}{p^2+\omega^2}\ (p>0).$$

在实际工作中，我们无须用广义积分的方法来求函数的拉氏变换，而有现成的拉氏变换表可查.

8.4.2　拉氏变换的性质

根据拉氏变换的定义可以推得拉氏变换的几个基本性质，利用这些性质可以简化较复杂函数的拉氏变换运算.

性质 1（线性性质）　若 α,β 是常数，设 $\mathscr{L}[f_1(t)] = F_1(p)$，$\mathscr{L}[f_2(t)] = F_2(p)$，则
$$\mathscr{L}[\alpha f_1(t) + \beta f_2(t)] = \alpha F_1(p) + \beta F_2(p).$$

性质 2（位移性质）　若 $\mathscr{L}[f(t)] = F(p)$，则 $\mathscr{L}[e^{at}f(t)] = F(p-a)$.

这个性质表明对象原函数乘以 e^{at}，相当于将象函数作位移 a.

性质 3（延迟性质）　若 $\mathscr{L}[f(t)] = F(p)$，则对于任一非负实数 τ，有 $\mathscr{L}[f(t-\tau)] = e^{-\tau p}F(p)$.

函数 $f(t-\tau)$ 与 $f(t)$ 相比，$f(t)$ 是从 $t=0$ 开始有非零数值，而 $f(t-\tau)$ 是从 $t=\tau$ 开始才有非零数值，即延迟了一个时间 τ. 如图 8-8 所示，$f(t-\tau)$ 的图象是由 $f(t)$ 的图象沿 t 轴向右平移距离 τ 而得. 这个性质表明，时间函数延迟 τ 的拉氏变换等于它的象函数乘以 $e^{-\tau p}$.

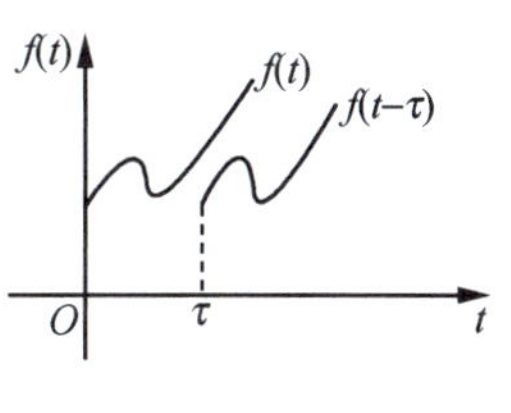

图 8-8

性质 4（微分性质）　若 $\mathscr{L}[f(t)] = F(p)$，则 $\mathscr{L}[f'(t)] = pF(p) - f(0)$.

此性质可推广到 n 阶导数，有
$$\mathscr{L}[f^{(n)}(t)] = p^n\mathscr{L}[f(t)] - p^{n-1}f(0) - p^{n-2}f'(0) - \cdots - f^{(n-1)}(0).$$
特别地，当 $f(0) = f'(0) = \cdots = f^{(n-1)}(0) = 0$ 时，有 $\mathscr{L}[f^{(n)}(t)] = p^nF(p)$.

性质 5（积分性质）　若 $\mathscr{L}[f(t)] = F(p)$，则 $\mathscr{L}\left[\int_0^t f(x)\mathrm{d}x\right] = \frac{F(p)}{p}$.

性质 6（相似性质）　若 $\mathscr{L}[f(t)] = F(p)$，则 $\mathscr{L}[f(at)] = \frac{1}{a}F\left(\frac{p}{a}\right)\ (a>0)$.

利用以上性质，能计算一些复杂函数的拉氏变换.

例 4　求函数 $f(t) = t^3 - 4t + 3$ 的拉氏变换.

解　由线性性质和拉氏变换表可得
$$\mathscr{L}[f(t)] = \mathscr{L}(t^3) - 4\mathscr{L}(t) + 3\mathscr{L}(1) = \frac{3!}{p^4} - 4\frac{1}{p^2} + 3\cdot\frac{1}{p} = \frac{1}{p^4}(6 - 4p^2 + 3p^3).$$

例 5　求函数 $f(t) = (t+1)^2e^t$ 的拉氏变换.

解
$$\mathscr{L}[f(t)] = \mathscr{L}[(t^2+2t+1)e^t]$$
$$= \mathscr{L}(t^2e^t) + 2\mathscr{L}(te^t) + \mathscr{L}(e^t)$$

$$= \frac{2}{(p-1)^3} + 2 \cdot \frac{1}{(p-1)^2} + \frac{1}{(p-1)}$$

$$= \frac{p^2+1}{(p-1)^3}.$$

例 6 求函数 $f(t) = e^{-3t}\sin 4t$ 的拉氏变换.

解 由于 $\mathscr{L}(\sin 4t) = \dfrac{4}{p^2+16}$,利用位移性质得 $\mathscr{L}(e^{-3t}\sin 4t) = \dfrac{4}{(p+3)^2+16}$.

例 7 求函数 $u(t-a) = \begin{cases} 0, & t < a, \\ 1, & t \geqslant a \end{cases}$ 的拉氏变换.

解 因为 $\mathscr{L}[u(t)] = \dfrac{1}{p}$,根据延迟性质有 $\mathscr{L}[u(t-a)] = \dfrac{1}{p}e^{-ap}$.

例 8 求阶梯函数 $f(t) = \begin{cases} k_1, & 0 \leqslant t < a, \\ k_2, & a \leqslant t \end{cases}$ $(k_2 > k_1 > 0)$ 的拉氏变换.

解 由图 8-9 可以看出,利用单位阶跃函数,可将这个阶梯函数表示为

$$f(t) = k_1 u(t) + (k_2 - k_1)u(t-a),$$

所以

$$\mathscr{L}[f(t)] = \frac{k_1}{p} + \frac{k_2 - k_1}{p} \cdot e^{-ap}$$

$$= \frac{1}{p}[k_1 + (k_2 - k_1)e^{-ap}].$$

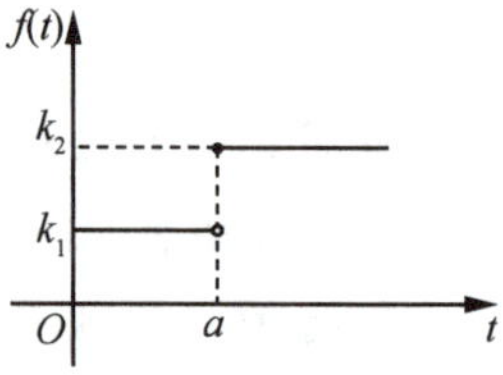

图 8-9

8.4.3 拉氏逆变换的求法

前面讨论了由已知函数 $f(t)$ 求它的象函数,现在讨论相反的问题,即已知象函数 $F(p)$,求它的象原函数 $f(t)$. 对有些函数我们可以通过拉氏变换表及拉氏变换的性质求其逆变换. 但当 $F(p)$ 较复杂时,就不能用这些方法来解决(略).

例 9 求下列象函数 $F(p)$ 的逆变换.

(1) $F(p) = \dfrac{1}{p+2}$;　　(2) $F(p) = \dfrac{1}{(p-2)^3}$;

(3) $F(p) = \dfrac{2p-3}{p^2}$;　　(4) $F(p) = \dfrac{4p-3}{p^2+4}$;

(5) $F(p) = \dfrac{2p-3}{p^2-2p+5}$.

解 (1) 由拉氏变换表得

$$f(t) = \mathscr{L}^{-1}\left(\frac{1}{p+2}\right) = e^{-2t};$$

(2) 由性质 2 及拉氏变换表得

$$f(t) = \mathscr{L}^{-1}\left[\frac{1}{(p-2)^3}\right] = e^{2t}\mathscr{L}^{-1}\left(\frac{1}{p^3}\right) = \frac{e^{2t}}{2}\mathscr{L}^{-1}\left(\frac{2!}{p^3}\right) = \frac{1}{2}t^2e^{2t};$$

(3) $f(t) = \mathscr{L}^{-1}\left(\dfrac{2p-3}{p^2}\right) = 2\mathscr{L}^{-1}\left(\dfrac{1}{p}\right) - 3\mathscr{L}^{-1}\left(\dfrac{1}{p^2}\right) = 2 - 3t;$

(4) $f(t)=\mathscr{L}^{-1}\left(\dfrac{4p-3}{p^2+4}\right)=4\mathscr{L}^{-1}\left(\dfrac{p}{p^2+4}\right)-\dfrac{3}{2}\mathscr{L}^{-1}\left(\dfrac{2}{p^2+4}\right)$

$$=4\cos 2t-\frac{3}{2}\sin 2t;$$

(5) $f(t)=\mathscr{L}^{-1}\left(\dfrac{2p-3}{p^2-2p+5}\right)=\mathscr{L}^{-1}\left[\dfrac{2(p-1)-1}{(p-1)^2+4}\right]$

$$=2\mathscr{L}^{-1}\left[\frac{p-1}{(p-1)^2+4}\right]-\frac{1}{2}\mathscr{L}^{-1}\left[\frac{2}{(p-1)^2+4}\right]$$

$$=2e^t\cos 2t-\frac{1}{2}e^t\sin 2t.$$

· 知识应用 ·

在自动控制中，利用拉氏变换求解某些初值问题的微分方程要比通常的方法简单，其方法是先取拉氏变换把微分方程化为象函数的代数方程，根据这个代数方程求出象函数，然后再取逆变换就得出原来微分方程的解.

例 10　求微分方程 $x'(t)+3x(t)=0$ 满足初始条件 $x(0)=1$ 的解.

解　对方程两端取拉氏变换，并设 $\mathscr{L}[x(t)]=X(p)$，则 $\mathscr{L}[x'(t)+3x(t)]=\mathscr{L}[0]$，于是

$$\mathscr{L}[x'(t)]+3\mathscr{L}[x(t)]=0,$$

即

$$pX(p)-x(0)+3X(p)=0.$$

将 $x(0)=1$ 代入上式，有 $(p+3)X(p)=1$，因此 $X(p)=\dfrac{1}{p+3}$.

再求象函数 $X(p)$ 的逆变换得

$$x(t)=\mathscr{L}^{-1}[X(p)]=\mathscr{L}^{-1}\left(\frac{1}{p+3}\right)=e^{-3t}.$$

这就是所求微分方程的解.

例 11　求微分方程 $x''(t)+2x'(t)-3x(t)=e^{-t}$ 满足初始条件 $x(0)=0,x'(0)=1$ 的解.

解　设 $\mathscr{L}[x(t)]=X(p)$，对方程两端取拉氏变换，则

$$[p^2X-px(0)-x'(0)]+2[pX-x(0)]-3X=\frac{1}{p+1},$$

将初始条件 $x(0)=0,x'(0)=1$ 代入得 $p^2X-1+2pX-3X=\dfrac{1}{p+1}$，于是

$$X=\frac{p+2}{(p+1)(p-1)(p+3)}.$$

为了求 $X(p)$ 的逆变换，将上式写成部分分式的形式，即

$$X=\frac{-\frac{1}{4}}{p+1}+\frac{\frac{3}{8}}{p-1}+\frac{-\frac{1}{8}}{p+3},$$

取逆变换，得 $x(t)=-\dfrac{1}{4}e^{-t}+\dfrac{3}{8}e^t-\dfrac{1}{8}e^{-3t}$. 这就是所求微分方程的解.

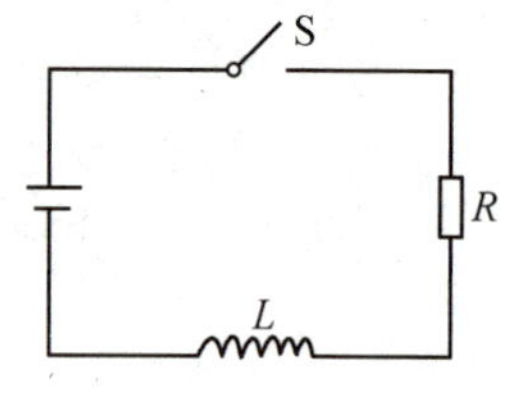

图 8-10

例 12 设有如图 8-10 所示的 R 和 L 串联电路，在 $t=0$ 时接到直流电势 E 上，求电流 $i(t)$.

解 由基尔霍夫定理知 $i(t)$ 满足方程 $Ri(t)+L\frac{\mathrm{d}[i(t)]}{\mathrm{d}t}=E$，$i(0)=0$.

令 $\mathscr{L}[i(t)]=I(p)$，对方程两端取拉氏变换得

$$RI(p)+L[pI(p)-i(0)]=\frac{E}{p},$$

解得 $I(p)=\frac{E}{p(R+pL)}=\frac{E}{R}\left(\frac{1}{p}-\frac{1}{p+\frac{R}{L}}\right)$，取拉氏逆变换，得 $i(t)=\frac{E}{R}(1-\mathrm{e}^{-\frac{R}{L}t})$.

· 思想启迪 ·

◎ 利用拉普拉斯变换求解微分方程，表面上感觉是在走弯路，绕了一大圈才将方程解出，但实际上比直接求解方程更简单、更有效. 我国古代经典著作《周易》中“范围天地之化而不过，曲成万物而不遗”的思想，告诉我们“道路是曲折的，前途是光明的”.

◎ 同样一个系统可以采用不同的数学模型来描述，如微分方程、传递函数、方框图、信号流图、频率特性等，微分方程、传递函数、频率特性可以相互等价转换，但必须遵循等价原则. 数学模型的等价变换如同人与人的相处之道，必须互相尊重，遵守自由、平等、诚信、友善、公正的原则，失去了这个基础，人与人之间便不会融洽，很难和谐相处.

· 课外演练 ·

1. 求下列各函数的拉氏变换.

(1) $2\mathrm{e}^{-3t}$；　　(2) t^3-6t+3；

(3) $5\sin 2t-3\cos 2t$；　　(4) $1+t\mathrm{e}^t$；

(5) $\sin t\cos t$；　　(6) $f(t)=\begin{cases}3, & 0\leqslant t<2,\\ -1, & 2\leqslant t<4,\\ 0, & t\geqslant 4.\end{cases}$

2. 求下列各函数的拉氏逆变换.

(1) $F(p)=\frac{2}{p-5}$；　　(2) $F(p)=\frac{4p}{p^2+16}$；

(3) $F(p)=\frac{2p-3}{p^2+9}$；　　(4) $F(p)=\frac{p}{(p+3)(p+5)}$；

(5) $F(p)=\frac{4}{p^2+4p+20}$；　　(6) $F(p)=\frac{(2p+1)^2}{p^5}$.

3. 用拉氏变换解下列微分方程.

(1) $x'(t)+5x(t)=10\mathrm{e}^{-3t}$，$x(0)=0$；

(2) $x''(t)+3x'(t)+x(t)=3\cos t$，$x(0)=0$，$x'(0)=1$.

8.5* 级数实验

· 案例导出 ·

案例(Koch 雪花模型)　如图 8-11 所示,先给定一个正三角形,然后在每条边上对称地产生一个边长为原边长$\frac{1}{3}$的小正三角形,依此类推,在每条边上都做类似操作,就得到一系列类似"雪花"的图形.当雪花的花瓣不断增加时,雪花的面积及周长会发生什么样的变化?

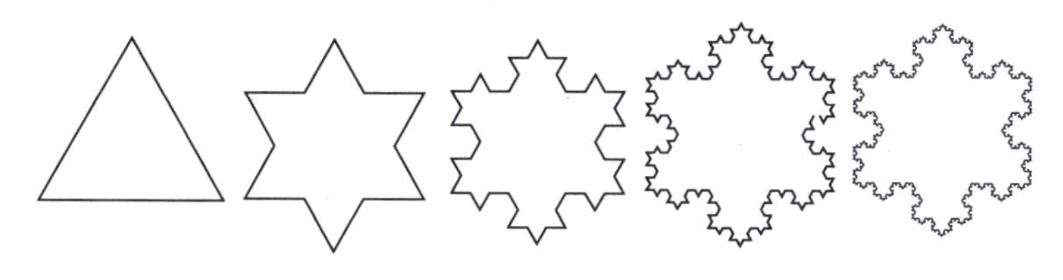

图 8-11

· 案例分析 ·

不难发现 Koch 雪花的面积及周长随着分叉的增加而增加,每一次分叉后,一条边变成四条较短的边,他们的总长为原来的$\frac{4}{3}$倍,因而雪花每分叉一次后周长变为原来的$\frac{4}{3}$倍.每一次分叉后,会增加若干个小三角形,其面积为分叉之前小三角形面积的$\frac{1}{9}$,个数则与分叉之前的边数相同,因而随着分叉的增加,雪花面积会产生一个正项级数.

· 相关知识 ·

用数学软件 Mathematica 求级数的和、函数展开为幂级数、用傅里叶级数部分和逼近周期函数等内容的相关函数与命令为

(1) 级数求和 Sum;

(2) 幂级数展开 Series;

(3) 循环语句 Do;

(4) 循环语句 For .

例 1　求幂级数$\sum_{n=0}^{\infty}\frac{x^n}{n!}$,$\sum_{n=1}^{\infty}(-1)^n\frac{x^{2n+1}}{(2n+1)!}$的和函数,求级数$\sum_{n=1}^{\infty}\frac{(-1)^n}{n}$的和.

解　In[1]:= Sum[(x^n)/(n!),{n,0,Infinity}]

Out[1] = e^x

In[2]:= Sum[((-1)^n) * (x^(2n+1))/((2n+1)!),{n,1,Infinity}]

Out[2] = $\frac{x(-\sqrt{x^2}+\text{Sin}[\sqrt{x^2}])}{\sqrt{x^2}}$

```
In[3]: = Sum[(-1)^n /n,{n,1,Infinity}]
Out[3] =- Log[2]
```

例 2　将函数 $\sin x$ 展开为 x 的幂级数(展开到 x^9).

解　In[1]: = Series[Sin[x],{x,0,9}]

$$\text{Out[1]} = x-\frac{x^3}{6}+\frac{x^5}{120}-\frac{x^7}{5040}+\frac{x^9}{362880}+O[x]^{10}$$

下面展示 $\sin x$ 展开到 x^3,x^5,x^7,x^9 时与 $\sin x$ 的相似度.

```
In[2]: = Do[Plot[{Sum[(-1)^m/(2m+1)! * x^(2m+1),{m,0,i}],Sin[x]},
{x,-2Pi,2Pi},PlotRange{-1.5,1.5},PlotStyle->{RGBColor[1,0,0],
RGBColor[0,0,0]}],{i,3,9,2}]
```

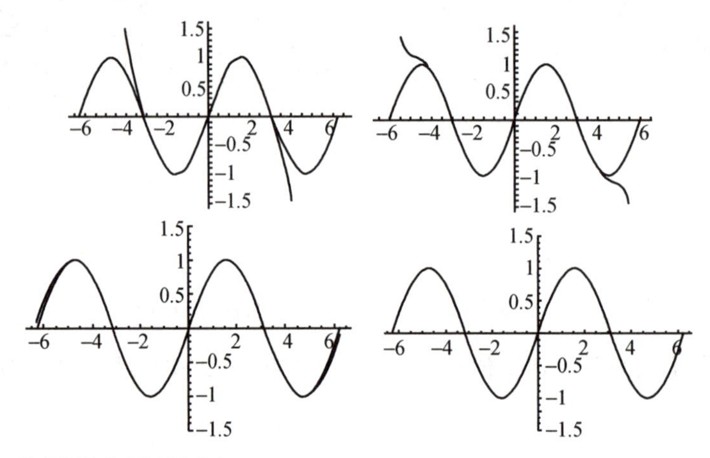

其中 PlotRange 为画图范围(纵向).

例 3　将函数 $f(x)=\dfrac{1}{x^2+3x+2}$ 展开为 $x+4$ 的幂级数[展开到 $(x+4)^3$].

解　In[1]: = Series[1/(x^2+3*x+2),{x,-4,3}]

$$\text{Out[1]} = \frac{1}{6}+\frac{5(x+4)}{36}+\frac{19}{216}(x+4)^2+\frac{65(x+4)^3}{1296}+O[x+4]^4$$

例 4　$f(x)$ 是以 2π 为周期的函数,它在一个周期 $[-\pi,\pi)$ 内的表达式为

$$f(x)=\begin{cases}-1, & -\pi\leqslant x<0,\\ 1, & 0\leqslant x<\pi,\end{cases}$$

将 $f(x)$ 展开为傅氏级数.

解　$f(x)$ 是一个奇函数,容易求得 $a_0=0,a_n=0,b_n=\dfrac{2[1-(-1)^n]}{n\pi}(n=1,2,\cdots)$.

所以,$f(x)$ 的傅氏展开式为 $s(x)=\sum\limits_{n=1}^{\infty}b_n\sin nx$.

定义 $f(x)$,并作出函数 $f(x)$ 的图形:

```
In[1]: = f[x_]: = Which[x <- 2Pi, -1,x <- Pi,1,x < 0,-1,
x < Pi,1,x < 2Pi,-1,x >= 2Pi,1];
In[2]: = Plot[f[x],{x,-3Pi,3Pi}]
```

```
Out[2] = -Graphics-
```

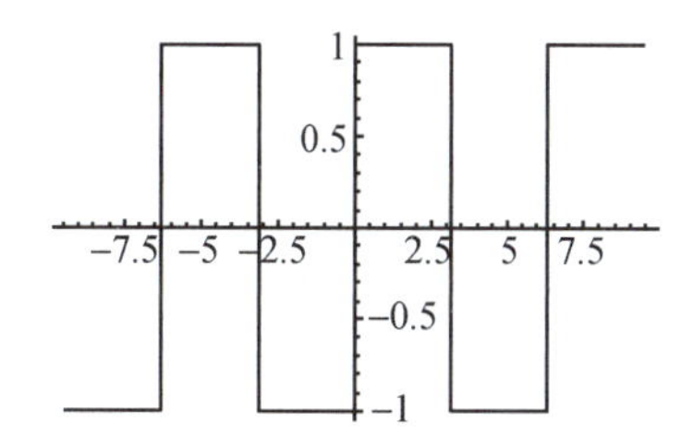

展示 $f(x)$ 的傅氏级数:

```
For[i = 1,i <= 40,i += 10,b[n_]: = (1 − (− 1)^n) * 2/(n * Pi);
s[x_]: = Sum[b[n] * Sin[n * x],{n,1,i}]];
Plot[{s[x],f[x]},{x, − 3Pi,3Pi},
PlotStyle −> {RGBColor[1,0,0],RGBColor[0,0,0]}];
```

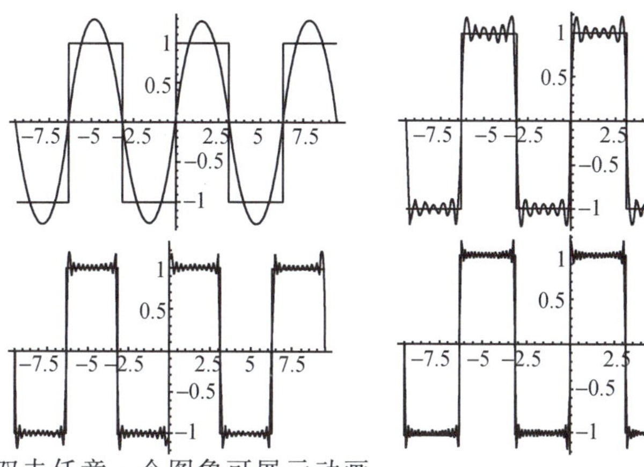

在软件中双击任意一个图象可展示动画.

例 5 完成案例.

解 假设开始时三角形的边长为1,则其周长为3,面积为$\frac{\sqrt{3}}{4}$,而雪花分叉一次后周长变为原来的$\frac{4}{3}$倍.

利用软件可以计算得到周长.

```
In[1]: = Limit[3 * (4/3)^n,n −> Infinity]
Out[1] = ∞
```

可见 Koch 雪花的周长趋于无穷大,也可以由以下方式说明这个问题.

```
In[2]: = Table[3. * (4/3)^n,{n,0,20}]
Out[2] = {3.,4.,5.33333,7.11111,9.48148,12.642,16.856,22.4746,
         29.9662,39.9549,53.2732,71.0309,94.7079,126.277,168.37,
         224.493,299.324,399.098,532.131,709.508,946.011}
```

可见 Koch 雪花的周长增长很快.

下面计算面积.第一个三角形的面积为$\frac{\sqrt{3}}{4}$,一次分叉后,增加了3个面积为$\frac{\sqrt{3}}{4}\cdot\left(\frac{1}{3}\right)^2$的

小三角形，面积增加了$\frac{\sqrt{3}}{4}\cdot\frac{1}{3}$；再一次分叉后，增加了 12 个面积为$\frac{\sqrt{3}}{4}\cdot\left(\frac{1}{9}\right)^2$的小三角形，面积增加了$\frac{\sqrt{3}}{4}\cdot\frac{4}{27}$；依此类推，很容易得到面积的计算公式如下：

$$S=\frac{\sqrt{3}}{4}\left[1+\left(\frac{1}{3}\right)^2\times 3+\left(\frac{1}{9}\right)^2\times 12+\left(\frac{1}{27}\right)^2\times 48+\cdots\right]$$

$$=\frac{\sqrt{3}}{4}\left[1+\left(\frac{4}{9}\right)^1\times 0.75+\left(\frac{4}{9}\right)^2\times 0.75+\left(\frac{4}{9}\right)^3\times 0.75+\cdots\right].$$

利用软件计算出前 15 次分叉的雪花面积.

```
In[3]: = S[n_]: = Sqrt[3.]/4 * (1 + Sum[(4/9)^i,{i,1,n}] * 0.75)
In[4]: = ss = Table[S[n],{n,1,15,1}]
Out[4] = {0.57735,0.6415,0.670011,0.682683,0.688315,0.690818,0.69193,
        0.692425,0.692645,0.692742,0.692786,0.692805,0.692813,0.692817,
        0.692819}
```

画出散点图.

```
In[5]: = ListPlot[ss,PlotStyle -> PointSize[0.02]]
Out[5] = -Graphics-
```

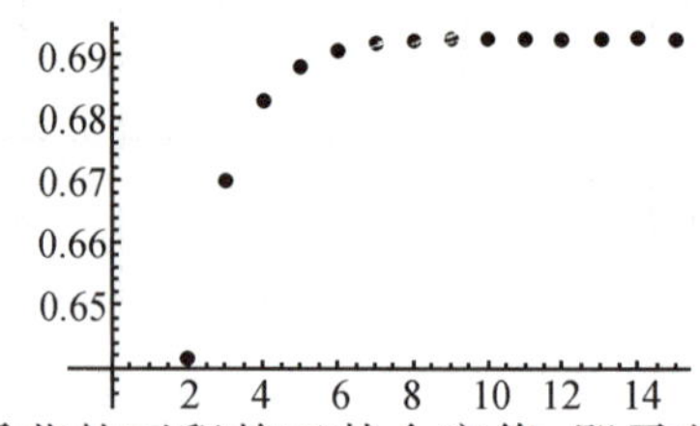

从上述数据及图形不难看出雪花的面积趋于某个定值，即雪花面积有限，其面积

```
In[6]: = 3^(1/2)/4 * (Sum[(4/9)^n * 3/4,{n,1,Infinity}] + 1)
```

Out[6] = $\frac{2\sqrt{3}}{5}$

查看其近似值.

```
In[7]: = N[%]
Out[7] = 0.69282
```

由此通过计算它们的极限不难得出结论：Koch 雪花的周长确实无界，而雪花的面积却有限.

• 课堂演练 •

1. 将$\frac{1}{x^2+3x+2}$展开为 $x+3$ 的幂级数.
2. 将$(1+x)\ln(1+x)$ 展开为 x 的幂级数.
3. 求$\sum_{n=0}^{\infty}(-1)^n\frac{x^{2n-1}}{2n-1}$的和函数 $s(x)$，$|x|<1$.

4. 求级数$\sum_{n=0}^{\infty}\frac{(-1)^{n-1}}{(2n-1)3^{n-1}}$的和.

5. 求$\lim_{n\to\infty}\left(\frac{1}{1^2}+\frac{1}{2^2}+\cdots+\frac{1}{n^2}\right)$.

6. 用多项式逼近余弦函数 $y=\cos x$,重复上述例 2 的实验步骤.

名家链接

数学传奇——傅里叶

1768 年,傅里叶出生于法国奥塞尔小镇一个裁缝家庭,9 岁时沦为孤儿,后来被当地教会送往镇上的军校学习.

傅里叶曾在巴黎师范学校短暂学习,在学校他展示出的数学才华给人留下了深刻印象,因此被招进巴黎综合工科学校担任助教,帮助蒙日和拉格朗日进行数学教学.

傅里叶早在 1807 年就写了关于热传导的论文《热的传播》,却未正式发表.傅里叶在论文中推导出著名的热传导方程,并在求解该方程时发现函数的解可以由三角函数构成的级数形式表示,从而提出任一函数都可以展开成三角函数的无穷级数.傅里叶级数(三角级数)、傅里叶分析等理论均由此创立.

傅里叶由于对传热理论的贡献于 1817 年当选为巴黎科学院院士.

1822 年,傅里叶出版了专著《热的分析理论》.这部经典著作将欧拉、伯努利等人在一些特殊情形下应用的三角级数方法发展成内容丰富的一般理论,三角级数后来就以傅里叶的名字命名.傅里叶应用三角级数求解热传导方程,为解决无穷区域的热传导问题又导出了“傅里叶积分”,这一切都极大地推动了偏微分方程边值问题的研究.《热的分析理论》影响了整个 19 世纪分析严格化的进程.

毫无疑问,傅里叶是一个值得被铭记的人,他的名字被镌刻在法国埃菲尔铁塔上以供世人纪念,法国建立了约瑟夫傅里叶大学,还有一颗小行星以他的名字命名.傅里叶认为数学是解决实际问题的最卓越的工具,对自然界的深刻研究,是数学发现的最富饶的源泉.他恪守这一信念,穷其一生追求真理,最终获得全世界认可.

除了那些以傅里叶命名的经典公式和理论,傅里叶追求科学、坚持真理的执着精神,打破传统、敢于创新的思维模式值得后人学习.他凭着实事求是的科学态度,客观地对待自己的研究成果,坚持正确的结论,坚定不动摇;对于他人的质疑,他采取理性的态度,在已有的成果上精益求精,做出完善的补充和修改;对于被屡次否定,他始终不放弃,十几年如一日,孜孜不倦地学习和研究,相信真理一定会得到世界的肯定.

参考答案

第一章

1.1 空间曲面

1. A 点在 y 轴上，B 点在 x 轴上，C 点在 z 轴上，D 点在 xOy 坐标平面上.

2. $x-y-1=0$.

3. $(16,-5,0)$.

4. (1) 旋转抛物面； (2) 圆锥面； (3) 球面； (4) 抛物柱面； (5) 圆柱面； (6) 旋转椭球面； (7) 旋转单叶双曲面； (8) 旋转双叶双曲面； (9) 椭球面.

1.2 一元函数

1. (1) $[-2,1)$； (2) $[0,3]$； (3) $[-1,0)\cup(0,+\infty)$； (4) $(1,2)$.

2. (1) $f(0)=0, f(1)=\frac{e-1}{e+1}, f(-1)=\frac{1-e}{e+1}$； (2) $f(-2)=-1, f(0)=3, f(f(-1))=2$.

3. (1) 由 $y=\cos u, u=\sqrt{v}, v=x-6$ 复合而成； (2) 由 $y=u^3, u=\sin v, v=2x+1$ 复合而成； (3) 由 $y=\sqrt{u}, u=\sin v, v=\sqrt{x}$ 复合而成； (4) 由 $y=u^2, u=\tan v, v=\frac{1}{x}$ 复合而成； (5) 由 $y=u^2, u=\arcsin v, v=3x$ 复合而成； (6) 由 $y=\ln u, u=\cos v, v=2x^3$ 复合而成.

4. $100\sqrt{25t^2+32t+16}$.

5. $y=\begin{cases}10, & 0<x\leqslant 3,\\ 2x+4, & x>3;\end{cases}$ $y(2.5)=10$； $y(5)=14$.

6. (1) $p=\begin{cases}90, & 0<x\leqslant 100,\\ 91-0.01x, & 100<x<1600,\\ 75, & x\geqslant 1600;\end{cases}$ (2) $R=\begin{cases}30x, & 0<x\leqslant 100,\\ 31x-0.01x^2, & 100<x<1600,\\ 15x, & x\geqslant 1600;\end{cases}$ (3) 实际售价为 81 元/台；获利 21000 元.

1.3 多元函数

1. (1) $D=\{(x,y)\mid y<x\}$； (2) $D=\{(x,y)\mid 1<x^2+y^2\leqslant 4\}$； (3) $D=\{(x,y)\mid x\geqslant\sqrt{y}, y\geqslant 0\}$； (4) $D=\{(x,y)\mid 4<x^2+y^2<16\}$.

2. $f(1,2)=\frac{4}{5}, f(1,-1)=-1$.

3. $f(x,y)=\frac{x^2-xy}{2}$.

4. $S=(24-2x+x\cos\alpha)x\sin\alpha$.

第二章

2.1 极限

1. (1) 收敛于 0； (2) 发散； (3) 收敛于 1； (4) 发散.

2. (1) 0； (2) $-\frac{\pi}{2}$； (3) 0； (4) -2.

3. $\lim\limits_{x\to 0}f(x)=1$.

4. 不存在.

5. (1) 无穷大； (2) 无穷小； (3) 无穷大； (4) 无穷小.

6. 当 $x\to-2$ 时,函数 $f(x)=\frac{x-1}{x+2}$ 是无穷大;当 $x\to1$ 时,函数 $f(x)=\frac{x-1}{x+2}$ 是无穷小.

7. (1) 0; (2) 0; (3) 0; (4) 0.

8. $S_n=\frac{1}{2}nr^2\sin\frac{2\pi}{n}$,猜测 $\lim\limits_{n\to\infty}S_n=\pi r^2$.

2.2 函数极限的运算

1. (1) $\frac{1}{2}$; (2) $\frac{7}{3}$; (3) $\frac{2}{5}$; (4) 4; (5) 0; (6) 2; (7) $\left(\frac{2}{3}\right)^{10}$; (8) $\frac{1}{6}$.

2. (1) $\frac{3}{2}$; (2) $-\sqrt{2}$; (3) 1; (4) π; (5) e^{-1}; (6) e^{-2}; (7) e; (8) e.

3. (1) $\frac{3}{2}$; (2) $\frac{2}{3}$; (3) π; (4) 1; (5) 1; (6) $\frac{1}{2}$.

4. 随着时间的推移,该产品的长期销售价格会趋向于 20 元.

5. $\rho_n=\frac{A}{C}\left(\frac{m}{C+m}\right)^{n-1}$,由于 $\lim\limits_{n\to\infty}\rho_n=0$,当洗涤次数 $n\to\infty$ 时,污物可以完全清除.

2.3 函数的连续性

1. (1) 0; (2) e^{-1}; (3) 0; (4) $-\frac{\pi}{2}$.

2. $(-\infty,-3)\cup(-3,2)\cup(2,+\infty)$,$\lim\limits_{x\to0}f(x)=\frac{1}{2}$,$\lim\limits_{x\to-3}f(x)=-\frac{8}{5}$,$\lim\limits_{x\to2}f(x)=\infty$.

3. (1) $f(x)$ 在 $x\neq-1$ 且 $x\neq2$ 时连续,$x=-1$ 是第一类间断点,$x=2$ 是第二类间断点; (2) $f(x)$ 在 $x\neq-1$ 时连续,$x=-1$ 是第一类间断点.

4. $a=2$.

5. 略.

6. $y=\begin{cases}3, & 0<x\leqslant1,\\ 5, & 1<x\leqslant2,\\ 7, & 2<x\leqslant3,\\ 9, & 3<x\leqslant4,\\ 10, & x>4,\end{cases}$ 间断点为 $x=1,2,3,4$.

第三章

3.1 导数的概念

1. (1) 2 和 6; (2) $\left(\frac{1}{2},\frac{1}{4}\right)$.

2. $x=0,x=\frac{2}{3}$.

3. 切线方程:$y=\frac{1}{2\ln2}x-\frac{1}{\ln2}+1$;法线方程:$y=-2\ln2x+4\ln2+1$.

4. (1) 12 m; (2) 10 m/s; (3) 5 m/s.

5. 传播速度分别为 1800,2400,0.

3.2 导数的计算

1. (1) $y'=\frac{3}{2}\sqrt{x}+2\sin x+5e^x$; (2) $y'=\frac{1}{\sqrt{x}}+\frac{3}{x\ln2}-4\sec^2x$; (3) $y'=-\frac{1}{2x\sqrt{x}}-\frac{2}{x^2}-\frac{6}{x^3}$; (4) $y'=\frac{5}{2}x\sqrt{x}+\frac{3}{2}\sqrt{x}-\frac{1}{2x\sqrt{x}}$; (5) $y'=2e^x\cos x$; (6) $y'=2\sec^3x-\sec x$; (7) $y'=\frac{2\cos x}{(1-\sin x)^2}$; (8) $s'=-\frac{2}{t(1+\ln t)^2}$.

2. (1) $y'=10(2x+1)^4$; (2) $y'=\sin\left(\frac{\pi}{4}-x\right)$; (3) $y'=3\sin6x$; (4) $y=(2t-1)e^{t^2-t}$;

(5) $y'=\frac{2\ln(x+1)}{x+1}$； (6) $y'=\frac{2e^{2x}}{1+e^{4x}}$； (7) $y'=\frac{1+2x^2}{\sqrt{1+x^2}}$； (8) $y'=2x\sec^2 x\cdot\tan x$；

(9) $y'=-\frac{1}{\sqrt{x^2+4}}$； (10) $y'=\frac{x^2}{1-x^4}$.

3. (1) $\frac{dy}{dx}=\frac{\sin t+t\cos t}{\cos t-t\sin t}$； (2) $\frac{dy}{dx}=\frac{2}{t}$； (3) $\frac{dy}{dx}=-\tan t$.

4. 在点(0,1)处的切线方程为 $y=-\frac{2}{3}x+1$,法线方程为 $y=\frac{3}{2}x+1$； 在点(−1,0)处的切线方程为 $x=-1$,法线方程为 $y=0$.

5. $a=\frac{e-4}{2},b=\frac{2-e}{2},c=1$.

6. 2π m/min.

7. (1) $\lim\limits_{t\to+\infty}p(t)=1$； (2) $\frac{ake^{-kt}}{(1+ae^{-kt})^2}$.

8. 24 m/min.

3.3 多元函数的偏导数

1. $\left.\frac{\partial z}{\partial x}\right|_{(3,4)}=\frac{1}{5},\left.\frac{\partial z}{\partial y}\right|_{(3,4)}=\frac{1}{5}$.

2. $\left.\frac{\partial z}{\partial x}\right|_{(1,2)}=0,\left.\frac{\partial z}{\partial y}\right|_{(1,2)}=\frac{1}{4}$.

3. $\left.\frac{\partial z}{\partial x}\right|_{(1,1)}=2\ln2+1,\left.\frac{\partial z}{\partial y}\right|_{(1,1)}=1$.

4. (1) $\frac{\partial z}{\partial x}=3x^2y-y^3,\frac{\partial z}{\partial y}=x^3-3xy^2$；(2) $\frac{\partial z}{\partial x}=e^x\sin y,\frac{\partial z}{\partial y}=e^x\cos y$； (3) $\frac{\partial z}{\partial x}=\sqrt{y}x^{\sqrt{y}-1}$, $\frac{\partial z}{\partial y}=\frac{\ln x}{2\sqrt{y}}x^{\sqrt{y}}$；(4) $\frac{\partial z}{\partial x}=(1-xy)e^{-xy},\frac{\partial z}{\partial y}=-x^2e^{-xy}$； (5) $\frac{\partial z}{\partial x}=\frac{y}{1+x^2y^2},\frac{\partial z}{\partial y}=\frac{x}{1+x^2y^2}$；

(6) $\frac{\partial z}{\partial x}=\frac{y^2}{(x^2+y^2)^{\frac{3}{2}}},\frac{\partial z}{\partial y}=-\frac{xy}{(x^2+y^2)^{\frac{3}{2}}}$； (7) $\frac{\partial z}{\partial x}=-\frac{\sec^2\frac{y}{x}}{x^2\tan\frac{y}{x}},\frac{\partial z}{\partial y}=\frac{\sec^2\frac{y}{x}}{x\tan\frac{y}{x}}$；

(8) $\frac{\partial z}{\partial x}=\frac{x}{y\sqrt{x^2+y^2}+x^2+y^2},\frac{\partial z}{\partial y}=\frac{1}{\sqrt{x^2+y^2}}$； (9) $\frac{\partial u}{\partial x}=ye^{xy}\ln z,\frac{\partial u}{\partial y}=xe^{xy}\ln z,\frac{\partial u}{\partial z}=\frac{e^{xy}}{z}$.

5. 略.

6. 略.

7. (1) $\frac{dz}{dx}=\frac{e^x(1+e^{2x})}{(1-e^{2x})^2}$； (2) $\frac{\partial z}{\partial x}=10x,\frac{\partial z}{\partial y}=10y$； (3) $\frac{\partial z}{\partial x}=(3x+y)^{(x+3y)}\left[\ln(3x+y)+\frac{3x+9y}{3x+y}\right]$, $\frac{\partial z}{\partial y}=(3x+y)^{(x+3y)}\left[3\ln(3x+y)+\frac{x+3y}{3x+y}\right]$； (4) $\frac{\partial z}{\partial x}=\frac{3}{2}x^2\sin2y(\cos y-\sin y),\frac{\partial z}{\partial y}=x^3(\sin y+\cos y)(1-3\sin y\cos y)$； (5) $\frac{\partial z}{\partial x}=e^{\sin(x+y)+\ln y}\cos(x+y),\frac{\partial z}{\partial y}=e^{\sin(x+y)+\ln y}\left[\cos(x+y)+\frac{1}{y}\right]$； (6) $\frac{dz}{dx}=\frac{1+2x}{1+x^2y^2}e^{2x}$；

(7) $\frac{\partial z}{\partial x}=2xf_1'+ye^{xy}f_2',\frac{\partial z}{\partial y}=-2yf_1'+xe^{xy}f_2'$； (8) $\frac{\partial u}{\partial x}=\frac{1}{y}f_1',\frac{\partial u}{\partial y}=-\frac{x}{y^2}f_1'+\frac{1}{z}f_2',\frac{\partial u}{\partial z}=-\frac{y}{z^2}f_2'$.

8. 略.

9. 略.

10. $\frac{\partial T}{\partial x}=-\lambda T_1e^{-\lambda x}[\sin(\omega t-\lambda x)+\cos(\omega t-\lambda x)],\frac{\partial T}{\partial t}=\omega T_1e^{-\lambda x}\cos(\omega t-\lambda x)$. $\frac{\partial T}{\partial x}$表示在同一时刻,温度关于深度的变化率,而$\frac{\partial T}{\partial t}$则表示在同一深度,温度关于时间的变化率.

3.4 隐函数及其求导方法

1. (1) $y'=\dfrac{x}{y}$； (2) $y'=\dfrac{1+ye^x-e^y}{xe^y-e^x}$； (3) $y'=-\dfrac{\sin(x+y)+y\cos x}{\sin(x+y)+\sin x}$； (4) $y'|_{(x=2,y=0)}=-\dfrac{1}{2}$；
(5) $y'|_{(0,0)}=0$.

2. (1) $y'=x^{\sqrt{x}-\frac{1}{2}}\left(1+\dfrac{1}{2}\ln x\right)$； (2) $y'=\dfrac{x^2e^x}{(1+x)\sqrt{x+2}}\left(1+\dfrac{2}{x}-\dfrac{1}{x+1}-\dfrac{1}{2x+4}\right)$；
(3) $y'=\sqrt{x\sin x\sqrt{e^x}}\left(\dfrac{1}{2x}+\dfrac{1}{2}\cot x+\dfrac{1}{4}\right)$.

3. 切线：$y=\dfrac{e}{3}x+1$，法线：$y=-\dfrac{3}{e}x+1$.

4. $\dfrac{\partial z}{\partial x}=\dfrac{yz^2}{1-xyz}$，$\dfrac{\partial z}{\partial y}=\dfrac{xz^2}{1-xyz}$.

5. $\dfrac{\partial z}{\partial x}=\dfrac{yz-\sqrt{xyz}}{\sqrt{xyz}-xy}$，$\dfrac{\partial z}{\partial y}=\dfrac{xz-2\sqrt{xyz}}{\sqrt{xyz}-xy}$.

6. $\dfrac{\partial z}{\partial x}=-\dfrac{F'_1}{F'_2}$，$\dfrac{\partial z}{\partial y}=-\dfrac{F'_1+F'_2}{F'_2}$.

3.5 高阶导数

1. (1) $y''=48(2x+1)^2$； (2) $y''=-\dfrac{9}{(3x-1)^2}$； (3) $y''=(2+4x+x^2)e^x$； (4) $y''=\dfrac{3x+4}{4(x+1)^{\frac{3}{2}}}$；
(5) $z''_{xx}=6x+2y^3$，$z''_{xy}=z''_{yx}=6xy^2$，$z''_{yy}=6x^2y-4$； (6) $z''_{xx}=-e^y\cos x$，$z''_{xy}=z''_{yx}=-e^y\sin x$，$z''_{yy}=e^y\cos x$.

2. (1) $v(2)=9$ m/s，$a(2)=12$ m/s^2； (2) $v(3)=\dfrac{8}{9}$ m/s，$a(3)=\dfrac{2}{27}$ m/s^2.

3. (1) $y^{(n)}=\begin{cases}1+\ln x, & n=1,\\ (-1)^n\dfrac{(n-2)!}{x^{n-1}}, & n\geqslant 2;\end{cases}$ (2) $y^{(n)}=3^ne^{3x}$； (3) $y^{(n)}=a_n\cdot n!\ (a_n\neq 0)$.

4. 略.

5. 略.

3.6 微分与全微分

1. (1) $dy=(\sin 2x+2x\cos 2x)dx$； (2) $dy=(1+x^2)^{-\frac{3}{2}}dx$； (3) $dy=\dfrac{2\sin[2\ln(2x+1)]}{2x+1}dx$；
(4) $dy=\dfrac{ey}{1-xe^y}dx$.

2. (1) $dz=e^{x+2y}(1+x)dx+2xe^{x+2y}dy$； (2) $dz=-\dfrac{2xy}{(x^2+y^2)^2}dx+\dfrac{x^2-y^2}{(x^2+y^2)^2}dy$；
(3) $dz=y^2\cos(xy^2)dx+2xy\cos(xy^2)dy$； (4) $du=\dfrac{1}{2x-3y+e^z}(2dx-3dy+e^zdz)$.

3. $\Delta V\approx 3a^2h$.

4. 约 0.335 克铜.

5. 约 0.004 cm.

第四章

4.1 微分中值定理简介

1. A.

2. B.

3. B.

4. 略.

4.2 洛必达法则

1. B.

2. (1) $\frac{1}{n}$； (2) 0； (3) $+\infty$； (4) $-\frac{1}{8}$； (5) $\frac{3}{2}$； (6) $\frac{1}{2}$； (7) -1； (8) $-\frac{1}{2}$； (9) e； (10) e^2.

4.3 函数的单调性

1. (1) 单调增区间为$\left[\frac{1}{2},+\infty\right)$,单调减区间为$\left(0,\frac{1}{2}\right)$； (2) 单调增区间为$(-\infty,-2)$和$(0,+\infty)$,单调减区间为$(-2,-1)$和$(-1,0)$； (3) 单调增区间为$(-\infty,0)$和$(0,+\infty)$； (4) 单调增区间为$(-\infty,0)$,单调减区间为$(0,+\infty)$； (5) 单调增区间为$(-\infty,1)$和$(2,+\infty)$,单调减区间为$(1,2)$.

2. 增加.

4.4 一元函数的极值与最值

1. (1) 极小值点$x=3$,极小值为-61;极大值点$x=-1$,极大值为3； (2) 极大值点$x=2$,极大值为1； (3) 函数无极值； (4) 极小值点$x=e$,极小值为e.

2. (1) 最大值为0,最小值为-2； (2) 最大值为$\frac{5}{4}$,最小值为$\sqrt{6}-5$.

3. $a=2,b=3$.

4. $x=\sqrt{\frac{40}{\pi+4}}$.

5. $\varphi=\frac{2\sqrt{6}}{3}\pi$.

6. $Q=\frac{125}{2}-\frac{4}{2(1-r)}$;$Q^*=60$.

7. 20海里/时.

8. 约11年.

4.5 多元函数的极值

1. (1) 极小值点为$(1,0)$,极小值为-1； (2) 极大值点为$(3,2)$,极大值为108.

2. $a=-5$.

3. $M(2,2\sqrt{2},2\sqrt{2})$,$d_{\min}=\sqrt{6}$.

4. $x=18,y=9,z=6,f_{\min}=594$.

5. A原料进100 t,B原料进25 t,$S_{\max}=1250$(t).

6. $p_1=80,p_2=120$,最大利润为605.

4.6 曲线的凹凸性与拐点

1. (1) 凹区间为$\left(\frac{5}{3},+\infty\right)$,凸区间为$\left(-\infty,\frac{5}{3}\right)$,拐点为$\left(\frac{5}{3},\frac{20}{27}\right)$； (2) 凹区间为$(-\infty,-1)$,$(0,+\infty)$,凸区间为$(-1,0)$,拐点为$(-1,0)$； (3) 凹区间为$\left(-\infty,-\frac{\sqrt{3}}{3}\right)$,$\left(\frac{\sqrt{3}}{3},+\infty\right)$,凸区间为$\left(-\frac{\sqrt{3}}{3},\frac{\sqrt{3}}{3}\right)$,拐点为$\left(-\frac{\sqrt{3}}{3},\frac{3}{4}\right)$和$\left(\frac{\sqrt{3}}{3},\frac{3}{4}\right)$； (4) 凹区间为$(-1,1)$,凸区间为$(-\infty,-1)$,$(1,+\infty)$,拐点为$(-1,\ln 2)$,$(1,\ln 2)$.

2. $a=-\frac{3}{2},b=\frac{9}{2}$.

3. (1) 水平渐近线:$y=1$,垂直渐近线:$x=-2,x=2$； (2) 垂直渐近线:$x=1$； (3) 水平渐近线:$y=0$； (4) 水平渐近线:$y=1$,垂直渐近线$x=0$.

4. 略.

4.7* 曲率

1. (1) $K=\frac{\sqrt{2}}{2}$； (2) $K=1$； (3) $K=2$.

2. $K=\dfrac{3}{4\times10^{\frac{3}{2}}}$，$R=\dfrac{1}{K}=\dfrac{40\sqrt{10}}{3}$.

3. $x=\dfrac{\pi}{2}$，最小值 $\rho=\dfrac{1}{K}\Big|_{x=\frac{\pi}{2}}=1$.

4. 20 m.

第五章

5.1 不定积分的概念

1. 略.

2. (1) $3\cos2x+C$； (2) $\sec x\mathrm{d}x$； (3) $\sqrt{x^2-4}+C$； (4) $(\cos x-\sin x)\mathrm{e}^x$.

3. $y=\ln x$.

4. (1) $v(t)=6t^3+5$； (2) $s(t)=\dfrac{3}{2}t^4+5t-3$.

5.2 不定积分的计算

1. (1) $\dfrac{3^x}{\ln3}+\mathrm{e}^{x+1}+C$； (2) $\dfrac{1}{3}x^3+3x^2+9x+C$； (3) $\dfrac{2}{5}x^{\frac{5}{2}}+\dfrac{2}{3}x^{\frac{3}{2}}+\dfrac{1}{2}x^2+x+C$； (4) $\dfrac{2}{3}x^{\frac{3}{2}}+\dfrac{2}{\sqrt{x}}+\ln|x|+C$； (5) $x-2\ln|x|-\dfrac{1}{x}+C$； (6) $-\dfrac{2}{x}-\arctan x+C$； (7) $x^3+\arctan x+C$；
(8) $5\arctan x-2\arcsin x+C$； (9) $3\tan x-\cot x+C$； (10) $\dfrac{1}{2}(x+\sin x)+C$； (11) $-\cot x-x+C$；
(12) $-\cot x+\csc x+C$.

2. (1) $\dfrac{1}{6}(3+x)^6+C$； (2) $-\dfrac{1}{3}(3-2x)^{\frac{3}{2}}+C$； (3) $-\dfrac{1}{2}\ln|1-2x|+C$； (4) $-\mathrm{e}^{-\frac{x^2}{2}}+C$；
(5) $\dfrac{1}{2}\ln(1+x^2)+C$； (6) $\dfrac{1}{3}\ln|2+x^3|+C$； (7) $\ln(1+\mathrm{e}^x)+C$； (8) $-2\cos\sqrt{x}+C$； (9) $-\mathrm{e}^{\frac{1}{x}}+C$；
(10) $\dfrac{2}{3}(\ln x)^{\frac{3}{2}}+C$； (11) $\ln|1+\ln x|+C$； (12) $-\ln(2+\cos x)+C$； (13) $\dfrac{1}{2}\tan^2x+C$；
(14) $-\dfrac{1}{4}(2\cot x+3)^2+C$； (15) $\dfrac{1}{2}x+\dfrac{1}{12}\sin6x+C$； (16) $\sin x-\dfrac{1}{3}\sin^3x+C$； (17) $-\dfrac{1}{5}\sin^5x-\dfrac{1}{7}\sin^7x+C$；
(18) $\dfrac{1}{2}\tan^2x+\ln|\cos x|+C$； (19) $\dfrac{1}{6}\ln\left|\dfrac{x-3}{x+3}\right|+C$； (20) $\ln\left|\dfrac{x-2}{x-1}\right|+C$； (21) $\dfrac{1}{2}\arctan(2x)+C$；
(22) $\dfrac{1}{3}\arctan(1+3x)+C$； (23) $\dfrac{1}{3}\arcsin(3x)+C$； (24) $-2\sqrt{1-x^2}-\arcsin x+C$.

3. (1) $\dfrac{2}{5}(1+x)^{\frac{5}{2}}-\dfrac{2}{3}(1+x)^{\frac{3}{2}}+C$； (2) $\dfrac{3}{4}(2x+1)^{\frac{2}{3}}-\dfrac{3}{2}(2x+1)^{\frac{1}{3}}+\dfrac{3}{2}\ln|1+(2x+1)^{\frac{1}{3}}|+C$；
(3) $3\sqrt[3]{x}-6\sqrt[6]{x}+6\ln|1+\sqrt[6]{x}|+C$； (4) $\sqrt{x^2-1}-\arccos\dfrac{1}{x}+C$.

4. (1) $\sin x-x\cos x+C$； (2) $-x\mathrm{e}^{-x}-\mathrm{e}^{-x}+C$； (3) $\dfrac{1}{3}x^3\ln x-\dfrac{1}{9}x^3+C$； (4) $x\arctan x-\dfrac{1}{2}\ln(1+x^2)+C$； (5) $x\ln(1+2x)-x+\dfrac{1}{2}\ln(1+2x)+C$； (6) $\dfrac{1}{4}x^2+\dfrac{1}{2}x\sin x+\dfrac{1}{2}\cos x+C$； (7) $\dfrac{1}{5}\mathrm{e}^{2x}(\sin x+2\cos x)+C$； (8) $(3\sqrt[3]{x^2}-6\sqrt[3]{x}+6)\mathrm{e}^{\sqrt[3]{x}}+C$； (9) $[(\ln x)^2-2\ln x+2]x+C$.

5. $\dfrac{(x-2)\mathrm{e}^x}{x}+C$.

5.3 定积分的概念

1. (1) 正值； (2) 负值； (3) 正值.

2. (1) 10； (2) π； (3) 0； (4) 1.

3. (1) $\int_0^1(\sqrt{x}-x)\mathrm{d}x$； (2) $\int_2^6(s^2+1)\mathrm{d}s$； (3) $\int_0^3(4+t^2)\mathrm{d}t$.

5.4 定积分的计算

1. (1) $y'=\sqrt{1+x^2}$； (2) $y'=-e^{-x^2}$； (3) $y'=\frac{2\sin x^2}{x}$； (4) $y'=\frac{3x^2}{\sqrt{x^6-1}}-\frac{2x}{\sqrt{x^4-1}}$.

2. $-\frac{1}{\pi}$.

3. (1) $\frac{3}{2}$； (2) $\frac{271}{6}$； (3) $\frac{1}{2}(e-1)$； (4) $\frac{1}{2}$； (5) $\frac{\pi}{8}$； (6) $\frac{1}{2}\ln 3$； (7) $\frac{\pi}{6}$； (8) $1-\frac{\pi}{4}$； (9) 1； (10) 1； (11) $4\sqrt{2}$； (12) $\frac{4}{5}$.

4. (1) $2-\frac{\pi}{2}$； (2) $3\ln 3$； (3) $2-\frac{\pi}{2}$； (4) $\frac{1}{4}(e^2+1)$； (5) 0； (6) $\frac{1}{4}$； (7) $2\ln 2-1$； (8) $\frac{1}{2}(e^{-\pi}+1)$.

5. (1) 0； (2) $\frac{\pi^3}{96}$.

6. 50 m.

7. 300.

8. (1) $500\ln 2$ h≈346.6 h. (2) 450 mR.

9. 约 752 人.

5.5 无穷区间上的广义积分

1. (1) 收敛于$\frac{1}{2}$； (2) 发散； (3) 发散； (4) 收敛于 π； (5) 收敛于 0.

2. 1.

5.6 二重积分的概念与性质

1. 3π.

2. (1) 0； (2) $\iint\limits_D f(x,y)d\sigma=2\iint\limits_{D_1} f(x,y)d\sigma$.

5.7 二重积分的计算

1. (1) $I=\int_0^4 dx\int_x^{2\sqrt{x}} f(x,y)dy=\int_0^4 dy\int_{\frac{1}{4}y^2}^{y} f(x,y)dx$；

(2) $I=\int_1^2 dx\int_{\frac{1}{x}}^{x} f(x,y)dy=\int_{\frac{1}{2}}^{1} dy\int_{\frac{1}{y}}^{2} f(x,y)dx+\int_1^2 dy\int_y^2 f(x,y)dx$；

(3) $I=\int_0^1 dx\int_{x-1}^{1-x} f(x,y)dy=\int_{-1}^{0} dy\int_0^{1+y} f(x,y)dx+\int_0^1 dy\int_0^{1-y} f(x,y)dx$；

(4) $I=\int_{-\sqrt{2}}^{\sqrt{2}} dx\int_{x^2}^{4-x^2} f(x,y)dy=\int_0^2 dy\int_{-\sqrt{y}}^{\sqrt{y}} f(x,y)dx+\int_2^4 dy\int_{-\sqrt{4-y}}^{\sqrt{4-y}} f(x,y)dx$；

(5) $I=\int_{-1}^{1} dx\int_0^{\sqrt{1-x^2}} f(x,y)dy=\int_0^1 dy\int_{-\sqrt{1-y^2}}^{\sqrt{1-y^2}} f(x,y)dx$；

(6) $I=\int_0^1 dx\int_0^{\sqrt{2x-x^2}} f(x,y)dy+\int_1^2 dx\int_0^{2-x} f(x,y)dy=\int_0^1 dy\int_{1-\sqrt{1-y^2}}^{2-y} f(x,y)dx$.

2. (1) $\int_0^1 dy\int_{e^y}^{e} f(x,y)dx$； (2) $\int_0^1 dx\int_{x^2}^{x} f(x,y)dy$； (3) $\int_0^4 dx\int_0^{\sqrt{4x-x^2}} f(x,y)dy$； (4) $\int_0^1 dy\int_{-y}^{\sqrt{y}} f(x,y)dx$； (5) $\int_0^2 dx\int_{\frac{1}{2}x}^{3-x} f(x,y)dy$； (6) $\int_0^1 dy\int_{2y-2}^{2-2y} f(x,y)dx$.

3. (1) 1； (2) 96； (3) $\frac{6}{55}$； (4) $\frac{1}{e}$； (5) $-\frac{3\pi}{2}$； (6) $\frac{1}{2}(1-e^{-1})$.

4. (1) $\frac{2\pi}{3}$； (2) $(2\ln 2-1)\pi$； (3) $-6\pi^2$； (4) 0； (5) $\frac{4}{3}\pi-\frac{16}{9}$.

5. $\frac{2\pi}{3}$.

6. $\frac{\pi}{2}$.

第六章

6.1 平面图形的面积

1. (1) $\frac{1}{6}$； (2) 1； (3) $\frac{32}{3}$； (4) $2\pi+\frac{4}{3},6\pi-\frac{4}{3}$； (5) $\frac{3}{2}-\ln 2$； (6) $\frac{4}{3}$.

2. $\frac{9}{4}$.

3. $\frac{16}{3}p^2$.

4. πab.

6.2 平面曲线的弧长

1. 4.

2. $\sqrt{1+\pi^2}(\mathrm{e}-1)$.

3. $6a$.

6.3 旋转体的体积

1. (1) $\frac{3}{10}\pi$； (2) $2\pi\left(1-\frac{2}{\mathrm{e}}\right)$.

2. $\frac{128}{7}\pi,\frac{64}{5}\pi$.

3. (1) $(1,1)$； (2) $y=2x-1$； (3) $\frac{\pi}{30}$.

6.4 函数的平均值

1. $\frac{19}{2}$.

2. $1-\frac{3}{\mathrm{e}^2}$.

3. 0.0485.

6.5 曲面的面积

1. $R^2(\pi-2)$.

2. $\frac{\pi}{6}(5\sqrt{5}-1)$.

3. $16R^2$.

第七章

7.1 常微分方程的基本概念

1. (1) D； (2) C； (3) D； (4) A； (5) B； (6) B.

2. (1) 一阶,非线性； (2) 三阶,线性,常系数； (3) 二阶,线性,非常系数； (4) 一阶,线性,非常系数； (5) 二阶,非线性； (6) 三阶,线性,常系数； (7) 二阶,非线性； (8) 一阶,非线性； (9) 三阶,非线性； (10) 一阶,非线性.

3. (1) 是,是； (2) 是,是； (3) 是,不是； (4) 是,不是； (5) 不是,不是； (6) 是,是.

4. $y=5\mathrm{e}^{-x}+x-1$.

5. $xy=C$.

6. $s=3t+t^2-30$.

7.2 可分离变量方程

1. (1) $y=\frac{1}{5}x^3+\frac{1}{2}x^2+C$； (2) $2y-3=Ce^{-\frac{2}{x}}$； (3) $e^x-e^y=C$； (4) $y^2=2\ln(1+e^x)+C$；

(5) $1+y^2=C(1+x^2)$； (6) $x^2-2\sqrt{1-y^2}=C$； (7) $2e^{3x}-3e^{-y^2}=C$； (8) $\sin y\cos x=C$；

(9) $\sqrt{1+y^2}+\sqrt{1+x^2}=C$； (10) $y=\frac{Ce^x}{1+e^x}$.

2. $y=x^3$.

3. $t\approx 1590$ 年.

4. $t=\ln 3, s=v_0(1-e^{-\ln 3})$.

7.3 一阶线性微分方程

1. (1) $y=Ce^x-\frac{1}{2}e^{-x}$； (2) $y=Ce^{x^2}+\frac{1}{2}x^2e^{x^2}$； (3) $y=\frac{C}{x}+\frac{e^x}{x}$； (4) $y=C\cos x+\sin x$；

(5) $y=\frac{1}{3}xe^x-\frac{1}{9}e^x+Ce^{-2x}$； (6) $x=\frac{1}{2}y^2+Cy^3$.

2. (1) $y=\frac{1}{x}(\pi-1-\cos x)$； (2) $y=\frac{x}{\cos x}$.

3. $y=1$.

4. $y=\frac{C}{x^3}e^{-\frac{1}{x}}$.

5. $y=3e^x-2x-2$.

6. $N=\frac{8}{3}-x+\frac{34}{3}e^{-3x}$.

7. $x(100)=2.5$ kg.

8. $x(100)=\frac{17}{4}$ kg.

7.4 二阶常系数线性微分方程

1. (1) $y''+2y'+5y=0$； (2) $y''+6y'+9y=0$.

2. (1) $y=C_1e^{-2x}+C_2e^x$； (2) $y=e^x+2e^{3x}$； (3) $y=(C_1+C_2x)e^{-2x}$； (4) $y=xe^{-x}$；

(5) $y=e^{2x}(C_1\cos x+C_2\sin x)$； (6) $y=e^x\sin x$.

3. (1) $y=Ax^3+Bx^2+Cx+D$； (2) $y=Ax^2e^{4x}$； (3) $y=e^{-2x}(A\cos 2x+B\sin 2x)$；

(4) $y=Axe^{3x}$； (5) $y=xe^{-x}(A\cos x+B\sin x)$.

4. (1) $y=C_1e^{-x}+C_2xe^{-x}-5$； (2) $y=C_1+C_2e^{\frac{1}{2}x}-\frac{3}{2}x^2-6x$； (3) $y=\frac{1}{2}x-\frac{1}{4}+C_1e^{-x}+C_2e^{-2x}$； (4) $y=C_1e^{-x}+C_2e^{-3x}-4xe^{-3x}$； (5) $y=C_1+C_2e^x+\frac{3}{2}\cos x-\frac{3}{2}\sin x$.

5. $y=e^x+\frac{1}{2}$.

6. $y(x)=(1-2x)e^x$.

第八章

8.1 常数项级数

1. (1) $\frac{1}{2n-1}$； (2) $\frac{1}{(n+1)\ln(n+1)}$； (3) $\frac{x^{\frac{n}{2}}}{1\cdot 3\cdot \cdots \cdot (2n+1)}$； (4) $(-1)^{n-1}\frac{a^{n+1}}{2n}$.

2. (1) 发散； (2) 收敛，和为 1； (3) 收敛，和为$\frac{1}{4}$； (4) 发散.

3. (1) 发散； (2) 发散； (3) 收敛； (4) 发散.

4. (1) 收敛； (2) 收敛； (3) 发散； (4) 收敛.

5. (1) 收敛； (2) 发散； (3) 收敛； (4) 发散.

6. (1) 条件收敛； (2) 绝对收敛； (3) 绝对收敛； (4) 条件收敛； (5) 发散； (6) 条件收敛.

7. 150 mg.

8.2　幂级数

1. (1) 1,$[-1,1]$； (2) 0,$x=0$； (3) $+\infty$,$(-\infty,+\infty)$； (4) $\sqrt{2}$,$(-\sqrt{2},\sqrt{2})$； (5) 1,$[2,4]$；(6) 3,$(-4,2]$.

2. (1) $\arctan x$，$-1\leqslant x\leqslant 1$； (2) $\dfrac{x}{(1-x)^2}$，$-1<x<1$； (3) $\dfrac{1}{2}\ln\dfrac{1+x}{1-x}$，$-1<x<1$.

3. xe^{x^2}，3e.

4. (1) $\sum\limits_{n=1}^{\infty}\dfrac{(-1)^{n-1}}{(2n-1)!2^{2n-1}}x^{2n-1}$，$x\in(-\infty,+\infty)$； (2) $\sum\limits_{n=0}^{\infty}\dfrac{(-1)^n x^{2n}}{n!}$，$x\in(-\infty,+\infty)$；
(3) $\ln 2+\sum\limits_{n=1}^{\infty}(-1)^{n-1}\dfrac{1}{n2^n}x^n$，$x\in(-2,2]$； (4) $1-\sum\limits_{n=1}^{\infty}\dfrac{(-1)^n 2^{2n-1}x^{2n}}{(2n)!}$，$x\in(-\infty,+\infty)$；
(5) $\dfrac{1}{3}\sum\limits_{n=0}^{\infty}[1-(-2)^n]x^n$，$x\in\left(-\dfrac{1}{2},\dfrac{1}{2}\right)$.

5. $\sum\limits_{n=0}^{\infty}(-1)^n\dfrac{(x-2)^n}{2^{n+1}}$，$x\in(0,4)$.

6. $\sum\limits_{n=0}^{\infty}(-1)^n\dfrac{(x-1)^{n+1}}{n+1}$，$x\in(0,2)$.

7. 略.

8.3*　傅里叶级数

1. (1) $f(x)=\dfrac{3}{2}+\dfrac{2}{\pi}\sum\limits_{n=1}^{\infty}\dfrac{1}{2n-1}\sin(2n-1)x$ $(-\infty<x<+\infty, x\neq 0,\pm\pi,\pm 2\pi,\cdots)$；
(2) $f(x)=2\sum\limits_{n=1}^{\infty}\dfrac{(-1)^{n-1}}{n}\sin nx$ $(-\infty<x<+\infty, x\neq\pm\pi,\pm 3\pi,\cdots)$；
(3) $f(x)=\sum\limits_{n=1}^{\infty}\left[\dfrac{1}{2n-1}+(-1)^{n-1}\dfrac{2}{(2n-1)^2\pi}\right]\sin(2n-1)x$ $(-\infty<x<+\infty, x\neq(2k-1)\pi, k=0,\pm 1,\pm 2,\cdots)$.

2. (1) $f(x)=-\dfrac{1}{2}+\sum\limits_{n=1}^{\infty}\left\{\dfrac{6}{n^2\pi^2}[1-(-1)^n]\cos\dfrac{n\pi x}{3}+\dfrac{6}{n\pi}(-1)^{n+1}\sin\dfrac{n\pi x}{3}\right\}$ $(-\infty<x<+\infty, x\neq 3(2k+1), k=0,\pm 1,\pm 2,\cdots)$；
(2) $f(x)=\dfrac{1}{3}+\dfrac{4}{\pi^2}\sum\limits_{n=1}^{\infty}(-1)^n\dfrac{1}{n^2}\cos n\pi x$ $(-\infty<x<+\infty)$.

3. $\sum\limits_{n=1}^{\infty}(-1)^{n-1}\dfrac{4l}{(n\pi)^2}\sin\dfrac{n\pi x}{l}$，$\dfrac{l}{4}-\sum\limits_{n=1}^{\infty}\dfrac{l}{(n\pi)^2}\cos\dfrac{2n\pi x}{l}$.

8.4*　拉普拉斯变换

1. (1) $\dfrac{2}{p+3}$； (2) $\dfrac{1}{p^4}(6-7p^2+3p^3)$； (3) $\dfrac{10-3p}{p^2+4}$； (4) $\dfrac{1}{p}+\dfrac{1}{(p-1)^2}$； (5) $\dfrac{1}{p^2+4}$；
(6) $\dfrac{1}{p}(3-4e^{-2p}+e^{-4p})$.

2. (1) $2e^{5t}$； (2) $4\cos 4t$； (3) $2\cos 3t-3\sin 3t$； (4) $-\dfrac{3}{2}e^{-3t}+\dfrac{5}{2}e^{-5t}$； (5) $e^{-2t}\sin 4t$；
(6) $2t^2+\dfrac{2}{3}t^3+\dfrac{1}{24}t^4$.

3. (1) $-5e^{-5t}+5e^{-3t}$； (2) $\sin t$.

附录 常用函数的拉普拉斯变换表

序号	$f(t)$	$F(p)$
1	$\delta(t)$	1
2	$u(t)$	$1/p$
3	t	$1/p^2$
4	$t^n(n=1,2,3,\cdots)$	$n!/p^{n+1}$
5	e^{at}	$1/(p-a)$
6	$1-e^{-at}$	$a/p(p+a)$
7	te^{at}	$1/(p-a)^2$
8	$t^n e^{at}(n=1,2,3,\cdots)$	$n!/(p-a)^{n+1}$
9	$\sin\omega t$	$\omega/(p^2+\omega^2)$
10	$\cos\omega t$	$p/(p^2+\omega^2)$
11	$\sin(\omega t+\varphi)$	$(p\sin\varphi+\omega\cos\varphi)/(p^2+\omega^2)$
12	$\cos(\omega t+\varphi)$	$(p\cos\varphi-\omega\sin\varphi)/(p^2+\omega^2)$
13	$t\sin\omega t$	$(2\omega p)/(p^2+\omega^2)^2$
14	$\sin\omega t-\omega t\cos\omega t$	$(2\omega^3)/(p^2+\omega^2)^2$
15	$t\cos\omega t$	$(p^2-\omega^2)/(p^2+\omega^2)^2$
16	$e^{-at}\sin\omega t$	$\omega/[(p+a)^2+\omega^2]$
17	$e^{-at}\cos\omega t$	$(p+a)/[(p+a)^2+\omega^2]$
18	$(1-\cos at)/a^2$	$1/p(p^2+a^2)$
19	$e^{at}-e^{bt}$	$(a-b)/(p-a)(p-b)$
20	$2\sqrt{t/\pi}$	$1/(p\sqrt{p})$
21	$1/\sqrt{\pi t}$	$1/\sqrt{p}$